应用型数据科学系列教材

机器学习

主　编　严晓东

副主编　陈　华　王国长　赵　烜

中国教育出版传媒集团

高等教育出版社·北京

内容提要

本书深入浅出地介绍了机器学习与大数据分析的核心方法,包括无监督学习、监督学习、稀疏学习、深度学习、集成学习及增量学习六大部分。书中不仅注重理论推导,还通过丰富的插图和实例直观解释原理。同时,提供 R 与 Python 两种语言的实现方法,方便读者实操练习。

本书适合普通高等学校统计学类专业、数据科学相关专业本科高年级学生或研究生使用,也可供从事大数据分析、人工智能、机器学习等领域的科技工作者参考。

图书在版编目(CIP)数据

机器学习 / 严晓东主编;陈华,王国长,赵烜副主编 . -- 北京:高等教育出版社,2024.10. -- ISBN 978-7-04-062394-9

Ⅰ. TP181

中国国家版本馆 CIP 数据核字第 20248L67T6 号

Jiqi Xuexi

策划编辑 张晓丽	责任编辑 张晓丽	封面设计 贺雅馨	版式设计 童 丹
责任绘图 于 博	责任校对 马鑫蕊	责任印制 张益豪	

出版发行	高等教育出版社	网　　址	http://www.hep.edu.cn
社　　址	北京市西城区德外大街4号		http://www.hep.com.cn
邮政编码	100120	网上订购	http://www.hepmall.com.cn
印　　刷	唐山嘉德印刷有限公司		http://www.hepmall.com
开　　本	787mm×1092mm 1/16		http://www.hepmall.cn
印　　张	19.75		
字　　数	380 千字	版　　次	2024年10月第1版
购书热线	010-58581118	印　　次	2024年10月第1次印刷
咨询电话	400-810-0598	定　　价	54.00 元

本书如有缺页、倒页、脱页等质量问题,请到所购图书销售部门联系调换

版权所有　侵权必究

物 料 号　62394-00

总　序

在大数据时代的推动下，数据已经转变为新的生产要素，其重要性不言而喻。目前，众多大型科技企业，如阿里巴巴、京东和百度等，都已设立数据科学家等相关职位。在学术界，我国众多高校都开设了数据科学与大数据技术专业，该专业是在大数据技术兴起后应运而生的战略性新兴学科。数据科学的发展不仅深刻影响了统计学、经济学等传统学科的研究方向，也对科技、金融等行业的业务模式产生了重大影响。

为响应国家"数字中国"建设战略发展需要，针对统计学、数据科学与大数据技术等专业教育的需求，在山东省大数据研究会的支持下，我们成立了"应用型数据科学系列教材编委会"，并组织了一支涵盖数据科学技术相关课程的编写团队。这些教材同时为金融科技专业的教材，获得了教育部首批新文科研究与改革实践项目"新文科金融科技人才培养模式探索"的支持，以及济南市自主培养创新团队项目"现代农业风险管理的金融科技技术"的资助。山东国家应用数学中心、山东大学中泰证券金融研究院、数学学院等众多教学科研平台为本系列教材的编写提供了重要支撑。

数据科学作为一门交叉学科，融合了数学、统计学、计算机科学等多个领域的理论和方法。要想成为一名合格的数据科学家，不仅需要掌握基本的统计学、计算机科学和数据分析软件等知识，还需要与时俱进，不断学习新的数据科学技术和方法。因此，为学习者提供清晰、逻辑性强、易于理解的数据科学学习资料，成为了撰写本系列教材的初衷和目标。本系列教材采用数据科学的统计语言，详细介绍数据分析流程，通过直观的文字解释和便捷的程序实现，为读者提供愉悦的学习体验，并增强普通高等教育理工类和经济管理类高年级本科生和研究生的基础知识储备。

前　言

随着新一代科学技术的发展，人工智能（artificial intelligence，AI）技术在科学、社会、经济、管理等各领域体现出解决各类复杂问题的优势，得到广泛认可，成为创新驱动发展的核心驱动力之一。大部分人工智能技术在应用落地方面得到很好的应用，尤其是 AI 中的机器学习日益成为一门通用的技能。目前市场上已出版了不少机器学习的书籍，大多数是计算机科学方向的专家编写的教材，更多从实际工程（engineering）问题的角度讲解方法的使用，使用"伪代码"（pseudo codes）来介绍算法。即便是统计学家编写的机器学习教材，也一般缺少大数据统计方法的介绍，例如解决超高维数据的特征筛选、流数据的在线学习以及模型平均的集成学习等方法讲解。因此，本书依据"数字中国"的国家战略需求，针对统计学、数据科学与大数据技术等专业对机器学习课程教学资源的需求，尽量使用统计语言介绍机器学习与大数据分析方法，做到详尽的数学推导，直观的文字解释，便捷的程序实现，给读者愉悦的学习体验。

本书围绕前沿机器学习方法在处理大数据方面的特点，对无监督学习、监督学习、稀疏学习、深度学习、集成学习和增量学习这六类机器学习技术进行深入而详细的讲解，特别关注方法的数学理论推导以及程序实现。本书首要特色在于这几类机器学习方法的统计语言讲解，并配有较多的插图、例子来直观地解释机器学习的统计原理。第二个特色是应用价值，体现在机器学习方法与程序操作相结合。学习机器学习的主要目的之一就是应用，应用离不开软件操作。同时，软件操作又有助于对机器学习方法的理解。R 语言擅长统计计算，Python 语言更多应用于计算机及工程类专业，因此 R 与 Python 语言是机器学习的两大常用语言。为此，本书提供"双语"服务，在介绍完每个机器学习方法后，介绍相应的 R 与 Python 语言实操。另外，本书在一些概念上进行了混用，比如统计学里的变量、响应变量、协变量、离散响应变量等分别对应机器学习里的特征、因变量、自变量、标签等，但是并不影响我们的理解。学习本书的先修课包括数学分析（高等数学）、线性代数、概率论与数理统计等，以及 R 语言与 Python 语言的基本操作。

依托山东省大数据研究会大数据专业建设委员会，我们搭建了"应用型数据科学系列教材"的编写团队，完成了本书的编写。山东国家应用数学中心、山东大学金融研究院等十多个教学科研平台也是本书编写的重要支撑。在此还要感谢陈华、国忠金、句媛媛、胡琴琴、王国长、王重仁、张梅、赵烜、周峰为编写本书付出时间和精力。博士后王纬以及研究生呼亚楠、崔文海、吉晓婷、陈熙、连蓓蓓、刘言哲、赵珊珊、封文丽、李欣璐、王娟娟、李珑琪、沈玉梅、吴淑琦也参与了资料收集、案例编写以及校对修改等工作。尤其感谢我的小七妹的乖巧陪伴。再次感谢所有为本书提供直接或间接帮助的朋友，是各位的共同努力使本书得以与广大读者见面。同时，希望本书能为读者提供良好的阅读和学习体验，有不足之处也烦请指正。

严晓东

2024 年 4 月 11 日

教学课件

目 录

1 第一部分 无监督学习 ——————— 1

第一章 聚类分析 ——————— 3

1.1 简介/3

1.2 相似度/3

   1.2.1 数据对象间相似度/4

   1.2.2 簇间相似度/5

1.3 K 均值聚类/6

   1.3.1 原理/6

   1.3.2 特点/8

1.4 模糊 C 均值聚类/9

1.5 高斯混合聚类/10

1.6 层次聚类/13

1.7 DBSCAN 聚类/15

1.8 其他类型聚类方法/17

   1.8.1 混合型数据聚类方法/17

   1.8.2 双向聚类方法/18

1.9 聚类实践/19

本章小结/20

习题/20

第二章 主成分分析 ——————— 21

2.1 简介/21

2.2 总体的主成分/22

   2.2.1 总体主成分的定义/22

   2.2.2 总体主成分的求法/22

   2.2.3 总体主成分的性质/25

   2.2.4 标准化变量的主成分/27

2.3 样本主成分/29

2.4 非线性主成分分析/30

   2.4.1 核主成分分析/30

   2.4.2 t-SNE 非线性降维算法/33

2.5 主成分分析实践/35

本章小结/35

习题/36

2 第二部分 监督学习 ——————— 37

第三章 回归分析 ——————— 39

3.1 简介/39

3.2 单响应变量的线性回归模型/39

   3.2.1 线性回归模型的原理/40

   3.2.2 多重共线性/45

   3.2.3 岭回归/46

3.3 广义线性模型/47

   3.3.1 指数型分布族/47

   3.3.2 连接函数/49

   3.3.3 广义线性模型/49

3.4 多元响应变量协方差广义线性模型/51

   3.4.1 McGLM 模型的原理/52

   3.4.2 参数估计/54

3.5 回归分析实践/55

本章小结/55

习题/56

第四章 支持向量机 ——————— 59

4.1 简介/59

4.2 SVM 算法/59

   4.2.1 SVM 的基本内容/59

   4.2.2 线性可分 SVM/60

   4.2.3 软间隔与线性 SVM/65

   4.2.4 核函数与非线性 SVM/67

4.3 SVM 与逻辑斯谛回归的关系/70

4.4 支持向量回归/72

4.5　SVM 实践/74

本章小结/74

习题/75

第五章　决策树 —————— 76

5.1　简介/76

5.2　决策树的基本原理/76

5.3　分类树与回归树/79

　　5.3.1　分类树/79

　　5.3.2　回归树/80

5.4　分支条件/81

　　5.4.1　信息熵/81

　　5.4.2　信息增益/82

　　5.4.3　增益率/85

　　5.4.4　基尼指数/86

　　5.4.5　分类误差/86

　　5.4.6　均方误差/86

　　5.4.7　算法总结/87

5.5　剪枝/89

　　5.5.1　预剪枝/89

　　5.5.2　后剪枝/90

5.6　决策树实践/91

本章小结/92

习题/92

第六章　保形预测 —————— 93

6.1　简介/93

　　6.1.1　简单运用/94

　　6.1.2　预测集的有效性/96

　　6.1.3　效率/97

6.2　保形回归/97

　　6.2.1　保形预测基本思想/97

　　6.2.2　完全保形预测/98

6.3　保形方法/100

　　6.3.1　分裂保形预测/100

　　6.3.2　刀切法保形预测/101

　　6.3.3　局部加权保形预测/102

6.4　保形分类/103

　　6.4.1　Softmax 法/103

　　6.4.2　最近邻法/104

6.5　保形预测实践/105

本章小结/105

习题/106

3　第三部分　稀疏学习 —————— 107

第七章　模型选择 —————— 109

7.1　简介/109

7.2　基于准则的方法/110

　　7.2.1　各种准则/110

　　7.2.2　交叉验证/112

7.3　基于检验的方法/115

　　7.3.1　最优子集法/115

　　7.3.2　逐步选择法/116

7.4　正则化方法/118

　　7.4.1　Lasso 回归/121

　　7.4.2　非凸惩罚函数回归——
　　　　　SCAD 和 MCP/122

　　7.4.3　群组变量选择方法/124

　　7.4.4　双层变量选择方法/125

7.5　模型选择实践/127

本章小结/127

习题/128

第八章　特征筛选 —————— 130

8.1　简介/130

8.2　基于边际模型的特征筛选/131

　　8.2.1　边际最小二乘/131

　　8.2.2　边际最大似然/132

　　8.2.3　边际非参估计/132

8.3　基于边际相关系数的特征筛选/134

　　8.3.1　广义和秩相关系数/134

　　8.3.2　确定独立秩筛选/135

　　8.3.3　距离相关系数/136

8.4　高维分类数据的特征筛选/137

　　8.4.1　柯尔莫哥洛夫–斯米尔诺夫
　　　　　统计量/137

　　8.4.2　均值–方差统计量/138

　　8.4.3　类别自适应筛选统计量/139

8.5　特征筛选实践/140

本章小结/140

习题/141

4 第四部分 深度学习 ———— 143

第九章 人工神经网络 ———— 145

9.1　简介/145

9.2　人工神经元/145

9.3　前馈神经网络/147

　　9.3.1　单层感知器/147

　　9.3.2　多层感知器/148

9.4　神经网络的正向与反向传播算法/149

　　9.4.1　神经网络的正向传播/149

　　9.4.2　神经网络的损失函数/151

　　9.4.3　反向传播算法/152

　　9.4.4　全局最小与局部极小/154

9.5　径向基网络/155

9.6　其他常见的神经网络/158

9.7　神经网络实践/161

本章小结/161

习题/161

第十章 深度学习 ———— 162

10.1　简介/162

10.2　卷积神经网络/163

　　10.2.1　卷积运算/164

　　10.2.2　基本参数/166

　　10.2.3　卷积神经网络的一般结构/169

　　10.2.4　常见的卷积神经网络/171

10.3　简单循环神经网络/177

10.4　长短时记忆神经网络/178

10.5　自编码器/181

10.6　玻尔兹曼机/185

　　10.6.1　随机神经网络/185

　　10.6.2　模拟退火算法/186

　　10.6.3　BM/186

10.7　深度学习实践/189

本章小结/189

习题/189

5 第五部分 集成学习 ———— 191

第十一章 随机森林 ———— 193

11.1　简介/193

11.2　随机森林基本概况/193

11.3　随机森林基本理论/195

　　11.3.1　回归树基本理论/196

　　11.3.2　分类树基本理论/197

11.4　随机森林实践/199

本章小结/200

习题/200

第十二章 Boosting 方法 ———— 201

12.1　简介/201

　　12.1.1　Boosting 方法起源/202

　　12.1.2　AdaBoost 算法/203

　　12.1.3　AdaBoost 实例/207

12.2　AdaBoost 算法的误差分析/209

　　12.2.1　AdaBoost 算法的训练误差/209

　　12.2.2　AdaBoost 算法的泛化误差/211

12.3　AdaBoost 算法原理探析/213

　　12.3.1　损失函数最小化视域/213

　　12.3.2　向前逐段可加视域/218

12.4　Boosting 算法的演化/219

　　12.4.1　回归问题的 Boosting 算法/219

　　12.4.2　梯度 Boosting 方法/221

12.5　AdaBoost 算法实践/225

本章小结/225

习题/226

第十三章 模型平均 ———— 227

13.1　简介/227

　　13.1.1　模型不确定性/227

　　13.1.2　模型选择与模型平均/228

13.2　贝叶斯模型平均/229

13.3　频率模型平均/231

13.4　权重选择方法/231

13.4.1　基于信息准则/231

13.4.2　基于马洛斯准则/232

13.4.3　基于刀切法准则/233

13.5　模型平均实践/234

本章小结/234

习题/235

6 第六部分　增量学习 —————— 237

第十四章　在线学习 —————— 239

14.1　简介/239

14.2　累积统计量在线学习/240

14.2.1　均值模型/240

14.2.2　线性模型/241

14.3　在线梯度下降/242

14.3.1　OGD 算法一般形式/242

14.3.2　OGD 算法收敛性分析/243

14.3.3　线性模型的 OGD 算法/244

14.3.4　岭回归模型的 OGD 算法/245

14.4　基于正则化的在线梯度下降/246

14.4.1　FTL 算法/246

14.4.2　FTRL 算法/247

14.4.3　FTRL-Proximal 算法/248

14.5　在线学习实践/249

本章小结/249

习题/250

第十五章　并行计算 —————— 251

15.1　简介/251

15.2　并行计算相关概念/251

15.2.1　进程/251

15.2.2　线程/253

15.2.3　并行计算与分布式计算/255

15.2.4　同步与异步/256

15.2.5　通信/256

15.2.6　加速比/257

15.3　基于 CPU 线程的并行计算/259

15.3.1　创建线程/259

15.3.2　同步/262

15.4　基于 CPU 进程的并行计算/265

15.4.1　创建进程/266

15.4.2　进程间通信/270

15.4.3　同步/272

15.5　基于 GPU 线程的并行计算/272

15.5.1　CUDA 基本概念/273

15.5.2　CUDA 线程组织/273

15.5.3　CUDA 内存组织/277

15.5.4　PyCUDA/277

15.5.5　TensorFlow/278

15.6　并行计算实践/279

本章小结/279

习题/280

第十六章　迁移学习 —————— 281

16.1　迁移学习的概述/281

16.1.1　分布散度的度量/282

16.1.2　分布散度的统一表示/283

16.1.3　迁移学习的统一框架/283

16.2　实例加权方法/284

16.2.1　问题定义/285

16.2.2　实例选择方法/286

16.2.3　权重自适应方法/287

16.3　统计特征变换方法/288

16.3.1　特征变换方法及问题定义/289

16.3.2　基于最大均值差异的方法/289

16.3.3　基于度量学习的方法/292

16.4　几何特征变换方法/293

16.4.1　子空间学习方法/294

16.4.2　流形学习方法/295

16.4.3　最优传输方法/299

16.5　迁移学习实践/301

本章小结/301

习题/302

参考文献 —————— 303

1

第一部分

无监督学习

无监督学习 (unsupervised learning) 是机器学习中的一种重要方法. 与监督学习不同, 无监督学习的目标是从数据中发现隐藏的关系、结构和规律, 而不是根据已知的标签进行分类或预测. 通常用于相似数据聚类、降维特征学习等任务, 还有助于发现数据中的新见解、处理大规模数据集和减少人工干预.

　　无监督学习在包括数据挖掘、自然语言处理、计算生物学、图像处理和推荐系统等许多领域都有应用. 它是机器学习中的重要分支, 有助于揭示数据中的潜在模式, 从而提供有关数据的深入理解.

　　本部分将介绍两种主要的无监督学习方法: 聚类分析 (cluster analysis) 和主成分分析 (principal component analysis, PCA).

第一章　聚 类 分 析

■ 1.1　简介

当数据集有明确的标签时, 可利用标签信息进行监督学习, 发现数据内在影响关系, 然而, 在一些实际问题中, 标签数据有时较难获取或者无法获取, 此时, 通常使用无监督学习对数据进行贴签, 聚类分析是无监督学习的典型代表.

所谓聚类是指根据某种规则, 将样本集中具有相似特征的样本进行分组的过程, 每个分组组成一个 "簇", 不同簇之间互不相交, 所有簇的并集构成整个样本集, 以簇中心表示簇内所有样本的特性. 聚类过程使得同一簇内样本的相似度尽可能高, 不同簇间样本的相似度尽可能低, 从而达到 "物以类聚" 的目的.

目前, 聚类算法被广泛应用于实际问题中, 例如: 企业对客户的价值分析, 由于数据量较大, 通常很难采用人工方式定义某一客户是重点客户或者一般客户, 此时可通过聚类算法将客户分为不同簇, 每个簇表示一个类别, 然后通过领域专家判断每个类别的特性.

本章将介绍几种较为常用的聚类算法, 在此之前, 首先介绍聚类算法中的重要概念——相似度.

■ 1.2　相似度

相似度在聚类算法中至关重要, 是聚类算法的核心问题, 具体表现在两个层面: (1) 不同的聚类算法其相似度计算方法也不同; (2) 同一聚类算法采用不同的相似度计算将得到不同的聚类效果. 本节主要介绍数据对象间相似度和簇间相似度.

1.2.1 数据对象间相似度

聚类是对所有数据对象或样本进行一定的处理, 达到"物以类聚"的目标. 此过程涉及不同样本之间相似度的刻画, 选取不同的相似度将产生不同的聚类结果, 本节介绍几种样本之间相似度的度量方法.

每一个样本可以看作是一个向量, 所有样本则是向量空间中点的集合, 可以采用向量之间的距离度量刻画样本之间的相似度. 假设 $\boldsymbol{X} = (X_1, \cdots, X_p)^{\mathrm{T}}$、$\boldsymbol{Y} = (Y_1, \cdots, Y_p)^{\mathrm{T}}$、$\boldsymbol{Z} = (Z_1, \cdots, Z_p)^{\mathrm{T}}$ 表示三个样本, 其中 p 表示样本特征的维数, 给定函数 $\mathrm{d}(\cdot, \cdot)$, 若其满足下面四个性质, 则称为距离度量:

(1) 非负性: $\mathrm{d}(\boldsymbol{X}, \boldsymbol{Y}) \geqslant 0$;

(2) 同一性: $\mathrm{d}(\boldsymbol{X}, \boldsymbol{Y}) = 0$ 当且仅当 $\boldsymbol{X} = \boldsymbol{Y}$;

(3) 对称性: $\mathrm{d}(\boldsymbol{X}, \boldsymbol{Y}) = \mathrm{d}(\boldsymbol{Y}, \boldsymbol{X})$;

(4) 直递性: $\mathrm{d}(\boldsymbol{X}, \boldsymbol{Y}) \leqslant \mathrm{d}(\boldsymbol{X}, \boldsymbol{Z}) + \mathrm{d}(\boldsymbol{Z}, \boldsymbol{Y})$.

1. 闵可夫斯基距离 (Minkowski distance)

闵可夫斯基距离是常用的距离度量, 其计算公式如下:

$$\mathrm{d}(\boldsymbol{X}, \boldsymbol{Y}) = \left(\sum_{k=1}^{p} |X_k - Y_k|^t \right)^{\frac{1}{t}}, \tag{1.2.1}$$

上式中 $t \geqslant 1$. 下面介绍闵可夫斯基距离的三种特殊形式.

当 $t = 1$ 时, (1.2.1) 式称为曼哈顿距离, 定义为

$$\mathrm{d}(\boldsymbol{X}, \boldsymbol{Y}) = \sum_{k=1}^{p} |X_k - Y_k|. \tag{1.2.2}$$

当 $t = 2$ 时, (1.2.1) 式称为欧氏距离, 定义为

$$\mathrm{d}(\boldsymbol{X}, \boldsymbol{Y}) = \left(\sum_{k=1}^{p} |X_k - Y_k|^2 \right)^{\frac{1}{2}}. \tag{1.2.3}$$

当 $t = \infty$ 时, (1.2.1) 式称为切比雪夫距离, 定义为

$$\mathrm{d}(\boldsymbol{X}, \boldsymbol{Y}) = \max_{1 \leqslant k \leqslant p} |X_k - Y_k|. \tag{1.2.4}$$

2. 马氏距离 (Mahalanobis distance)

马氏距离可视为欧氏距离的一种泛化形式, 一定程度上可以克服欧氏距离中由于不同特征量纲不一致导致的距离计算的问题.

若样本 $\boldsymbol{X} = (X_1, \cdots, X_p)^{\mathrm{T}}$, $\boldsymbol{Y} = (Y_1, \cdots, Y_p)^{\mathrm{T}}$ 服从同一类型分布且具有相同的协方差矩阵, 其协方差矩阵为 $\boldsymbol{\Sigma}$, 则马氏距离可以表示为

$$\mathrm{d}(\boldsymbol{X}, \boldsymbol{Y}) = \sqrt{(\boldsymbol{X} - \boldsymbol{Y})^{\mathrm{T}} \boldsymbol{\Sigma}^{-1} (\boldsymbol{X} - \boldsymbol{Y})}. \tag{1.2.5}$$

上式中, 当协方差矩阵 $\boldsymbol{\Sigma}$ 是单位矩阵, 即各个维度独立同分布时, 马氏距离等同于欧氏距离.

3. 夹角余弦

两个向量之间的夹角余弦可用于衡量两者之间的相似性, 当把样本看作向量时, 若两者之间的夹角余弦是 0, 即角度为 $\frac{\pi}{2}$, 则可理解为两者之间是不相关的; 若夹角余弦是 1, 说明两者指向相同方向; 若夹角余弦是 -1, 说明两者指向相反方向. 夹角余弦绝对值越靠近 1, 表明样本之间的相似度越高.

因此 $\boldsymbol{X}$ 与 $\boldsymbol{Y}$ 的夹角余弦定义为

$$\mathrm{d}(\boldsymbol{X}, \boldsymbol{Y}) = \left| \frac{\sum\limits_{k=1}^{p} X_k Y_k}{\left[\left(\sum\limits_{k=1}^{p} X_k^2 \right) \left(\sum\limits_{k=1}^{p} Y_k^2 \right) \right]^{\frac{1}{2}}} \right|. \tag{1.2.6}$$

4. 相关系数

相关系数介于 $-1, 1$ 之间, 常衡量变量之间线性相关的程度, 在样本聚类算法中也可用于样本间相似度的度量, 其绝对值越接近 1, 样本之间的相似度越高; 越接近 0, 样本之间相似度越低. 任取两个样本 $\boldsymbol{X}_i = (X_{i1}, \cdots, X_{ip})^{\mathrm{T}}$、$\boldsymbol{Y}_j = (Y_{j1}, \cdots, Y_{jp})^{\mathrm{T}}$, 两者之间的相关系数定义为

$$\mathrm{d}(\boldsymbol{X}_i, \boldsymbol{Y}_j) = \left| \frac{\left(\boldsymbol{X}_i - \bar{\boldsymbol{X}}_i \right)^{\mathrm{T}} \left(\boldsymbol{Y}_j - \bar{\boldsymbol{Y}}_j \right)}{\left\| \boldsymbol{X}_i - \bar{\boldsymbol{X}}_i \right\|_2 \left\| \boldsymbol{Y}_j - \bar{\boldsymbol{Y}}_j \right\|_2} \right|, \tag{1.2.7}$$

其中 $\| * \|_2$ 表示 L_2 范数 (欧几里得范数), $\bar{\boldsymbol{X}}_i$ 和 $\bar{\boldsymbol{Y}}_j$ 分别表示样本 $\boldsymbol{X}_i$ 和 $\boldsymbol{Y}_j$ 的样本均值,

$$\bar{\boldsymbol{X}}_i = \frac{1}{p} \sum_{k=1}^{p} X_{ik}, \quad \bar{\boldsymbol{Y}}_j = \frac{1}{p} \sum_{k=1}^{p} Y_{jk}.$$

夹角余弦和相关系数常用于刻画变量相似性, 但是用于刻画样本相似性时, 其样本向量的分量的量纲要一致, 例如, X_{ik}, Y_{jk} 分别代表第 i 个样本和第 j 个样本在第 k 天的运动时长.

1.2.2 簇间相似度

聚类过程将样本集划分为互不相交的簇, 簇间相似度可通过计算簇间距离得到, 簇间距离可以通过样本间的距离定义. 假设 G_1、G_2 是两个不同的簇, 两者之间的距离可通过以下方式定义.

1. 最小距离

最小距离由簇间距离最近的两个样本决定, 定义为

$$D_{12} = \min_{\boldsymbol{X}_i \in G_1, \boldsymbol{X}_j \in G_2} d_{ij}, \tag{1.2.8}$$

其中 d_{ij} 表示样本 $\boldsymbol{X}_i$ 与 $\boldsymbol{X}_j$ 之间的距离.

2. 最大距离

最大距离由簇间距离最远的两个样本决定, 定义为

$$D_{12} = \max_{\boldsymbol{X}_i \in G_1, \boldsymbol{X}_j \in G_2} d_{ij}. \tag{1.2.9}$$

3. 平均距离

平均距离等于两簇之间所有样本间的距离的平均值, 定义为

$$D_{12} = \frac{1}{|G_1||G_2|} \sum_{\boldsymbol{X}_i \in G_1, \boldsymbol{X}_j \in G_2} d_{ij}, \tag{1.2.10}$$

其中 $|G_1|$ 表示簇 G_1 中包含的样本个数, $|G_2|$ 表示簇 G_2 中包含的样本个数.

4. 中心距离

两个不同簇中心之间距离定义为中心距离, 假设 $\bar{\boldsymbol{X}}_1$ 表示簇 G_1 的中心, $\bar{\boldsymbol{X}}_2$ 表示簇 G_2 的中心, 则中心距离定义为

$$D_{12} = d_{\bar{\boldsymbol{X}}_1 \bar{\boldsymbol{X}}_2}, \tag{1.2.11}$$

其中,

$$\bar{\boldsymbol{X}}_1 = \frac{1}{|G_1|} \sum_{\boldsymbol{X}_i \in G_1} \boldsymbol{X}_i, \quad \bar{\boldsymbol{X}}_2 = \frac{1}{|G_2|} \sum_{\boldsymbol{X}_j \in G_2} \boldsymbol{X}_j.$$

■| 1.3 K 均值聚类

1.3.1 原理

K 均值也称为 K-means, 是一种原理简单、应用广泛的聚类算法. 其目标是将包含 n 个样本的数据集, 按照某种规则划分到 K 个互不相交的子集中, 称为 K 个簇, 相同簇中样本的相似度较高, 不同簇之间样本的相似度较低.

假设样本集为 $\boldsymbol{X} = (\boldsymbol{X}_1, \cdots, \boldsymbol{X}_n)^{\mathrm{T}}$, 其中 $\boldsymbol{X}_i$ 表示第 i 个样本. 令 $\boldsymbol{\mu}_1, \boldsymbol{\mu}_2, \cdots, \boldsymbol{\mu}_K$ 是 K 个向量, 表示 K 个簇中心, 其中 $\boldsymbol{\mu}_k$ 代表第 k 个簇的中心. K 均值聚类采用欧氏距离计算样本与簇中心之间的距离, 然后将样本置入距离最近的簇中心所代表的簇中, 这样形成 K 个互不相交的集合 (簇)$G_1, G_2, \cdots, G_K$, 当 $j \neq k$ 时满足 $G_j \cap G_k = \varnothing$, 并且 $\bigcup\limits_{k=1}^{K} G_k = \boldsymbol{X}$.

基于欧氏距离, K 均值聚类算法的目标函数为

$$L(\Theta) = \sum_{k=1}^{K} \sum_{\boldsymbol{X}_i \in G_k} \|\boldsymbol{X}_i - \boldsymbol{\mu}_k\|^2, \tag{1.3.1}$$

其中, $\boldsymbol{\mu}_k = \dfrac{1}{|G_k|} \displaystyle\sum_{\boldsymbol{X}_i \in G_k} \boldsymbol{X}_i.$

计算上述目标函数的最优解并非易事, K 均值聚类算法采用迭代更新策略得到优化问题的近似解. 首先选取初始簇中心 $\boldsymbol{\mu}_k$, $k = 1, 2, \cdots, K$, 然后按照欧氏距离最小原则将样本划入不同簇中, 最后更新簇中心, 以便得到更小的 $L(\Theta)$ 值. 将此过程不断迭代下去, 直到聚类结果基本保持不变, 停止计算. K 均值聚类算法的流程如下:

(1) 从样本集 $\mathbf{X}$ 中随机选取 K 个样本向量 $\{\boldsymbol{\mu}_1, \boldsymbol{\mu}_2, \cdots, \boldsymbol{\mu}_K\}$ 作为初始簇中心.

(2) 计算每一个样本到 K 个簇中心的距离, 并将样本划入到距离最小的簇中心所代表的簇中.

(3) 重新计算每个簇的中心向量 $\{\boldsymbol{\mu}'_1, \boldsymbol{\mu}'_2, \cdots, \boldsymbol{\mu}'_K\}$. 若 $\boldsymbol{\mu}'_k \neq \boldsymbol{\mu}_k$, 则将 $\boldsymbol{\mu}_k$ 更新为 $\boldsymbol{\mu}'_k$.

(4) 不断迭代第 (2) 步和第 (3) 步, 直到所有的簇中心不再更新为止.

(5) 算法结束, 输出划分结果.

图 1.1 展示了 K 均值聚类的整个过程, 每张图代表每一次的聚类结果. 首先从原始数据集中随机选取三个样本作为初始聚类中心, 分别用不同颜色的三角形表示, 如图 1.1(a) 所示. 之后计算每个样本与三个聚类中心的距离, 根据距离最近原则将样本划分为颜色各异的三个簇, 如图 1.1(b) 所示. 随后, 重新计算每个簇的样本均值, 作为新的三个聚类中心, 如图 1.1(c) 所示, 此时簇中心已经发生改变, 计算样本到新的簇中心之间的距离, 得到新的簇划分. 不断迭代此过程, 直至聚类中心不再变化.

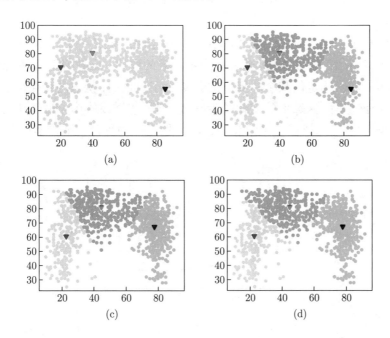

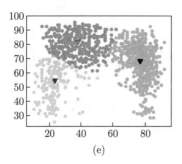
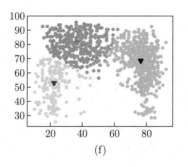

(e)　　　　　　　　　　(f)

1.3.2　特点

　　K 均值聚类是机器学习中常用的无监督学习算法, 其优点是易于实现、拥有较好的性能, 并且相比于其他机器学习算法具有较少的超参数. 然而, K 的取值以及初始簇中心的选择对算法有较大的影响. K 的取值关乎聚类输出的效果以及可解释性, 应当选取合适的 K 值作为聚类簇数. 初始簇中心的选择影响算法的迭代效果, 好的初始簇中心能够加快算法的收敛, 反之将影响收敛速度. 本节将从这两个方面对 K 均值算法进行分析.

1. K 值的确定

　　在 K 均值算法中, 簇个数 K 的选择对算法最终的输出结果影响较大, 不同的 K 值将产生不同的聚类效果, 在实际应用中, K 的最优值通常较难获取, 本节介绍三种 K 值确定方法.

　　(1) 根据数据的先验知识确定 K 值, 或者可通过简单数据分析得到 K 的可能取值.

　　(2) 指示函数确定法: 也可称为肘部确定法. 定义一个指示函数, 如图 1.2, 横轴表示 K 的取值, 纵轴表示指示函数的取值. 函数值随着 K 值的变化而变化, 对于选定的某个临界值, 当 K 大于该值时, 函数的变化趋于平缓, 反之小于该值时, 函数值的变化较为剧烈, 则可选择该值作为最优 K 值. 其中指示函数可以选择误差平方和 ((1.3.1) 式)、平均直径、平均半径等.

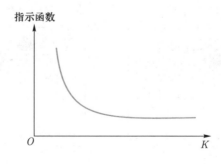

(3) 平均轮廓系数法: 轮廓系数的计算公式如下:

$$R(\boldsymbol{X}_i) = \frac{B(\boldsymbol{X}_i) - I(\boldsymbol{X}_i)}{\max\{B(\boldsymbol{X}_i), I(\boldsymbol{X}_i)\}}. \tag{1.3.2}$$

上式中, $\boldsymbol{X}_i$ 表示第 i 个样本向量, $I(\boldsymbol{X}_i)$ 表示样本 $\boldsymbol{X}_i$ 与其所在簇中其他样本之间的平均距离, $B(\boldsymbol{X}_i)$ 表示样本 $\boldsymbol{X}_i$ 与其他簇中所有样本之间的平均距离. 由式 (1.3.2) 可计算出每个样本的轮廓系数, 然后再求平均值, 得到平均轮廓系数. 一般情形下, 平均轮廓系数越接近 1, 聚类效果越好.

2. 初始簇中心的选择

实际问题中, 合适的初始簇中心对算法至关重要. 本部分介绍四种选择初始簇中心的方法.

(1) 根据对数据集的先验知识, 由领域专家设定初始簇中心.

(2) 采用不同的簇中心, 多次运行算法, 选取最优的初始簇中心.

(3) 选择尽可能远离的 K 个点: 首先从样本集合中选择一个样本, 然后选择距离此样本最远的样本作为第二个簇中心, 接着选择距离第一和第二簇中心的中点最远的样本作为第三个簇中心, 依次进行下去, 直到选出 K 个初始簇中心.

(4) 采用层次聚类 (1.6 节) 等算法进行初始聚类, 利用这些类的中心作为 K 均值算法的初始簇中心.

■ | 1.4 模糊 C 均值聚类

K 均值聚类算法将样本划分到不同簇, 其结果具有非黑即白的性质, 即非 0 即 1, 所有样本对象均被硬性划分到某一簇类别, 在很多实际问题中可以达到较好效果, 如是否下雨、是否旅行等; 然而, 这种硬聚类的方式不适用于类别界限不明确的问题, 如健康程度、冷热程度等. 模糊 C 均值聚类 (fuzzy C-means, FCM) 采用软聚类思想, 用隶属度描述样本与簇之间的关系, 隶属度表示样本属于某一簇的确定程度.

与 K 均值聚类相似, FCM 算法也是通过最小化目标函数, 不断迭代更新聚类簇中心, 当目标函数收敛时, 算法停止迭代; 不同的是, FCM 算法在 K 均值聚类算法目标函数的基础上, 增加了隶属度度量, 其表达式为

$$L(\Theta) = \sum_{i=1}^{n} \sum_{j=1}^{C} \omega_{i,j}^{m} \|\boldsymbol{X}_i - \boldsymbol{\mu}_j\|^2, \quad 1 \leqslant m < \infty, \tag{1.4.1}$$

其中, n 为样本总个数, C 为聚类中心数, m 为隶属度参数, $\boldsymbol{X}_i$ 表示第 i 个样

本, $\boldsymbol{\mu}_j$ 表示第 j 个聚类中心, $\omega_{i,j}^m$ 用于刻画隶属度并且满足

$$\sum_{j=1}^{C} \omega_{i,j} = 1.$$

通过拉格朗日乘子法可以得到:

$$\boldsymbol{\mu}_j = \frac{\sum_{i=1}^{n} \omega_{i,j}^m \boldsymbol{X}_i}{\sum_{i=1}^{n} \omega_{i,j}^m}, \quad \omega_{i,j} = \frac{1}{\sum_{k=1}^{C} \frac{\|\boldsymbol{X}_i - \boldsymbol{\mu}_j\|^{\frac{2}{m-1}}}{\|\boldsymbol{X}_i - \boldsymbol{\mu}_k\|^{\frac{2}{m-1}}}}.$$

FCM 算法通过不断迭代更新 $\omega_{i,j}^m$ 与 $\boldsymbol{\mu}_j$ 的取值, 最终得到聚类结果, 迭代终止条件可设置为

$$\max_{i,j}\{|\omega_{i,j}^{m,s+1} - \omega_{i,j}^{m,s}|\} < \varepsilon,$$

其中, s 表示迭代次数, ε 为给定的误差阈值. 其含义为, 当两次迭代之间的最大隶属度变化量小于给定阈值时, 说明继续迭代隶属度的变化量也会非常小, 此时停止迭代, 得到最终的聚类结果.

FCM 算法的算法流程如下:

(1) 超参数确定: 选择合适的聚类簇数 C、隶属度参数 m 以及误差阈值 ε;

(2) 初始化隶属度矩阵 $\boldsymbol{\omega}^{m,0}$;

(3) 计算并更新聚类中心 $\boldsymbol{\mu}_j$;

(4) 计算并更新隶属度矩阵 $\boldsymbol{\omega}^{m,s}$;

(5) 比较更新前后隶属度矩阵的最大变化量, 如果小于 ε, 算法停止, 否则返回第 (3) 步.

■ | 1.5 高斯混合聚类

高斯混合聚类是在概率框架下实施聚类过程, 采用软聚类的思想计算样本被划分到不同簇的概率, 选取概率最大的簇作为最终的划分结果.

在阐述高斯混合聚类算法之前, 首先给出多变量高斯分布概率密度函数的定义: 若样本空间中的 p 维随机向量 $\boldsymbol{X} = (X_1, \cdots, X_p)^{\mathrm{T}}$ 服从高斯分布, 则其概率密度函数为

$$P(\boldsymbol{X}|\boldsymbol{\mu}, \boldsymbol{\Sigma}) = \frac{1}{(2\pi)^{\frac{p}{2}} |\boldsymbol{\Sigma}|^{\frac{1}{2}}} e^{-\frac{1}{2}(\boldsymbol{X}-\boldsymbol{\mu})^{\mathrm{T}} \boldsymbol{\Sigma}^{-1}(\boldsymbol{X}-\boldsymbol{\mu})}. \tag{1.5.1}$$

其中, $\boldsymbol{\mu}$ 表示均值向量, $\boldsymbol{\Sigma}$ 表示协方差矩阵, 显然其概率密度函数由 $\boldsymbol{\mu}$ 和 $\boldsymbol{\Sigma}$ 唯一确定. 下面以二维高斯分布为例, 给出其概率密度函数图像 (如图 1.3).

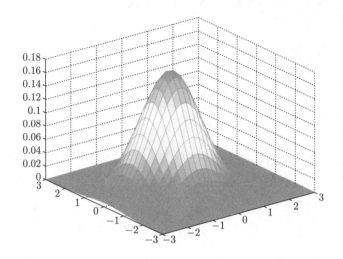

◀ 图 1.3
二维高斯分布概率密度函数图

高斯混合模型 (Gaussian mixture model, GMM) 的聚类算法可分为三个环节:

(1) 假设样本集是由多个高斯分布生成, 每个分布的概率密度函数为式 (1.5.1), 不同高斯分布的 $\boldsymbol{\mu}$ 和 $\boldsymbol{\Sigma}$ 值也不同;

(2) 采用 EM 算法不断迭代更新 $\boldsymbol{\mu}$ 和 $\boldsymbol{\Sigma}$ 的值拟合样本数据, 直到算法收敛或者达到最大迭代次数为止;

(3) 利用所计算出的概率密度函数对样本集进行聚类.

其中第 (2) 步是整个算法的核心, 下面将详细推导参数的更新策略.

其中, EM(expectation-maximization) 算法是一种用于估计含有潜在变量 (latent variables) 的概率模型参数的迭代优化算法, 广泛应用于高斯混合模型的参数估计.

EM 算法是一种迭代优化算法, 用于估计概率模型参数, 特别适用于包含潜在变量的模型. 其中, E 步: 使用当前参数估计计算潜在变量的后验概率 (在给定观测数据的条件下潜在变量的概率分布); M 步: 最大化完全数据 (包括观测数据和潜在变量) 的对数似然函数, 更新模型参数.

高斯混合模型和 EM 算法的结合允许数据以不同的概率分布组合来表示, 更灵活地适应各种数据分布. 总体来说, EM 算法在高斯混合模型中的应用允许通过迭代优化来估计模型参数, 从而实现对复杂数据分布的建模. EM 算法的有效性在于其对包含潜在变量的概率模型参数估计的鲁棒性和收敛性.

假设高斯混合聚类模型由 K 个高斯分布组成, 每个高斯分布称为一个成分, 每个成分对应一个簇划分, 对高斯分布进行线性组合得到高斯混合聚

类的概率密度函数为

$$P(\boldsymbol{X}) = \sum_{k=1}^{K} \lambda_k P(\boldsymbol{X}|\boldsymbol{\mu}_k, \boldsymbol{\Sigma}_k), \tag{1.5.2}$$

其中, $\boldsymbol{\mu}_k$ 和 $\boldsymbol{\Sigma}_k$ 分别表示第 k 个混合成分的均值向量与协方差矩阵. λ_k 是第 k 个混合成分系数 (权重), 并且满足

$$\sum_{k=1}^{K} \lambda_k = 1.$$

可以采用最大似然估计求解模型参数 λ_k, $\boldsymbol{\mu}_k$ 以及 $\boldsymbol{\Sigma}_k$. 假设样本集 $\mathbf{X} = (\boldsymbol{X}_1, \cdots, \boldsymbol{X}_n)^{\mathrm{T}}$, 对数似然函数可以定义为

$$L(\Theta) = \ln\left(\prod_{i=1}^{n} P(\boldsymbol{X}_i)\right) = \sum_{i=1}^{n} \ln\left(\sum_{k=1}^{K} \lambda_k P(\boldsymbol{X}_i|\boldsymbol{\mu}_k, \boldsymbol{\Sigma}_k)\right). \tag{1.5.3}$$

此时的目标转化为求使得式 (1.5.3) 最大化的 λ_k、$\boldsymbol{\mu}_k$ 和 $\boldsymbol{\Sigma}_k$, 其中 $1 \leqslant k \leqslant K$. 对于 $\boldsymbol{\mu}_k$ 和 $\boldsymbol{\Sigma}_k$ 的求解, 可分别对其求导, 并令导数等于 0, 即

$$\frac{\partial L(\Theta)}{\partial \boldsymbol{\mu}_k} = 0, \tag{1.5.4}$$

$$\frac{\partial L(\Theta)}{\partial \boldsymbol{\Sigma}_k} = 0. \tag{1.5.5}$$

求解式 (1.5.4), 可以得到,

$$\boldsymbol{\mu}_k = \frac{\sum\limits_{i=1}^{n} \theta_{ik} \boldsymbol{X}_i}{\sum\limits_{i=1}^{n} \theta_{ik}}, \tag{1.5.6}$$

其中,

$$\theta_{ik} = \frac{\lambda_k P(\boldsymbol{X}_i|\boldsymbol{\mu}_k, \boldsymbol{\Sigma}_k)}{\sum\limits_{k=1}^{K} \lambda_k P(\boldsymbol{X}_i|\boldsymbol{\mu}_k, \boldsymbol{\Sigma}_k)}.$$

θ_{ik} 表示第 i 个样本 $\boldsymbol{X}_i$ 被划入第 k 个混合成分的概率, 高斯混合聚类选取 $\max\{\theta_{ik}\}, k = 1, 2, \cdots, K$ 作为 $\boldsymbol{X}_i$ 的簇划分. 同理求解式 (1.5.5), 可以得到

$$\boldsymbol{\Sigma}_k = \frac{\sum\limits_{i=1}^{n} \theta_{ik}(\boldsymbol{X}_i - \boldsymbol{\mu}_k)(\boldsymbol{X}_i - \boldsymbol{\mu}_k)^{\mathrm{T}}}{\sum\limits_{i=1}^{n} \theta_{ik}}. \tag{1.5.7}$$

下面考虑 λ_k 的求解方法. 由于 λ_k 满足条件

$$\sum_{k=1}^{K} \lambda_k = 1, \lambda_k \geqslant 0,$$

因此需求解带约束的极值优化问题, 采用拉格朗日乘子法容易得到

$$\lambda_k = \frac{1}{n} \sum_{i=1}^{n} \theta_{ik}. \tag{1.5.8}$$

通过上述推导过程可以看出, 高斯混合聚类可以采用 EM 算法对参数进行更新, 具体可分为两个步骤: (1) 根据前一个迭代步 (或初始值) 的参数值计算 θ_{ik}; (2) 利用第 (1) 步求得的 θ_{ik} 更新 λ_k、$\boldsymbol{\mu}_k$ 和 $\boldsymbol{\Sigma}_k$.

高斯混合聚类算法的流程可以概括为:

(1) 参数初始化, 包括 λ_k、$\boldsymbol{\mu}_k$、$\boldsymbol{\Sigma}_k$ 以及混合成分个数 K.

(2) 根据前一个迭代步 (或初始值) 的参数值计算 θ_{ik}.

(3) 利用式 (1.5.6)、(1.5.7)、(1.5.8) 更新模型参数 $\boldsymbol{\mu}_k$、$\boldsymbol{\Sigma}_k$、λ_k. 若满足停止条件, 则停止迭代; 否则返回第 (2) 步, 继续迭代计算.

(4) 根据所求得到 θ_{ik}, 将 $\boldsymbol{X}_i$ 划入到相应簇划分 C_k, $C_k = C_k \cup \boldsymbol{X}_i$.

(5) 得到最终的簇划分 $C = \{C_1, C_2, \cdots, C_K\}$, 算法结束.

■ | 1.6 层次聚类

顾名思义, 层次聚类是一个逐层进行聚类的过程, 通过计算相似度形成一种树形结构. 按照形成树形结构方式的不同可以分为聚合聚类和分裂聚类.

聚合聚类是自下而上进行聚类, 初始状态将每个样本当作一个簇, 然后按照簇间距离最近原则合并两个簇, 组成一个新簇, 不断迭代此过程, 直到满足条件为止; 分裂聚类是自上而下进行聚类, 初始状态是将样本集看作一个簇, 然后按照簇间距离最远的原则将样本划分到两个新的簇, 不断迭代此过程, 直到满足条件为止.

本节以聚合聚类为例, 介绍层次聚类的算法思想. 假设样本集为 $\boldsymbol{X} = (\boldsymbol{X}_1, \cdots, \boldsymbol{X}_n)^{\mathrm{T}}$, 样本个数为 n, 特征维数为 p, 将样本集划分为 K 个簇, 则聚合聚类的算法流程为:

(1) 将 n 个样本分为 n 个簇, 即每个簇中只包含一个样本.

(2) 对于给定数据集, 通过计算各簇之间的距离得到距离矩阵 $\boldsymbol{D} = (d_{ij})_{n \times n}$. 其中 d_{ij} 表示第 i 个簇与第 j 个簇之间的距离.

(3) 将距离最近的两个簇合并为一个新簇.

(4) 计算新簇与其他簇之间的距离, 并更新距离矩阵.

(5) 不断迭代 (3)、(4) 两个过程, 直到满足停止条件.

在聚合聚类算法中, 样本之间的距离 (相似度) 计算可以采用 1.2.1节中的方法, 簇间距离的计算可采用 1.2.2节中的方法. 通常根据距离最小的原则将相似簇进行合并, 算法的停止条件可以是达到设定的簇的个数 K 或者达到某个指示函数的阈值.

下面通过例 1.1 阐述聚合聚类的算法流程.

例 1.1　假设某数据集中有 4 个样本, 通过计算样本之间的欧氏距离得到如下距离矩阵 $\boldsymbol{D}$, 请利用聚合聚类算法将 4 个样本进行聚类.

$$\boldsymbol{D} = \begin{pmatrix} 0 & 2 & 5 & 4 \\ 2 & 0 & 3 & 5 \\ 5 & 3 & 0 & 6 \\ 4 & 5 & 6 & 0 \end{pmatrix}.$$

解　(1) 将 4 个样本分为 4 个簇 G_1, G_2, G_3, G_4, 每个簇中只有一个样本, 则簇间距离矩阵为 $\boldsymbol{D}$.

(2) 根据 $\boldsymbol{D}$, 挑选出距离最近的两个簇 G_1, G_2, 将这两个簇合并为一个新簇 $G_5 = \{G_1, G_2\}$, 此时已划分为 3 个簇 G_3, G_4, G_5.

(3) 分别计算新簇 G_5 与 G_3, G_4 之间的最短距离, 得到最短距离大小是 $D_{35} = 3$, $D_{45} = 4$.

(4) 可以看出, 距离最近的 2 个簇是 G_3, G_5, 合并这两个簇形成一个新簇 $G_6 = \{G_3, G_5\} = \{G_1, G_2, G_3\}$. 此时已划分为 2 个簇 G_4, G_6.

(5) 将 G_4, G_6 合并为新簇 $G_7 = \{G_4, G_6\} = \{G_1, G_2, G_3, G_4\}$, 算法结束. 聚类过程可以表示为图 1.4.

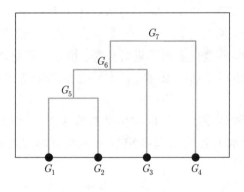

▶ 图 1.4
层次聚类过程图

层次聚类可以达到"分层"的效果, 通过选取不同的聚类簇数, 得到不同层次的聚类结果. 然而算法实现过程的复杂度较高, 计算量通常高于 K 均值算法.

1.7 DBSCAN 聚类

通常情形下, K 均值聚类一般适用于样本集具有凸形簇状结构 (形似 "椭球" 的簇结构), 对非凸样本集效果不够理想. 本节介绍一种既可用于凸样本集, 也可用于非凸样本集的 DBSCAN (density-based spatial clustering of applications with noise) 方法.

DBSCAN 是一种基于密度的聚类方法, 算法假设样本的类别划分可由样本之间分布的紧密程度决定, 紧密程度较高的样本被划分到相同簇, 反之, 被划分到不同簇, 最终, 通过样本之间的紧密程度得到聚类结果. 由此可见, 紧密程度的刻画是 DBSCAN 算法的核心.

DBSCAN 算法采用邻域描述样本集分布的紧密程度, 邻域由 (ε, M) 表示, 其含义是某一样本 ε 邻域内的样本个数不超过 M. 下面给出与描述样本集 $\boldsymbol{X} = (\boldsymbol{X}_1, \cdots, \boldsymbol{X}_n)^{\mathrm{T}}$ 紧密程度相关的一些概念:

ε-邻域: 对于 $\boldsymbol{X}$ 中的任一样本 $\boldsymbol{X}_j$, 其 ε 邻域 $N_\varepsilon(\boldsymbol{X}_j)$ 表示与该样本距离不大于 ε 的所有样本组成的集合, 即 $N_\varepsilon(\boldsymbol{X}_j) = \{\boldsymbol{X}_i \in \boldsymbol{X} | \mathrm{d}(\boldsymbol{X}_i, \boldsymbol{X}_j) \leqslant \varepsilon\}$, 其中 $\mathrm{d}(\boldsymbol{X}_i, \boldsymbol{X}_j)$ 表示 $\boldsymbol{X}_i$ 与 $\boldsymbol{X}_j$ 之间的距离, 例如闵可夫斯基距离.

核心对象: 对于 $\boldsymbol{X}$ 中的任一样本 $\boldsymbol{X}_j$, 若其所对应的 $N_\varepsilon(\boldsymbol{X}_j)$ 中样本个数不小于 M, 则称 $\boldsymbol{X}_j$ 是核心对象.

密度直达: 若 $\boldsymbol{X}_i \in N_\varepsilon(\boldsymbol{X}_j)$, 并且 $\boldsymbol{X}_j$ 是一个核心对象, 则称样本 $\boldsymbol{X}_i$ 由样本 $\boldsymbol{X}_j$ 密度直达.

密度可达: 对于 $\boldsymbol{X}$ 中的任意两个样本 $\boldsymbol{X}_i$ 和 $\boldsymbol{X}_j$, 若存在样本序列 q_1, $q_2, \cdots, q_t$ 满足 $q_1 = \boldsymbol{X}_j, q_t = \boldsymbol{X}_i$, 并且 q_{l+1} 由 q_l 密度直达, 其中 $1 \leqslant l \leqslant t-1$, 则称样本 $\boldsymbol{X}_i$ 由样本 $\boldsymbol{X}_j$ 密度可达.

密度相连: 对于 $\boldsymbol{X}$ 中的任意两个样本 $\boldsymbol{X}_i$ 和 $\boldsymbol{X}_j$, 若存在一个样本 $\boldsymbol{X}_l$ 使得 $\boldsymbol{X}_i$ 和 $\boldsymbol{X}_j$ 均可由 $\boldsymbol{X}_l$ 密度可达, 则称 $\boldsymbol{X}_i$ 和 $\boldsymbol{X}_j$ 密度相连.

图 1.5 描述了上述基本概念, 如图所示, 样本 A、B 和 O 均是核心对象, Y 由 A 密度直达, A 和 B 由 O 密度直达, X 由 B 密度直达; X 和 Y 均由 O 密度可达; X 与 Y 密度相连.

基于上述基本概念, 可以给出 DBSCAN 算法中簇的定义: **由密度可达关系导出的最大密度相连的样本集合, 即为聚类结果的一个簇.**

DBSCAN 算法的目标是从样本集中找出所有满足簇定义的簇划分, 由此可见 DBSCAN 不需要预先给定簇划分的个数. 在寻找簇划分时, DBSCAN 从样本集中选择一个没有被划分的核心对象作为 "种子", 寻找由该核心对象密度可达的所有样本构成一个样本子集, 即为一个簇划分; 然后选择另外一个没有被划分的核心对象作为 "种子", 依次进行下去, 直到所有核心对象均被划分为止.

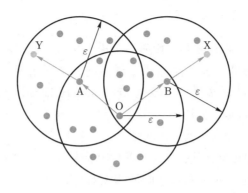

▶ 图 1.5
基本概念示意图

给定样本集 $\mathbf{X} = (\boldsymbol{X}_1, \cdots, \boldsymbol{X}_n)^{\mathrm{T}}$, DBSCAN 算法的流程可以描述为:

(1) 初始化 ε、M、核心对象集 $\Omega = \varnothing$、聚类簇数 $k=0$ 以及未被访问的样本集 $\Phi = \mathbf{X}$;

(2) 遍历样本集中的所有样本, 找出核心对象, 将其添加到 Ω 中, 此时 Ω 存储了所有的核心对象;

(3) 若 $\Omega = \varnothing$, 则算法结束, 否则进行第 (4) 步;

(4) 记录当前未被访问的样本集合: $\Phi^* = \Phi$, 在 Ω 中随机挑选一个核心对象 o, 初始化队列 $\Omega^* = <o>$, 更新未被访问的样本集 $\Phi = \Phi - \{o\}$;

(5) 在队列 Ω^* 中随机取出一个核心对象 o, 此时 $\Omega^* = \Omega^* - <o>$, 并找出其 ε 邻域 $N_\varepsilon(o)$, 令 $\Delta = N_\varepsilon(o) \cap \Phi$, 更新 $\Phi = \Phi - \Delta$, 更新 $\Omega^* = \Omega^* \cup (\Delta \cap \Omega)$;

(6) 若 $\Omega^* = \varnothing$, 则进行第 (7) 步, 否则返回第 (5) 步;

(7) 令 $k = k + 1$, 更新当前簇 $C_k = \Phi^* - \Phi$, 更新 $\Omega = \Omega - C_k$, 返回第 (3) 步;

(8) 输出最终的簇划分 $C = \{C_1, C_2, \cdots, C_k\}$.

注: 若队列 Ω^* 中的元素在此前循环中被访问过, 则 Ω^* 中将不再包含此元素.

DBSCAN 算法从样本集紧密程度的角度进行簇划分, 与 K 均值、高斯混合聚类等算法相比, DBSCAN 算法不需要提前确定聚类簇数, 并且可应用于非凸数据集的聚类, 在得到聚类结果的同时还可以识别出异常点. 然而, 当样本集规模较大时, 算法收敛时间较长; 并且算法调优涉及 ε 和 M 两个参数, 不同参数组合对聚类的结果影响较大, 调参工作量较为复杂.

1.8 其他类型聚类方法

聚类方法多种多样, 针对不同的应用场景可能会产生比传统聚类方法更好的算法, 因此在使用聚类方法解决实际问题时, 应当根据问题本身的特点选择合适的聚类方法. 本节将介绍其他几种常用的聚类方法.

1.8.1 混合型数据聚类方法

在实际应用中, 数据集通常由数值型和分类型特征组成, 尤其是当数据集由多源数据集成而得时, 如医疗数据 (包括患者个人信息: 姓名、学历、职业、收入情况等; 医疗监测数据: 血常规、血脂等)、客户数据 (包括客户的年龄、性别、种族、消费记录、消费频次、消费金额等) 等. 针对这种混合型数据进行聚类分析时需进行特殊处理, 本节介绍一种常用的混合型数据聚类方法: K-原型.

K-原型是基于 K 均值方法的一种可以处理混合数据的聚类方法. 与 K 均值聚类方法相比, 主要存在两点不同: (1) 簇中心的选取; (2) 距离的计算. 下面针对这两点进行详细阐述.

在 K 均值聚类中, 每个簇选取簇内样本的均值作为当前簇中心, 这种计算方式仅适用于特征都是数值型数据, 当某些特征是分类型时将无法计算. 因此 K-原型方法在计算簇中心时将所有特征分为两部分: 数值型、分类型. 对于数值型特征依然计算均值, 对于分类型特征选择众数, 然后将两部分合并起来组成当前簇的中心. 令样本集为 $\boldsymbol{X} = (\boldsymbol{X}_1, \cdots, \boldsymbol{X}_n)^{\mathrm{T}}$, 不失一般性, 假设任意一个样本 $\boldsymbol{X}_i = (X_{i1}, \cdots, X_{ip})^{\mathrm{T}}$ 包含 p 个特征, 其中 q 个数值型特征、$p - q$ 个分类型特征. 令 $\{\boldsymbol{\mu}_1, \boldsymbol{\mu}_2, \cdots, \boldsymbol{\mu}_K\}$ 表示 K 个簇中心.

K 均值常采用欧氏距离计算样本与簇中心之间的距离, 在 K-原型中数值型特征依然采用欧氏距离, 分类型特征采用汉明距离, 然后得到样本点与簇中心的距离. K-原型的算法流程可以描述为:

(1) 初始化聚类簇数 K 以及簇中心 $\{\boldsymbol{\mu}_1, \boldsymbol{\mu}_2, \cdots, \boldsymbol{\mu}_K\}$;

(2) 计算数据集中样本点 $\boldsymbol{X}_i$ 到 K 个簇中心的距离, 将所有样本划入距离最近的簇中;

(3) 重新计算每个簇的中心;

(4) 重复第 (2) 步、第 (3) 步, 直到满足停止条件 (簇中心变化很小或者达到迭代的最大次数);

注: 对于两个数字来说, 汉明距离就是转成二进制后, 对应的位置值不相同的个数. 例如, 假设有两个十进制数 $a = 93$ 和 $b=73$, 如果将这两个数用二

进制表示的话, 有 $a = 1011101$、$b = 1001001$, 可以看出, 二者的从右往左数的第 3 位、第 5 位不同 (从 1 开始数), 因此, a 和 b 的汉明距离是 2.

1.8.2 双向聚类方法

传统的聚类方法可大致分为两种模式: 一种是对样本进行聚类 (如根据销售数据对客户类型聚类分析); 另一种是对特征或者变量进行聚类 (如分析影响青少年成长的因素, 分为积极因素、消极因素等). 这两种模式均是对单一方向 (样本或者特征) 进行聚类, 通常被称为单向聚类.

尽管单向聚类可以解决多数实际问题, 但仍然存在一些特殊场景并不适合采用单向聚类进行分析, 例如利用患某种疾病的患者基因数据对患者进行划分, 通常只有少量基因对该病产生影响, 并且不同的基因组合对疾病的影响也不尽相同, 由于需要同时考虑样本和特征之间的关系, 捕捉局部性质, 单向聚类在利用所有基因进行聚类分析时效果不佳, 因此利用双向聚类方法解决此类问题得到较多的研究. 近年来双向聚类方法被广泛应用于基因表达分析、文本数据挖掘等领域, 下面介绍一种双向聚类方法——稀疏双向 K 均值聚类.

稀疏双向聚类的目标是从原始数据集中根据矩阵元素的相似性提取具有特定结构的子矩阵, 下面介绍几种常见的类型:

全局常数型: 子矩阵中的所有元素是同一常数, 即对于子矩阵 $\boldsymbol{B} = (b_{tr})$, 其中 $1 \leqslant t \leqslant T$, $1 \leqslant r \leqslant R$, 满足 $b_{tr} = c$, 其中 c 是常数, 如图 1.6(a). 实际场景中由于噪声的存在, 通常要求子矩阵在阈值 ε 范围内满足元素为常数.

行 (列) 常数型: 子矩阵的每一行 (或列) 的元素为常数. 以行常数为例, 对于子矩阵 $\boldsymbol{B} = (b_{tr})$, 其中 $1 \leqslant t \leqslant T$, $1 \leqslant r \leqslant R$, 满足 $b_{t1} = b_{t2} = \cdots = b_{tR} = c_t$, 其中 c_t 是常数, 如图 1.6(b).

线性关系型: 子矩阵的每行 (列) 的元素是其他任意一行 (列) 的线性组合. 以行满足线性关系为例, 对于子矩阵 $\boldsymbol{B} = (b_{tr})$, 其中 $1 \leqslant t \leqslant T$, $1 \leqslant r \leqslant R$, 满足 $\boldsymbol{B}_{t_1} = c_{t_2} \times \boldsymbol{B}_{t_2} + \theta_{t_2}$, 其中 c_{t_2}, θ_{t_2} 是常数, $\boldsymbol{B}_{t_1}$ 表示矩阵第 t_1 行. 列满足线性关系同理可得. 当 $c_{t_2} = 1$ 时, 被称为加法模型, 如图 1.6(c); 当 $\theta_{t_2} = 0$ 时, 被称为乘法模型, 如图 1.6(d).

稀疏双向 K 均值聚类是将 K 均值聚类拓展到稀疏双向聚类中的一种算法, 求解过程与 K 均值算法类似. 现给定原始数据集矩阵为 $\boldsymbol{X} = (\boldsymbol{X}_1, \cdots, \boldsymbol{X}_n)^{\mathrm{T}}$, 其中 n 表示样本数, p 表示特征数且 $\boldsymbol{X}_i = (X_{i1}, \cdots, X_{ip})^{\mathrm{T}}$. 假设 n 个样本可以划分为 K_1 个类别, 记为 $G_1, G_2, \cdots, G_{K_1}$, p 个特征可以划分为 K_2 个类别, 记为 $G_1^*, G_2^*, \cdots, G_{K_2}^*$. 并且假设样本 $\boldsymbol{X}_i$ 中的元素 X_{ij} 的期望 $\mathrm{E}(X_{ij}) = \mu_{ls}$, 其中 μ_{ls} 表示 X_{ij} 属于第 l 个样本类别、第 s 个特征类别所对

应子矩阵中的元素均值. 双向聚类的目标函数为

$$\min \sum_{l=1}^{K_1} \sum_{s=1}^{K_2} \sum_{i \in G_l} \sum_{j \in G_s} (X_{ij} - \mu_{ls})^2. \tag{1.8.1}$$

由式 (1.8.1) 可以看出, 当 $K_1 = 1$ 时, 转化为关于特征的 K 均值聚类, 当 $K_2 = 1$ 时, 转化为关于样本的 K 均值聚类.

1	1	1	1
1	1	1	1
1	1	1	1
1	1	1	1

(a) 全局常数型

1	1	1	1
2	2	2	2
3	3	3	3
4	4	4	4

(b) 行常数型

1	2	3	4
2	3	4	5
3	4	5	6
4	5	6	7

(c) 加法模型

1	2	3	4
2	4	6	8
3	6	9	12
4	8	12	16

(d) 乘法模型

◀ 图 1.6
双向聚类结构
类型

为了增强聚类结果的可解释性, 并且减少类别方差, 可对式 (1.8.1) 中的 μ_{ls} 施加 Lasso 惩罚, 此时目标函数可变为

$$\min \left\{ \frac{1}{2} \sum_{l=1}^{K_1} \sum_{s=1}^{K_2} \sum_{i \in G_l} \sum_{j \in G_s} (X_{ij} - \mu_{ls})^2 + \lambda \sum_{l=1}^{K_1} \sum_{s=1}^{K_2} |\mu_{ls}| \right\}. \tag{1.8.2}$$

其中 λ 是非负参数.

显然稀疏双向 K 均值聚类是 K 均值聚类的一种泛化形式, 在利用稀疏双向 K 均值聚类算法时, 通常先将原始数据集矩阵 $\mathbf{X}$ 进行中心化处理, 然后再进入算法流程. 算法参数的求解过程与 K 均值算法相似, 可以利用迭代求解的思想不断更新参数的取值, 直到参数在某个阈值 ε 范围内不再变化或者达到最大迭代次数时停止计算.

■ 1.9 聚类实践

实践代码

本章介绍了多种常用的聚类算法. K 均值聚类算法采用距离最近原则将样本集划分到不同簇中, 并计算每个簇中样本的均值作为簇中心, 基于 K 均值的思想, 发展了较多变种算法, 例如: 处理分类属性的 K-modes 算法[1]、可加快迭代过程的 X-Means 算法[2] 等.

相比于 K 均值聚类非黑即白的硬聚类过程, FCM 和高斯混合聚类算法采用软聚类的思想, 通过计算样本属于某一簇划分的可能性, 并且根据可能性大小进行簇划分. 这类聚类算法在一些场景中得到较好的聚类效果, 被广泛应用于实际问题.

层次聚类算法通过对簇进行分裂或者合并, 达到聚类的目标, 本章主要介绍了聚合聚类的算法流程, 分裂聚类与之相反, 算法是由一个簇生成多个簇的过程. 相关改进算法有: BIRCH[3] 等.

DBSCAN 算法从样本集分布紧密程度的角度出发进行簇划分, 分布越紧密越有可能被划入同一簇. 此方法可应用于非凸样本的聚类分析. 更多基于密度的聚类可参考: ST-DBSCAN[4]、OPTICS[5].

可处理混合型数据的聚类方法, 除本章介绍的 K-原型之外, 其他方法可参考: Clust-MD[6]、KAMILA[7] 等; 更多双向聚类方法可参考: 谱双向聚类[8]、信息双向聚类[9]、凸双向聚类[10] 等.

1. 证明: 当 $t < 1$ 时, 式 (1.2.1) 不是距离度量.
2. 在 K 均值聚类方法中, 可采用指示函数法确定最优 K 值, 请写出误差平方和、平均直径、平均半径的指示函数形式.
3. 证明 K 均值聚类算法的收敛性.
4. 试给出 FCM 聚类算法步骤的证明过程.
5. 在求解高斯混合模型参数时, 我们用到了 EM 算法. 请叙述 EM 算法的一般步骤并给出相关证明.
6. 参考聚合聚类算法, 试写出分裂聚类的算法流程, 并采用分裂聚类对例题 1.1进行分析.
7. 分别采用 K 均值聚类、模糊 C 均值聚类、高斯混合聚类、层次聚类、DBSCAN 聚类分析 2019 年中国主要城市平均气温, 并对结果进行分析与对比. (见配套数据.)
8. 编写程序实现 K-prototypes 算法, 作用于 UCI 数据集 German Credit Data(见配套数据), 并对结果进行分析. (注意: 数据集最后一列为类别标签, 聚类过程不予采用.)

配套数据

第二章 主成分分析

主成分分析和聚类分析都是对数据进行降维的无监督学习方法, 聚类的目标是发现数据中的潜在群组, 使得同一组内的数据相似度较高, 不同组之间的相似度较低. 它通常用于发现数据中的内在结构和模式, 而不关心特征之间的关系. 而主成分分析目标是找到数据中的主要成分, 通过线性变换将数据投影到一个新的坐标系中, 找到数据中的主要方差方向, 以便用较少的维度来表示数据.

2.1 简介

在实际问题的研究中, 往往涉及多变量, 且不同变量之间有一定的相关性. 当变量较多时, 将增加分析问题的复杂性. 由于变量较多且变量之间存在相关性, 使得观测到的数据在一定程度上有所重叠. 因此利用变量间信息的重叠, 通过变量的降维, 可以使得复杂问题得到简化.

主成分分析 (principal component analysis, PCA) 是利用降维的思想, 在尽量减少信息损失的前提下, 将多变量转化为少数几个综合变量的一种机器学习方法. 例如, 在商品经济中, 用主成分分析可以将复杂的经济数据综合成几个商业指数, 如物价指数、生活费用指数以及商业活动指数等. 主成分分析是由皮尔逊 (Pearson)[11] 提出, 后来被霍特林 (Hotelling)[12] 发展起来的. 通常将生成的综合变量称为主成分, 这些主成分保留原始变量的绝大部分信息, 都是原始变量的线性组合, 而且各个主成分之间互不相关. 在研究复杂问题时, 通过主成分分析, 可以从事物错综复杂的关系中找出一些主要成分, 揭示事物内部变量之间的规律, 简化问题, 提高分析效率.

■ | 2.2 总体的主成分

2.2.1 总体主成分的定义

主成分分析的目标是找到原始变量的一个能够按照"重要性"排序并且信息不重复的线性组合. 具体地, 假设 $\boldsymbol{X} = (X_1, X_2, \cdots, X_p)^{\mathrm{T}}$ 为 p 维随机向量, 其均值为 $\boldsymbol{\mu}$, 协方差矩阵为 $\boldsymbol{\Sigma}$. 对 $\boldsymbol{X}$ 进行线性变换, 可以形成新的综合变量, 记为 $\boldsymbol{Y} = (Y_1, Y_2, \cdots, Y_p)^{\mathrm{T}}$, 即

$$
\begin{cases}
Y_1 = a_{11}X_1 + a_{21}X_2 + \cdots + a_{p1}X_p = \boldsymbol{a}_1^{\mathrm{T}}\boldsymbol{X}, \\
Y_2 = a_{12}X_1 + a_{22}X_2 + \cdots + a_{p2}X_p = \boldsymbol{a}_2^{\mathrm{T}}\boldsymbol{X}, \\
\qquad\qquad \cdots\cdots\cdots\cdots \\
Y_p = a_{1p}X_1 + a_{2p}X_2 + \cdots + a_{pp}X_p = \boldsymbol{a}_p^{\mathrm{T}}\boldsymbol{X}.
\end{cases}
$$

首先用一个综合变量 Y_1 来替代原始的 p 个变量, 为了使得 Y_1 在 $X_1, X_2, \cdots, X_p$ 的所有线性组合中最具代表性, 应使其方差最大化, 以最大限度地保留原始变量的方差和协方差结构信息. 由于

$$
\mathrm{Var}(Y_1) = \mathrm{Var}(\boldsymbol{a}_1^{\mathrm{T}}\boldsymbol{X}) = \boldsymbol{a}_1^{\mathrm{T}}\boldsymbol{\Sigma}\boldsymbol{a}_1,
$$

若对 $\boldsymbol{a}_1$ 不加以约束, 可使得 Y_1 的方差任意增大, 那么方差最大化就变得没有意义. 因此主成分分析限制 $\boldsymbol{a}_1$ 为单位向量, 即 $\boldsymbol{a}_1^{\mathrm{T}}\boldsymbol{a}_1 = 1$, 寻求向量 $\boldsymbol{a}_1$, 使得 $\mathrm{Var}(Y_1) = \mathrm{Var}(\boldsymbol{a}_1^{\mathrm{T}}\boldsymbol{X})$ 达到最大, Y_1 就称为第一主成分. 若第一主成分所含信息不够多, 不足以代表原始数据的 p 个变量, 则需要考虑 Y_2, 为了使得 Y_2 中所含信息与 Y_1 不重叠, 则应该要求

$$
\mathrm{Cov}(Y_1, Y_2) = 0,
$$

即 Y_1 和 Y_2 不相关. 因此主成分分析在上述约束和 $\boldsymbol{a}_2^{\mathrm{T}}\boldsymbol{a}_2 = 1$ 的条件下寻求 $\boldsymbol{a}_2$, 使得 $\mathrm{Var}(Y_2) = \mathrm{Var}(\boldsymbol{a}_2^{\mathrm{T}}\boldsymbol{X})$ 达到最大, 所求的 Y_2 称为第二主成分. 类似地, 可以定义第三主成分 $\cdots\cdots$ 第 p 主成分. 各主成分在总方差中所占比重依次递减. 实际应用中, 通常只需挑选前几个主成分, 达到简化问题, 抓住问题本质的目的.

2.2.2 总体主成分的求法

本节将阐述求解 $\boldsymbol{X}$ 主成分的计算过程. 假设 $\boldsymbol{\Sigma}$ 是 $\boldsymbol{X} = (X_1, X_2, \cdots, X_p)^{\mathrm{T}}$ 的协方差矩阵, $\boldsymbol{\Sigma}$ 的特征值及其相应的正交单位化特征向量分别为

$\lambda_1 \geqslant \lambda_2 \geqslant \cdots \geqslant \lambda_r > \lambda_{r+1} = \cdots = \lambda_p = 0$ 及 $\boldsymbol{a}_1, \cdots, \boldsymbol{a}_p$, 其中 $r = \operatorname{rank}(\boldsymbol{\Sigma})$. 首先求出 $\boldsymbol{X}$ 的第一个主成分 $Y_1 = \boldsymbol{a}_1^{\mathrm{T}} \boldsymbol{X}$. 由于第一主成分的系数 $\boldsymbol{a}_1$ 应在条件 $\boldsymbol{a}_1^{\mathrm{T}} \boldsymbol{a}_1 = 1$ 下, 使得 $\boldsymbol{X}$ 的所有线性变换中方差

$$\operatorname{Var}(\boldsymbol{a}_1^{\mathrm{T}} \boldsymbol{X}) = \boldsymbol{a}_1^{\mathrm{T}} \boldsymbol{\Sigma} \boldsymbol{a}_1$$

最大化. 因此, 求第一主成分就转换为求解以下约束最优化问题:

$$\max_{\boldsymbol{a}_1} \boldsymbol{a}_1^{\mathrm{T}} \boldsymbol{\Sigma} \boldsymbol{a}_1, \quad \text{s.t.} \quad \boldsymbol{a}_1^{\mathrm{T}} \boldsymbol{a}_1 = 1.$$

根据拉格朗日乘子法, 定义拉格朗日函数

$$L(\boldsymbol{a}_1, \lambda) = \boldsymbol{a}_1^{\mathrm{T}} \boldsymbol{\Sigma} \boldsymbol{a}_1 - \lambda(\boldsymbol{a}_1^{\mathrm{T}} \boldsymbol{a}_1 - 1),$$

其中 λ 为拉格朗日乘子. 将拉格朗日函数 $L(\boldsymbol{a}_1, \lambda)$ 分别对参数 $\boldsymbol{a}_1, \lambda$ 求导, 令其为 0, 即得

$$\begin{cases} \boldsymbol{\Sigma} \boldsymbol{a}_1 - \lambda \boldsymbol{a}_1 = 0, \\ \boldsymbol{a}_1^{\mathrm{T}} \boldsymbol{a}_1 = 1. \end{cases}$$

因此, λ 是协方差矩阵 $\boldsymbol{\Sigma}$ 的特征值, $\boldsymbol{a}_1$ 是其对应的单位特征向量. 可得目标函数

$$\boldsymbol{a}_1^{\mathrm{T}} \boldsymbol{\Sigma} \boldsymbol{a}_1 = \boldsymbol{a}_1^{\mathrm{T}} \lambda \boldsymbol{a}_1 = \lambda \boldsymbol{a}_1^{\mathrm{T}} \boldsymbol{a}_1 = \lambda.$$

因此若 $\boldsymbol{a}_1$ 是 $\boldsymbol{\Sigma}$ 的最大特征值 λ_1 对应的单位特征向量, 则 $\boldsymbol{a}_1$ 与 λ_1 是上述最优化问题的解. 即可得第一个主成分 $Y_1 = \boldsymbol{a}_1^{\mathrm{T}} \boldsymbol{X}$, 其方差为协方差矩阵 $\boldsymbol{\Sigma}$ 的最大特征值 λ_1, 其系数 $\boldsymbol{a}_1$ 是 λ_1 对应的单位特征向量.

下面求解 $\boldsymbol{X}$ 的第二个主成分 $Y_2 = \boldsymbol{a}_2^{\mathrm{T}} \boldsymbol{X}$. 由于第二个主成分的系数 $\boldsymbol{a}_2$ 应满足以下条件: 单位向量 $\boldsymbol{a}_2^{\mathrm{T}} \boldsymbol{a}_2 = 1$, 且 $Y_2 = \boldsymbol{a}_2^{\mathrm{T}} \boldsymbol{X}$ 与 $Y_1 = \boldsymbol{a}_1^{\mathrm{T}} \boldsymbol{X}$ 不相关, 并使得 $\boldsymbol{X}$ 的所有线性变换中方差

$$\operatorname{Var}(\boldsymbol{a}_2^{\mathrm{T}} \boldsymbol{X}) = \boldsymbol{a}_2^{\mathrm{T}} \boldsymbol{\Sigma} \boldsymbol{a}_2$$

达到最大. 因此, 求第二主成分就转换为求解以下约束最优化问题:

$$\max_{\boldsymbol{a}_2} \boldsymbol{a}_2^{\mathrm{T}} \boldsymbol{\Sigma} \boldsymbol{a}_2, \quad \text{s.t.} \quad \boldsymbol{a}_2^{\mathrm{T}} \boldsymbol{a}_2 = 1, \quad \boldsymbol{a}_1^{\mathrm{T}} \boldsymbol{\Sigma} \boldsymbol{a}_2 = 0.$$

由于

$$\boldsymbol{a}_1^{\mathrm{T}} \boldsymbol{\Sigma} \boldsymbol{a}_2 = \boldsymbol{a}_2^{\mathrm{T}} \boldsymbol{\Sigma} \boldsymbol{a}_1 = \boldsymbol{a}_2^{\mathrm{T}} \lambda_1 \boldsymbol{a}_1 = \lambda_1 \boldsymbol{a}_2^{\mathrm{T}} \boldsymbol{a}_1 = \lambda_1 \boldsymbol{a}_1^{\mathrm{T}} \boldsymbol{a}_2,$$

则有

$$\boldsymbol{a}_2^{\mathrm{T}} \boldsymbol{a}_1 = 0, \quad \boldsymbol{a}_1^{\mathrm{T}} \boldsymbol{a}_2 = 0.$$

定义拉格朗日函数

$$L(\boldsymbol{a}_2, \lambda, \phi) = \boldsymbol{a}_2^{\mathrm{T}} \boldsymbol{\Sigma} \boldsymbol{a}_2 - \lambda(\boldsymbol{a}_2^{\mathrm{T}} \boldsymbol{a}_2 - 1) - \phi \boldsymbol{a}_2^{\mathrm{T}} \boldsymbol{a}_1,$$

其中 λ, ϕ 为拉格朗日乘子. 将拉格朗日函数 $L(\boldsymbol{a}_2, \lambda, \phi)$ 分别对参数 $\boldsymbol{a}_2, \lambda, \phi$ 求导, 令其为 0, 即得

$$\begin{cases} 2\boldsymbol{\Sigma} \boldsymbol{a}_2 - 2\lambda \boldsymbol{a}_2 - \phi \boldsymbol{a}_1 = \boldsymbol{0}, \\ \boldsymbol{a}_2^{\mathrm{T}} \boldsymbol{a}_2 = 1, \\ \boldsymbol{a}_2^{\mathrm{T}} \boldsymbol{a}_1 = 0. \end{cases}$$

由于

$$2\boldsymbol{a}_1^{\mathrm{T}} \boldsymbol{\Sigma} \boldsymbol{a}_2 - 2\lambda \boldsymbol{a}_1^{\mathrm{T}} \boldsymbol{a}_2 - \phi \boldsymbol{a}_1^{\mathrm{T}} \boldsymbol{a}_1 = 0,$$

则 $\phi = 0$, 进而可以得到

$$\boldsymbol{\Sigma} \boldsymbol{a}_2 - \lambda \boldsymbol{a}_2 = 0.$$

显然, λ 是协方差矩阵 $\boldsymbol{\Sigma}$ 的特征值, $\boldsymbol{a}_2$ 是其对应的单位特征向量. 此时, 目标函数可表示为

$$\boldsymbol{a}_2^{\mathrm{T}} \boldsymbol{\Sigma} \boldsymbol{a}_2 = \boldsymbol{a}_2^{\mathrm{T}} \lambda \boldsymbol{a}_2 = \lambda \boldsymbol{a}_2^{\mathrm{T}} \boldsymbol{a}_2 = \lambda,$$

因此若 $\boldsymbol{a}_2$ 是 $\boldsymbol{\Sigma}$ 的第二大特征值 λ_2 对应的单位特征向量, 则 $\boldsymbol{a}_2$ 与 λ_2 是上述最优化问题的解. 即可得第二个主成分 $Y_2 = \boldsymbol{a}_2^{\mathrm{T}} \boldsymbol{X}$, 其方差为协方差矩阵 $\boldsymbol{\Sigma}$ 的第二大特征值 λ_2, 系数向量 $\boldsymbol{a}_2$ 是 λ_2 对应的单位特征向量.

以此类推, 可知第 k 个主成分 $Y_k = \boldsymbol{a}_k^{\mathrm{T}} \boldsymbol{X}$, 其方差为协方差矩阵 $\boldsymbol{\Sigma}$ 的第 k 大特征值 λ_k, 系数向量 $\boldsymbol{a}_k$ 是 λ_k 对应的单位特征向量.

因此, 假设 $\boldsymbol{X}$ 的第 k 个主成分为

$$Y_k = \boldsymbol{a}_k^{\mathrm{T}} \boldsymbol{X} = a_{k1} X_1 + a_{k2} X_2 + \cdots + a_{kp} X_p,$$

其中 $\boldsymbol{a}_k = (a_{k1}, \cdots, a_{kp})^{\mathrm{T}}$. 显然有:

$$\begin{cases} \mathrm{Var}(Y_k) = \boldsymbol{a}_k^{\mathrm{T}} \boldsymbol{\Sigma} \boldsymbol{a}_k = \lambda_k \boldsymbol{a}_k^{\mathrm{T}} \boldsymbol{a}_k = \lambda_k, k = 1, 2, \cdots, p, \\ \mathrm{Cov}(Y_k, Y_j) = \boldsymbol{a}_k^{\mathrm{T}} \boldsymbol{\Sigma} \boldsymbol{a}_j = \lambda_k \boldsymbol{a}_k^{\mathrm{T}} \boldsymbol{a}_j = 0, k \neq j. \end{cases}$$

即令 $\boldsymbol{A} = (\boldsymbol{a}_1, \cdots, \boldsymbol{a}_p)$, 则 $\boldsymbol{A}$ 是一个正交矩阵, 且 $\boldsymbol{A}^{\mathrm{T}} \boldsymbol{\Sigma} \boldsymbol{A} = \boldsymbol{\Lambda} = \mathrm{diag}(\lambda_1, \cdots, \lambda_p)$, 其中 $\boldsymbol{\Lambda} = \mathrm{diag}(\lambda_1, \cdots, \lambda_p)$ 表示对角矩阵. 因此, 求主成分问题就转化成了求协方差矩阵的特征值和特征向量.

2.2.3 总体主成分的性质

1. 主成分的协方差矩阵 $\mathrm{Var}(\boldsymbol{Y}) = \boldsymbol{\Lambda}$. 即 $\mathrm{Var}(Y_j) = \lambda_j, j = 1, 2, \cdots, p$ 且 $Y_1, Y_2, \cdots, Y_p$ 互不相关.

2. 假设 $\boldsymbol{\Sigma} = (\sigma_{jk})_{p \times p}$ 表示 $\boldsymbol{X}$ 的协方差矩阵, 则总体主成分的方差之和可表示为

$$\sum_{j=1}^{p} \lambda_j = \sum_{j=1}^{p} \sigma_{jj}.$$

事实上, 由于 $\boldsymbol{\Sigma} = \boldsymbol{A}\boldsymbol{\Lambda}\boldsymbol{A}^{\mathrm{T}}$, 则

$$\sum_{j=1}^{p} \lambda_j = \mathrm{tr}(\boldsymbol{\Lambda}) = \mathrm{tr}(\boldsymbol{\Lambda}\boldsymbol{A}^{\mathrm{T}}\boldsymbol{A}) = \mathrm{tr}(\boldsymbol{A}\boldsymbol{\Lambda}\boldsymbol{A}^{\mathrm{T}}) = \mathrm{tr}(\boldsymbol{\Sigma}) = \sum_{j=1}^{p} \sigma_{jj}.$$

由此可知, 主成分分析是把 p 个随机变量 $X_1, X_2, \cdots, X_p$ 的总方差分解为 p 个不相关的随机变量 $Y_1, Y_2, \cdots, Y_p$ 的方差之和.

在主成分分析中, 令 η_k 表示第 k 个主成分的方差贡献率, 定义为

$$\eta_k = \frac{\lambda_k}{\sum\limits_{j=1}^{p} \lambda_j}, \quad k = 1, 2, \cdots, p,$$

其含义是第 k 个主成分 Y_k 所提取的信息占总信息的比例. 根据主成分分析的算法原理, 第一主成分的贡献率最大, 意味着 Y_1 综合原始变量 $X_1, X_2, \cdots, X_p$ 所含的信息能力最强, 而 $Y_2, Y_3, \cdots, Y_p$ 的综合能力依次减弱.

前 m 个主成分 $Y_1, Y_2, \cdots, Y_m$ 的方差贡献率之和定义为

$$\sum_{j=1}^{m} \eta_j = \frac{\sum\limits_{j=1}^{m} \lambda_j}{\sum\limits_{j=1}^{p} \lambda_j},$$

表示主成分 $Y_1, Y_2, \cdots, Y_m$ 的累积贡献率, 其含义是前 m 个主成分综合提供原始变量信息的能力. 在实际应用中, 通常选取 $m < p$, 使得前 m 个主成分的累积贡献率达到较高的比例 (例如, 大于 85%). 此时, 用 $Y_1, Y_2, \cdots, Y_m$ 代替原始随机变量 $X_1, X_2, \cdots, X_p$ 不但使得变量的维数降低, 而且也不损失太多的信息.

3. 设矩阵 $\boldsymbol{A}$ 的第 k 行第 j 列元素为 A_{kj}. 由于 $\boldsymbol{Y} = \boldsymbol{A}^{\mathrm{T}}\boldsymbol{X}$, 则有 $\boldsymbol{X} = \boldsymbol{A}\boldsymbol{Y}$, 故而有 $X_j = A_{j1}Y_1 + A_{j2}Y_2 + \cdots + A_{jp}Y_p$, $\mathrm{Cov}(Y_k, X_j) = \lambda_k A_{jk}$, 则可得主成分 Y_k 与原始变量 X_j 的相关系数为

$$\rho_{Y_k, X_j} = \frac{\mathrm{Cov}(Y_k, X_j)}{\sqrt{\mathrm{Var}(Y_k)}\sqrt{\mathrm{Var}(X_j)}} = \frac{\lambda_k A_{jk}}{\sqrt{\lambda_k}\sqrt{\sigma_{jj}}} = \frac{\sqrt{\lambda_k}}{\sqrt{\sigma_{jj}}} A_{jk}.$$

它给出了主成分 Y_k 与原始变量 X_j 的线性关联性的度量, 也称为因子负荷量或因子载荷量.

4. 之前所提到的累积贡献率度量了前 m 个主成分 $Y_1, Y_2, \cdots, Y_m$ 综合提供原始变量 $X_1, X_2, \cdots, X_p$ 所含的信息能力, 那么前 m 个主成分中包含原始变量 X_j 有多少信息应该如何度量呢? 这个指标为前 m 个主成分 $Y_1, Y_2, \cdots, Y_m$ 与原始变量 X_j 的相关系数的平方和, 我们称之为 $Y_1, Y_2, \cdots, Y_m$ 对原始变量 X_j 的贡献率.

下面我们通过一个例子阐述总体主成分的计算方法.

例 2.1 设随机变量 $\boldsymbol{X} = (X_1, X_2, X_3)^{\mathrm{T}}$ 的协方差矩阵为

$$\boldsymbol{\Sigma} = \begin{pmatrix} 1 & -2 & 0 \\ -2 & 5 & 0 \\ 0 & 0 & 2 \end{pmatrix},$$

则知 $\boldsymbol{\Sigma}$ 的特征值为 $\lambda_1 = 3 + \sqrt{8}, \lambda_2 = 2, \lambda_3 = 3 - \sqrt{8}$, 相应的单位正交特征向量为

$$\boldsymbol{a}_1 = \begin{pmatrix} 0.383 \\ -0.924 \\ 0.000 \end{pmatrix}, \quad \boldsymbol{a}_2 = \begin{pmatrix} 0 \\ 0 \\ 1 \end{pmatrix}, \quad \boldsymbol{a}_3 = \begin{pmatrix} 0.924 \\ 0.383 \\ 0.000 \end{pmatrix}.$$

因此, 主成分为

$$Y_1 = 0.383X_1 - 0.924X_2,$$

$$Y_2 = X_3,$$

$$Y_3 = 0.924X_1 + 0.383X_2.$$

取 $m = 1$ 时, Y_1 的累积贡献率为 $\dfrac{\lambda_1}{\lambda_1 + \lambda_2 + \lambda_3} = \dfrac{3 + \sqrt{8}}{8} = 72.8\%$; 取 $m = 2$ 时, Y_1, Y_2 的累积贡献率为 97.85%. 下表列出 m 个主成分对变量 X_j 的贡献率.

j	ρ_{Y_1, X_j}	$\rho^2_{Y_1, X_j}$	ρ_{Y_2, X_j}	$\rho^2_{Y_2, X_j}$
1	0.925	0.855	0.000	0.000
2	−0.998	0.996	0.000	0.000
3	0.000	0.000	1.000	1.000

由此可见, 当 $m = 1$ 时, Y_1 的累积贡献率已达 72.8%, 但是 Y_1 对 X_3 的贡献率为 0, 这是因为在 Y_1 中没有包含 X_3 的任何信息, 因此仅取 $m = 1$ 不够, 故而取 $m = 2$, 这时 Y_1, Y_2 的累积贡献率为 97.85%, 且 Y_1, Y_2 对 $X_j (j = 1, 2, 3)$ 的贡献率也比较高.

2.2.4 标准化变量的主成分

在实际问题中, 通常有两种情形不适合直接从协方差矩阵 $\boldsymbol{\Sigma}$ 出发求主成分. 一种是各变量的单位不全相同, 对同样的变量使用不同的单位进行主成分分析, 其结果一般是不一样的, 甚至差异较大, 这样做出来的分析也没有意义. 另一种是各变量的单位虽相同, 但是其变量方差的差异较大, 以至于主成分分析的结果往往倾向于方差大的变量, 而方差小的变量几乎被忽略. 因此, 对这两种情形, 通常先将各原始变量做标准化处理, 然后从标准化变量的协方差矩阵出发求主成分. 常用的标准化变换为

$$X_j^* = \frac{X_j - \mu_j}{\sqrt{\sigma_{jj}}}, i = 1, 2, \cdots, p,$$

其中 $\mu_j = E(X_j), \sigma_{jj} = \mathrm{Var}(X_j)$. 此时 $\boldsymbol{X}^* = (X_1^*, X_2^*, \cdots, X_p^*)^{\mathrm{T}}$ 的协方差矩阵为原始变量 $\boldsymbol{X} = (X_1, X_2, \cdots, X_p)^{\mathrm{T}}$ 的相关系数矩阵 $\boldsymbol{\rho} = (\rho_{kj})_{p \times p}$, 其中

$$\rho_{kj} = \frac{\mathrm{Cov}(X_k, X_j)}{\sqrt{\mathrm{Var}(X_k)}\sqrt{\mathrm{Var}(X_j)}},$$

因此只需直接从相关系数矩阵 $\boldsymbol{\rho}$ 出发求主成分, 此时的主成分分析将均等地对待每一个原始变量. 从相关系数矩阵出发求的主成分与从协方差矩阵出发是完全类似的, 并且主成分的一些性质具有更简单的数学形式.

设 $\boldsymbol{\rho}$ 的特征值 $\lambda_1^* \geqslant \lambda_2^* \geqslant \cdots \geqslant \lambda_r^* > \lambda_{r+1}^* = \cdots = \lambda_p^* = 0$, 其中 $r = \mathrm{rank}(\boldsymbol{\rho})$, $\boldsymbol{\rho}$ 的 p 个单位特征向量为 $\boldsymbol{a}_1^*, \cdots, \boldsymbol{a}_p^*$, 且相互正交, 则 p 个主成分为: $Y_1^* = \boldsymbol{a}_1^{*\mathrm{T}}\boldsymbol{X}^*, Y_2^* = \boldsymbol{a}_2^{*\mathrm{T}}\boldsymbol{X}^*, \cdots, Y_p^* = \boldsymbol{a}_p^{*\mathrm{T}}\boldsymbol{X}^*$. 记 $\boldsymbol{Y}^* = (Y_1^*, Y_2^*, \cdots, Y_p^*)^{\mathrm{T}}$, $\boldsymbol{A}^* = (\boldsymbol{a}_1^*, \boldsymbol{a}_2^*, \cdots, \boldsymbol{a}_p^*)$, 则有 $\boldsymbol{Y}^* = \boldsymbol{A}^{*\mathrm{T}}\boldsymbol{X}^*$. 上述主成分具有的性质可以概括如下:

1. $E(\boldsymbol{Y}^*) = \boldsymbol{0}, \mathrm{Var}(\boldsymbol{Y}^*) = \boldsymbol{\Lambda}^* = \mathrm{diag}(\lambda_1^*, \cdots, \lambda_p^*)$.

2. $\displaystyle\sum_{j=1}^{p} \mathrm{Var}(Y_j^*) = \sum_{j=1}^{p} \lambda_j^* = \sum_{j=1}^{p} \mathrm{Var}(X_j^*) = p$.

3. 第 k 个主成分 Y_k^* 的贡献率为 $\dfrac{\lambda_k^*}{p}$, 前 m 个主成分 $Y_1^*, Y_2^*, \cdots, Y_m^*$ 的累积贡献率为 $\dfrac{\sum\limits_{j=1}^{m} \lambda_j^*}{p}$.

4. 主成分 Y_k^* 与 X_j^* 的相关系数为 $\rho_{Y_k^*, X_j^*} = \sqrt{\lambda_k^*} A_{jk}^*$.

下面通过一个例子说明分别从协方差矩阵和相关系数矩阵出发求主成分的差异.

例 2.2 随机变量 $\boldsymbol{X} = (X_1, X_2, X_3)^{\mathrm{T}}$ 的协方差矩阵为

$$\boldsymbol{\Sigma} = \begin{pmatrix} 16 & 2 & 30 \\ 2 & 1 & 4 \\ 30 & 4 & 100 \end{pmatrix},$$

其相关系数矩阵为

$$\boldsymbol{\rho} = \begin{pmatrix} 1 & 0.5 & 0.75 \\ 0.5 & 1 & 0.4 \\ 0.75 & 0.4 & 1 \end{pmatrix}.$$

经计算可知 $\boldsymbol{\Sigma}$ 的特征值为 $\lambda_1 = 109.793, \lambda_2 = 6.469, \lambda_3 = 0.738$, 相应的单位正交特征向量为

$$\boldsymbol{a}_1 = \begin{pmatrix} 0.305 \\ 0.041 \\ 0.951 \end{pmatrix}, \quad \boldsymbol{a}_2 = \begin{pmatrix} 0.944 \\ 0.120 \\ -0.308 \end{pmatrix}, \quad \boldsymbol{a}_3 = \begin{pmatrix} -0.127 \\ 0.992 \\ -0.002 \end{pmatrix}.$$

因此, 主成分为

$$Y_1 = 0.305X_1 + 0.041X_2 + 0.951X_3,$$

$$Y_2 = 0.944X_1 + 0.120X_2 - 0.308X_3,$$

$$Y_3 = -0.127X_1 + 0.992X_2 - 0.002X_3.$$

Y_1 的贡献率为 $\dfrac{\lambda_1}{\lambda_1 + \lambda_2 + \lambda_3} = 0.938$. 如此高的贡献率归因于 X_1 的大方差, 以及 X_1, X_2, X_3 之间存在一定的相关性.

相关系数矩阵 $\boldsymbol{\rho}$ 的特征值为 $\lambda_1^* = 2.114, \lambda_2^* = 0.646, \lambda_3^* = 0.240$, 相应的单位正交特征向量为

$$\boldsymbol{a}_1^* = \begin{pmatrix} 0.627 \\ 0.497 \\ 0.600 \end{pmatrix}, \quad \boldsymbol{a}_2^* = \begin{pmatrix} -0.241 \\ 0.856 \\ -0.457 \end{pmatrix}, \quad \boldsymbol{a}_3^* = \begin{pmatrix} -0.741 \\ 0.142 \\ 0.656 \end{pmatrix}.$$

因此, 主成分为

$$Y_1^* = 0.627X_1^* + 0.497X_2^* + 0.600X_3^*,$$

$$Y_2^* = -0.241X_1^* + 0.856X_2^* - 0.457X_3^*,$$

$$Y_3^* = -0.741X_1^* + 0.142X_2 + 0.656X_3^*.$$

Y_1^* 的贡献率为 $\dfrac{\lambda_1^*}{3} = 0.705$, Y_1^* 和 Y_2^* 的累积贡献率为 $\dfrac{\lambda_1^* + \lambda_2^*}{3} = 0.920$. 比较从 $\boldsymbol{\Sigma}$ 出发和从 $\boldsymbol{\rho}$ 出发的主成分分析结果. 可知从 $\boldsymbol{\rho}$ 出发的 Y_1^* 的贡献率 0.705 明显小于从 $\boldsymbol{\Sigma}$ 出发的 Y_1 的贡献率 0.938, 事实上, 原始变量方差之间的差异越大, 这一点往往越明显. 此例也说明标准化后的结论可能会发生很大的变化, 因此标准化并不是无关紧要的.

■ | 2.3 样本主成分

在上一节, 我们可以从协方差矩阵 $\boldsymbol{\Sigma}$ 或相关系数矩阵 $\boldsymbol{\rho}$ 出发求主成分. 但是在实际问题中, $\boldsymbol{\Sigma}$ 和 $\boldsymbol{\rho}$ 一般都是未知的, 需要通过样本来进行估计得到. 设

$$\boldsymbol{X}_i = (X_{i1}, \cdots, X_{ip})^{\mathrm{T}}, i = 1, 2, \cdots, n$$

为取自样本数据矩阵 $\mathbf{X} = (\boldsymbol{X}_1, \cdots, \boldsymbol{X}_n)^{\mathrm{T}}$ 的一个简单随机样本, 其中 p 表示特征维数, n 表示样本数. 样本的协方差矩阵和相关系数矩阵分别为

$$\boldsymbol{S} = (s_{kj})_{p \times p} = \frac{1}{n-1} \sum_{i=1}^{n} (\boldsymbol{X}_i - \bar{\boldsymbol{X}})(\boldsymbol{X}_i - \bar{\boldsymbol{X}})^{\mathrm{T}},$$

$$\boldsymbol{R} = (r_{kj})_{p \times p} = \frac{s_{kj}}{\sqrt{s_{kk} s_{jj}}},$$

其中

$$\bar{\boldsymbol{X}} = (\bar{X}_1, \cdots, \bar{X}_p)^{\mathrm{T}}, \quad \bar{X}_j = \frac{1}{n} \sum_{i=1}^{n} X_{ij}, \quad j = 1, 2, \cdots, p,$$

$$s_{kj} = \frac{1}{n-1} \sum_{i=1}^{n} (X_{ik} - \bar{X}_k)(X_{ij} - \bar{X}_j) \quad k, j = 1, 2, \cdots, p$$

分别以 $\boldsymbol{S}, \boldsymbol{R}$ 作为 $\boldsymbol{\Sigma}, \boldsymbol{\rho}$ 的估计, 再按照总体主成分的方法求得的主成分称之为样本主成分.

设 $\widehat{\lambda}_1 \geqslant \widehat{\lambda}_2 \geqslant \cdots \geqslant \widehat{\lambda}_r > \widehat{\lambda}_{r+1} = \cdots = \widehat{\lambda}_p = 0$ 为样本协方差矩阵 $\boldsymbol{S}$ 的特征值, $\widehat{\boldsymbol{a}}_1, \cdots, \widehat{\boldsymbol{a}}_p$ 为对应的正交单位化特征向量, 其中 $\widehat{\boldsymbol{a}}_i = (\widehat{a}_{1i}, \cdots, \widehat{a}_{pi})^{\mathrm{T}}$, 则第 m 个样本的第 j 个主成分可表示为 $Y_{mj} = \widehat{\boldsymbol{a}}_j^{\mathrm{T}} \boldsymbol{X}_m$. 此时, 可以得到

1. Y_j 的样本方差为

$$\mathrm{Var}(Y_j) = \widehat{\boldsymbol{a}}_j^{\mathrm{T}} \boldsymbol{S} \widehat{\boldsymbol{a}}_j = \widehat{\lambda}_j, \quad j = 1, 2, \cdots, p.$$

2. Y_k 与 Y_j 的样本协方差为

$$\mathrm{Cov}(Y_k, Y_j) = \widehat{\boldsymbol{a}}_k^{\mathrm{T}} \boldsymbol{S} \widehat{\boldsymbol{a}}_j = 0.$$

3. 样本总方差为

$$\sum_{j=1}^{p} s_{jj} = \sum_{j=1}^{p} \widehat{\lambda}_j.$$

第 j 个主成分的贡献率为

$$\widehat{\eta}_j = \frac{\widehat{\lambda}_j}{\sum\limits_{j=1}^{p} \widehat{\lambda}_j}, \quad j = 1, 2, \cdots, p,$$

前 k 个主成分累积贡献率为

$$\sum_{j=1}^{k} \widehat{\eta}_j = \frac{\sum\limits_{j=1}^{k} \widehat{\lambda}_j}{\sum\limits_{j=1}^{p} \widehat{\lambda}_j}.$$

类似地, 为了避免单位不统一或者变量之间差异性较大产生的影响, 可以对样本进行标准化处理, 即令

$$\boldsymbol{X}_i^* = \left(\frac{X_{i1} - \bar{X}_1}{\sqrt{s_{11}}}, \frac{X_{i2} - \bar{X}_2}{\sqrt{s_{22}}}, \cdots, \frac{X_{ip} - \bar{X}_p}{\sqrt{s_{pp}}} \right)^{\mathrm{T}}, i = 1, 2, \cdots, n,$$

标准化后数据的样本协方差矩阵即为原始数据的样本相关系数矩阵 $\boldsymbol{R}$. 由 $\boldsymbol{R}$ 出发所求的样本主成分称为标准化样本主成分. 计算 $\boldsymbol{R}$ 的特征值及相应的正交单位化特征向量即可求得标准化样本主成分. 此时, 标准化的样本总方差为 p.

选取前 m 个样本主成分, 使其累积贡献率达到一定的要求 (例如, 大于 85%), 用这 m 个样本主成分代替原始数据进行分析, 可以达到在保留大部分信息的前提下, 降低原始数据维数的目的.

■ 2.4 非线性主成分分析

传统主成分分析一般适应于线性降维, 其对于非线性数据往往不能达到较好的效果, 例如, 不同人之间的人脸图像存在非线性关系, 用传统的线性主成分分析结果不尽人意. 下面介绍几种非线性主成分分析算法.

2.4.1 核主成分分析

核主成分分析 (kernel principal component analysis, KPCA) 是对传统主成分分析 (PCA) 算法的非线性拓展. 简单地说, 通过将非线性不可分问题映

射到维度更高的特征空间, 使其在新的特征空间上线性可分. 设样本数据矩阵 $\mathbf{X} = (\boldsymbol{X}_1, \cdots, \boldsymbol{X}_n)^{\mathrm{T}}$, 其中 p 表示特征维数, n 表示样本数. $\boldsymbol{X} \in \mathbf{R}^p$ 为取自 $\mathbf{X}$ 的一个简单随机样本, 为了将其映射到维度更高的 k 维子空间, 定义如下非线性映射函数 ϕ:

$$\phi : \mathbf{R}^p \to \mathbf{R}^k (p \ll k)$$

换句话说, 利用 KPCA, 可以通过非线性变换将数据映射到一个高维空间, 然后在此高维空间中使用标准 PCA 将其映射到另外一个低维空间中, 并通过线性分类器进行划分. 但是, 由于协方差矩阵中每个元素都是向量的内积, 因此映射到高维度空间后, 向量维度增加导致计算量大幅度增大. 故而, 可以利用核函数忽略映射函数的具体形式, 直接得到低维数据映射到高维后的内积.

假设 $\phi(\mathbf{X})$ 是一个映射后的中心化的矩阵, 维数是 $n \times k$, 可以计算得到协方差矩阵为

$$\boldsymbol{\Sigma} = \frac{1}{n} \phi(\mathbf{X})^{\mathrm{T}} \phi(\mathbf{X}).$$

然而, 由于我们没有显式的定义映射 ϕ, 无法计算 $\boldsymbol{\Sigma}$, 传统的 PCA 算法失效. 但是, 由 $\frac{1}{n} \phi(\mathbf{X})^{\mathrm{T}} \phi(\mathbf{X}) \boldsymbol{\nu} = \lambda \boldsymbol{\nu}$, 两边同除以 λ, 得到 $\boldsymbol{V} = \frac{1}{n\lambda} \phi(\mathbf{X})^{\mathrm{T}} \phi(\mathbf{X}) \boldsymbol{\nu} = \phi(\mathbf{X})^{\mathrm{T}} \boldsymbol{a}$, 因此, 特征向量可表示为 $\boldsymbol{\nu} = \phi(\mathbf{X})^{\mathrm{T}} \boldsymbol{a}$, 代入 $\boldsymbol{\Sigma} \boldsymbol{\nu} = \lambda \boldsymbol{\nu}$, 则可得

$$\frac{1}{n} \phi(\mathbf{X})^{\mathrm{T}} \phi(\mathbf{X}) \phi(\mathbf{X})^{\mathrm{T}} \boldsymbol{a} = \lambda \phi(\mathbf{X})^{\mathrm{T}} \boldsymbol{a},$$

两边左乘 $\phi(\mathbf{X})$, 则可得

$$\frac{1}{n} \phi(\mathbf{X}) \phi(\mathbf{X})^{\mathrm{T}} \boldsymbol{a} = \lambda \boldsymbol{a},$$

即

$$\frac{1}{n} \boldsymbol{K} \boldsymbol{a} = \lambda \boldsymbol{a}, \tag{2.4.1}$$

其中 $\boldsymbol{K}$ 为核矩阵: $\boldsymbol{K} = \phi(\mathbf{X}) \phi(\mathbf{X})^{\mathrm{T}}$. 显然, $\boldsymbol{K}$ 由高维空间中的内积决定, 为了避免由此带来的复杂计算, 我们不需要显式定义映射 $\phi(\mathbf{X})$, 可通过定义核函数表示样本点在高维空间中的内积, 这就是核技巧. 令 $k(\boldsymbol{X}, \boldsymbol{Y})$ 表示核函数, $\boldsymbol{X} = (X_1, \cdots, X_p)^{\mathrm{T}}$、$\boldsymbol{Y} = (Y_1, \cdots, Y_p)^{\mathrm{T}}$ 表示样本. 此时矩阵 $\boldsymbol{K}$ 的第 i 行, 第 j 列元素 $K_{ij} = k(\boldsymbol{X}_i, \boldsymbol{Y}_j)$. 由单位特征向量的假定知 $\boldsymbol{\nu}^{\mathrm{T}} \boldsymbol{\nu} = 1$, 推出 $\boldsymbol{a}^{\mathrm{T}} \boldsymbol{K} \boldsymbol{a} = 1$, 因此得到条件

$$n\lambda \boldsymbol{a}^{\mathrm{T}} \boldsymbol{a} = 1. \tag{2.4.2}$$

利用式 (2.4.1) 和条件 (2.4.2) 可以求解出未知向量 $\boldsymbol{a}$, 以及对应的特征值和特征向量. 接下来, 对于一个新的样本 $\boldsymbol{X}$, 我们可以得到它的第一主成分是

$$\phi(\boldsymbol{X}) \boldsymbol{\nu}_1 = \sum_{i=1}^{n} a_i k(\boldsymbol{X}, \boldsymbol{X}_i),$$

其中 $\boldsymbol{\nu}_1$ 是最大特征值对应的特征向量.

常用的核函数有:

1. 线性核函数:

$$k(\boldsymbol{X}, \boldsymbol{Y}) = \boldsymbol{X}^{\mathrm{T}}\boldsymbol{Y} + c,$$

其中 c 为参数.

2. 多项式核函数:

$$k(\boldsymbol{X}, \boldsymbol{Y}) = (a\boldsymbol{X}^{\mathrm{T}}\boldsymbol{Y} + c)^d,$$

其中 a, b, c 为参数.

3. 高斯核函数:

$$k(\boldsymbol{X}, \boldsymbol{Y}) = \exp\left(-\frac{\|\boldsymbol{X} - \boldsymbol{Y}\|^2}{2\sigma^2}\right),$$

其中 σ 为参数, 高斯核函数是径向基函数核的一个典型代表.

4. 指数核函数:

$$k(\boldsymbol{X}, \boldsymbol{Y}) = \exp\left(-\frac{\|\boldsymbol{X} - \boldsymbol{Y}\|}{2\sigma^2}\right),$$

其中 σ 为参数. 指数核函数也是径向基函数核代表, 与高斯核函数很像, 只是将 L_2 范数变成 L_1 范数.

5. 拉普拉斯核函数:

$$k(\boldsymbol{X}, \boldsymbol{Y}) = \exp\left(-\frac{\|\boldsymbol{X} - \boldsymbol{Y}\|}{\sigma}\right).$$

拉普拉斯核函数完全等价于指数核, 区别在于前者对参数的敏感性降低, 也是一种径向基函数核.

值得注意的是, 上述理论均是在 $\phi(\mathbf{X})$ 已经中心化的前提下完成的. 在实际应用中, 应首先将矩阵 $\phi(\mathbf{X})$ 中心化, 即

$$\widetilde{\phi}(\mathbf{X}) = \phi(\mathbf{X}) - \mathbf{1}_n \cdot \phi(\mathbf{X})$$

其中 $\mathbf{1}_n = \dfrac{1}{n}\mathbf{1}_{n\times 1}\mathbf{1}_{n\times 1}^{\mathrm{T}}$, 为 $n \times n$ 矩阵, 其每个元素为 $\dfrac{1}{n}$. 由上述可知, 不需要显示计算 $\widetilde{\phi}(\mathbf{X})$, 只需得到中心化后的核矩阵即可:

$$\widetilde{\boldsymbol{K}} = \widetilde{\phi}(\mathbf{X})\widetilde{\phi}(\mathbf{X})^{\mathrm{T}} = \boldsymbol{K} - \boldsymbol{K} \cdot \mathbf{1}_n - \mathbf{1}_n \cdot \boldsymbol{K} + \mathbf{1}_n \cdot \boldsymbol{K} \cdot \mathbf{1}_n.$$

因此上面介绍 KPCA 使用的 $\phi(\mathbf{X})$ 和 $\boldsymbol{K}$ 本质上就是这里的 $\widetilde{\phi}(\mathbf{X})$ 和 $\widetilde{\boldsymbol{K}}$.

2.4.2 t-SNE 非线性降维算法

t 分布随机邻域嵌入 (t-distributed stochastic neighbor embedding, t-SNE) 是一种针对高维数据的非线性降维算法, 在 2008 年由 Laurens van der Maaten 和 Geoffrey Hinton [13] 提出. 传统主成分分析是一种线性算法, 不能解释特征之间的复杂多项式关系. 而 t-SNE 是基于邻域图上随机游走的概率分布寻找数据内的结构, 将数据点之间的相似度转化为条件概率, 原始空间中数据点的相似度由正态分布表示, 嵌入空间中数据点的相似度由 t 分布表示. 通过原始空间和嵌入空间的联合概率分布的 Kullback Leibler(库尔贝克–莱布勒, KL) 散度 (用于评估两个分布的相似度的指标) 来评估嵌入效果的好坏.

1. SNE 算法

t-SNE 算法是从 SNE 改进而来, 所以先介绍 SNE. 给定一组高维数据 $\boldsymbol{X} = (\boldsymbol{X}_1, \cdots, \boldsymbol{X}_n)^{\mathrm{T}}$, $\boldsymbol{X}_i = (X_{i1}, \cdots, X_{ip})^{\mathrm{T}}$. 目标是将这组数据降维到二维, SNE 的基本思想是如果两个数据在高维空间中是相似的, 那么降维到二维空间时距离应当较近.

随机邻域嵌入 (SNE) 首先通过将数据点之间的高维欧几里得距离转换为相似性的条件概率来描述两个数据之间的相似性.

假设高维空间中的两个点 $\boldsymbol{X}_i, \boldsymbol{X}_j$, 以点 $\boldsymbol{X}_i$ 为中心构建方差为 σ_i 的高斯分布. 用 $P_{j|i}$ 表示 $\boldsymbol{X}_j$ 在 $\boldsymbol{X}_i$ 邻域的概率, 若 $\boldsymbol{X}_j$ 与 $\boldsymbol{X}_i$ 相距很近, 则 $P_{j|i}$ 很大; 反之, $P_{j|i}$ 很小, $P_{j|i}$ 可以表示为

$$P_{j|i} = \frac{\exp(-\|\boldsymbol{X}_j - \boldsymbol{X}_i\|^2 / 2\sigma_i^2)}{\sum\limits_{k \neq i} \exp(-\|\boldsymbol{X}_k - \boldsymbol{X}_i\|^2 / 2\sigma_i^2)}, \quad P_{i|i} = 0,$$

其中 $\|\boldsymbol{X}_i - \boldsymbol{X}_j\|$ 表示点 $\boldsymbol{X}_i, \boldsymbol{X}_j$ 的欧氏距离, 这里只关注不同数据点间的距离所以我们设置 $P_{i|i} = 0$. 高斯核的带宽 σ_i 是条件概率中所涉及的范围. 有些特征点是稀疏的, 有些比较紧密, 因此带宽大小也是不同的. 一般来说, 数据密度高的区域带宽要小于数据密度低的区域. 每个数据点的高斯核带宽的最优值可以通过简单的二进制搜索[14] 等得到.

当把数据映射到低维空间后, 高维数据点之间的相似性也应该在低维空间的数据点上体现出来. 假设 $\boldsymbol{X}_i, \boldsymbol{X}_j$ 映射到低维空间后对应 $\boldsymbol{Y}_i, \boldsymbol{Y}_j$, 那么 $\boldsymbol{Y}_i, \boldsymbol{Y}_j$ 邻域的条件概率为 $Q_{j|i}$:

$$Q_{j|i} = \frac{\exp\left(-\|\boldsymbol{Y}_j - \boldsymbol{Y}_i\|^2\right)}{\sum\limits_{k \neq i} \exp\left(-\|\boldsymbol{Y}_k - \boldsymbol{Y}_i\|^2\right)}.$$

低维空间中的方差直接设置为 $\sigma_i = \dfrac{1}{\sqrt{2}}$. 同样 $Q_{i|i} = 0$.

如果条件概率 $Q_{j|i}$ 反映了高维数据点 $\boldsymbol{X}_i, \boldsymbol{X}_j$ 之间的关系, 那么我们希望条件概率 $P_{j|i}$ 与 $Q_{j|i}$ 应该完全相等. 若给定 $\boldsymbol{X}_i$ 与其他所有点之间的条件概率, 则可构成一个条件概率分布 $\mathcal{P}_i$. 同理在低维空间存在一个条件概率分布 $\mathcal{Q}_i$ 与之对应, 那么我们希望条件概率分布 $\mathcal{Q}_i$ 与 $\mathcal{P}_i$ 完全一样. 为了衡量两个分布之间的相似性, 采用 KL 散度最小化低维与高维下两个条件概率分布的差异, SNE 最终目标就是对所有数据点最小化 KL 距离, 可以使用梯度下降算法最小化如下代价函数:

$$C = \sum_i \mathrm{KL}\left(\mathcal{P}_i \| \mathcal{Q}_i\right) = \sum_i \sum_j P_{j|i} \log \frac{P_{j|i}}{Q_{j|i}}.$$

但由于 KL 距离是一个非对称的度量, 这意味着当 $P_{j|i}$ 较大, $Q_{j|i}$ 较小时, 代价较高; 而 $P_{j|i}$ 较小, $Q_{j|i}$ 较大时, 代价较低. 即高维空间中两个数据点距离较近时, 若映射到低维空间后距离较远, 那么将得到一个很高的惩罚, 这符合我们的初衷. 反之, 高维空间中两个数据点距离较远时, 若映射到低维空间距离较近, 将得到一个很低的惩罚值, 我们的初衷是这里也应得到一个较高的惩罚. 即 SNE 的代价函数更关注局部结构, 而忽视了全局结构.

2. t-SNE 算法

在 SNE 中, 高维空间中条件概率 $P_{j|i}$ 不等于 $P_{i|j}$, 低维空间中 $Q_{j|i}$ 不等于 $Q_{i|j}$, 于是为简化计算提出对称 SNE, 使得 $P_{ij} = P_{ji}$, $\quad Q_{ij} = Q_{ji}$, 优化 $P_{i|j}$ 和 $Q_{i|j}$ 的 KL 散度的一种替换思路是, 使用联合概率分布来替换条件概率分布, 即 $\mathcal{P}$ 和 $\mathcal{Q}$ 分别是高维空间和低维空间里各个点的联合概率分布, 此时目标函数为

$$C = \mathrm{KL}(\mathcal{P} \| \mathcal{Q}) = \sum_i \sum_j P_{ij} \log \frac{P_{ij}}{Q_{ij}},$$

其中, 在高维空间中定义

$$P_{ij} = \frac{P_{i|j} + P_{j|i}}{2}.$$

为了使得高维度下的中高等距离在映射后距离更大, 以减轻拥挤问题, 在低维空间中使用更加偏重长尾分布的方式将距离转换为概率分布. 因此, 对于高维数据点 $\boldsymbol{X}_i$ 和 $\boldsymbol{X}_j$ 的低维对应点 $\boldsymbol{Y}_i$ 和 $\boldsymbol{Y}_j$, 采用自由度为 1 的归一化的 t 核:

$$Q_{ij} = \frac{(1 + \|\boldsymbol{Y}_i - \boldsymbol{Y}_j\|^2)^{-1}}{\sum_{k \neq l}(1 + \|\boldsymbol{Y}_k - \boldsymbol{Y}_l\|^2)^{-1}}, \quad Q_{ii} = 0.$$

因此 t-SNE 是通过仿射变换将数据点映射到概率分布, 将两个数据点之间的距离转换为以一个点为中心一定范围内另一个点出现的条件概率. 由于

在嵌入空间中的目标函数是非凸的, 因此, 可以用梯度下降最小化目标函数, 此时

$$\frac{\partial C}{\partial \boldsymbol{Y}_i} = 4 \sum_{i \neq j} (P_{ij} - Q_{ij}) Q_{ij} Z(\boldsymbol{Y}_i - \boldsymbol{Y}_j),$$

其中 $Z = \sum_{k \neq l} (1 + \|\boldsymbol{Y}_k - \boldsymbol{Y}_l\|^2)^{-1}$.

因此, t-SNE 的主要优势在于通过 t 分布与正态分布的差异, 解决了样本分布拥挤、边界不明显的问题, 使得相似的样本能够聚集在一起, 而差异大的样本能够有效地分开. 但它同时也有计算复杂度高, 目标函数非凸, 容易得到局部最优解; 对参数敏感、结果具有随机性等缺陷.

t-SNE 非线性降维算法在实际问题中可用于处理高维数据集, 并应用于自然语言处理、图像处理、基因组数据和语音处理等问题中.

2.5　主成分分析实践

实践代码

主成分分析通过对原始高维特征进行映射变换得到少数几个主成分, 得到的主成分能够最大程度地表达原始数据, 是一种处理高维数据的有效降维方法. 本章主要介绍了总体主成分、样本主成分以及非线性主成分分析的算法理论, 并通过实验案例阐述算法在实际问题中的应用. 除本章介绍的几种主成分分析方法之外, 更多方法可参考: 稀疏主成分分析 (SPCA)[15], 该方法不仅可以达到降维的效果, 还能够增强算法可解释性; 张量主成分分析 (TPCA)[16,17], 其将张量与数据处理相结合, 在高维信息压缩等领域得到广泛应用; 鲁棒/稳健主成分分析 (RPCA)[18] 可提高算法对异常值、噪声的鲁棒性.

主成分分析作为非常重要的降维机器学习方法被广泛认可, 它是从最大投影方差的角度介绍了降维的过程. 另外基于最小投影距离以及与之相应的奇异值分解过程也是非常重要的降维机器学习方法; 现代非线性降维分析机器学习方法, 例如流形学习和变分自编码器等, 由于涉及神经网络及贝叶斯方法, 相关内容建议读者自行学习.

1. 设总体 $\boldsymbol{X} = (X_1, X_2)^{\mathrm{T}}$ 的协方差矩阵为

$$\boldsymbol{\Sigma} = \begin{pmatrix} 5 & 2 \\ 2 & 2 \end{pmatrix}.$$

求 $\boldsymbol{X}$ 的主成分 Y_1, Y_2, 并计算第一主成分 Y_1 的贡献率.

2. 总体 $\boldsymbol{X} = (X_1, \cdots, X_p)^{\mathrm{T}}$ 的协方差矩阵为

$$\boldsymbol{\Sigma} = \mathrm{diag}(\sigma_{11}, \sigma_{22}, \cdots, \sigma_{pp}),$$

其中 $\sigma_{11} \geqslant \sigma_{22} \geqslant \cdots \geqslant \sigma_{pp}$, 试求 $\boldsymbol{X}$ 的主成分及其具有的特征值.

3. 试证明多元正态变量的主成分仍为正态变量且相互独立.

4. 设总体 $\boldsymbol{X} = (X_1, X_2, X_3)^{\mathrm{T}}$ 的相关系数矩阵为

$$\boldsymbol{\Sigma} = \begin{pmatrix} 1 & \rho & \rho \\ \rho & 1 & \rho \\ \rho & \rho & 1 \end{pmatrix}, -1 < \rho < 1.$$

(1) 求 $\boldsymbol{X}$ 的标准化变量的主成分及其主成分的贡献率和累积贡献率;

(2) 将上述结果推广到 p 维情形.

配套数据

5. 请运用主成分分析对影响葡萄酒质量的因素进行分析. 数据来自 UCI 机器学习数据集在 2009 年 10 月发布的葡萄酒质量与其物化性质的关系 (见配套数据).

2

第二部分

监督学习

监督学习 (supervised learning) 也是一种机器学习的重要方法, 算法学习的目标是预测或分类. 在监督学习中, 算法接收输入数据和相应的输出标签, 通过学习它们之间的映射关系, 对新的未标记数据进行预测. 具有高准确性、可解释性强和增强决策等优势. 广泛应用于分类、回归、目标检测和推荐系统中.

无监督学习算法接收没有标签的训练数据, 模型在学习过程中不知道样本的正确标签, 从数据中找到模式或结构, 无须指导. 而监督学习是算法接收有标签的训练数据, 每个训练样本都与一个明确的目标输出或标签相关联, 模型的任务是学习如何从输入数据映射到这些标签.

本部分将分别介绍四种主要的监督学习方法: 回归分析 (regression analysis)、支持向量机 (support vector machine, SVM)、决策树 (decision tree) 和保形预测 (conformal prediction).

第三章 回归分析

3.1 简介

回归 (regression) 这一概念最早由英国生物统计学家高尔顿 (F.Galton) 和皮尔逊 (K.Pearson) 在研究父母和子女的身高遗传特性时提出. 回归分析是处理多个变量间相关关系的一种数学方法, 是机器学习中的监督学习方法.

回归模型是一种统计预测模型, 需要预测的变量叫做因变量 (或响应变量 (response variable)), 用来解释因变量变化的变量叫做自变量 (或协变量 (covariate)、特征 (feature)). 回归模型通过若干个自变量来预测响应变量.

从响应变量个数来看, 回归模型中可以有一个响应变量, 也可以有多个响应变量. 从响应变量取值来看, 回归模型中的响应变量可以是连续变量, 也可以是离散变量.

一般的回归模型适用于单个响应变量、取值为连续型且一般服从正态分布的情形. 广义线性模型 (generalized linear models, GLM) 适用于单个响应变量、取值是离散型且分布服从指数型分布族的情形. 多元响应变量协方差广义线性模型 (multivariate covariance generalized linear model, McGLM) 是广义线性模型的扩展, 适用于服从非正态分布且不独立的多个响应变量的情形.

本章主要介绍单响应变量的线性回归模型、单响应变量的广义线性模型和多元响应变量协方差广义线性模型.

3.2 单响应变量的线性回归模型

本节主要介绍单响应变量的线性回归模型的原理、自变量的选择、多重共线性和岭回归.

3.2.1 线性回归模型的原理

下面介绍线性回归模型的一般形式、基本假设、未知参数的估计、显著性检验、预测等.

一、线性回归模型的一般形式

定义 3.1 p 个自变量 $X_1, X_2, \cdots, X_p$ 对单个响应变量 Y 的线性回归模型为

$$Y = \beta_0 + \beta_1 X_1 + \beta_2 X_2 + \cdots + \beta_p X_p + \varepsilon, \tag{3.2.1}$$

式中, $\beta_0, \beta_1, \beta_2, \cdots, \beta_p$ 是 $p+1$ 个未知参数. β_0 称为回归常数, $\beta_1, \beta_2, \cdots, \beta_p$ 为回归系数. 当 $p = 1$ 时, 式 (3.2.1) 称为一元线性回归模型; 当 $p \geqslant 2$ 时, 式 (3.2.1) 称为p 元线性回归模型. 式中 ε 是随机误差, 常假定 $E(\varepsilon) = 0, \mathrm{Var}(\varepsilon) = \sigma^2$.

若对单个响应变量的线性回归模型, 观测到样本数据为 $\{(X_{i1}, X_{i2}, \cdots, X_{ip}; Y_i), i = 1, 2, \cdots, n\}$, 则基于 n 个样本的线性回归模型可表示为

$$\begin{cases} Y_1 = \beta_0 + \beta_1 X_{11} + \beta_2 X_{12} + \cdots + \beta_p X_{1p} + \varepsilon_1, \\ Y_2 = \beta_0 + \beta_1 X_{21} + \beta_2 X_{22} + \cdots + \beta_p X_{2p} + \varepsilon_2, \\ \qquad\qquad\qquad \cdots\cdots\cdots\cdots \\ Y_n = \beta_0 + \beta_1 X_{n1} + \beta_2 X_{n2} + \cdots + \beta_p X_{np} + \varepsilon_n. \end{cases}$$

写成矩阵形式为

$$\boldsymbol{Y} = \mathbf{X}\boldsymbol{\beta} + \boldsymbol{\varepsilon}. \tag{3.2.2}$$

式 (3.2.2) 中 $\mathbf{X}$ 为设计矩阵,

$$\boldsymbol{Y} = \begin{pmatrix} Y_1 \\ Y_2 \\ \vdots \\ Y_n \end{pmatrix}, \mathbf{X} = \begin{pmatrix} 1 & X_{11} & X_{12} & \ldots & X_{1p} \\ 1 & X_{21} & X_{22} & \ldots & X_{2p} \\ \vdots & \vdots & \vdots & & \vdots \\ 1 & X_{n1} & X_{n2} & \ldots & X_{np} \end{pmatrix}, \boldsymbol{\beta} = \begin{pmatrix} \beta_0 \\ \beta_1 \\ \vdots \\ \beta_p \end{pmatrix}, \boldsymbol{\varepsilon} = \begin{pmatrix} \varepsilon_1 \\ \varepsilon_2 \\ \vdots \\ \varepsilon_n \end{pmatrix}.$$

二、线性回归模型的基本假设

为了方便地进行模型的参数估计及检验, 对线性回归模型进行如下基本假设:

1. 自变量 $X_1, X_2, \cdots, X_p$ 是确定性变量, 而不是随机变量. 且 $\mathrm{rank}(\mathbf{X}) = p+1 < n$, 即设计矩阵 $\mathbf{X}$ 是列满秩矩阵, 其列之间不线性相关.

2. 随机误差项满足高斯–马尔可夫条件, 即在给定自变量取值的情况下,

随机误差项满足零均值、同方差及序列不相关.

$$
\begin{aligned}
&E(\varepsilon_i) = 0, \quad i = 1, 2, \cdots, n, \\
&\mathrm{Cov}(\varepsilon_i, \varepsilon_j) = \begin{cases} \sigma^2, & i = j, \\ 0, & i \neq j, \end{cases} \quad i, j = 1, 2, \cdots, n.
\end{aligned} \tag{3.2.3}
$$

3. 误差满足正态分布假定, 即 $\varepsilon_i \sim N(0, \sigma^2), i = 1, 2, \cdots, n$, 且 ε_1, $\varepsilon_2, \cdots, \varepsilon_n$ 相互独立. 矩阵形式为

$$
\boldsymbol{\varepsilon} \sim N_n(\mathbf{0}, \sigma^2 \boldsymbol{I}_n), \tag{3.2.4}
$$

其中 $\boldsymbol{I}_n$ 是 $n \times n$ 单位矩阵.

其中条件 1 和 2 是为了最小二乘估计, 条件 3 是为了假设检验过程中研究估计量的分布, 当然条件 3 也可以用于参数的最大似然估计.

三、参数的估计

下面利用最小二乘法求线性回归模型 $\boldsymbol{Y} = \mathbf{X}\boldsymbol{\beta} + \boldsymbol{\varepsilon}$ 中回归参数 $\boldsymbol{\beta}$ 的最小二乘估计量.

最小二乘法 (ordinary least square method, OLS) 就是寻找未知参数 $\beta_0, \beta_1, \beta_2, \cdots, \beta_p$ 的估计值 $\widehat{\beta}_0, \widehat{\beta}_1, \widehat{\beta}_2, \cdots, \widehat{\beta}_p$, 使得响应变量的离差平方和

$$
Q(\beta_0, \beta_1, \beta_2, \cdots, \beta_p) = \sum_{i=1}^{n} \left[Y_i - (\beta_0 + \beta_1 X_{i1} + \beta_2 X_{i2} + \cdots + \beta_p X_{ip}) \right]^2
$$

达到最小, 即满足

$$
\begin{aligned}
&Q(\widehat{\beta}_0, \widehat{\beta}_1, \widehat{\beta}_2, \cdots, \widehat{\beta}_p) \\
&= \sum_{i=1}^{n} \left[Y_i - (\widehat{\beta}_0 + \widehat{\beta}_1 X_{i1} + \widehat{\beta}_2 X_{i2} + \cdots + \widehat{\beta}_p X_{ip}) \right]^2 \\
&= \min_{\beta_0, \beta_1, \beta_2, \cdots, \beta_p} \sum_{i=1}^{n} \left[Y_i - (\beta_0 + \beta_1 X_{i1} + \beta_2 X_{i2} + \cdots + \beta_p X_{ip}) \right]^2.
\end{aligned}
$$

根据微积分求极值的原理, 只需求 $Q(\beta_0, \beta_1, \beta_2, \cdots, \beta_p)$ 的最小值点. 将 Q 关于 $\beta_0, \beta_1, \beta_2, \cdots, \beta_p$ 分别求偏导数, 并令其为零, 得到正规方程组

$$
\begin{cases}
\left. \dfrac{\partial Q}{\partial \beta_0} \right|_{\beta_0 = \widehat{\beta}_0} = -2 \sum_{i=1}^{n} \left[Y_i - (\widehat{\beta}_0 + \widehat{\beta}_1 X_{i1} + \widehat{\beta}_2 X_{i2} + \cdots + \widehat{\beta}_p X_{ip}) \right] = 0, \\[2mm]
\left. \dfrac{\partial Q}{\partial \beta_1} \right|_{\beta_1 = \widehat{\beta}_1} = -2 \sum_{i=1}^{n} \left[Y_i - (\widehat{\beta}_0 + \widehat{\beta}_1 X_{i1} + \widehat{\beta}_2 X_{i2} + \cdots + \widehat{\beta}_p X_{ip}) \right] X_{i1} = 0, \\[2mm]
\qquad\qquad\qquad \cdots\cdots\cdots\cdots \\[2mm]
\left. \dfrac{\partial Q}{\partial \beta_p} \right|_{\beta_p = \widehat{\beta}_p} = -2 \sum_{i=1}^{n} \left[Y_i - (\widehat{\beta}_0 + \widehat{\beta}_1 X_{i1} + \widehat{\beta}_2 X_{i2} + \cdots + \widehat{\beta}_p X_{ip}) \right] X_{ip} = 0.
\end{cases}
$$

整理得矩阵形式的正规方程组

$$(\mathbf{X}^{\mathrm{T}}\mathbf{X})\widehat{\boldsymbol{\beta}} = \mathbf{X}^{\mathrm{T}}\boldsymbol{Y},$$

由 $\mathbf{X}$ 的列满秩性可知, $\mathbf{X}^{\mathrm{T}}\mathbf{X}$ 为满秩对称矩阵, 从而回归参数 $\boldsymbol{\beta}$ 的最小二乘估计为

$$\widehat{\boldsymbol{\beta}} = (\mathbf{X}^{\mathrm{T}}\mathbf{X})^{-1}\mathbf{X}^{\mathrm{T}}\boldsymbol{Y}. \tag{3.2.5}$$

根据唐年胜, 李会琼 [31], 可以证明, 在高斯–马尔可夫假定 (3.2.3) 下最小二乘估计 $\widehat{\boldsymbol{\beta}}$ 是 $\boldsymbol{\beta}$ 的最小方差线性无偏估计. 且在假定 (3.2.4) 下, 我们可以推导出

$$\widehat{\boldsymbol{\beta}} \sim N_{p+1}(\boldsymbol{\beta}, \sigma^2(\mathbf{X}^{\mathrm{T}}\mathbf{X})^{-1}). \tag{3.2.6}$$

证明可详见唐年胜, 李会琼 [31].

定义 3.2 对于线性回归模型 (3.2.1), 称

$$\widehat{Y} = \widehat{\beta}_0 + \widehat{\beta}_1 X_1 + \widehat{\beta}_2 X_2 + \cdots + \widehat{\beta}_p X_p$$

为样本回归方程, 称 $\widehat{Y}$ 为响应变量的拟合值, 称 $e = Y - \widehat{Y}$ 为回归残差.

定义 3.3 最小二乘法没有给出未知参数 σ^2 的估计. 利用最大似然比原理可得 $\boldsymbol{\beta}$ 最大似然估计仍为 $\widehat{\boldsymbol{\beta}}$, 同时给出 σ^2 的最大似然估计为

$$\frac{(\boldsymbol{Y} - \mathbf{X}\widehat{\boldsymbol{\beta}})^{\mathrm{T}}(\boldsymbol{Y} - \mathbf{X}\widehat{\boldsymbol{\beta}})}{n} = \frac{1}{n}\sum_{i=1}^{n}e_i^2 = \frac{1}{n}\sum_{i=1}^{n}(Y_i - \widehat{Y}_i)^2. \tag{3.2.7}$$

因为上述估计有偏, 通常取

$$\widehat{\sigma}^2 = \frac{(\boldsymbol{Y} - \mathbf{X}\widehat{\boldsymbol{\beta}})^{\mathrm{T}}(\boldsymbol{Y} - \mathbf{X}\widehat{\boldsymbol{\beta}})}{n-p-1} = \frac{1}{n-p-1}\sum_{i=1}^{n}e_i^2 = \frac{1}{n-p-1}\sum_{i=1}^{n}(Y_i - \widehat{Y}_i)^2$$

$$\tag{3.2.8}$$

作为 σ^2 的无偏估计, 称 $\widehat{\sigma}$ 为回归标准差.

四、显著性检验

下面介绍回归方程显著性的 F 检验、回归参数显著性的 t 检验以及衡量回归方程拟合程度的拟合优度检验.

1. 回归方程的显著性检验: F 检验

(1) 平方和分解式

下面基于方差分析的思想, 从数据出发来研究响应变量数据变异的原因.

数据 $Y_1, Y_2, \cdots, Y_n$ 的波动大小可用总离差平方和 $\mathrm{SST} = \sum_{i=1}^{n}(Y_i - \bar{Y})^2$

来度量, 其中 $\bar{Y} = \sum_{i=1}^{n}Y_i/n$, 它反映响应变量 Y 的波动程度或不确定性.

称 SSR$=\sum\limits_{i=1}^{n}\left(\widehat{Y}_i - \bar{Y}\right)^2$ 为回归平方和, 它是由回归方程确定的, 是由自变量的波动引起的, 反映了自变量解释响应变量波动的贡献.

称 SSE$=\sum\limits_{i=1}^{n}\left(Y_i - \widehat{Y}_i\right)^2$ 为残差平方和, 它是不能由自变量解释的波动, 是由自变量之外的因素引起的.

易证 SST $=$ SSR $+$ SSE, 称此式为平方和分解式.

平方和分解式表明, 总离差平方和 SST 中能够由自变量解释的部分为 SSR, 不能由自变量解释的部分为 SSE. 因此, 回归平方和越大, 回归的效果就越好.

(2) F 检验统计量

在正态分布假设 (3.2.4) 下, 需要检验自变量 $X_1, X_2, \cdots, X_p$ 从整体上对因变量 Y 是否有显著的影响, 为此提出:

原假设

$$H_0 : \beta_1 = \beta_2 = \cdots = \beta_p = 0;$$

备择假设

$$H_1 : \beta_1, \beta_2, \cdots, \beta_p \text{至少有一个不为零}.$$

在原假设 H_0 下, 构造检验统计量

$$F = \frac{\text{SSR}/p}{\text{SSE}/(n-p-1)} \sim F(p, n-p-1). \tag{3.2.9}$$

给定显著性水平 α $(0 < \alpha < 1)$, 右侧 F 检验的临界值为 $F_\alpha(p, n-p-1)$(上侧 α 分位数). 当检验统计量 F 的观测值落在拒绝域, 即 $F > F_\alpha(p, n-p-1)$ 时, 拒绝原假设, 说明回归方程显著, $\boldsymbol{X}$ 与 Y 有显著的线性关系; 否则, 只能接受原假设, 认为回归方程不显著.

也可以利用 p 值法进行判断, 其中 $p = P(Z > F)$, $Z \sim F(p, n-p-1)$, 当 $p < \alpha$ 时, 拒绝原假设; 否则, 只能接受原假设.

通常利用方差分析表 3.1 进行 F 检验.

方差来源	自由度	平方和	均方	F 值	p 值
回归	p	SSR	SSR$/p$	$\dfrac{\text{SSR}/p}{\text{SSE}/(n-p-1)}$	
残差	$n-p-1$	SSE	SSE$/(n-p-1)$		
总和	$n-1$	SST			

◀ 表 3.1
方差分析表

2. 回归系数的显著性检验：t 检验

在多元线性回归分析中, 回归方程显著并不意味着每个自变量对 Y 的影响都显著, 所以需要对每个自变量进行显著性检验. 为此, 提出

原假设

$$H_{0j} : \beta_j = 0, \quad j = 1, 2, \cdots, p;$$

备择假设

$$H_{1j} : \beta_j \neq 0, \quad j = 1, 2, \cdots, p.$$

因 $\hat{\boldsymbol{\beta}} = (\hat{\beta}_0, \hat{\beta}_1, \hat{\beta}_2, \cdots, \hat{\beta}_p)^{\mathrm{T}} \sim N_{p+1}(\boldsymbol{\beta}, \sigma^2 (\mathbf{X}^{\mathrm{T}} \mathbf{X})^{-1})$, 若记

$$(\mathbf{X}^{\mathrm{T}} \mathbf{X})^{-1} = (c_{ij}) \stackrel{\Delta}{=} \boldsymbol{C}, \quad i, j = 0, 1, 2, \cdots, p, \qquad (3.2.10)$$

则

$$\hat{\beta}_j \sim N(\beta_j, c_{jj} \sigma^2), \quad j = 1, 2, \cdots, p.$$

构造 t 统计量

$$t_j = \frac{\hat{\beta}_j}{\sqrt{c_{jj}} \hat{\sigma}} \sim t(n - p - 1), \qquad (3.2.11)$$

上式中, $\hat{\sigma}^2 = \dfrac{(\boldsymbol{Y} - \mathbf{X} \hat{\boldsymbol{\beta}})^{\mathrm{T}} (\boldsymbol{Y} - \mathbf{X} \hat{\boldsymbol{\beta}})}{n - p - 1}$.

给定显著性水平 $\alpha \, (0 < \alpha < 1)$, 双侧 t 检验的临界值为 $t_{\alpha/2}(n - p - 1)$. 当检验统计量的观测值落在拒绝域, 即 $|t_j| > t_{\alpha/2}(n - p - 1)$ 时, 拒绝原假设, 认为 β_j 显著不为 0, X_j 对 Y 影响显著; 否则, 只能接受原假设.

还可以利用 p 值法进行判断, 其中 $p = P(|Z| > |t_j|)$, $Z \sim t(n - p - 1)$. 当 $p < \alpha$ 时, 拒绝原假设; 否则, 只能接受原假设.

3. 拟合优度检验

拟合优度检验用于检验回归方程对样本观测值的拟合程度.

定义 3.4 样本决定系数为

$$R^2 = \frac{\mathrm{SSR}}{\mathrm{SST}} = 1 - \frac{\mathrm{SSE}}{\mathrm{SST}}.$$

样本决定系数 R^2 是一个回归直线与样本观测值拟合优度的相对指标, 反映了响应变量的波动能被自变量解释的比例. 其取值在 0 与 1 之间. R^2 越接近 1, 拟合优度越好.

在应用过程中, 残差平方和往往随着解释变量个数的增加而减少. 如果在模型中增加一个解释变量, R^2 往往增大. 而由增加解释变量个数引起的 R^2 的增大, 往往与拟合好坏无关, 因此样本决定系数需要调整. 在样本量一定的情况下, 增加解释变量必定使得自由度减少. 故可将残差平方和与总离差平方和分别除以各自的自由度, 以剔除变量个数对拟合优度的影响.

定义 3.5 记 $\bar{R}^2$ 为修正的决定系数, 则

$$\bar{R}^2 = 1 - \frac{\text{SSE}/(n-p-1)}{\text{SST}/(n-1)}. \tag{3.2.12}$$

$\bar{R}^2$ 越大, 对应的回归方程拟合程度越好.

五、预测

若基于观测数据 $\{(X_{i1}, X_{i2}, \cdots, X_{ip}; Y_i), i = 1, 2, \cdots, n\}$ 建立的回归方程

$$\widehat{Y} = \widehat{\beta}_0 + \widehat{\beta}_1 X_1 + \cdots + \widehat{\beta}_p X_p$$

通过了回归方程的显著性检验和回归系数的显著性检验, 则对给定的新样本观测点 $\boldsymbol{X}_0 = (1, X_{01}, X_{02}, \cdots, X_{0p})^{\mathrm{T}}$, 可以用 $\widehat{Y}_0 = \boldsymbol{X}_0^{\mathrm{T}} \widehat{\boldsymbol{\beta}} = \widehat{\beta}_0 + \widehat{\beta}_1 X_{01} + \cdots + \widehat{\beta}_p X_{0p}$ 作为 $Y_0 = \beta_0 + \beta_1 X_{01} + \cdots + \beta_p X_{0p} + \varepsilon_0$ 的点预测.

因 $\widehat{\boldsymbol{\beta}}$ 与 ε_0 独立, $\widehat{\boldsymbol{\beta}}$ 与 Y_0 独立, 从而 $\widehat{Y}_0$ 与 Y_0 独立. 下面证明可详见唐年胜, 李会琼 [31],

$$\widehat{Y}_0 - Y_0 \sim N(0, \sigma^2(1 + \boldsymbol{X}_0^{\mathrm{T}}(\mathbf{X}^{\mathrm{T}}\mathbf{X})^{-1}\boldsymbol{X}_0)),$$

从而

$$\frac{\widehat{Y}_0 - Y_0}{\widehat{\sigma}\sqrt{1 + \boldsymbol{X}_0^{\mathrm{T}}(\mathbf{X}^{\mathrm{T}}\mathbf{X})^{-1}\boldsymbol{X}_0}} \sim t(n-p-1).$$

由此得, Y_0 的置信水平为 $1 - \alpha$ 的置信区间为

$$\left(\widehat{Y}_0 - t_{\alpha/2}(n-p-1)\widehat{\sigma}\sqrt{1 + \boldsymbol{X}_0^{\mathrm{T}}(\mathbf{X}^{\mathrm{T}}\mathbf{X})^{-1}\boldsymbol{X}_0}, \right.$$

$$\left. \widehat{Y}_0 + t_{\alpha/2}(n-p-1)\widehat{\sigma}\sqrt{1 + \boldsymbol{X}_0^{\mathrm{T}}(\mathbf{X}^{\mathrm{T}}\mathbf{X})^{-1}\boldsymbol{X}_0}\right).$$

3.2.2 多重共线性

一般情况下, 当回归方程的自变量之间存在很强的线性关系, 回归方程的检验高度显著时, 有些回归系数却不能通过显著性检验, 甚至出现有的回归系数所带符号与实际经济意义不符, 此时可认为变量间存在多重共线性.

我们已经知道多元线性回归模型 (3.2.2) 的未知参数 $\boldsymbol{\beta}$ 的最小二乘估计为

$$\widehat{\boldsymbol{\beta}} = (\mathbf{X}^{\mathrm{T}}\mathbf{X})^{-1}\mathbf{X}^{\mathrm{T}}\boldsymbol{Y},$$

这就要求 $\mathbf{X}$ 列满秩, 即 $\text{rank}(\mathbf{X}) = p+1$. 也就是要求 $\mathbf{X}$ 的列向量之间线性无关. 然而, 往往 $\text{rank}(\mathbf{X}) < p+1$, 此时 $|\mathbf{X}^{\mathrm{T}}\mathbf{X}| = 0$, 从而 $(\mathbf{X}^{\mathrm{T}}\mathbf{X})^{-1}$ 不存在, 也就无法得到参数的估计量.

在实际问题的研究中, 经常见到近似多重共线性的情形. 此时, $\mathrm{rank}(\mathbf{X}) = p + 1$, 但 $|\mathbf{X}^{\mathrm{T}}\mathbf{X}| \approx 0$, $(\mathbf{X}^{\mathrm{T}}\mathbf{X})^{-1}$ 的对角线元素很大, 从而 $\mathrm{Var}(\widehat{\boldsymbol{\beta}}) = \sigma^2(\mathbf{X}^{\mathrm{T}}\mathbf{X})^{-1}$ 的对角线元素很大, 使得参数的估计精度很低.

多重共线性可以用方差膨胀因子进行判断.

定义 3.6　称式 (3.2.10) 中矩阵 $\boldsymbol{C} = (c_{ij}) = (\mathbf{X}^{\mathrm{T}}\mathbf{X})^{-1}$ 中对角线元素 c_{jj} 为自变量 X_j 的方差膨胀因子 (variance inflation factor, VIF), 记作 VIF_j.

易证

$$c_{jj} = \frac{1}{1 - R_j^2},$$

其中, R_j^2 是以 X_j 为因变量对其余 $p-1$ 个自变量进行线性回归得到的样本决定系数, 它度量了自变量 X_j 与其余 $p-1$ 个自变量的线性相关程度. 这种相关程度越强, 说明自变量之间的多重共线性越严重. 此时, R_j^2 越接近 1, VIF_j 越大. VIF_j 的大小反映了自变量之间存在多重共线性的强弱. 当 $\mathrm{VIF}_j \geqslant 10$ 时, 说明自变量 X_j 与其余自变量之间存在严重的多重共线性.

3.2.3　岭回归

针对自变量之间出现多重共线性时, 普通最小二乘法效果明显变差的问题, 霍尔 (Hoerl) 于 1962 年提出一种改进最小二乘估计的方法[33].

当变量 X_j 之间相互独立时, 使用最小二乘法估计的参数 $\widehat{\boldsymbol{\beta}}$ 是真实值的无偏估计, 即满足 $E(\widehat{\boldsymbol{\beta}}) = \boldsymbol{\beta}$, 并且在所有的无偏估计中具有最小的方差. 从求解公式上看, 若要保证该回归系数有解, 必须确保 $\mathbf{X}^{\mathrm{T}}\mathbf{X}$ 矩阵是满秩的, 即 $\mathbf{X}^{\mathrm{T}}\mathbf{X}$ 可逆, 但在实际中, 若是 X_j 间存在高度多重共线性, 或者自变量个数大于等于观测个数, 不论哪种情况, 最终算出来的行列式都等于 0 或者是近似为 0, 此时 $\widehat{\boldsymbol{\beta}}$ 的值表现不稳定, 即此时 $\widehat{\boldsymbol{\beta}}$ 的方差很大 (虽然在所有无偏估计类中最小, 但其本身仍很大), 导致其均方误差 MSE $(\mathrm{MSE}(\widehat{\boldsymbol{\beta}}) = \mathrm{Var}(\widehat{\boldsymbol{\beta}}) + \left[\mathrm{bias}(\widehat{\boldsymbol{\beta}})\right]^2)$ 很大.

当自变量之间存在多重共线性, 即 $|\mathbf{X}^{\mathrm{T}}\mathbf{X}| \approx 0$ 时, 如果给 $\mathbf{X}^{\mathrm{T}}\mathbf{X}$ 加上一个正的常数矩阵 $\lambda\boldsymbol{I}$ ($\lambda > 0$), 那么 $\mathbf{X}^{\mathrm{T}}\mathbf{X} + \lambda\boldsymbol{I}$ 接近奇异的程度会比 $\mathbf{X}^{\mathrm{T}}\mathbf{X}$ 接近奇异的程度小得多, 从而使得行列式不再为零, 可以求逆. 即得到岭估计:

$$\widehat{\boldsymbol{\beta}}(\lambda) = (\mathbf{X}^{\mathrm{T}}\mathbf{X} + \lambda\boldsymbol{I})^{-1}\mathbf{X}^{\mathrm{T}}\boldsymbol{Y}.$$

容易看出, 岭估计使用了单位矩阵乘以常数 λ, 这使得对角线元素构成了一条由岭系数组成的 "岭", 这便是岭回归名称的由来. 从优化角度看, 岭估计量是通过最小化以下目标函数得到:

$$\hat{\boldsymbol{\beta}}(\lambda) = \min_{\boldsymbol{\beta}} \|\boldsymbol{Y} - \mathbf{X}\boldsymbol{\beta}\|^2 + \lambda\|\boldsymbol{\beta}\|.$$

定义 3.7 称 $\hat{\beta}(\lambda)$ 为参数 β 的岭估计, 其中, λ 称为岭参数. 由参数 β 的岭估计所建立的回归方程称为岭回归方程.

易证, $\hat{\beta}(\lambda)$ 是回归参数 β 的有偏估计. 且 $||\hat{\beta}(\lambda)|| < ||\hat{\beta}||$, 这表明 $\hat{\beta}(\lambda)$ 可看成由 $\hat{\beta}$ 进行某种向原点的压缩. 在均方误差意义下, $\hat{\beta}(\lambda)$ 优于最小二乘估计 $\hat{\beta}$. 当 $\lambda = 0$ 时, 岭估计 $\hat{\beta}(0)$ 即为普通最小二乘估计 $\hat{\beta}$. 证明可详见唐年胜, 李会琼 [31].

因为岭参数 λ 不是唯一确定的, 故岭回归估计 $\hat{\beta}(\lambda)$ 是回归参数 β 的一个估计族. 当岭参数 λ 在 $(0, \infty)$ 内变化时, $\hat{\beta}_j(\lambda)$ 是 λ 的函数. 在平面坐标系中, 把函数 $\hat{\beta}_j(\lambda)$ 随 $\lambda > 0$ 变化所描绘出来的曲线, 称为岭迹.

选择岭参数 λ 的值一般满足以下原则:

(1) 各回归系数的岭估计基本稳定;

(2) 用最小二乘估计所得符号不合理的回归系数, 其岭估计的符号变得合理;

(3) 回归系数没有不合乎经济意义的绝对值;

(4) 残差平方和增加不太多.

在实际应用中, 可以利用 $\hat{\beta}(\lambda)$ 的每一分量 $\hat{\beta}_j(\lambda)$ 在同一图形上的岭迹的变化形状来确定适当的 λ. 但是, 岭迹法存在一定的主观性. 此外, 还可以用广义交叉验证 (generalized cross validation, GCV) 来确定岭参数. 通常选取使得 GCV 最小的 λ 值. 具体可参见文献 [34].

■ 3.3 广义线性模型

在本章的前面几节介绍了多元线性模型以及其假设, 一般的线性模型主要适用于响应变量是连续型随机变量, 并且其一般服从正态分布的情形. 但是我们会发现在实际应用中有些响应变量是离散的, 而且并不服从正态分布. 针对这种情况, 内尔德 (Nelder) 和韦德伯恩 (Wedderburn) 将传统线性模型推广到广义线性模型. 广义线性模型将响应变量的分布推广到指数型分布族, 从连续型变量拓展到离散型变量, 通过连接函数将服从指数型分布族的响应变量的期望与自变量的线性函数连接起来, 下面开始介绍广义线性模型. 在给出广义线性模型的定义前先介绍指数型分布族与连接函数.

3.3.1 指数型分布族

指数型分布族是以指数分布表示的一族分布, 很多常见的分布如正态分布、泊松分布、二项分布等都属于指数型分布族. 下面给出其定义.

定义 3.8 若随机变量 Y 的概率质量 (离散型) 或概率密度 (连续型) 具有如下形式:

$$f(y; \theta, \phi) = \exp\left(\frac{y\theta - b(\theta)}{a(\phi)} + c(y, \phi)\right), \tag{3.3.1}$$

则称 y 服从指数族分布. 其中 $a(\cdot)$, $b(\cdot)$, $c(\cdot, \cdot)$ 为已知连续函数, θ 和 ϕ 为未知参数. 通常, θ 与 $E(Y)$ 有关, 是我们所感兴趣的参数, 而 ϕ 与 $\mathrm{Var}(Y)$ 有关, 称为多余参数 (nuisance parameter).

下面以正态分布、泊松分布和二项分布为例说明这两类分布的概率密度或概率质量具有式 (3.3.1) 的形式, 并求出对应的 $a(\cdot), b(\cdot), c(\cdot, \cdot)$ 以及未知参数.

例 3.1 设 $Y \sim N(\mu, \sigma^2)$, 则 Y 的概率密度可表示为

$$f(y; \theta, \phi) = \frac{1}{\sqrt{2\pi}\sigma} \exp\left(-\frac{(y - \mu)^2}{2\sigma^2}\right)$$

$$= \exp\left(\frac{y\mu - \frac{1}{2}\mu^2}{\sigma^2} - \frac{1}{2}\left(\frac{y^2}{\sigma^2} + \ln\left(2\pi\sigma^2\right)\right)\right).$$

对照式 (3.3.1) 有

$$\theta = \mu, \phi = \sigma^2, a(\phi) = \phi,$$

$$b(\theta) = \frac{1}{2}\mu^2 = \frac{1}{2}\theta^2, c(y, \phi) = -\frac{1}{2}\left(\frac{y^2}{\phi} + \ln(2\pi\phi)\right).$$

例 3.2 设 $Y \sim P(\mu)$ (参数为 μ 的泊松分布), 则 Y 的概率质量可表示为

$$P(Y = y) = \frac{\mu^y}{y!}\exp(-\mu) = \exp(y\ln\mu - \mu - \ln(y!)) \quad y = 0, 1, 2, \cdots.$$

对照式 (3.3.1) 有

$$\theta = \ln\mu, \phi = 1, a(\phi) = \phi, b(\theta) = \mu = \exp(\theta), c(y, \phi) = -\ln(y!).$$

例 3.3 设 $X \sim B(m, \mu)$ (二项分布), 其中 $0 < \mu < 1$, m 为正整数, 且二者均为未知参数. 令 $Y = X/m$, 则 Y 服从指数族分布. 事实上, Y 的所有可能的取值为 $y = 0, 1/m, 2/m, \cdots, 1$, 且

$$P(Y = y) = P(X = my)$$

$$= C_m^{my}\mu^{my}(1 - \mu)^{m-my}$$

$$= \exp\left(\frac{y\ln\left(\frac{\mu}{1-\mu}\right) + \ln(1-\mu)}{\frac{1}{m}} + \ln\left(C_m^{my}\right)\right).$$

对照式 (3.3.1) 有

$$\theta = \ln\left(\frac{\mu}{1-\mu}\right), \phi = \frac{1}{m}, a(\phi) = \phi,$$

$$b(\theta) = -\ln(1-\mu) = \ln(1+\exp(\theta)), c(y,\phi) = \ln\left(\mathrm{C}_m^{my}\right).$$

3.3.2　连接函数

通过前面的学习, 我们知道"回归"一般用于预测样本的值, 这个值通常是连续的. 在分类问题的应用上效果往往不理想. 为了保留线性回归"简单、效果佳"的特点, 又想让它能够进行分类, 需要对预测值再做一次处理. 这个多出来的处理过程, 就是 GLM 所做的最主要的事. 而处理这个过程的函数, 我们把它叫做连接函数.

连接函数 $g(\cdot)$ 是将自变量第 i 组观测的线性组合与第 i 个观测值 Y_i 的期望连接起来的函数, 即

$$g\left(E(Y_i)\right) = g\left(\mu_i\right) = \beta_0 + \sum_{j=1}^{p} X_{ij}\beta_j \quad i = 1, 2, \cdots, n. \tag{3.3.2}$$

注意, 本小节的期望本质是条件期望. 在线性回归模型中, 由于假定 $Y_i \sim N\left(\mu_i, \sigma^2\right)$, 而 $E(Y_i) \in \mathbf{R}$, $\beta_0 + \sum_{j=1}^{p} X_{ij}\beta_j$ 一般也在 $\mathbf{R}$ 中取值, 因此通常取

$g(E(Y_i)) = E(Y_i) = \beta_0 + \sum_{j=1}^{p} X_{ij}\beta_j (i = 1, 2, \cdots, n)$. 但是取 $g(E(Y_i)) = E(Y_i)$

并不总是合适的, 例如, 当 Y_i 服从泊松分布即 $Y_i \sim P\left(\mu_i\right)$ 时, 则 $E(Y_i) = \mu_i > 0$ 而 $\beta_0 + \sum_{j=1}^{p} X_{ij}\beta_j$ 有可能取负值. 因此直接建立模型

$$g(E(Y_i)) = E(Y_i) = \mu_i = \beta_0 + \sum_{j=1}^{p} X_{ij}\beta_j$$

是不合理的.

表 3.2 介绍几种常见的连接函数.

连接函数有很多种, 一般在广义线性模型的建模中我们会使用正则连接函数, 即

$$g(E(Y)) = g(\mu) = \theta.$$

3.3.3　广义线性模型

定义 3.9　设 $(Y_i; X_{i1}, X_{i2}, \cdots, X_{ip})(i = 1, 2, \cdots, n)$ 为因变量 Y 和自变量 $X_1, X_2, \cdots, X_p$ 的观测值, 若

连接函数名称	连接函数英文	连接函数公式
恒等函数	identity	$g(\mu) = \mu$
Logit 函数	logit	$g(\mu) = \ln(\mu/(1-\mu))$
Probit 函数	probit	$g(\mu) = \pi^{-1}(\mu)$
对数函数	log	$g(\mu) = \ln(\mu)$
逆函数	inverse	$g(\mu) = 1/\mu$
平方根函数	sqrt	$g(\mu) = \sqrt{\mu}$
逆高斯分布	1/mu^2	$g(\mu) = 1/\mu^2$
重对数函数	loglog	$g(\mu) = \ln(-\ln(\mu))$
互补重对数函数	cloglog	$g(\mu) = \ln(-\ln(1-\mu))$
柯西函数	cauchit	$g(\mu) = \tan(\pi(\mu - 0.5))$

▶ 表 3.2
常用的连接函数

(1) $Y_1, Y_2, \cdots, Y_n$ 相互独立, 且对每个 i, Y_i 服从指数族分布, 即

$$Y_i \sim f(y_i; \theta_i, \phi_i) = \exp\left(\frac{y_i \theta_i - b(\theta_i)}{a(\phi_i)} + c(y_i, \phi_i)\right);$$

(2) $g(\mu_i) = \beta_0 + \sum_{j=1}^{p} X_{ij}\beta_j$, 其中 $\mu_i = E(Y_i) (i = 1, 2, \cdots, n)$,

则称 Y 与 $X_1, X_2, \cdots, X_p$ 服从广义线性模型.

表 3.3 是三种常见的广义线性模型. 由于每一个模型都有相应的指数分布, 因此我们可以采用最大似然方法进行参数估计.

分布	函数	模型
正态分布	$E(Y) = \boldsymbol{X}^{\mathrm{T}}\boldsymbol{\beta}$	普通线性模型
二项分布	$E(Y) = \dfrac{\exp(\boldsymbol{X}^{\mathrm{T}}\boldsymbol{\beta})}{1 + \exp(\boldsymbol{X}^{\mathrm{T}}\boldsymbol{\beta})}$	逻辑斯谛模型
泊松分布	$E(Y) = \exp(\boldsymbol{X}^{\mathrm{T}}\boldsymbol{\beta})$	对数线性模型

▶ 表 3.3
常用的广义
线性模型

例 3.4 逻辑斯谛回归是一种广泛用于分类问题的机器学习算法. 为了对数据进行分类, 它使用了一个 Sigmoid 函数将线性模型的输出转换为 0 和 1 之间的概率值. 最大似然估计是一种常用的方法来估计逻辑斯谛回归模型的参数. 其基本思想是找到一组参数, 使得在这组参数下, 模型对训练数据的拟合最好. 以下是计算逻辑斯谛回归参数的一般步骤:

1. 定义模型

首先需要定义逻辑斯谛回归模型, 一般可以表示为

$$P(Y_i = 1 | \boldsymbol{X}_i; \boldsymbol{\beta}) = h_{\boldsymbol{\beta}}(\boldsymbol{X}_i) = \frac{1}{1 + \mathrm{e}^{-\boldsymbol{\beta}^{\mathrm{T}}\boldsymbol{X}_i}},$$

其中 Y_i 表示第 i 个样本的类别 (0 或 1), $\boldsymbol{\beta}$ 是参数, $h_{\boldsymbol{\beta}}(\boldsymbol{X}_i)$ 是模型预测的 $\boldsymbol{X}_i$ 属于类别 1 的概率.

2. 定义似然函数

假设有 n 个训练样本, 则整个数据集的似然函数可以表示为

$$L(\boldsymbol{\beta}) = \prod_{i=1}^{n} h_{\boldsymbol{\beta}}(\boldsymbol{X}_i)^{Y_i}(1 - h_{\boldsymbol{\beta}}(\boldsymbol{X}_i))^{1-Y_i}.$$

该式子可以理解为, 对于每个样本, 我们计算模型预测其类别的概率, 并将其与其真实类别的概率相乘. 由于样本之间是独立同分布的, 因此我们将所有样本的似然函数相乘, 从而得到整个数据集的似然函数.

3. 计算对数似然函数

对数似然函数可以方便地计算和优化, 而不会影响最优解. 因此, 可以将似然函数取对数得到

$$l(\boldsymbol{\beta}) = \log L(\boldsymbol{\beta}) = \sum_{i=1}^{n}[Y_i \log(h_{\boldsymbol{\beta}}(\boldsymbol{X}_i)) + (1 - Y_i)\log(1 - h_{\boldsymbol{\beta}}(\boldsymbol{X}_i))].$$

4. 梯度下降求解最优参数

我们的目标是最大化对数似然函数 $l(\boldsymbol{\beta})$. 使用梯度下降法, 可以找到最优的 $\boldsymbol{\beta}$ 值. 具体来说, 首先计算对数似然函数的梯度

$$\frac{\partial l(\boldsymbol{\beta})}{\partial \beta_j} = \sum_{i=1}^{n}(h_{\boldsymbol{\beta}}(\boldsymbol{X}_i) - Y_i)X_{ij},$$

然后, 通过迭代更新 $\boldsymbol{\beta}$ 的值, 直到达到最大化 $l(\boldsymbol{\beta})$ 的目标.

■ 3.4 多元响应变量协方差广义线性模型

传统的线性模型 (linear model, LM) 适用于处理单个响应变量的情形. 广义线性模型扩展了线性模型, 可用于处理独立非正态数据和单个响应变量情形, 并且假设方差函数是已知的. Anderson[38] 和 Pourahmadi[39] 将 GLM 方法扩展到处理非独立非正态数据和单个响应变量的情形, 提出协方差广义线性模型 (cGLM). Wagner Hugo Bonat 和 Bent Jørgensen[40] 将 cGLM 扩展到处理非独立非正态数据和多个响应变量的情形, 提出多元响应变量协方差广义线性模型, 它是广义线性模型及协方差广义线性模型的扩展.

本节介绍多元响应变量协方差广义线性模型的原理、参数估计和模型选择等.

3.4.1 McGLM 模型的原理

McGLM 旨在处理具有时间和空间相关结构的多元响应变量, 通过采用传统广义线性模型的方差函数方法来考虑非正态性, 采用连接函数和线性预测器建模均值结构, 采用协方差连接函数和矩阵线性预测器建模协方差结构, 为正态和非正态多元数据分析提供通用的统计建模框架.

McGLM 的每一个响应变量均可由连接函数、方差函数、协方差函数这三种函数及线性预测器和矩阵线性预测器来构成.

定义 3.10　McGLM

设样本量 n, 响应变量个数 R, 响应变量矩阵 $\mathbf{Y}_{n \times R} = (\boldsymbol{Y}_1, \cdots, \boldsymbol{Y}_R)$, 响应变量 $\mathbf{Y}$ 的期望值矩阵为 $\mathbf{M}_{n \times R} = (\boldsymbol{\mu}_1, \cdots, \boldsymbol{\mu}_R)$. $n \times n$ 矩阵 $\boldsymbol{\Sigma}_r$ 表示每个响应变量 $\boldsymbol{Y}_r (r = 1, 2, \cdots, R)$ 的协方差矩阵, 该矩阵描述了每个响应变量内的协方差结构. $R \times R$ 矩阵 $\boldsymbol{\Sigma}_b$ 表示响应变量 $\boldsymbol{Y}_1, \cdots, \boldsymbol{Y}_R$ 间的相关系数矩阵. $\mathbf{X}_r$ 为设计矩阵的 $n \times k_r$ 子阵. 回归参数向量 $\boldsymbol{\beta}_r$ 为 $k_r \times 1$ 的回归参数子向量. 多元响应变量协方差广义线性模型满足:

$$
\begin{aligned}
E(\mathbf{Y}) &= \mathbf{M} = \{g_1^{-1}(\mathbf{X}_1 \boldsymbol{\beta}_1), \cdots, g_R^{-1}(\mathbf{X}_R \boldsymbol{\beta}_R)\}, \\
\mathrm{Var}(\mathbf{Y}) &= \mathbf{C} = \boldsymbol{\Sigma}_R \overset{G}{\otimes} \boldsymbol{\Sigma}_b.
\end{aligned}
\tag{3.4.1}
$$

其中 $\boldsymbol{\Sigma}_R \overset{G}{\otimes} \boldsymbol{\Sigma}_b = \mathrm{Bdiag}(\widetilde{\boldsymbol{\Sigma}}_1, \cdots, \widetilde{\boldsymbol{\Sigma}}_R)(\boldsymbol{\Sigma}_b \otimes \boldsymbol{I}_n)\mathrm{Bdiag}(\widetilde{\boldsymbol{\Sigma}}_1^{\mathrm{T}}, \cdots, \widetilde{\boldsymbol{\Sigma}}_R^{\mathrm{T}})$ 是 $\boldsymbol{\Sigma}_R$ 与 $\boldsymbol{\Sigma}_b$ 的广义克罗内克积 [41]. 它是 $nR \times nR$ 矩阵, 表示所有响应变量的联合协方差矩阵. $\widetilde{\boldsymbol{\Sigma}}_r (r = 1, 2, \cdots, R)$ 表示协方差矩阵 $\boldsymbol{\Sigma}_r$ 的楚列斯基分解的下三角形矩阵, 是 $n \times n$ 矩阵. 运算符 $\mathrm{Bdiag}(\cdot)$ 表示分块对角矩阵. $\boldsymbol{I}_n$ 表示 $n \times n$ 单位矩阵. $\otimes$ 表示克罗内克积. 函数 $g_r(\cdot)$ 为均值结构中的连接函数.

1. 响应变量的协方差矩阵 $\boldsymbol{\Sigma}_r$

不同取值类型的响应变量 $\boldsymbol{Y}_r$ 可取不同的协方差矩阵:

(1) 若 $\boldsymbol{Y}_r$ 取值为连续型、二值型、二项式、比例或指数数据, 其协方差矩阵 $\boldsymbol{\Sigma}_r$ 可定义为

$$
\boldsymbol{\Sigma}_r = V(\boldsymbol{\mu}_r; \boldsymbol{p}_r)^{\frac{1}{2}} (\boldsymbol{\Omega}(\boldsymbol{\tau}_r)) V(\boldsymbol{\mu}_r; \boldsymbol{p}_r)^{\frac{1}{2}}.
\tag{3.4.2}
$$

(2) 若 $\boldsymbol{Y}_r$ 取值为计数数据, 其协方差矩阵 $\boldsymbol{\Sigma}_r$ 可采用如下形式:

$$
\boldsymbol{\Sigma}_r = \mathrm{diag}(\boldsymbol{\mu}_r) + V(\boldsymbol{\mu}_r; \boldsymbol{p}_r)^{\frac{1}{2}} (\boldsymbol{\Omega}(\boldsymbol{\tau}_r)) V(\boldsymbol{\mu}_r; \boldsymbol{p}_r)^{\frac{1}{2}}.
\tag{3.4.3}
$$

式 (3.4.2) 与 (3.4.3) 中, $V(\boldsymbol{\mu}_r; \boldsymbol{p}_r) = \mathrm{diag}(\vartheta(\boldsymbol{\mu}_r; \boldsymbol{p}_r))$ 是对角矩阵, 其主对角线元素由方差函数 $\vartheta(\cdot; \boldsymbol{p}_r)$ 按元素应用于向量 $\boldsymbol{\mu}_r$ 而给出. 方差函数 $\vartheta(\cdot; \boldsymbol{p}_r)$ 中的参数 $\boldsymbol{p}_r$ 为幂参数 (power parameter).

$\boldsymbol{\Omega}(\boldsymbol{\tau}_r)$ 为散度矩阵 (dispersion matrix), 描述了响应变量的协方差矩阵 $\boldsymbol{\Sigma}_r$ 中不依赖于均值结构的协方差部分. $\boldsymbol{\tau}_r$ 为散度参数 (dispersion parameter).

2. 方差函数 $\vartheta(\,\cdot\,;\boldsymbol{p}_r)$

方差函数 $\vartheta(\,\cdot\,;\boldsymbol{p}_r)$ 在 McGLM 中起着重要作用. 模型选择不同的方差函数, 则对应不同的响应变量边际分布. 下面介绍 McGLM 常用的方差函数.

(1) 对于连续响应变量, 方差函数采用幂函数 $\vartheta(\mu_r;p_r) = {\mu_r}^{p_r}$ 来描述 Tweedie 分布族. Tweedie 分布族的特例有高斯分布 $(p_r = 0)$、伽马分布 $(p_r = 2)$ 和逆高斯分布 $(p_r = 3)$.

(2) 对于取值为二值型、二项式或比例数据的响应变量, 方差函数常采用扩展二项式函数 $\vartheta(\mu_r;\boldsymbol{p}_r) = {\mu_r}^{p_{r1}}(1 - \mu_r)^{p_{r2}}$.

(3) 对于计数数据的离散型响应变量, 方差函数采用函数 $\vartheta(\mu_r;p_r) = \mu_r + \tau_r {\mu_r}^{p_r}$ (其中 τ_r 是散度参数) 来描述 Poisson-Tweedie 分布族. 由于散度参数仅出现在第二项中, 因此协方差矩阵 $\boldsymbol{\Sigma}_r$ 采用式 (3.4.3) 的形式. Poisson-Tweedie 分布族的特例有埃尔米特 (Hermite) 分布 $(p_r = 0)$、奈曼 (Neyman) 分布 $(p_r = 1)$、负二项分布 $(p_r = 2)$ 和泊松逆高斯 (Poisson-inverse Gaussian) 分布 $(p_r = 3)$.

3. 幂参数 p_r

在 McGLM 二阶矩假设下, 模型估计幂参数 p_r 的信息来自均值和方差的关系, 因此估计幂参数 p_r 时需要均值向量有足够的变化, 即要求线性预测器中存在显著的协变量. 对于 McGLM 中所有的方差函数, 幂参数 p_r 是区分重要分布的指标. 模型中的算法允许估计幂参数 p_r, 该参数可用于自动选择分布.

4. 协方差连接函数 $h(\cdot)$ **与矩阵线性预测器**

Anderson[38] 和 Pourahmadi[39], Bonat 和 Jørgensen[40] 提出使用矩阵线性预测器结合协方差连接函数来对散度矩阵 $\boldsymbol{\Omega}(\boldsymbol{\tau}_r)$ 进行建模, 即根据已知矩阵的线性组合建立一个模型

$$h(\boldsymbol{\Omega}(\boldsymbol{\tau}_r)) = \tau_{r0}\boldsymbol{Z}_{r0} + \cdots + \tau_{rD}\boldsymbol{Z}_{rD}. \tag{3.4.4}$$

这种结构与均值结构的线性预测器相似, 称为矩阵线性预测器 (matrix linear predictor). 将矩阵线性预测器 (3.4.4) 代入式 (3.4.1) 中, 即得到多元响应变量协方差广义线性模型.

式 (3.4.4) 中, $h(\cdot)$ 为协方差连接函数 (covariance link function); $\boldsymbol{Z}_{rd}(d = 0,\cdots,D)$ 是反映响应变量 $\boldsymbol{Y}_r$ 内协方差结构的已知矩阵, $\boldsymbol{\tau}_r = (\tau_{r0},\cdots,\tau_{rD})^{\mathrm{T}}$ 为 $D+1$ 维散度参数向量.

McGLM 中协方差连接函数常采用恒等函数 (identity function)、逆函数 (inverse function) 和指数矩阵函数 (exponential-matrix function).

实际上, 很难定义散度参数向量 $\boldsymbol{\tau}_r$ 的参数空间. Bonat 和 Jørgensen 利用倒数似然算法, 使用一个调整常数来控制算法的步长, 并避免参数向量 $\boldsymbol{\tau}_r$ 的不合理值.

矩阵预测器中的协方差结构常采用协方差矩阵的线性模型, 用于处理非高斯数据、纵向自相关数据 (如复合对称、移动平均和一阶自回归等)、空间数据及区域数据等. 关于如何指定矩阵 $\boldsymbol{Z}_{rd}$, 详见文献 [40].

5. 连接函数 $g(\cdot)$

McGLM 中, 连接函数 $g(\cdot)$ 将响应变量的期望与协变量联系起来, 反映了模型的均值结构. 常采用的连接函数也如表 3.2.

3.4.2 参数估计

设参数向量 $\boldsymbol{\theta} = (\boldsymbol{\beta}^{\mathrm{T}}, \boldsymbol{\lambda}^{\mathrm{T}})^{\mathrm{T}}$, 其中回归参数向量 $\boldsymbol{\beta}_{K\times 1} = (\boldsymbol{\beta}_1^{\mathrm{T}}, \cdots, \boldsymbol{\beta}_R^{\mathrm{T}})^{\mathrm{T}}$, 散度参数向量 $\boldsymbol{\lambda}_{Q\times 1} = (\rho_1, \cdots, \rho_{R(R-1)/2}, p_1, \cdots, p_R, \boldsymbol{\tau}_1^{\mathrm{T}}, \cdots, \boldsymbol{\tau}_R^{\mathrm{T}})^{\mathrm{T}}$.

McGLM 采用基于二阶矩假设的估计函数法进行拟合. 模型基于拟得分 (quasi-score) 函数和皮尔逊估计 (Pearson estimating) 函数的有效牛顿评分算法 (Newton scoring algorithm), 针对回归参数和散度参数, 利用修正的追赶算法 (modified chaseralgorithm) 以及改进的倒数似然算法 (reciprocal likelihood algorithm), 通过调节常数 α 来调节步长, 从而进行参数估计及统计推断, 进而拟合 McGLM.

具体来讲, 我们让 $\mathcal{Y} = \left(\boldsymbol{Y}_1^{\mathrm{T}}, \cdots, \boldsymbol{Y}_R^{\mathrm{T}}\right)^{\mathrm{T}}$ 和 $\mathcal{M} = \left(\boldsymbol{\mu}_1^{\mathrm{T}}, \cdots, \boldsymbol{\mu}_R^{\mathrm{T}}\right)^{\mathrm{T}}$ 表示 $nR \times 1$ 列向量, 其中的元素分别由响应变量矩阵 $\boldsymbol{Y}_{n\times R}$ 和期望值矩阵 $\boldsymbol{M}_{n\times R}$ 按列排序得到.

为了进行参数估计, 我们采取拟得分函数[42]

$$\boldsymbol{\psi}_{\boldsymbol{\beta}}(\boldsymbol{\beta}, \boldsymbol{\lambda}) = \boldsymbol{D}^{\mathrm{T}} \boldsymbol{C}^{-1}(\mathcal{Y} - \mathcal{M}), \tag{3.4.5}$$

其中 $\boldsymbol{D} = \nabla_{\boldsymbol{\beta}} \mathcal{M}$ 是一个 $nR \times K$ 矩阵, 并且 $\nabla_{\boldsymbol{\beta}}$ 表示对相应参数求梯度. 此外, 可以得到 $\boldsymbol{\psi}_{\boldsymbol{\beta}}$ 的 $K \times K$ 敏感性矩阵和特异性矩阵

$$\boldsymbol{S}_{\boldsymbol{\beta}} = E\left(\nabla_{\boldsymbol{\beta}} \boldsymbol{\psi}_{\boldsymbol{\beta}}\right) = -\boldsymbol{D}^{\mathrm{T}} \boldsymbol{C}^{-1} \boldsymbol{D} \text{ 和 } V_{\boldsymbol{\beta}} = \mathrm{Var}\left(\boldsymbol{\psi}_{\boldsymbol{\beta}}\right) = \boldsymbol{D}^{\mathrm{T}} \boldsymbol{C}^{-1} \boldsymbol{D}. \tag{3.4.6}$$

散度参数所采用的皮尔逊估计函数的各个部分定义如下:

$$\boldsymbol{\psi}_{\lambda_i}(\boldsymbol{\beta}, \boldsymbol{\lambda}) = \mathrm{tr}\left(\boldsymbol{W}_{\lambda_i}\left(\boldsymbol{r}^{\mathrm{T}}\boldsymbol{r} - \boldsymbol{C}\right)\right), \qquad i = 1, 2, \cdots, Q, \tag{3.4.7}$$

其中 $\boldsymbol{W}_{\lambda_i} = -\partial \boldsymbol{C}^{-1}/\partial \lambda_i$ 并且 $\boldsymbol{r} = \mathcal{Y} - \mathcal{M}$.

$\boldsymbol{\psi}_{\boldsymbol{\lambda}}$ 的 $Q \times Q$ 敏感性矩阵的第 i 行第 j 列元素定义如下:

$$\boldsymbol{S}_{\lambda_{ij}} = E\left(\frac{\partial}{\partial \lambda_i} \psi_{\lambda_j}\right) = -\mathrm{tr}\left(\boldsymbol{W}_{\lambda_i} \boldsymbol{C} \boldsymbol{W}_{\lambda_j} \boldsymbol{C}\right). \tag{3.4.8}$$

ψ_λ 的 $Q \times Q$ 特异性矩阵的第 i 行第 j 列元素定义如下：

$$V_{\lambda_{ij}} = \mathrm{Cov}\left(\psi_{\lambda_i}, \psi_{\lambda_j}\right) = 2\,\mathrm{tr}\left(\boldsymbol{W}_{\lambda_i}\boldsymbol{C}\boldsymbol{W}_{\lambda_j}\boldsymbol{C}\right) + \sum_{l=1}^{nR} k_l^{(4)}\left(\boldsymbol{W}_{\lambda_i}\right)_{ll}\left(\boldsymbol{W}_{\lambda_j}\right)_{ll},$$

(3.4.9)

$k_l^{(4)}$ 是 $\mathcal{Y}_l$ 的第四阶累积量 (the fourth cumulant). 2004 年, Jørgensen 和 Knudsen[43] 提出修正的追赶算法用来解 $\psi_\beta = \mathbf{0}$ 和 $\psi_\lambda = \mathbf{0}$. 具体更新公式如下：

$$\boldsymbol{\beta}^{(i+1)} = \boldsymbol{\beta}^{(i)} - \boldsymbol{S}_{\boldsymbol{\beta}}^{-1}\psi_{\boldsymbol{\beta}}\left(\boldsymbol{\beta}^{(i)}, \boldsymbol{\lambda}^{(i)}\right),$$

$$\boldsymbol{\lambda}^{(i+1)} = \boldsymbol{\lambda}^{(i)} - \alpha\boldsymbol{S}_{\boldsymbol{\lambda}}^{-1}\psi_{\boldsymbol{\lambda}}\left(\boldsymbol{\beta}^{(i+1)}, \boldsymbol{\lambda}^{(i)}\right).$$

2016 年, Bonat 和 Jørgensen[40] 提出倒数似然算法 (reciprocal likelihood algorithm), 通过调节常数 α 来调节步长, 从而对参数 $\boldsymbol{\lambda}$ 估计. 具体更新公式如下：

$$\boldsymbol{\lambda}^{(i+1)} = \boldsymbol{\lambda}^{(i)} - \left[\alpha\psi_{\boldsymbol{\lambda}}\left(\boldsymbol{\beta}^{(i+1)}, \boldsymbol{\lambda}^{(i)}\right)^{\mathrm{T}}\psi_{\boldsymbol{\lambda}}\left(\boldsymbol{\beta}^{(i+1)}, \boldsymbol{\lambda}^{(i)}\right)\boldsymbol{V}_{\boldsymbol{\lambda}}^{-1}\boldsymbol{S}_{\boldsymbol{\lambda}} + \boldsymbol{S}_{\boldsymbol{\lambda}}\right]^{-1} \cdot$$

$$\psi_{\boldsymbol{\lambda}}\left(\boldsymbol{\beta}^{(i+1)}, \boldsymbol{\lambda}^{(i)}\right).$$

McGLM 中回归参数估计量对协方差结构的形式依赖性相对较小, 而回归参数估计量的标准误差则直接依赖于协方差结构的选择. McGLM 还可以进行回归参数的稳健和偏差校正标准误差、残差分析等. 详见文献 [40].

■ | 3.5 回归分析实践

实践代码

本章介绍了回归分析的基本概念与模型. 线性回归模型通过最小化离差平方和的方法, 建立了自变量与响应变量之间的线性关系. 然而, 在多重共线性存在的情况下, 线性回归模型可能会失效. 针对自变量间的多重共线性, 岭回归方法通过引入罚项 "岭", 减小多重共线性的影响, 从而提高模型的稳定性.

针对在实际应用中有些响应变量并不服从正态分布的情况, 广义线性模型被引入扩展了线性回归的适用范围. 其核心思想是通过选择合适的连接函数和指数型分布族, 建立自变量与响应变量之间的广义线性关系, 从而在处理非正态数据方面展现出色的灵活性与适用性.

多元响应变量协方差广义线性模型 (McGLM) 是一种扩展的广义线性模型, 用于同时处理多个相关的响应变量, 并考虑它们之间的协方差结构. 它允许对响应变量之间的相关性进行建模, 提供比单一响应变量分析更丰富的信息, 广泛应用于处理复杂的多变量数据.

回归分析是数据分析中的重要工具, 广泛应用于各种实际问题中. 除了本章介绍的几种回归模型之外, 更多高级回归分析方法如: 弹性网络回归、贝叶斯回归和广义加性模型等, 值得读者深入学习与探索.

 习题

1. 试证明平方和分解式: $\mathrm{SST} = \mathrm{SSR} + \mathrm{SSE}$.
2. 试证明, 在 n 个样本误差服从独立同分布的正态分布假定下, 响应变量 Y 服从 n 维正态分布 $Y \sim N_n(X\beta, \sigma^2 I_n)$. 且未知参数 β 的最大似然估计量与最小二乘估计量等价, 并求出 σ 的最大似然估计.
3. 研究货运总量 $Y(10^4\mathrm{t})$ 与工业总产值 X_1(亿元)、农业总产值 X_2(亿元)、居民非商品支出 X_3(亿元) 的关系, 数据见表 3.4.

▶ 表 3.4
习题 3 数据表

序号	1	2	3	4	5	6	7	8	9	10
Y	160	260	210	265	240	220	275	160	275	250
X_1	70	75	65	74	72	68	78	66	70	65
X_2	35	40	40	42	38	45	42	36	44	42
X_3	1	2.4	2	3	1.2	1.5	4	2	3.2	3

(1) 计算 Y, X_1, X_2, X_3 的相关系数矩阵;

(2) 求 Y 关于 X_1, X_2, X_3 的线性回归方程;

(3) 对拟合的线性回归方程进行拟合优度检验、方程的显著性检验, 对每个回归系数做显著性检验;

(4) 若有回归系数未通过显著性检验, 剔除, 重新拟合回归方程并进行检验;

(5) 求回归系数的置信水平 95% 的置信区间;

(6) 求标准化回归方程;

(7) 将 X_1, X_2, X_3 分别取 75, 42, 3.1, 对响应变量进行点预测及置信水平 95% 的区间预测.

4. 某种水泥在凝固时放出的热量 Y (cal/g) 与水泥中的 4 种化学成分的含量 (%) 有关, 这 4 种化学成分分别是 X_1 铝酸三钙 ($3\mathrm{CaO} \cdot \mathrm{Al}_2\mathrm{O}_3$), X_2 硅酸三钙 ($3\mathrm{CaO} \cdot \mathrm{SiO}_2$),

X_3 铁铝酸四钙 ($4CaO \cdot Al_2O_3 \cdot Fe_2O_3$), X_4 硅酸二钙 ($2CaO \cdot SiO_2$). 现观测到 13 组数据, 数据见表 3.5. 用逐步回归法做变量选择, 建立 Y 关于 4 种成分的线性回归方程.

序号	1	2	3	4	5	6	7	8	9	10	11	12	13
Y	78.5	74.3	104.3	87.6	95.9	109.2	102.7	72.5	93.1	115.9	83.8	113.3	109.4
X_1	7	1	11	11	7	11	3	1	2	21	1	11	10
X_2	26	29	56	31	52	55	71	31	54	47	40	66	68
X_3	6	15	8	8	6	9	17	22	18	4	23	9	8
X_4	60	52	20	47	33	22	6	44	22	26	34	12	12

◀ 表 3.5
习题 4 数据表

5. 一家大型商业银行有多家分行, 近年来, 该银行的贷款额平稳增长, 但不良贷款额也有较大比例的提高. 为弄清楚不良贷款形成的原因, 下面利用银行业务的有关数据进行定量分析, 找出控制不良贷款的办法. 数据表 3.6 是该银行所属 25 家分行某年的有关业务数据.

分行编号	1	2	3	4	5	6	7	8	9	10	11	12	13
Y	0.9	1.1	4.8	3.2	7.8	2.7	1.6	12.5	1	2.6	0.3	4	0.8
X_1	67.3	111.3	173	80.8	199.7	16.2	107.4	185.4	96.1	72.8	64.2	132.2	58.6
X_2	6.8	19.8	7.7	7.2	16.5	2.2	10.7	27.1	1.7	9.1	2.1	11.2	6
X_3	5	16	17	10	19	1	17	18	10	14	11	23	14
X_4	51.9	90.9	73.7	14.5	63.2	2.2	20.2	43.8	55.9	64.3	42.7	76.7	22.8
分行编号	14	15	16	17	18	19	20	21	22	23	24	25	
Y	3.5	10.2	3	0.2	0.4	1	6.8	11.6	1.6	1.2	7.2	3.2	
X_1	174.6	263.5	79.3	14.8	73.5	24.7	139.4	368.2	95.7	109.6	196.2	102.2	
X_2	12.7	15.6	8.9	0.6	5.9	5	7.2	16.8	3.8	10.3	15.8	12	
X_3	26	34	15	2	11	4	28	32	10	14	16	10	
X_4	117.1	146.7	29.9	42.1	25.3	13.4	64.3	163.9	44.5	67.9	39.7	97.1	

◀ 表 3.6
习题 5 数据表

(1) 建立不良贷款与其余 4 个自变量的线性回归方程, 对模型进行检验;

(2) 分析回归模型的共线性;

(3) 采取逐步回归法选择变量, 对模型进行检验;

(4) 建立不良贷款 Y 对 4 个自变量的岭回归.

6. 临床医学中为了研究麻醉剂用量与患者是否保持静止的关系, 对 30 名患者在手术前 15min 给予一定浓度的麻醉剂后的情况进行了记录. 记录数据来自 R 软件 DAAG 包中自带的 anesthetic 数据集, 见表 3.7, 其中, 麻醉剂浓度为自变量 X, 患者是否保持静止为响应变量 Y, Y 取 1 时表示患者静止, Y 取 0 时表示患者有移动, 试建立 Y 关于 X 的逻辑斯谛回归模型.

7. R 中 mcglm 包自带数据集 NewBorn 是有关早产儿的呼吸物理治疗数据集, 旨在评估呼吸物理疗法对出生体重低于 1500g 的早产儿通气后心肺功能的影响. NewBorn 数据集由护理团队 Waldemar Monastier hospital, Campo Largo, PR, Brazil 收集. 样本量 270 个, 变量 21 个. 数据集中主要变量含义解释见表 3.8. 利用响应变量 SPO2 关于自变量 Sex、APGAR1M、APGAR5M、PRE、HD、SUR 建立 McGLM.

序号	1	2	3	4	5	6	7	8	9	10
X	1	1.2	1.4	1.4	1.2	2.5	1.6	0.8	1.6	1.4
Y	1	0	1	0	0	1	1	0	1	0
序号	11	12	13	14	15	16	17	18	19	20
X	0.8	1.6	2.5	1.4	1.6	1.4	1.4	0.8	0.8	1.2
Y	0	1	1	1	1	1	1	0	1	1
序号	21	22	23	24	25	26	27	28	29	30
X	0.8	0.8	1	0.8	1	1.2	1	1.2	1	1.2
Y	0	0	0	0	0	1	0	1	0	1

▶ 表 3.7
习题 6 数据表

变量	描述
Sex	性别
APGAR1M	生命第一分钟的 APGAR 指数
APGAR5M	生命第五分钟的 APGAR 指数
PRE	因素, 两个类别 (过早: 是; 否)
HD	因子, 两个水平 (汉森病, 是; 否)
SUR	因子, 两级 (表面活性剂, 是; 否)
SPO2	氧饱和度 (有界)

▶ 表 3.8
习题 7 NewBorn
数据集的主要变
量含义表

8. R 中 mcglm 包自带数据集 soya 是有关豌豆的样本数据. 数据集有 7 个变量的 75 个观测值. 数据集中的试验是在一个种植大豆的温室中进行的. 此试验有两株按地块种植的植物. 数据集 soya 中变量含义见表 3.9. 为研究豌豆的产量、每株豌豆的种子数量及可生长发育的豌豆比率问题, 建立三元独立响应变量 grain、seeds、viablepeasP 关于自变量 pot、water、block 的 McGLM 并对模型拟合结果进行分析.

变量	描述
pot	自变量, 钾肥, 五水平因子 (0,30,60,120,180)
water	自变量, 土壤中的水分, 三水平因子 (37.5,50,62.5)
block	自变量, 地块, 五水平因子 (I,II,III,IV,V)
grain	响应变量, 连续型数据, 单株粮食产量
seeds	响应变量, 计数型数据, 每株植物的种子数量
viablepeas	二项式型数据, -每株可存活豌豆的数量
totalpeas	二项式型数据, -每株豌豆的总数量
viablepeasP	响应变量, 每株可存活豌豆比率, 值为 viablepeas/totalpeas

▶ 表 3.9
习题 8 soya 数据
集中变量含义表

第四章　支持向量机

回归分析是一种监督学习任务, 通常假设输入特征和输出目标之间存在线性或非线性的关系, 通过统计方法, 建立一个关于输入特征和输出目标之间的函数关系. 而支持向量机通常将数据映射到高维空间中的超平面, 通过找到一个最优的超平面, 最大程度地将不同类别的样本分开.

■ | 4.1　简介

对给定样本数据集进行分类处理通常有多种办法, 如前面章节中介绍的 GLM 或者 McGLM 等, 而支持向量机 (support vector machine, SVM) 作为众多分类器中的一种, 却有着其他分类器没有的优点, 下面我们就来介绍一下 SVM.

支持向量机是一种基于统计学习理论的有监督新型学习机, 是由苏联教授 Vladimir N.Vapnik 等[58] 于 1963 年在统计学习理论基础上提出的. 支持向量机理论最初用来解决两类线性可分问题, 之后逐步推广到多分类、非线性等问题. 与传统学习方法不同, 支持向量机是结构风险最小化方法的近似实现, 是借助最优化方法来解决机器学习分类问题的新工具. 在处理线性可分问题时, 其"对样本依赖小"等优点使其成为众多分类器当中的佼佼者.

■ | 4.2　SVM 算法

4.2.1　SVM 的基本内容

最初 SVM 被提出时, 是用来解决二分类问题的. 其主要内容是：对于给定的包含两个类别的样本数据集 $D = \{(\boldsymbol{X}_1, Y_1), (\boldsymbol{X}_2, Y_2), \cdots, (\boldsymbol{X}_n, Y_n)\}$, $\boldsymbol{X}_i \in \mathbf{R}^p, Y_i \in \{-1, 1\}$, 确定一个超平面, 对数据集进行二分类处理, 如图 4.1.

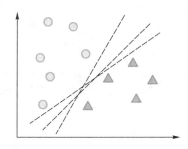

其分类判别式为

$$f(\boldsymbol{X}) = \operatorname{sign}\left(\boldsymbol{w}^{\mathrm{T}}\boldsymbol{X} + b\right). \tag{4.2.1}$$

可以看到, 不止有一个超平面能够把样本数据正确地分为两类, SVM 算法是在这众多超平面中挑选出鲁棒性最强的超平面 $\boldsymbol{w}^{*\mathrm{T}}\boldsymbol{X} + b^*$ 来作为最终的分类器.

SVM 可分为三种不同的类别: 线性可分 SVM、线性 SVM、非线性 SVM. 下面分别对这三种类型的 SVM 进行介绍.

4.2.2 线性可分 SVM

若至少存在一个超平面, 可以将两类数据完全分开, 此时的 SVM 被称为线性可分 SVM. 线性可分 SVM 的原理就是要达到硬间隔最大化, 又被称作最大间隔分类器. 在样本点可以被超平面分为两类的基础上, 线性可分 SVM 的目标是找到一个超平面, 使得每个样本点到该超平面的距离都足够大. 下面对算法理论进行详细阐述. 对于给定样本数据集 $D = \{(\boldsymbol{X}_1, Y_1), (\boldsymbol{X}_2, Y_2), \cdots, (\boldsymbol{X}_n, Y_n)\}, \boldsymbol{X}_i \in \mathbf{R}^p, Y_i \in \{-1, 1\}$. 在样本空间中, 划分超平面用如下线性方程来描述:

$$\boldsymbol{w}^{\mathrm{T}}\boldsymbol{X} + b = 0,$$

其中 $\boldsymbol{w} = (w_1, w_2, \cdots, w_p)^{\mathrm{T}}$ 为法向量, b 为位移项. 显然, 超平面可以由法向量 $\boldsymbol{w}$ 和位移 b 所确定, 记为 $(\boldsymbol{w}, b)$. 对于 $(\boldsymbol{X}_i, Y_i) \in D$, 其到超平面 $(\boldsymbol{w}, b)$ 的距离可表示为

$$r_i = \frac{\left|\boldsymbol{w}^{\mathrm{T}}\boldsymbol{X}_i + b\right|}{\|\boldsymbol{w}\|}. \tag{4.2.2}$$

所有 $r_i \ (i = 1, 2, \cdots, n)$ 的最小值称为间隔, 可表示为式 (4.2.3). 而这些和超平面 $(\boldsymbol{w}, b)$ 距离最小的样本点称作支持向量 (如图 4.2 所示)

$$\operatorname{margin} = \min_{1 \leqslant i \leqslant n} r_i. \tag{4.2.3}$$

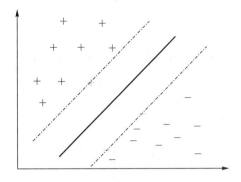

◄ 图 4.2
支持向量

为了使这个超平面更具鲁棒性, SVM 算法的目标是通过调整参数 $\boldsymbol{w}$ 和 b, 找到以最大间隔把两类样本分开的超平面, 也称之为最大间隔超平面. 首先, 我们希望两类样本分别分割在该超平面的两侧; 其次, 两侧距离超平面最近的样本点到超平面的距离被最大化. 即

$$\max_{\boldsymbol{w},b} \min_{1\leqslant i\leqslant n} r_i. \tag{4.2.4}$$

假设样本点可以被超平面分为两个类别, 显然对于 $(\boldsymbol{X}_i, Y_i) \in D$, 满足下面约束条件:

$$\begin{cases} \boldsymbol{w}^{\mathrm{T}}\boldsymbol{X}_i + b > 0, & Y_i = 1, \\ \boldsymbol{w}^{\mathrm{T}}\boldsymbol{X}_i + b < 0, & Y_i = -1. \end{cases}$$

可将其化简为

$$Y_i\left(\boldsymbol{w}^{\mathrm{T}}\boldsymbol{X}_i + b\right) > 0. \tag{4.2.5}$$

这一约束条件意味着所有样本点被超平面正确分类. 下面希望从能将样本数据集正确分类的超平面里选取特殊的一个超平面, 使得两类样本数据集到这一超平面的最短距离最大化, 即间隔最大化:

$$\max_{\boldsymbol{w},b} \min_{1\leqslant i\leqslant n} r_i, \quad \text{s.t. } Y_i\left(\boldsymbol{w}^{\mathrm{T}}\boldsymbol{X}_i + b\right) > 0. \tag{4.2.6}$$

在该约束条件下, 可以将 r_i 转化为

$$r_i = \frac{Y_i\left(\boldsymbol{w}^{\mathrm{T}}\boldsymbol{X}_i + b\right)}{\|\boldsymbol{w}\|},$$

优化目标函数转化为

$$\max_{\boldsymbol{w},b} \min_{1\leqslant i\leqslant n} \frac{Y_i\left(\boldsymbol{w}^{\mathrm{T}}\boldsymbol{X}_i + b\right)}{\|\boldsymbol{w}\|}.$$

为了便于简化计算, 对超平面 $(\boldsymbol{w}, b)$ 进行放缩变换, 使得 $\left|\boldsymbol{w}^{\mathrm{T}}\boldsymbol{X}_i + b\right| \geqslant 1$, 即 $Y_i\left(\boldsymbol{w}^{\mathrm{T}}\boldsymbol{X}_i + b\right) \geqslant 1$.

因此, 优化问题 (4.2.6) 转换为下面形式:

$$\max_{\boldsymbol{w},b} \frac{1}{\|\boldsymbol{w}\|}, \quad \text{s.t. } Y_i\left(\boldsymbol{w}^{\mathrm{T}}\boldsymbol{X}_i + b\right) \geqslant 1 \quad i = 1, 2, \cdots, n. \tag{4.2.7}$$

注意到目标函数中的 $\|\boldsymbol{w}\|$ 在分母上, 所以可以将求最大值的约束优化问题转换成求最小值的凸二次规划问题:

$$\min_{\boldsymbol{w},b} \frac{1}{2}\|\boldsymbol{w}\|^2, \quad \text{s.t. } Y_i\left(\boldsymbol{w}^{\mathrm{T}}\boldsymbol{X}_i + b\right) \geqslant 1 \quad i = 1, 2, \cdots, n. \tag{4.2.8}$$

(注: 此处的 $\frac{1}{2}$ 并不影响最终的计算结果.)

上式即为线性可分 SVM 的最优化问题. 上述优化问题为不等式约束的优化问题, 可利用拉格朗日乘子法将原问题转化为对偶问题. 此外, 这样做可以更自然地引入核函数, 进而推广到非线性的分类问题. 对于更一般化的约束优化问题来说, 对偶问题可以将非凸问题转化为凸优化问题.

首先, 引入拉格朗日乘子向量 $\boldsymbol{\lambda} = (\lambda_1, \lambda_2, \cdots, \lambda_n)^{\mathrm{T}}$, 并写出拉格朗日函数

$$L(\boldsymbol{w}, b, \boldsymbol{\lambda}) = \frac{1}{2}\|\boldsymbol{w}\|^2 - \sum_{i=1}^{n} \lambda_i \left(Y_i\left(\boldsymbol{w}^{\mathrm{T}}\boldsymbol{X}_i + b\right) - 1\right), \quad \lambda_i \geqslant 0. \tag{4.2.9}$$

此时, 可以得到原问题 (4.2.8) 等价于一个极小化极大问题:

$$\min_{\boldsymbol{w},b} \max_{\boldsymbol{\lambda}} L(\boldsymbol{w}, b, \lambda), \tag{4.2.10}$$

进而, 可定义原问题 (4.2.8) 的对偶问题:

$$\max_{\boldsymbol{\lambda}} \min_{\boldsymbol{w},b} L(\boldsymbol{w}, b, \lambda). \tag{4.2.11}$$

根据凸优化理论, 可以知道, 当原问题的目标函数和不等式约束函数是凸函数时, 在不等式约束函数严格可行情况下, 原问题最优解 $(\boldsymbol{w}^*, b^*)$ 与其对偶问题的最优解 $\boldsymbol{\lambda}^*$ 满足下面等式

$$L(\boldsymbol{w}^*, b^*, \boldsymbol{\lambda}^*) = \min_{\boldsymbol{w},b} \max_{\boldsymbol{\lambda}} L(\boldsymbol{w}, b, \boldsymbol{\lambda}) = \max_{\boldsymbol{\lambda}} \min_{\boldsymbol{w},b} L(\boldsymbol{w}, b, \boldsymbol{\lambda}). \tag{4.2.12}$$

显然, 这里目标函数 $\frac{1}{2}\|\boldsymbol{w}\|^2$ 及其约束函数 $1 - Y_i\left(\boldsymbol{w}^{\mathrm{T}}\boldsymbol{X}_i + b\right)$ $(i = 1, 2, \cdots, n)$ 是凸函数, 那么上述等式在 SVM 中仍然成立. 此时, 可以对原问题的对偶问题求最优解, 进而可以求出原问题的最优解.

根据式 (4.2.11)，首先对 $\boldsymbol{w}$ 和 b 求极小值. 令 $L(\boldsymbol{w}, b, \boldsymbol{\lambda})$ 对 $\boldsymbol{w}$ 和 b 的偏导数为 0, 可以得到

$$\frac{\partial L}{\partial b} = 0 \Rightarrow \sum_{i=1}^{n} \lambda_i Y_i = 0,$$

$$\frac{\partial L}{\partial \boldsymbol{w}} = 0 \Rightarrow \boldsymbol{w} = \sum_{i=1}^{n} \lambda_i Y_i \boldsymbol{X}_i.$$

将所得的关系代入 $L(\boldsymbol{w}, b, \boldsymbol{\lambda})$, 式 (4.2.10) 转化为

$$\max_{\boldsymbol{\lambda}} \sum_{i=1}^{n} \lambda_i - \frac{1}{2} \sum_{i=1}^{n} \sum_{j=1}^{n} \lambda_i \lambda_j Y_i Y_j \boldsymbol{X}_i^{\mathrm{T}} \boldsymbol{X}_j,$$
$$\text{s.t.} \sum_{i=1}^{n} \lambda_i Y_i = 0, \quad \lambda_i \geqslant 0. \tag{4.2.13}$$

式 (4.2.13) 是一个含等式约束的优化问题. 我们将其转化为求最小值问题, 上式等价于

$$\min_{\boldsymbol{\lambda}} \frac{1}{2} \sum_{i=1}^{n} \sum_{j=1}^{n} \lambda_i \lambda_j Y_i Y_j \boldsymbol{X}_i^{\mathrm{T}} \boldsymbol{X}_j - \sum_{i=1}^{n} \lambda_i,$$
$$\text{s.t.} \sum_{i=1}^{n} \lambda_i Y_i = 0, \quad \lambda_i \geqslant 0. \tag{4.2.14}$$

可以发现, 上述对偶问题是一个二次规划问题, 可以采用序列最小优化 (sequential minimal optimization, SMO) 算法求解. 序列最小优化算法, 其核心思想非常简单: 每次只优化一个参数, 其他参数先固定住, 仅求当前这个优化参数的极值.

为提高求解效率, 其求解过程每次选择两个变量进行优化, 其他变量固定, 具体而言, 算法流程可描述为

(1) 选取两个待优化变量;

(2) 固定其他变量的值, 求解优化问题 (4.2.14)(直接令目标函数关于待优化变量梯度等于零即可);

(3) 不断重复第 (1)(2) 两个步骤, 直到算法收敛.

SMO 算法一般选择违反 KKT 条件 (Karush-Kuhn-Tucker Conditions) 最严重的样本所对应的变量作为第一个优化变量, 第二个变量的选择应当使得目标函数有足够大的下降. 一种启发式的选择方式为, 首先寻找与第一个变量所对应样本间隔最大的样本, 然后将该样本所对应的变量设置为第二个变量.

使用 SMO 算法可以求得对偶问题的最优解 $\boldsymbol{\lambda}^* = (\lambda_1^*, \lambda_2^*, \cdots, \lambda_n^*)^{\mathrm{T}}$. 根据式 (4.2.12), 对偶问题的最优解也是原问题的最优的拉格朗日乘子向量, 接下来把最优的拉格朗日乘子向量代入原问题求解即可.

为了简化计算, 我们引入 KKT 条件. 已知 KKT 条件是判断等式约束和不等式约束的优化问题的必要条件. 对于只含不等式约束的优化问题来说, 如果目标函数和约束函数是凸函数, 且不等式约束函数是可以满足的, 那么 KKT 条件是这一不等式约束的优化问题的充要条件. 在 SVM 中, 原问题显然满足上述要求, 那么可以得到原问题的充要条件 (KKT 条件), 即

$$
\begin{cases}
\dfrac{\partial L}{\partial b} = 0 \Rightarrow \displaystyle\sum_{i=1}^{n} \lambda_i Y_i = 0, \\[2mm]
\dfrac{\partial L}{\partial \boldsymbol{w}} = 0 \Rightarrow \boldsymbol{w} = \displaystyle\sum_{i=1}^{n} \lambda_i Y_i \boldsymbol{X}_i, \\[2mm]
\lambda_i \geqslant 0, \quad i = 1, 2, \cdots, n, \\[1mm]
Y_i \left(\boldsymbol{w}^{\mathrm{T}} \boldsymbol{X}_i + b \right) - 1 \geqslant 0, \quad i = 1, 2, \cdots, n, \\[1mm]
\lambda_i \left(Y_i \left(\boldsymbol{w}^{\mathrm{T}} \boldsymbol{X}_i + b \right) - 1 \right) = 0, \quad i = 1, 2, \cdots, n.
\end{cases}
$$

从而求解原问题等价于求解上述 KKT 条件, 其中 λ_i 是拉格朗日乘数.

分析 KKT 条件我们还能发现更多关于样本的性质. 对任意训练样本 $(\boldsymbol{X}_i, Y_i)$ 总有 $\lambda_i = 0$ 或 $Y_i \left(\boldsymbol{w}^{\mathrm{T}} \boldsymbol{X}_i + b \right) - 1 = 0$. 若 $\lambda_i = 0$, 则所对应的样本点不会出现在系数 $\boldsymbol{w}$ 中, 即该样本点不影响最终模型; 若 $\lambda_i > 0$, 则必有 $Y_i \left(\boldsymbol{w}^{\mathrm{T}} \boldsymbol{X}_i + b \right) - 1 = 0$, 则所对应的样本点位于最大间隔边界上, 是一个支持向量. 这显示出支持向量机的一个重要性质: 训练完成后, 大部分的训练样本都不需要保留, 最终模型仅与支持向量有关.

将对偶问题的最优解 $\boldsymbol{\lambda}^* = (\lambda_1^*, \lambda_2^*, \cdots, \lambda_n^*)^{\mathrm{T}}$ 代入上述 KKT 条件等式, 可以得到 $\boldsymbol{w}^*$,

$$
\boldsymbol{w}^* = \sum_{i=1}^{n} \lambda_i^* Y_i \boldsymbol{X}_i. \tag{4.2.15}
$$

为了得到最优决策平面, 还需求解 b^*. 注意到对任意支持向量 $(\boldsymbol{X}_k, Y_k)$, 都有 $\lambda_k^* > 0$ 且 $Y_k \left(\boldsymbol{w}^{*\mathrm{T}} \boldsymbol{X}_k + b \right) - 1 = 0$; 对任意非支持向量 $(\boldsymbol{X}_l, Y_l)$, 都有 $\lambda_l^* = 0$.

那么此时我们可以得到:

$$
\boldsymbol{w}^* = \sum_{k \in K} \lambda_k^* Y_k \boldsymbol{X}_k, \tag{4.2.16}
$$

$K = \{i \mid \lambda_i^* > 0, i = 1, 2, \cdots, n\}$ 为所有支持向量的下标集.

将 $\boldsymbol{w}^*$ 代入 $Y_s \left(\boldsymbol{w}^{*\mathrm{T}} \boldsymbol{X}_s + b \right) - 1 = 0$, 其中 $(\boldsymbol{X}_s, Y_s)$ 是一支持向量, 进而可以得到

$$
Y_s \left(\sum_{k \in K} \lambda_k^* Y_k \boldsymbol{X}_k^{\mathrm{T}} \boldsymbol{X}_s + b \right) = 1.
$$

由于 $Y_s^2 = 1$, 等式两边同时乘 Y_s 可以解得 b^*. 理论上可选取任意支持向量通过上式解得 b^*, 但在现实任务中, 常采用取所有支持向量的平均值的做法, 即,

$$b^* = \frac{1}{|K|} \sum_{s \in K} \left(Y_s - \sum_{k \in K} \lambda_k^* Y_k \boldsymbol{X}_k^{\mathrm{T}} \boldsymbol{X}_s \right).$$

最终得到最优决策平面为

$$\boldsymbol{w}^{*\mathrm{T}} \boldsymbol{X} + b^* = \sum_{i \in K} \lambda_i^* Y_i \boldsymbol{X}_i^{\mathrm{T}} \boldsymbol{X} + \frac{1}{|K|} \sum_{s \in K} \left(Y_s - \sum_{k \in K} \lambda_k^* Y_k \boldsymbol{X}_k^{\mathrm{T}} \boldsymbol{X}_s \right).$$

观察上述式子可以发现, 最优决策平面并不需要用所有的样本来计算, 而只需要用到支持向量. 此外, 最优决策平面与 $\boldsymbol{X}_i^{\mathrm{T}} \boldsymbol{X}$ 有关, 这为将数据映射到高维空间, 引入核函数做好了铺垫.

4.2.3　软间隔与线性 SVM

在实际问题当中常存在一些 "噪声点" (如图 4.3 所示), 采用线性可分 SVM 解决此类问题的过程中试图把这些 "噪声点" 也正确分类, 往往影响模型的泛化能力, 所以应当对模型放松要求, 允许其在分类时出一点错误, 这样会使模型的鲁棒性更好, 这也是线性 SVM 的基本出发点: 即划分超平面虽然不能完全分开所有样本, 但是可以使绝大多数样本正确被分类, 其目标是软间隔最大化.

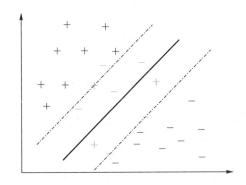

◀ 图 4.3
分类问题中的 "噪声点"

假设划分超平面为

$$f(\boldsymbol{X}) = w_1 X_1 + w_2 X_2 + \cdots + w_p X_p + b = \boldsymbol{w}^{\mathrm{T}} \boldsymbol{X} + b = 0, \tag{4.2.17}$$

由于存在样本点不能满足式 (4.2.7) 中的约束条件, 使得该约束不成立, 因此在线性 SVM 中, 对每一个样本引入松弛因子 ζ_i, 此时约束条件被放宽为

$$Y_i f(\boldsymbol{X}_i) = Y_i \left(\boldsymbol{w}^{\mathrm{T}} \boldsymbol{X}_i + b \right) \geqslant 1 - \zeta_i, \quad i = 1, 2, \cdots, n.$$

上述约束条件允许样本位于间隔区域内, 也允许出现错误分类. 为了使在最大化间隔的同时不满足约束的点尽可能少, 线性 SVM 优化问题可写成如下形式:

$$\min_{\boldsymbol{w},b,\boldsymbol{\zeta}} \quad \frac{1}{2}\|\boldsymbol{w}\|^2 + C\sum_{i=1}^{n}\zeta_i,$$

$$\text{s.t.} \quad Y_i\left(\boldsymbol{w}^{\mathrm{T}}\boldsymbol{X}_i + b\right) \geqslant 1 - \zeta_i, \quad \zeta_i \geqslant 0, i = 1, 2, \cdots, n. \tag{4.2.18}$$

其中 C 是可调节控制参数, 在最小化目标函数处加了 $C\sum_{i=1}^{n}\zeta_i$, 相当于施加了一个惩罚项. 当 C 值越大时, 对 ζ_i 惩罚越大; 反之, C 值越小, 对 ζ_i 惩罚越小.

最优化问题 (4.2.18) 是一个凸二次规划问题, 可以通过拉格朗日乘子法进行求解, 拉格朗日函数为

$$L(\boldsymbol{w},b,\boldsymbol{\zeta},\boldsymbol{\lambda},\boldsymbol{\beta}) = \frac{\|\boldsymbol{w}\|^2}{2} + C\sum_{i=1}^{n}\zeta_i -$$

$$\sum_{i=1}^{n}\lambda_i\left(Y_i\left(\boldsymbol{w}^{\mathrm{T}}\boldsymbol{X}_i + b\right) - 1 + \zeta_i\right) - \sum_{i=1}^{n}\beta_i\zeta_i, \tag{4.2.19}$$

其中 $\boldsymbol{\lambda} = (\lambda_1, \lambda_2, \cdots, \lambda_n)^{\mathrm{T}}$, $\boldsymbol{\beta} = (\beta_1, \beta_2, \cdots, \beta_n)^{\mathrm{T}}$. 分别对 $\boldsymbol{w}, b, \zeta_i$ 求导数, 并令值为零, 可以得到

$$\boldsymbol{w} = \sum_{i=1}^{n}\lambda_i Y_i \boldsymbol{X}_i,$$

$$\sum_{i=1}^{n}\lambda_i Y_i = 0, \quad C - \lambda_i - \beta_i = 0. \tag{4.2.20}$$

将上面结果代入拉格朗日函数 (4.2.19), 可以得到如下对偶问题:

$$\max_{\boldsymbol{\lambda}} \quad -\frac{1}{2}\sum_{i=1}^{n}\sum_{j=1}^{n}\lambda_i\lambda_j Y_i Y_j \boldsymbol{X}_i^{\mathrm{T}}\boldsymbol{X}_j + \sum_{i=1}^{n}\lambda_i,$$

$$\text{s.t.} \quad \sum_{i=1}^{n}\lambda_i Y_i = 0, \quad 0 \leqslant \lambda_i \leqslant C, \quad i = 1, 2, \cdots, n. \tag{4.2.21}$$

对偶问题 (4.2.21) 等价于

$$\min_{\boldsymbol{\lambda}} \quad \frac{1}{2}\sum_{i=1}^{n}\sum_{i=1}^{n}\lambda_i\lambda_j Y_i Y_j \boldsymbol{X}_i^{\mathrm{T}}\boldsymbol{X}_j - \sum_{i=1}^{n}\lambda_i,$$

$$\text{s.t.} \quad \sum_{i=1}^{n}\lambda_i Y_i = 0, \quad 0 \leqslant \lambda_i \leqslant C, \quad i = 1, 2, \cdots, n. \tag{4.2.22}$$

求解优化问题 (4.2.22), 得到最优解 $\boldsymbol{\lambda}^* = (\lambda_1^*, \lambda_2^*, \cdots, \lambda_n^*)^{\mathrm{T}}$, 代入式 (4.2.20), 即可得到 $\boldsymbol{w}^*$. 由于原始问题是凸二次规划问题, 其解满足 KKT 条件, 即

$$\beta_i \zeta_i = 0, \quad i = 1, 2, \cdots, n, \tag{4.2.23}$$

$$\lambda_i \left(Y_i \left(\boldsymbol{w}^{\mathrm{T}} \boldsymbol{X}_i + b \right) - 1 + \zeta_i \right) = 0, \quad i = 1, 2, \cdots, n. \tag{4.2.24}$$

在最优解 $\boldsymbol{\lambda}^*$ 中, 取分量 λ_k^* 满足 $0 < \lambda_k^* < C$, 由式 $C - \lambda_k^* - \beta_k^* = 0$ 得 $0 < \beta_k^* < C$, 再由式 (4.2.23) 和 (4.2.24) 易计算得到 b^*, 进而得到划分超平面.

由 $\boldsymbol{w}$ 的表达式可知, 当 $\lambda_i^* = 0$ 时, 该样本不会对最终的模型产生影响, 当 $0 < \lambda_i^* \leqslant C$ 时, 该样本是支持向量, 包括以下几种类型:

(1) 若 $0 < \lambda_i^* < C$, 则 $\beta_i > 0$, 进而由式 (4.2.23) 可以得到 $\zeta_i = 0$, 此时 $\boldsymbol{X}_i$ 位于最大间隔边界上;

(2) 若 $\lambda_i^* = C, 0 < \zeta_i < 1$, 则由式 (4.2.24) 知, $Y_i(\boldsymbol{w}^{*\mathrm{T}} \boldsymbol{X}_i + b^*) = 1 - \zeta_i > 0$. 那么, 此时 $\boldsymbol{X}_i$ 分类正确, 并且位于划分超平面和间隔边界之间;

(3) 若 $\lambda_i^* = C, \zeta_i = 1$, 则由式 (4.2.24) 知, $Y_i(\boldsymbol{w}^{*\mathrm{T}} \boldsymbol{X}_i + b^*) = 1 - \zeta_i = 0$. 此时 $\boldsymbol{X}_i$ 位于划分超平面上;

(4) 若 $\lambda_i^* = C, \zeta_i > 1$, 则由式 (4.2.24) 知, $Y_i(\boldsymbol{w}^{*\mathrm{T}} \boldsymbol{X}_i + b^*) = 1 - \zeta_i < 0$. 此时 $\boldsymbol{X}_i$ 被分类错误.

4.2.4 核函数与非线性 SVM

一般地, 如果包含两个类别的样本集之间存在线性边界, 那么建立线性 SVM 可以得到较好的分类效果. 但是一些情况下, 如果问题本身不是线性可分的, 即边界是非线性的, 那么线性 SVM 往往效果不佳, 此时需建立非线性 SVM 对样本数据进行非线性分类.

首先看一个简单的例子, 如图 4.4(a) 所示, 一维空间中的样本点属于两个类别, 分别用不同颜色表示不同类别. 在这种情况下, 无法用一个点 (即一维空间的超平面) 来将不同类别的样本分开, 但是可用一条复杂的曲线将它们分为两个类别. 显然, 分类边界不是线性的.

为了解决上述非线性可分问题, 尝试将自变量的二次项添加到超平面中, 即此时的划分面是

$$\left\{ X : f(X) = w_1 X + w_2 X^2 + b = 0 \right\}. \tag{4.2.25}$$

式 (4.2.25) 中, 可以将 X 看作一个变量 X_1, X^2 看作另一个变量 X_2, 此时变成二维空间的线性问题. 如图 4.4 (b), 在构造出的二维空间中, 样本点可以用一个线性超平面 (即图中的实线) 分为两个类别. 因此, 在二维空间中, 线性 SVM 是有效的. 同理, 可将上述问题扩展到 p 维空间中, 此外, 还可使用不同

类型的多项式, 如三次、四次甚至是更高阶, 以及交叉项构造特征空间, 进而在新构造的特征空间中建立线性超平面.

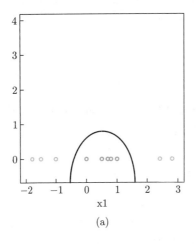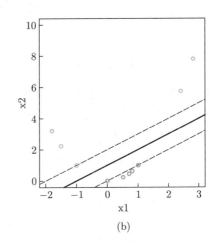

▶ 图 4.4
非线性 SVM 图例

(a)　　　　　　　　　(b)

总的来说, 对于线性不可分的数据 (如图 4.5), 可对样本进行变换, 将其映射到高维特征空间, 使得样本集在高维空间中线性可分, 如图 4.6 所示.

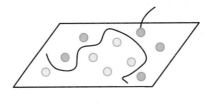

▶ 图 4.5
线性不可分
的数据

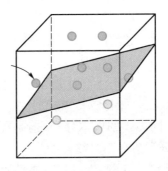

▶ 图 4.6
高维空间线
性可分

如果可以找到合适的特征空间, 便可以将原问题通过特征空间中的线性超平面进行划分. 然而实际问题中, 一方面, 构造合适的特征空间是非常困难的; 另一方面, 特征空间的构造方法可能并不唯一, 如果处理不当, 将会得到维数较大的特征空间, 此时的计算量将变得复杂. 因此有必要寻找合适的构造特征空间的方法, 使得在新的特征空间中能有效求解得到线性超平面.

核方法通过核函数 (kernel) 构造特征空间, 使得在新的特征空间中能有效求解线性超平面. 在介绍核函数之前, 有必要先对内积的概念进行介绍.

两个样本 $\boldsymbol{X}_i = (X_{i1}, \cdots, X_{ip})^{\mathrm{T}}$ 和 $\boldsymbol{X}_k = (X_{k1}, \cdots, X_{kp})^{\mathrm{T}}$ 的内积定义为

$$\langle \boldsymbol{X}_i, \boldsymbol{X}_k \rangle = \sum_{j=1}^{p} X_{ij} X_{kj}. \tag{4.2.26}$$

通过前几小节的证明可以发现, 线性支持向量机的对偶问题可以描述成内积的形式, 即,

$$\min_{\boldsymbol{\lambda}} \quad \frac{1}{2} \sum_{i=1}^{n} \sum_{j=1}^{n} \lambda_i \lambda_j Y_i Y_j \langle \boldsymbol{X}_i, \boldsymbol{X}_j \rangle - \sum_{i=1}^{n} \lambda_i,$$

$$\text{s.t.} \quad \sum_{i=1}^{n} \lambda_i Y_i = 0, \qquad 0 \leqslant \lambda_i \leqslant C, \quad i = 1, 2, \cdots, n. \tag{4.2.27}$$

通过计算可得到对偶问题的拉格朗日乘子 λ_i, 根据 KKT 条件, 可以计算最优决策平面并将其描述为内积的形式:

$$f(\boldsymbol{X}) = \sum_{i=1}^{n} \lambda_i Y_i \langle \boldsymbol{X}, \boldsymbol{X}_i \rangle + b. \tag{4.2.28}$$

上式中有 n 个参数 $\lambda_i, i = 1, 2, \cdots, n$, 每个训练样本对应一个参数. 为了得到 $f(\boldsymbol{X})$, 需要计算 $\boldsymbol{X}$ 与每个训练样本 $\boldsymbol{X}_i$ 之间的内积, 但事实证明, 有且仅有支持向量所对应的 λ_i 是非零的. 若用 S 表示支持向量样本点指标的集合, 那么式 (4.2.28) 可以改写成

$$f(\boldsymbol{X}) = \sum_{i \in S} \lambda_i Y_i \langle \boldsymbol{X}, \boldsymbol{X}_i \rangle + b. \tag{4.2.29}$$

式 (4.2.29) 的求和项比式 (4.2.28) 少得多. 总而言之, 我们仅需知道内积便可以计算 $f(\boldsymbol{X})$.

对于非线性可分问题, 我们的初衷是找到一个映射 ψ, 将样本点 $\boldsymbol{X}_i$ 映射为新的高维特征空间的特征向量 $\psi(\boldsymbol{X}_i)$, 进而通过其对偶问题求解相应拉格朗日乘子. 最后, 考虑原问题的 KKT 条件, 求解最优决策平面.

在上述步骤中, 可以发现在原空间内, 对偶问题及原问题的 KKT 条件求解以内积的形式出现. 自然的, 在新的特征空间内, 只需知道 $\langle \psi(\boldsymbol{X}_i), \psi(\boldsymbol{X}_j) \rangle$ 便可以在新的特征空间中求解原问题的对偶问题, 然后得到最优决策平面. 高维空间中内积的计算较为复杂, 可通过核技巧直接定义核函数 $K(\boldsymbol{X}_i, \boldsymbol{X}_j) = \langle \psi(\boldsymbol{X}_i), \psi(\boldsymbol{X}_j) \rangle$ 来解决复杂计算问题, 通俗来说, 就是将求解映射 ψ 的问题转化为选择合适核函数 $K(\boldsymbol{X}_i, \boldsymbol{X}_j)$ 的问题.

对于非线性可分问题, 考虑核技巧后, 此时 $f(\boldsymbol{X})$ 变为

$$f(\boldsymbol{X}) = \sum_{i \in S} \lambda_i Y_i K(\boldsymbol{X}, \boldsymbol{X}_i) + b, \tag{4.2.30}$$

其中 $K\left(\boldsymbol{X}_i, \boldsymbol{X}_j\right)$ 被称为核函数.

非线性 SVM 的处理方法是构造核函数以代替高维空间中的内积计算, 在高维特征空间中解决原始空间中线性不可分的问题. 具体来说, 在线性不可分的情况下, 首先选择一个合适的核函数, 核函数的作用是避免在高维空间中进行内积计算, 然后在高维空间中执行线性可分的 SVM, 最终计算出最优的划分超平面, 从而达到把低维空间中线性不可分的数据集进行分类的目的.

核函数的选择至关重要, 将影响 SVM 对数据集的分类效果. 实际问题中, 应当根据问题本身特征选择合适的核函数. 表 4.1 给出了常用的几种核函数.

名称	表达式	参数
线性核	$K\left(\boldsymbol{X}_i, \boldsymbol{X}_j\right) = \boldsymbol{X}_i^{\mathrm{T}} \boldsymbol{X}_j$	
多项式核	$K\left(\boldsymbol{X}_i, \boldsymbol{X}_j\right) = \left(\boldsymbol{X}_i^{\mathrm{T}} \boldsymbol{X}_j\right)^d$	$d \geqslant 0$ 为多项式的次数
高斯核	$K\left(\boldsymbol{X}_i, \boldsymbol{X}_j\right) = \exp\left(-\dfrac{\|\boldsymbol{X}_i - \boldsymbol{X}_j\|^2}{2\sigma^2}\right)$	$\sigma > 0$ 为高斯的带宽 (width)
拉普拉斯核	$K\left(\boldsymbol{X}_i, \boldsymbol{X}_j\right) = \exp\left(-\dfrac{\|\boldsymbol{X}_i - \boldsymbol{X}_j\|}{\sigma}\right)$	$\sigma > 0$
Sigmoid 核	$K\left(\boldsymbol{X}_i, \boldsymbol{X}_j\right) = \tanh\left(\beta \boldsymbol{X}_i^{\mathrm{T}} \boldsymbol{X}_j + \theta\right)$	$\tanh$ 为双曲正切函数,$\beta > 0, \theta > 0$

▶ 表 4.1
几种常用核函数

注意, 关于核函数的选择一直以来都是支持向量机研究的热点, 通常情况下, 高斯核函数是使用最多的. 此外, 采用核函数而不是直接将样本集映射到特征空间的优势在于, 无须明确指明映射函数, 并且可以避免计算高维空间中的内积, 大大降低计算量.

4.3 SVM 与逻辑斯谛回归的关系

本节讨论 SVM 与逻辑斯谛回归的关系. 首先, 为了建立支持向量机分类器

$$f(\boldsymbol{X}) = b + w_1 X_1 + \cdots + w_p X_p,$$

最优化问题 (4.2.18) 采用软间隔最大化的学习策略, 进而得到分隔超平面以及决策函数. 若将松弛变量 ζ_i 取为如下形式:

$$\zeta_i = \begin{cases} 1 - Y_i f\left(\boldsymbol{X}_i\right), & Y_i f\left(\boldsymbol{X}_i\right) < 1, \\ 0, & Y_i f\left(\boldsymbol{X}_i\right) \geqslant 1, \end{cases}$$

即

$$\zeta_i = \max\left\{0, 1 - Y_i f\left(\boldsymbol{X}_i\right)\right\}. \tag{4.3.1}$$

则问题 (4.2.18) 等价于如下优化问题:

$$\min_{\boldsymbol{w},b} \ \gamma\|\boldsymbol{w}\|^2 + \sum_{i=1}^{n} \max\{0, 1 - Y_i f(\boldsymbol{X}_i)\}, \qquad (4.3.2)$$

其中 γ 为调节控制参数, $\gamma\|\boldsymbol{w}\|^2$ 是岭回归的惩罚项, 这一项需要根据偏差的关系来确定. 下面阐述问题 (4.3.2) 与 (4.2.18) 的等价性:

由 ζ_i 的定义, 显然问题 (4.2.18) 中的两个约束条件均成立. 又因为问题 (4.3.2) 可写为

$$\min_{\boldsymbol{w},b} \ \gamma\|\boldsymbol{w}\|^2 + \sum_{i=1}^{n} \zeta_i, \qquad (4.3.3)$$

所以, 如果取 $\gamma = \dfrac{1}{2C}$, 那么可转化为

$$\min_{\boldsymbol{w},b} \ \frac{1}{C}\left(\frac{1}{2}\|\boldsymbol{w}\|^2 + C\sum_{i=1}^{n}\zeta_i\right),$$

问题 (4.3.2) 可转化为 (4.2.18).

反之, 当 (4.2.18) 中的 ζ_i 取为 (4.3.1) 时, 可转化为 (4.3.2). 因此 (4.3.2) 与 (4.2.18) 是等价的.

令 $P(\boldsymbol{w}) = \|\boldsymbol{w}\|^2$, $L(Y_i f(\boldsymbol{X}_i)) = \max\{0, 1 - Y_i f(\boldsymbol{X}_i)\}$, 问题 (4.3.2) 可转化为如下的 "损失函数 + 惩罚" 的形式:

$$\min_{\boldsymbol{w},b} \ \sum_{i=1}^{n} L(Y_i f(\boldsymbol{X}_i)) + \gamma P(\boldsymbol{w}).$$

这里, 把具有形式

$$L(Yf(\boldsymbol{X})) = \max\{0, 1 - Yf(\boldsymbol{X})\}$$

的损失函数称为 hinge **损失函数** (铰链损失函数). 这类损失函数的特点是, 对于边界外且分类正确的样本点, 损失为零; 对于边界上的样本点以及分类错误的样本点, 损失是线性的.

对于逻辑斯谛回归, 加入 L_2 正则化项后, 其优化函数变为: 使用的损失函数为

$$L(\boldsymbol{w}) = -\frac{1}{n}\sum_{i=1}^{n}[Y_i\log(h_{\boldsymbol{w}}(\boldsymbol{X}_i)) + (1 - Y_i)\log(1 - h_{\boldsymbol{w}}(\boldsymbol{X}_i))] + \gamma\|\boldsymbol{w}\|^2,$$

其中, n 是样本数量, Y_i 是第 i 个样本的真实标签 (0 或 1), $h_{\boldsymbol{w}}(\boldsymbol{X}_i) = \dfrac{1}{1 + \mathrm{e}^{-\boldsymbol{w}^{\mathrm{T}}\boldsymbol{X}_i}}$ 是第 i 个样本的预测概率 (由 Sigmoid 函数得到).

SVM 与逻辑斯谛回归的目标是都减少 "错误率". SVM 是寻找最优划分超平面降低错误率, 其损失函数为 hinge 损失; 逻辑斯谛回归通过最大化样本属于其真实类别的概率来降低错误率, 其损失函数为负对数似然. 两者的正则化项都是 L_2 正则.

因此, SVM 和逻辑斯谛回归的结果通常是非常接近的, 对于一个给定的问题, 该如何选择是使用 SVM 还是逻辑斯谛回归呢? 这个问题更多时候需要根据实际数据选择合适的算法, 当然也有一些特殊情形: (1) 当类别区分度较高时, 可以选择 SVM; (2) 如果想要得到估计的概率, 那么就需要选择逻辑斯谛回归; (3) 对于决策边界是非线性的情况, 核函数的 SVM 方法应用更加广泛.

■ | 4.4 支持向量回归

本节将介绍如何将支持向量机扩展到回归问题中, 称为支持向量回归 (support vector regression, SVR), 其思想与分类问题类似, 不同之处在于支持向量回归的目的是要寻找一个超平面, 在距离超平面 ε 范围内尽可能地包含最多的样本点. 传统回归方法通过计算预测值与真实值差别计算损失, 只要两者不一致, 就会产生损失; 而支持向量回归容许预测值与真实值之间存在 ε 的差别, 仅当差别值大于 ε 时才会产生损失.

因此, 可引入如下 ε **不敏感损失函数**:

$$l_\varepsilon(r) = \begin{cases} 0, & |r| \geqslant \varepsilon, \\ |r| - \varepsilon, & |r| > \varepsilon. \end{cases}$$

此时, SVR 问题的优化目标函数可表示为

$$\min_{\boldsymbol{w},b} \frac{1}{2}\|\boldsymbol{w}\|^2 + C\sum_{i=1}^{n} l_\varepsilon\left(f\left(\boldsymbol{X}_i\right) - Y_i\right), \tag{4.4.1}$$

其中, $\|\boldsymbol{w}\|$ 表示权重的向量范数, C 是正则化参数, ε 是预定义间隔.

引入两个松弛变量 ζ_i 和 $\hat{\zeta}_i$, 分别表示上下两侧的松弛程度, (4.4.1) 可变化为

$$\min_{\boldsymbol{w},b} \frac{1}{2}\|\boldsymbol{w}\|^2 + C\sum_{i=1}^{n}\left(\zeta_i + \hat{\zeta}_i\right),$$

$$\text{s.t.} \quad f\left(\boldsymbol{X}_i\right) - Y_i \leqslant \varepsilon + \zeta_i,$$

$$Y_i - f(\boldsymbol{X}_i) \leqslant \varepsilon + \hat{\zeta}_i,$$
$$\zeta_i \geqslant 0, \quad \hat{\zeta}_i \geqslant 0, \quad i = 1, 2, 3, \cdots, n. \tag{4.4.2}$$

利用拉格朗日乘子法, 推导上述优化问题的对偶问题. 首先写出拉格朗日函数,

$$
\begin{aligned}
& L(\boldsymbol{w}, b, \boldsymbol{\zeta}, \hat{\boldsymbol{\zeta}}, \boldsymbol{\mu}, \hat{\boldsymbol{\mu}}, \boldsymbol{\alpha}, \hat{\boldsymbol{\alpha}}) \\
& = \frac{1}{2} \|\boldsymbol{w}\|^2 + C \sum_{i=1}^{n} \left(\zeta_i + \hat{\zeta}_i \right) - \sum_{i=1}^{n} \left(\mu_i \zeta_i + \hat{\mu}_i \hat{\zeta}_i \right) + \\
& \sum_{i=1}^{n} \alpha_i \left(f(\boldsymbol{X}_i) - Y_i - \varepsilon - \zeta_i \right) + \sum_{i=1}^{n} \hat{\alpha}_i \left(Y_i - f(\boldsymbol{X}_i) - \varepsilon - \hat{\zeta}_i \right),
\end{aligned} \tag{4.4.3}
$$

其中 $\boldsymbol{\mu}, \hat{\boldsymbol{\mu}}, \boldsymbol{\alpha}, \hat{\boldsymbol{\alpha}} \geqslant 0$. 分别对 $\boldsymbol{\omega}, b, \zeta_i$ 和 $\hat{\zeta}_i$ 求偏导并令其为零得到,

$$\frac{\partial L}{\partial \boldsymbol{w}} = \boldsymbol{w} - \sum_{i=1}^{n} (\hat{\alpha}_i - \alpha_i) \boldsymbol{X}_i = 0, \tag{4.4.4}$$

$$\frac{\partial L}{\partial b} = \sum_{i=1}^{n} (\hat{\alpha}_i - \alpha_i) = 0, \tag{4.4.5}$$

$$\frac{\partial L}{\partial \zeta_i} = C - \mu_i - \alpha_i = 0, \tag{4.4.6}$$

$$\frac{\partial L}{\partial \hat{\zeta}_i} = C - \hat{\mu}_i - \hat{\alpha}_i = 0. \tag{4.4.7}$$

将上述等式代入式 (4.4.3) 可得,

$$
\begin{aligned}
Q(\boldsymbol{\alpha}, \hat{\boldsymbol{\alpha}}) = & -\frac{1}{2} \sum_{i=1}^{n} \sum_{j=1}^{n} (\hat{\alpha}_i - \alpha_i)(\hat{\alpha}_j - \alpha_j) \boldsymbol{X}_i^{\mathrm{T}} \boldsymbol{X}_j - \\
& \varepsilon \sum_{i=1}^{n} (\alpha_i + \hat{\alpha}_i) + \sum_{i=1}^{n} Y_i (\hat{\alpha}_i - \alpha_i).
\end{aligned}
$$

那么, 可以得到对偶问题,

$$\max_{\boldsymbol{\alpha}, \hat{\boldsymbol{\alpha}}} Q(\boldsymbol{\alpha}, \hat{\boldsymbol{\alpha}}), \quad \text{s.t.} \quad \sum_{i=1}^{n} (\hat{\alpha}_i - \alpha_i) = 0, \ \boldsymbol{\alpha}, \hat{\boldsymbol{\alpha}} \in [0, C]. \tag{4.4.8}$$

KKT 条件为

$$\alpha_i \left(f\left(\boldsymbol{X}_i \right) - Y_i - \varepsilon - \xi_i \right) = 0,$$
$$\hat{\alpha}_i \left(Y_i - f\left(\boldsymbol{X}_i \right) - \varepsilon - \hat{\xi}_i \right) = 0,$$
$$\left(C - \alpha_i \right) \zeta_i = 0,$$
$$\left(C - \hat{\alpha}_i \right) \hat{\zeta}_i = 0,$$
$$\alpha_i \hat{\alpha}_i = 0,$$
$$\zeta_i \hat{\zeta}_i = 0. \tag{4.4.9}$$

接下来, 利用 SMO 方法求解上述对偶问题, 得到 α_i 和 $\hat{\alpha}_i$ 的值, 并由等式 (4.4.4) 可得 SVR 的解为

$$f(\boldsymbol{X}) = \sum_{i=1}^{n} \left(\hat{\alpha}_i - \alpha_i \right) \boldsymbol{X}_i^{\mathrm{T}} \boldsymbol{X} + b. \tag{4.4.10}$$

显然, SVR 的支持向量为所有使得 $\hat{\alpha}_i - \alpha_i \neq 0$ 的样本, 这些样本位于间隔外面, 故 SVR 解依然具有稀疏性.

那么, 如何求解 b 呢? 事实上, 得到所有 α_i 的值后, 任取 $0 < \alpha_j < C$, 根据 KKT 条件必然有 $\zeta_j = 0$, 此时可以得到,

$$b = Y_j + \varepsilon - \sum_{i=1}^{n} \left(\hat{\alpha}_i - \alpha_i \right) \boldsymbol{X}_i^{\mathrm{T}} \boldsymbol{X}_j. \tag{4.4.11}$$

在实际求解中, 一般选取多个满足 $0 < \alpha_j < C$ 的样本, 求解得到多个 b 后求平均值, 作为最终 b 的取值.

■ 4.5 SVM 实践

实践代码

支持向量机一直是机器学习领域的研究热点, 本章分别介绍了线性可分 SVM、线性 SVM、非线性 SVM 处理分类问题以及支持向量回归处理回归问题的相关理论与方法. 支

持向量机以间隔为基本出发点, 通常采用凸优化理论求解, 借助 SMO 算法实现快速计算, 利用核函数解决线性不可分问题, 使得该方法较为广泛地适用于实际生产.

除本章介绍的几种基本方法之外, 还有较多的扩展模型, 如基于粒度划分方法的粒度支持向量机 (granular support vector machines, GSVM) [59,60]; 结合模糊数学与支持向量机的模糊支持向量机 (fuzzy support vector machines, FSVM) [61], 此类方法一定程度上可以克服噪声点对算法的影响; 基于排序学习的排序支持向量机 (ranking support vector machines, RSVM) [62]; 孪生支持向量机 (twin support vector machines, TWSVM) [63-65], 该方法提升了经典 SVM 的泛化性能以及计算效率, 对大规模数据集具有较好的处理效果.

支持向量机相关算法库可参考 LIBSVM、LIBLINEAR、e1071 等.

习题

1. 请简要分析优化问题 (4.2.18) 转化成 (4.3.2) 中定义的损失函数的思路.
2. 支持向量回归使用的目标函数是如何得到的? 请给出简要分析思路.
3. 假设样本集 $\mathbf{X}$ 线性可分, 采用线性可分 SVM 得到划分超平面 $\boldsymbol{w}^{\mathrm{T}}\mathbf{X} + b = 0$, 其中 $\boldsymbol{w} = (2, 1, -1)^{\mathrm{T}}$, $b = 2$. 试求出间隔并判断下面三个样本是否为支持向量.

    (1) $\boldsymbol{X}_1 = (3, 1, -6)^{\mathrm{T}}$;

    (2) $\boldsymbol{X}_2 = (2, -2, 1)^{\mathrm{T}}$;

    (3) $\boldsymbol{X}_3 = (-2, 3, 2)^{\mathrm{T}}$.

4. 对于同一样本集 $\mathbf{X}$, 通过训练得到 SVM 和逻辑斯谛回归两个分类器. 此时, 若在训练集中新加入一个远离 SVM 决策边界的样本点, 重新训练得到的两个新分类器是否发生变化? 请用数学语言解释原因.
5. 自选 UCI 数据集 (见配套数据), 采用不同的核函数训练 SVM, 对得到的模型以及试验结果进行对比.

配套数据

6. 自选 UCI 数据集 (见配套数据), 训练一个支持向量回归模型.

第五章 决 策 树

相较于前两种方法, 决策树通过树状结构进行决策, 每个节点表示对一个特征的测试, 每个分支代表一个测试结果, 每个叶节点存储一个输出值. 决策树算法可以处理分类特征和数值特征, 不需要对数据进行特殊的缩放, 适用于需要可解释性的情况.

■ 5.1 简介

决策树方法最早产生于 20 世纪 60 年代, 其中 CART 算法是决策树最经典和最主要的算法. CART 算法 (classification and regression tree) 是 Breiman 等[67] 在 1984 年提出来的一种非参数方法, 它可以用于解决分类问题 (预测定性变量, 或者说当因变量是离散变量时), 又可以用于回归问题 (预测定量变量, 或者说当因变量是连续变量时), 分别称为分类树 (classification tree) 和回归树 (regression tree). CART 算法的基本思想是一种二分递归分割方法, 在计算过程中充分利用二叉树, 在一定的分割规则下将当前样本集分割为两个子样本集, 使得生成的决策树的每个非叶子节点都有两个分裂, 这个过程又在子样本集上重复进行, 直至无法再分成叶子节点为止. 在本章中, 我们介绍的内容主要包括: 决策树的基本概念、回归树和分类树的建模过程、防止决策树过拟合的方法及实施决策树相关的 Python 和 R 语言程序.

■ 5.2 决策树的基本原理

决策树 (decision tree) 是一种常见的机器学习方法, 决策树模型呈树形结构, 采用自顶向下递归的方法. 决策树包含三种节点, 分别是根节点、内部节点和叶子节点. 刚开始构建模型时, 全部样本组成的节点, 没有入边, 只有出边, 称为根节点 (root node); 不再继续分裂的节点称为树的叶子节点 (leaf node), 没有出边, 只有入边, 叶子节点的个数决定了决策树的规模和复杂程度; 根节点和叶子节点之外的节点都称作内部节点 (internal node), 内部节点既有入边, 又有出边.

决策树模型结构如图 5.1 所示, 一棵决策树一般包含一个根节点 (最上方圆形图标)、若干个内部节点 (第二层及以下圆形图标) 和若干个叶子节点 (方形图标). 叶子节点对应于决策结果, 每个内部节点对应一个自变量, 每个内部节点包含的样本集合根据自变量测试的结果被划分到它的子节点中, 根节点包含全部训练样本. 根节点在一定的分割规则下被分割成两个子节点, 这个过程在子节点上重复进行, 直至无法再分为叶子节点为止. 从根节点到每个叶子节点的路径对应了一个判定测试序列.

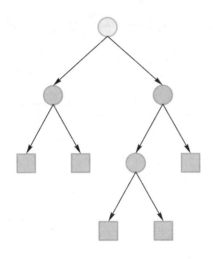

◀ 图 5.1
决策树模型结构

决策树算法遵循自顶向下、分而治之的策略, **具体步骤为**

(1) 选择最好的自变量作为测试自变量并创建树的根节点;

(2) 为测试自变量每个可能的取值产生一个分支;

(3) 将训练样本划分到适当的分支形成子节点;

(4) 对每个子节点, 重复上面的过程, 直到所有的节点都是叶子节点.

若考虑自变量只有两维的情况, 将决策树分类过程在二维的坐标轴中画出, 如图 5.2 所示. 则可以发现, 决策树实际上就是对自变量空间的划分, 且划分区域的数目就是叶子节点的数目, 如图 5.2 中的粗线.

决策树的建立过程可以概括为以下两个关键环节:

(1) 将自变量空间 (即 $\boldsymbol{X} = (X_1, X_2, \cdots, X_p)^{\mathrm{T}}$ 的所有可能取值构成的集合) 分割成 T 个互不重叠的叶子节点 $R_1, \cdots, R_T$;

(2) 对落入节点 R_t 的每个观测点, 其预测值为 R_t 节点中训练集的因变量值的众数 (分类树), 或者平均数 (回归树).

决策树生长是一个递归的过程, 因此在算法中需要包含跳出递归的条件. 直观地看, 决策树停止生长的条件有以下三种情况, 满足以下三个条件之一

就能使决策树停止生长:

(1) 当前节点包含的样本全部属于同一类别;

(2) 当前自变量集为空, 或所有样本在所有自变量上取值相同;

(3) 当前节点包含的样本集合为空.

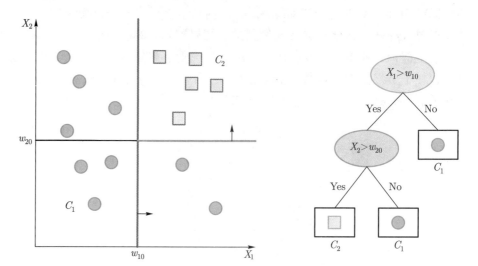

▶ 图 5.2
二维坐标轴中的
决策树分类过程

决策树算法有以下几条**优点**:

(1) 计算量相对小, 训练速度快;

(2) 易理解、解释性强;

(3) 不需要任何先验假设;

(4) 可以处理连续变量和离散变量 (如性别);

(5) 可以处理缺失值和具有尺度不变性, 即对自变量做一个单调变换, 不改变树的生成结果.

决策树算法包括如下**缺点**:

(1) 决策树算法可以创建很复杂的树, 但容易导致过拟合, 可以通过**剪枝**等手段缓解;

(2) 决策树算法训练结果方差大、不稳定, 数据很小的扰动可能得到完全不同的分裂结果, 有可能是完全不同的决策树, 这个缺点可以通过**集成学习**来解决.

过拟合 (overfitting) 是指机器学习模型在训练数据上表现得过于优越, 以至于在未见过的新数据上表现不佳的现象. 简而言之, 过拟合发生时, 模型过度适应了训练数据的噪声和细节, 而没有正确地捕捉到数据中的真实模式和普遍规律.

具体而言, 过拟合通常表现为以下一些特征:

(1) 训练数据拟合良好: 模型在训练数据上表现良好, 准确度高, 损失函数低;

(2) 测试数据表现差：在未见过的测试数据上，模型的性能较差，预测结果不够准确；

(3) 模型过于复杂：模型可能过度灵活，以至于能够适应训练数据中的每一个细节，包括噪声和异常值；

(4) 泛化能力下降：模型在新数据上的泛化能力减弱，不能很好地适应不同的数据分布.

防止过拟合也有一些常用的方法，比如：

(1) 训练数据增强：增加训练数据量，有助于提高模型的泛化能力；

(2) 交叉验证：使用交叉验证来评估模型在不同数据集上的性能，有助于发现过拟合问题；

(3) 正则化：引入正则化项，如 L_1 正则化或 L_2 正则化，以限制模型参数的大小；

(4) 特征选择：选择最重要的特征，避免使用过多不相关或冗余的特征；

(5) 模型简化：选择较简单的模型结构，避免使用过于复杂的模型；

(6) 早停：在训练过程中监测模型性能，在验证数据上性能不再提升时停止训练，防止过拟合.

过拟合是机器学习中需要注意的重要问题，合适的防范手段能够提高模型的泛化性能，使其更好地适应新的未见数据.

■ 5.3 分类树与回归树

对于决策树而言，根据预测变量的类型不同，可分为不同的决策树. 若目标变量是离散的，则为分类树，若目标变量是连续的，则为回归树.

5.3.1 分类树

我们首先介绍分类树. 当因变量为定性变量即离散型变量时，可建立分类树模型. 分类树是一种特殊的分类模型，是一种直接以树的形式表征的非循环图. 它的建模过程就是自动选择分裂变量，以及根据这个变量进行分裂的条件.

假设数据 $\boldsymbol{X}_i = (X_{i1}, \cdots, X_{ip})^{\mathrm{T}}$ 包含 p 个输入变量和一个离散型的因变量 $Y \in (1, 2, \cdots, K)$，样本量为 n. 现在想把数据分成 T 个区域 (或称为节点)，第 t 个节点 R_t 的样本量为 $n_t(t = 1, 2, \cdots, T)$.

建立分类树的过程可以用如下**算法**表示：

1. 分支

采用递归二叉分裂法在训练集中生成一棵分类树. 递归二叉分裂法是指是从树顶端开始依次分裂自变量空间, 每个分裂点都产生两个新的分裂, 并且每次分裂选取最优分裂方案. 最优的分裂方案是使得 T 个节点的不纯度减少到最小, 衡量节点不纯度的指标在 5.4 节详细介绍.

2. 剪枝

对生成的回归树进行剪枝, 得到一系列最优子树, 剪枝在 5.5 节详细介绍.

3. 预测

令 $\widehat{P}_{tk} = \dfrac{1}{n_t} \sum_{i \in R_t} I(Y_i = k)$ 表示在叶子节点 t 中第 k 类样本点的比例, 则预测叶子节点 t 的类别为

$$\widehat{t}_m = \operatorname{argmax}_k \widehat{P}_{tk}.$$

即叶子节点 t 中类别最多的一类.

5.3.2 回归树

当因变量为连续型变量时, 可建立回归树模型. 回归树和分类树的思想类似, 首先是在分支准则上有差异, 即衡量节点不纯度的指标不一样, 其次是预测准则上存在差异, 对于分类树, 将落在该叶子节点的观测点的最大比例类别作为该叶子节点预测值, 而对于回归树, 则是将落在该叶子节点的观测点的平均值作为该叶子节点预测值.

回归树的数据结构与分类树类似, 唯一区别是回归树解决的是连续型的因变量 Y, 并且回归树算法过程跟分类树类似.

1. 分支

采用递归二叉分裂法在训练集中生成一棵回归树. 最优的分裂方案是使得 T 个节点的不纯度减少到最小, 其中, 衡量节点不纯度的指标为样本均方误差.

2. 剪枝

对生成的分类树进行剪枝, 得到一系列最优子树, 剪枝在 5.5 节详细介绍.

3. 预测

得到节点后, 可以确定某一给定预测数据所属的节点, 回归树用这一节点的训练集的因变量的平均值作为预测值:

$$\widehat{Y}_t = \frac{1}{n_t} \sum_{i \in R_t} Y_i.$$

■ 5.4 分支条件

现在再来讨论该如何构建节点, 即对决策树进行分支. 理论上, 我们可以将节点所对应的区域形状作任意分割, 但出于模型的简化和可解释性考虑, 一般只将区域划分为高维矩形. 不过, 若要将自变量空间划分为矩形区域的所有可能性都进行考虑, 这在计算上是不可行的. 所以, 我们对区域的划分一般采用一种自上而下 (top-down)、贪婪 (greedy) 的方法: 递归二叉分裂 (recursive binary splitting). 自上而下指的是从树顶端开始依次分裂自变量空间, 每个分裂点都产生两个新的分裂. 贪婪指在建立树的每一步中, 最优分裂确定仅限于某一步进程, 而不是针对全局, 选择那些能够在未来进程中构建出更好的树的分裂点. 对每一个节点重复以上过程, 寻找继续分割数据集的最优自变量和最优分裂点. 此时被分割的不再是整个自变量空间, 而是之前确定的两个区域之一. 这一过程不断持续, 直到符合某个分裂准则再停止, 譬如, 当叶子节点包含的观测值个数低于某个最小值时, 分裂停止.

如何确定最优的分裂方案? 我们基于不纯度的减少来作为分裂准则, 即通过最小化节点不纯度来确定最优分裂变量和最优分裂点. 对于分类树和回归树有不同的衡量节点不纯度的指标, 我们将在后面的分类树和回归树部分进行具体的描述.

决策树算法的关键是划分自变量的选择, 决策树自变量划分方法很多, 比较经典的有适用于分类树的信息增益、增益率和基尼指数, 以及适用于回归树的均方误差.

5.4.1 信息熵

在介绍信息增益之前, 我们先引入信息量和信息熵的概念.

假设随机变量 X 的概率分布为 $P(x)$, 则任意一事件 $X = x$ 的信息量可以表示为 $h(x) = -\log_2 P(X = x)$, 其中 $P(X = x)$ 表示该事件发生的概率. 某事件发生的概率越小, 该事件的信息量越大.

信息熵是度量样本集合纯度最常用的一种指标, 也是一种不确定性的度量. 1948 年, 香农 (Shannon)[68] 在他著名的《通信的数学原理》论文中指出:"信息是用来消除随机不确定性的东西", 并提出了"信息熵"的概念 (借用了热力学中熵的概念), 来解决信息的度量问题.

对于随机变量 X 而言, 信息熵可表示为

$$H(X) = -\sum_{X_i \in \mathcal{X}} P(X = X_i) \ln P(X = X_i),$$

其中 $\mathcal{X}$ 表示所有可测事件的集合. 特别地, 若假设两点分布中某一点发生的概率是 θ, 则其信息熵为

$$H(\boldsymbol{X}) = -\sum_{\boldsymbol{X}_i \in \mathcal{X}} P(\boldsymbol{X} = \boldsymbol{X}_i) \ln P(\boldsymbol{X} = \boldsymbol{X}_i) = -\theta \ln \theta - (1-\theta) \ln(1-\theta).$$

若信息熵退化为定值则熵最小为 0; 若随机变量是连续型随机变量且取值在有限区间内 (即随机变量密度函数在有限区间内大于零), 则均匀分布的熵最大; 随机变量是连续型随机变量且取值在无限区间内, 通过拉格朗日乘子法可以推导出正态分布的熵最大.

下面考虑响应变量是离散型随机变量的情况下的信息熵. 即 $Y \in \{1, 2, \cdots, K\}$ 的 K 分类问题.

对于离散型响应变量集合 $\boldsymbol{Y} = (Y_1, \cdots, Y_n)^{\mathrm{T}}$ 来说, 当前集合中第 k 类样本所占的比例为 $\widehat{P}_k = \frac{1}{n} \sum_{i=1}^{n} I(Y_i = k)$, 则信息熵的计算公式为

$$H(\boldsymbol{Y}) = -\sum_{k=1}^{K} \widehat{P}_k \log_2 \widehat{P}_k. \tag{5.4.1}$$

信息熵越大, 意味着不确定性越大; 信息熵越小, 则不确定性越小. 例如, 对于一盏灯有两种可能的状态: 开和关, 假设样本集合中一半是开的样本, 一半是关的样本, 那么信息熵为

$$H(\boldsymbol{Y}) = -\sum_{k=1}^{K} \widehat{P}_k \log_2 \widehat{P}_k = -\left(\frac{1}{2}\log_2 \frac{1}{2} + \frac{1}{2}\log_2 \frac{1}{2}\right) = 1.$$

在此情况下, 信息熵很大, 说明灯的两种状态不确定性很大.

假如这盏灯出现故障, 无法正常打开, 那么此时信息熵为

$$H(\boldsymbol{Y}) = -\sum_{k=1}^{K} \widehat{P}_k \log_2 \widehat{P}_k = -\left(\frac{1}{1}\log_2 \frac{1}{1}\right) = 0.$$

在此情况下, 灯的状态是确定的, 因此信息熵很小.

5.4.2 信息增益

有了信息熵的概念, 我们引入信息增益, 信息增益是针对某一种自变量而言的, 假设为 X(一维).

假设使用自变量 X 的样本集 $\boldsymbol{X} = (X_1, \cdots, X_n)^{\mathrm{T}}$ 对分类树划分出 M 个区域 $R_1, \cdots, R_M$(在二叉分裂时, $M = 2$), 其中叶子节点 R_m 中含有样本数为 n_m, 简记为 $|R_m| = n_m$. 假设节点 R_m 中类 k 的观测比例为

$$\widehat{P}_{mk} = \frac{1}{n_m} \sum_{i \in R_m} I(Y_i = k).$$

假设自变量是离散变量, M 个节点是由自变量 X 的 M 个可能的取值划分出来的. 若自变量是连续变量, 我们可以从连续变量取值范围上取几个点对样本进行划分, 此时被划分的样本集可等价理解成离散变量样本.

接下来, 计算出用离散变量样本集 $\boldsymbol{X}$ 对样本集 $\boldsymbol{Y}$ 进行再次划分所获得的信息增益, 假设 $\boldsymbol{X}$ 取自集合 $\{1, 2, \cdots, M\}$, $\boldsymbol{Y}$ 取自集合 $\{1, 2, \cdots, K\}$.

信息增益 (information gain) 表示自变量 X 使目标不确定性减少的程度. 计算公式如下

$$\triangle = H(\boldsymbol{Y}) - \sum_{m=1}^{M} \frac{n_m}{n} H(\boldsymbol{Y} \mid R_m), \tag{5.4.2}$$

其中 $H(\boldsymbol{Y})$ 称为根节点的信息熵以及

$$H(\boldsymbol{Y} \mid R_m) = -\sum_{k=1}^{K} \widehat{P}_{mk} \log_2 \widehat{P}_{mk}. \tag{5.4.3}$$

信息增益是自变量划分前的信息熵与自变量划分后加权信息熵的差值, 即

信息增益 = 信息熵 − 条件熵.

信息增益越大, 则意味着使用自变量来进行划分所获得的 "纯度提升" 越大. 下面以打网球实例来演示信息增益的具体计算过程, 该实例是根据天气状况来决定是否打网球 (play tennis), 影响打网球的自变量包括天气 (weather)、温度 (temperature)、是否有风 (windy), 数据集如表 5.1 所示, 数据集中一共包括 10 个样本, 构建决策树算法对是否适合打网球进行预测.

序号	天气	温度	是否有风	是否打网球
1	晴	热	否	否
2	晴	热	是	否
3	阴	热	否	是
4	雨	温	否	是
5	雨	凉	是	否
6	雨	凉	否	是
7	阴	凉	是	是
8	晴	温	否	否
9	晴	凉	否	是
10	雨	温	否	是

◀ 表 5.1
打网球数据集

首先计算划分前根节点的信息熵, 根节点是否打网球两类的样本所占比例分别为 $\frac{6}{10}$ 和 $\frac{4}{10}$, 信息熵计算公式为

$$H(\boldsymbol{Y}) = -\sum_{k=1}^{K} \widehat{P}_k \log_2 \widehat{P}_k = -\left(\frac{6}{10} \log_2 \frac{6}{10} + \frac{4}{10} \log_2 \frac{4}{10} \right) = 0.971.$$

假设因变量 Y "是否打球" 分别用 1 和 2 表示, $Y=1$ 表示打球, $Y=2$ 表示不打球. 在此基础上, 首先计算天气的信息增益, 对于天气, 自变量取值包括晴、阴、雨, 分别对应节点 R_1、R_2、R_3. 其中对于 "晴" 取值, 共有 4 个样本, 即 $n_1 = 4$, 打球数量占比为 $\widehat{P}_{11} = \frac{1}{n_1} \sum_{i \in R_1} I(Y_i = 1) = \frac{1}{4}$, 不打球数量占比为 $\widehat{P}_{12} = \frac{1}{n_1} \sum_{i \in R_1} I(Y_i = 2) = \frac{3}{4}$, 即天气的其他取值采用同样的计算方式. 首先根据公式(5.4.3), 用 1、2、3 分别代表晴天、阴天和雨天, 分别计算不同自变量取值的信息熵:

$$H(\boldsymbol{Y} \mid R_1) = -\left(\frac{1}{4}\log_2\frac{1}{4} + \frac{3}{4}\log_2\frac{3}{4} \right) = 0.811,$$

$$H(\boldsymbol{Y} \mid R_2) = -\left(\frac{2}{2}\log_2\frac{2}{2} \right) = 0,$$

$$H(\boldsymbol{Y} \mid R_3) = -\left(\frac{3}{4}\log_2\frac{3}{4} + \frac{1}{4}\log_2\frac{1}{4} \right) = 0.811.$$

信息增益:

$$\triangle_{\text{weather}} = H(\boldsymbol{Y}) - \sum_{m=1}^{M} \frac{n_m}{n} H(\boldsymbol{Y} \mid R_m),$$

$$= 0.971 - \left(\frac{4}{10} \times 0.811 + \frac{2}{10} \times 0 + \frac{4}{10} \times 0.811 \right)$$

$$= 0.971 - 0.649 = 0.322.$$

同样可以求出温度和是否有风两个自变量的信息增益:

$$\triangle_{\text{temperature}} = 0.971 - \left(\frac{3}{10} \times 0.918 + \frac{4}{10} \times 0.811 + \frac{3}{10} \times 0.918 \right)$$

$$= 0.971 - 0.875 = 0.05,$$

$$\triangle_{\text{windy}} = 0.971 - \left(\frac{3}{10} \times 0.918 + \frac{7}{10} \times 0.863 \right)$$

$$= 0.971 - 0.880 = 0.09.$$

由信息增益的计算结果可以看出, 天气的信息增益最大, 因此首先选择天气作为划分自变量.

5.4.3 增益率

不同的离散自变量的离散值的取值个数是不同的, 即自变量不同 M 不同. 如果选取的某一自变量取值个数较多, 即 M 较大, 那么这一划分的信息增益越大. 特别地, 对于某一自变量, 如果该自变量的每个取值内只含一个样本点, 那么选取该自变量划分后的加权信息熵是 0, 进而此划分的信息增益最大. 因此, 在以信息增益作为划分训练数据集的特征时, 我们会偏向于选择取值较多的自变量. 故而, 我们引入信息增益率是为了避免自变量值个数对信息增益的影响.

信息增益率 (information gain ratio) 在信息增益的基础上增加了惩罚项, 惩罚项是特征的固有值, 是避免上述情况而设计的. 信息增益率的定义如下:

$$\text{GainR} = \frac{\triangle}{\text{IV}},$$

其中

$$\text{IV} = -\sum_{m=1}^{M} \frac{n_m}{n} \log_2 \frac{n_m}{n}.$$

一般而言, 某个自变量的取值数目越多, IV 值越大.

以上面打网球的例子, 计算各自变量增益率. 首先计算各自变量的 IV 值:

$$\text{IV}_{\text{weather}} = -\frac{4}{10} \times \log_2 \frac{4}{10} - \frac{2}{10} \times \log_2 \frac{2}{10} - \frac{4}{10} \times \log_2 \frac{4}{10} = 1.52,$$

$$\text{IV}_{\text{temperature}} = -\frac{3}{10} \times \log_2 \frac{3}{10} - \frac{3}{10} \times \log_2 \frac{3}{10} - \frac{4}{10} \times \log_2 \frac{4}{10} = 1.57,$$

$$\text{IV}_{\text{windy}} = -\frac{3}{10} \times \log_2 \frac{3}{10} - \frac{7}{10} \times \log_2 \frac{7}{10} = 0.88.$$

得到三个自变量的 IV 值, 由结果可知, 天气和温度的取值个数比是否有风多, 则天气和温度的 IV 值高. 接下来计算各个自变量的信息增益率:

$$\text{GainR}_{\text{weather}} = \frac{\triangle_{\text{weather}}}{\text{IV}_{\text{weather}}} = \frac{0.322}{1.52} = 0.212,$$

$$\text{GainR}_{\text{temperature}} = \frac{\triangle_{\text{temperature}}}{\text{IV}_{\text{temperature}}} = \frac{0.05}{1.57} = 0.032,$$

$$\text{GainR}_{\text{windy}} = \frac{\triangle_{\text{windy}}}{\text{IV}_{\text{windy}}} = \frac{0.09}{0.88} = 0.102.$$

求得三个自变量的增益率, 发现天气的增益率较高, 因此首先选择天气作为划分自变量.

5.4.4 基尼指数

对于分类因变量样本集合 $\boldsymbol{Y}$ 来说, 假定当前样本集合 $\boldsymbol{Y}$ 中第 k 类样本所占的比例为 $\widehat{P}_k(k = 1, 2, \cdots, K)$, 数据集的纯度可用基尼值 (Gini) 来度量:

$$\text{Gini}(\boldsymbol{Y}) = 1 - \sum_{k=1}^{K} \widehat{P}_k^2. \tag{5.4.4}$$

$\text{Gini}(\boldsymbol{Y})$ 反映了从数据集 $\boldsymbol{Y}$ 中随机抽取两个样本, 其类别标记不一致的概率. $\text{Gini}(\boldsymbol{Y})$ 越小, 数据集 $\boldsymbol{Y}$ 的纯度越高. 基于某个离散自变量划分出的第 m 区域上的基尼值表示为

$$\text{Gini}(\boldsymbol{Y} \mid R_m) = 1 - \sum_{k=1}^{K} \widehat{P}_{mk}^2.$$

基于分类因变量的基尼指数 (Gini index) 定义为

$$\text{GiniI} = \sum_{m=1}^{M} \frac{n_m}{n} \text{Gini}(\boldsymbol{Y} \mid R_m). \tag{5.4.5}$$

基尼指数越小, 不纯度越低, 自变量越好.

5.4.5 分类误差

令节点 R_m 中类 k 的观测比例为 $\widehat{P}_{mk} = \dfrac{1}{n_m} \sum_{i \in R_m} I(Y_i = k)$, 并且我们得到节点 R_m 中的所有样本的预测类别为

$$\widehat{k}_m = \text{argmax}_k \widehat{P}_{mk},$$

它是节点 R_m 上样本数最多的类. 节点 R_m 上的分类误差表示为

$$\text{CE}(\boldsymbol{Y} \mid R_m) = \frac{1}{n_m} \sum_{i \in R_m} I\left(Y_i \neq \widehat{k}_m\right) = 1 - \widehat{P}_{m\widehat{k}_m}.$$

最终也可以采用加权的思想, 得到基于 M 个节点的分类误差 (CE)

$$\text{CE} = \sum_{m=1}^{M} \frac{n_m}{n} \text{CE}(\boldsymbol{Y} \mid R_m). \tag{5.4.6}$$

5.4.6 均方误差

如果分裂变量 X_j 是连续的自变量以及因变量 Y 也是连续变量, 那么我们使用分裂点 t 去分裂自变量 X_j 的样本集 $\boldsymbol{X}_j = (X_{1j}, \cdots, X_{nj})^{\mathrm{T}}$. 若考虑

二分裂, 使用分裂变量 X_j 和 t 可以定义两个子区域:

$$R_1(j,t) = \{i \mid X_{ij} < t\}, \quad R_2(j,t) = \{i \mid X_{ij} \geqslant t\}, \quad (5.4.7)$$

其中 X_{ij} 表示样本点 $\boldsymbol{X}_i$ 的第 j 个特征.

对应分裂变量 X_j 和分裂点 t 的均方误差定义为

$$\mathrm{MSE}(j,t) = \frac{1}{n_1} \sum_{i \in R_1(j,t)} (Y_i - \widehat{c}_1)^2 + \frac{1}{n_2} \sum_{i' \in R_2(j,t)} (Y_{i'} - \widehat{c}_2)^2. \quad (5.4.8)$$

其中 $n_1 = |R_1(j,t)|$, $n_2 = |R_2(j,t)|$ 分别表示落入第一个区域和第二个区域的训练样本的数量, 且

$$\widehat{c}_1 = \frac{1}{n_1} \sum_{i \in R_1(j,t)} Y_i, \quad \widehat{c}_2 = \frac{1}{n_2} \sum_{i' \in R_2(j,t)} Y_{i'}.$$

5.4.7 算法总结

下面介绍三种决策树算法, 其中 ID3 与 C4.5 算法主要用于分类树, 而 CART 算法既可以用于分类树也可以用于回归树. 对决策树 $\mathcal{T}$ 的优劣衡量可以用以下代价函数:

$$\mathcal{C}(\mathcal{T}) = \sum_{t=1}^{T} n_t H(t),$$

T 表示所有叶子节点的个数, n_t 是每个叶子节点中样本的个数, 在这个公式中相当于权重, 因为各叶子节点包含的样本数目不同, 可使用样本数加权求熵和. $H(t)$ 是每个叶子节点的损失度量准则, 上面章节中已介绍. 代价函数越小越好. 对所有叶子节点的熵求和, 该值越小说明对样本的分类或者回归越精确.

1. ID3 算法

ID3 算法是一种贪心算法, 构造的决策树用于分类. 1986 年由 Quinlan[69] 提出的 ID3 决策树学习算法就以信息增益为准则来选择划分自变量. ID3 算法起源于概念学习系统 (CLS), 以信息熵的下降速度为选取自变量的标准, 即在每个节点选取还尚未被用来划分的具有最高信息增益的自变量作为划分标准, 然后继续这个过程, 直到生成的决策树能完美分类训练样例.

上述信息增益的定义是基于离散自变量的, 对于连续自变量, 我们可以采用式 (5.4.7) 给出的策略, 将连续自变量进行离散化, 即使用分裂点对连续自变量进行分裂产生区域 (即节点). 此时使用的信息增益准则, 不仅要选择自变量还要估计出分裂点.

2. C4.5 算法

C4.5 算法采用信息增益率来选择最优划分自变量. 不是直接选择信息增益率最大的候选划分自变量, 而是先从候选划分自变量中找出信息增益高于平均水平的自变量, 再从中选择信息增益率最高的. 采用了信息增益率来选择特征, 以减少信息增益容易选择分类取值多的自变量的问题.

同样的, 对于连续自变量, 我们可以采用式 (5.4.7) 给出的策略使用分裂点对连续自变量进行分裂, 然后使用上述的信息增益率准则, 选择自变量以及最优分裂点.

3. CART 算法

CART 算法 (回归: 均方误差; 分类: 基尼指数) 包括 CART 分类树和 CART 回归树.

CART 回归树是决策树模型的一种, 专门针对因变量是连续型随机变量或向量, 自变量是实值随机向量的树的模型. 为了便于理解, 我们首先考虑一维连续随机变量 Y, 二元自变量 X_1, X_2 的回归问题, 并以图 5.3 为例来阐述基于树的回归方法.

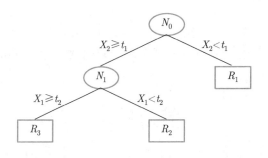

▶ 图 5.3
基于树模型定义
的预测区域

首先, 按 $X_2 \geq t_1$ 和 $X_2 < t_1$ 把整个样本空间 N_0 划分为两个子区域 R_1 和 N_1, 为了得到更加精确的预测, 可以继续对 N_1 子区域进行划分, 得到两个子区域 R_2 和 R_3. 接下来我们形象地定义一些树中的概念. 为了记号方便, 我们称图 5.3 用于分裂的变量 X_2 和 X_1 为分裂变量, t_1 和 t_2 为分裂点, N_0 是根节点 (包含所有样本), N_1 是中间节点 (也是 R_2 和 R_3 的父节点), R_1, R_2 和 R_3 为叶子节点. 回归树需要解决以下 3 个关键问题:

(1) 如何选取分裂自变量? 图 5.3 第一次选择的分裂特征为 X_2, 第二次选择的分裂特征为 X_1;

(2) 如何确定分裂点的值? 如图 5.3 中的 t_1, t_2;

(3) 如何确定停止分裂的准则, 即为什么叶子节点 R_1, R_2, R_3 不再分裂?

由问题 (1)—(3) 可知, 基于回归树模型的核心就是要依次找出分裂变量和分裂点, 制定停止规则和对每一个叶子节点的样本进行预测.

接下来, 我们将介绍如何逐步生成回归树. 不失一般性, 假设含有 n 个观测数据的数据集为 $D = \{(\boldsymbol{X}_1, Y_1), \cdots, (\boldsymbol{X}_n, Y_n)\}$, 其中, $\boldsymbol{X}_i = (X_{i1}, \cdots,$

$X_{ip})^{\mathrm{T}}$ 是 p 维实值随机向量, Y_i 是一维实值随机变量.

具体的做法是: 从所有数据出发, 考虑分裂变量 $\boldsymbol{X}_j$ 和划分点 t 以及对应的划分成的两个子区域 $R_1(j,t)$ 和 $R_2(j,t)$, 根据表达式 (5.4.8), 通过最小化 $R_1(j,t)$ 和 $R_2(j,t)$ 的均方误差之和

$$\min_{j,t} \mathrm{MSE}(j,t)$$

得到所对应的划分变量 j 和划分点 t. 即通过搜索所有的自变量 $X_j, j = 1, 2, \cdots, p$, 以及对照分裂点 t 搜索所有的观测值 $\{X_{1j}, \cdots, X_{nj}\}$, 可以确定最好的 (j, t), 从而可以把整个样本分到两个区域. 对每一个区域重复以上过程进行分裂. 最后对所有的区域重复这一过程, 直到达到最终的停止条件, 关于停止条件及树修剪等方面详细知识可以参考文献 [67, 70, 71].

CART 分类树类似回归树, 我们只需把上式中的度量标准 $\mathrm{MSE}(j,t)$ 替换成基尼指数, 序贯的选择最优变量去分裂样本, 从而产生节点, 最终生成分类树.

■ 5.5 剪枝

决策树对训练数据有很好的分类和回归能力, 虽然能在训练集中取得良好的预测效果, 但对未知的测试数据未必有好的预测能力, 即泛化能力弱, 可能发生过拟合现象, 导致在测试集上效果不佳. 所以, 为了防止决策树过度生长、出现过拟合现象, 解决方案是对决策树进行剪枝或构建随机森林. 在此处主要介绍剪枝, 随机森林在后续章节进行介绍.

剪枝是决策树算法缓解过拟合的一种重要方法. 可通过剪枝在一定程度上避免因决策分支过多, 以致于把训练集自身的一些特点当作所有数据都具有的一般性质而导致的过拟合. 剪枝主要分为两种: 预剪枝 (pre-prune) 和后剪枝 (post-prune).

5.5.1 预剪枝

预剪枝是在决策树构造时就进行剪枝. 方法是在构造的过程中对节点进行评估, 包括以下几种策略.

(1) 如果对某个节点进行划分, 在验证集中不能带来准确性的提升, 那么对这个节点进行划分就没有意义, 这时就会把当前节点作为叶子节点, 不对其进行划分.

(2) 或者更为直接, 预先设置每一个节点所包含的最小样本数目, 例如 10, 若该节点总样本数小于 10, 则不再分;

(3) 或者预先指定树的高度或者深度, 例如树的最大深度为 4; 或者指定节点的熵小于某个值时就不再继续划分.

预剪枝的优点是可以降低训练模型的资源开销, 缺点是存在欠拟合风险. 这是因为有些分支的当前划分虽然不能提升性能, 但在其基础上进行的后续划分却有可能导致性能显著提高. 预剪枝提前把这些分支剪掉了, 可能带来欠拟合风险.

5.5.2 后剪枝

预剪枝方法在建树过程中要求每个节点的分裂使得不纯度下降超过一定阈值. 这种方法具有一定的短视, 因为很有可能某一节点分裂不纯度的下降没超过阈值, 但是在其后续节点分裂时不纯度会下降很多, 而预剪枝法则在前一节点就已经停止分裂了.

后剪枝是在生成决策树之后再进行剪枝, 通常会从决策树的叶子节点开始, 逐层向上对每个节点进行评估. 如果剪掉这个节点子树, 与保留该节点子树在分类准确性上差别不大, 或者剪掉该节点子树, 能在验证集中带来准确性的提升, 那么就可以把该节点子树进行剪枝.

后剪枝的优点是比预剪枝保留了更多的分支, 欠拟合风险小, 泛化性能往往优于预剪枝决策树, 缺点是模型训练时会占用较多的资源.

在实际应用中, 更多的是使用后剪枝法, 其中的代价复杂性剪枝 (cost complexity pruning) 是最常用的方法. 这种方法是先让树尽情生长, 得到 $\mathcal{T}_0$, 然后再在 $\mathcal{T}_0$ 基础上进行修剪. 设 T 表示子树 $\mathcal{T}$ 的叶子节点数目, n_t 表示叶子节点 t 的样本量, 则代价复杂性剪枝法的损失函数为

$$C_\alpha(\mathcal{T}) = \sum_{t=1}^{T} n_t H(t) + \alpha T, \tag{5.5.1}$$

其中 $\sum_{t=1}^{T} n_t H(t)$ 是代价函数, α 是参数. $\mathcal{T}$ 是任意一棵子树, 它通过对 $\mathcal{T}_0$ 进行剪枝得到, 也就是减去 $\mathcal{T}_0$ 某个中间节点的所有子节点, 使其成为 $\mathcal{T}$ 的叶子节点. 对于固定的 α, 一定存在这样一棵子树 $\mathcal{T}_\alpha$ 使得损失函数 $C_\alpha(\mathcal{T})$ 达到最小.

调整参数 α 控制着模型对数据的拟合与模型的复杂度 (树的大小) 之间的平衡. 当 $\alpha = 0$ 时, 最优子树 $\mathcal{T}_\alpha$ 等于原树 $\mathcal{T}_0$. 随着 α 取值增大, 损失函数对叶子节点数目 T 惩罚增大, 那么此时我们偏向于选择叶子节点数目少一点

的树.

后剪枝步骤: 从 $\mathcal{T}_0$ 开始, 自下而上地考虑每个内部节点 t, 考虑两种情况:

(1) 以 t 为根节点的子树 $\mathcal{T}_t$, 其损失为 $C_\alpha(\mathcal{T}_t) = C(\mathcal{T}_t) + \alpha T_t$;

(2) 对 t 进行剪枝, 即将 $\mathcal{T}_t$ 作为叶子节点, 其损失为 $C_\alpha(t) = C(t) + \alpha$;

我们通过比较 $C_\alpha(\mathcal{T}_t)$ 与 $C_\alpha(t)$ 大小来判断是否要对 t 进行剪枝:

当 α 较小时, 可以容忍模型有较高的复杂度, 所以 $C_\alpha(\mathcal{T}_t) < C_\alpha(t)$, 即这个时候不需要剪枝;

当 α 逐渐增大到某一阈值时, 这个时候需要考虑在训练数据上 $\mathcal{T}_t$ 的损失增大, 所以有 $C_\alpha(\mathcal{T}_t) = C_\alpha(t)$, 即这个时候剪不剪枝都可以;

当 α 继续增大, 以至于大于上述阈值时, 有 $C_\alpha(\mathcal{T}_t) > C_\alpha(t)$, 这个时候剪枝带来的收益大于作为一棵子树 $\mathcal{T}_t$ 所带来的收益, 所以要剪枝.

从以上过程可以看出, 对于树中的每个内部节点 t, 都有一个特定的阈值 $g(t)$. 当 $\alpha = g(t)$ 时, $C_\alpha(\mathcal{T}_t) = C_\alpha(t)$. 故而 $g(t)$ 可以决定是否需要对其进行剪枝, 且该阈值等于

$$g(t) = \frac{C(t) - C(\mathcal{T}_t)}{T_t - 1}.$$

上式 $g(t)$ 可由等式 $C_\alpha(\mathcal{T}_t), C_\alpha(t)$ 解出.

因此, 在生成子树 $\mathcal{T}_1$ 时, 我们可以计算 $\mathcal{T}_0$ 的每个内部节点的阈值 $g(t)$, 选择其中最小的记为 $g(t_1)$. 当 α 大于该阈值 $g(t_1)$ 时, 这意味着要剪掉该节点 t_1 对应的子树 $\mathcal{T}_t$ 得到新的树 $\mathcal{T}_1$ 收益较大. 当 $g(t_1) \leqslant \alpha < g(t_2)$ 时, $\mathcal{T}_1$ 使得损失函数最小. 同理当 $g(t_2) < \alpha$ 时, 剪掉节点 t_2 的子树, 使 t_2 为叶子节点, 得到子树 $\mathcal{T}_2$. 同理子树 $\mathcal{T}_2$ 在区间 $g(t_2) \leqslant \alpha < g(t_3)$ 上使得损失函数最小. 接着在 $\mathcal{T}_2$ 的基础上持续剪枝, 就可以得到最终的子树序列.

在生成子树序列 $\mathcal{T}_1, \mathcal{T}_2, \mathcal{T}_3, \cdots$ 后, 使用验证数据集进行交叉验证, 测试子树序列中每棵子树的损失, 选择最小的子树作为剪枝后的决策树, 这个时候也对应了一个 α_k.

■ 5.6 决策树实践

实践代码

本章小结

本章主要讨论了决策树中回归树和分类树的基本方法和算法, 对于分类树主要采用投票准则来对新样本进行分类, 而对于回归树则建议采用叶子节点里所有样本的样本均值来预测. 本章介绍的基于树的方法具有以下优点:

(1) 可以简单而自然地处理分类和有序变量;

(2) 自动地逐步变量选择和降低复杂度;

(3) 对任一单个有序变量的单调变换保持不变;

(4) 对训练集中的异常点稳健;

(5) 易于处理缺失值.

为了得到更加精确的预测, 在叶子节点中样本量足够的情况下, 也可以对叶子节点里的样本建立不同的预测模型而非简单的投票准则的分类树方法或者基于样本均值的回归树方法, 不同的预测模型可以考虑线性或非线性模型等. 其他关于基于回归树的集成算法包括袋装 (Bagged) 树、随机森林 (random forests) 和提升方法 (boosting) 等集成算法和相关程序实现可以参考 Kuhn 和 Johnson 的书籍第八章 (回归) 和第十四章 (分类)[71].

习题

1. 生成一模拟数据, 来考察树方法在不同层次叶子节点的偏差.

2. Friedman[72] 介绍了如下的回归模型:

$$Y = 10\sin(\pi X_1 X_2) + 20(X_3 - 0.5)^2 + 10X_4 + 5X_5 + \varepsilon,$$

其中, $X_1, X_2, \cdots, X_5 \sim U(0,1)$, $\varepsilon \sim N(0, \sigma^2)$, 现生成 $X_6, \cdots, X_{10}$ 5 个不相干的变量.

(1) 设定样本量为 200, 应用回归树方法拟合这一模拟数据;

(2) 选取 $X_1, \cdots, X_5$ 中的一个进行单调变换, 再次应用回归树模型拟合这一数据, 与 (1) 中结果进行对比;

(3) 将第一个样本扩大为原始值的 10 倍, 应用回归树模型拟合这一数据, 与 (1) 的结果进行对比;

(4) 删除 $X_1, \cdots, X_5$ 中某一变量的部分观测值, 然后应用回归树模型拟合这一数据, 与 (1)(2) 的结果再次进行对比.

3. 从鸢尾花数据集中任取 2 个自变量, 应用分类树模型分析这一数据, 并与书中例子进行对比.

4. 思考一下, 对于回归树和分类树怎么评价变量的重要程度?

5. 回归树和分类树都是对单一的变量进行划分, 建立树模型, 请考虑一种现代降维方法, 先对自变量进行降维, 然后再建立回归树, 并应用习题 2 的模拟数据进行对比.

6. CART 分类树建模中, 如果自变量是连续变量, 如何结合基尼指数这一损失度量去选择最优变量, 请论述.

第六章 保形预测

保形预测提供了一种量化机器学习模型预测的不确定性的方法. 它不是像决策树、回归分析或支持向量机那样的特定算法, 而是一个可以与各种机器学习模型结合使用的框架. 保形预测输出的不仅仅是预测值, 还包括一个可信区间或概率置信水平, 表示预测的不确定性.

6.1 简介

在进行预测的时候经常会思考这样的问题: 我们的预测有多好? 如果我们对一个新对象的类别进行预测, 有多少信心认为预测结果 $\hat{Y}$ 确实等于这个未知的真实的类别 Y 呢? 如果类别是一个数字, 我们得到的 $\hat{Y}$ 与真实的类别 Y 有多接近? 在机器学习中, 这些问题通常以过去的经验相当粗略地回答.

因此, 在使用机器学习进行预测时, 需要注意到预测值也是随机变量, 存在不确定性. 例如, 使用一个股票自动交易系统中的机器学习方法预测股票价格. 由于股票市场的高度不确定性, 机器学习的点预测可能与实际值有很大不同. 人工智能系统如果以高概率估计出覆盖目标真实值的范围, 交易系统就可以计算出最好和最差的情况, 并做出更明智的决定. 所以, 对实际值预测一个可信范围会更有意义.

保形预测 (conformal prediction) 是目前机器学习中热门的且非常灵活的预测技术. 即当我们处理回归或分类问题时, 给定输入, 保形预测可以输出一个预测区间或者一个预测集.

关于保形预测的理解, 跟传统的区间估计是类似的. 给定一种回归问题的预测方法, 保形预测产生一个 95% 的预测区间 $\Gamma^{0.05}$, 即该区间包含 Y 的概率至少为 95%, 通常 $\Gamma^{0.05}$ 也包含预测值 $\hat{Y}$. 我们称 $\hat{Y}$ 为点预测, 称 $\Gamma^{0.05}$ 为区间预测. 在分类的情况下, 类别 Y 有有限个可能值, $\Gamma^{0.05}$ 可能由这些值中的几个值组成, 或者在理想的情况下 $\Gamma^{0.05}$ 只是这些值中的一个值.

与传统区间估计所使用的方法不同的是, 保形预测并没有研究预测值的分布或渐近分布, 这也体现了保形预测的优势, 可以适用于任何模型, 因为研究渐近分布往往需要模型的假定. 保形预测在处理连续因变量的回归预测问题时, 对于单因变量的预测输出的是一个预测区间, 对于多因变量的预测输出的是一个预测域. 图 6.1 展示的是对单个连续因变量的区间预测.

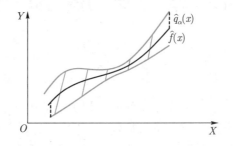

▶ 图 6.1

保形预测的预测区间

保形预测在处理离散因变量的分类预测问题时, 输出的是预测集. 集合中的元素是由预测类别及对应的概率构成. 图 6.2 中展示了三种不同的输入值下, 对松鼠类型预测的保形预测集. 上述两图表明, 预测区间和预测集都可以保证以较高的概率覆盖真实值.

▶ 图 6.2

保形预测的预测集

6.1.1 简单运用

在介绍保形预测的流程之前, 我们要先知道两个定义: 一个是随机变量序列的可交换性 (exchangeability), 另一个是不符合度量 (nonconformity measure). 在后面章节中, 保形预测的预测集既可代表回归问题的预测区间也可表示分类问题的预测集.

1. 可交换性

一个有限的随机变量序列是可交换的, 是指随机变量的联合概率分布对随机变量的排列不变.

$$P\left(\boldsymbol{X}_1, \boldsymbol{X}_2, \cdots, \boldsymbol{X}_n\right) = P\left(\boldsymbol{X}_{\pi(1)}, \boldsymbol{X}_{\pi(2)}, \cdots, \boldsymbol{X}_{\pi(n)}\right)$$

这里 $\pi(1), \pi(2), \cdots, \pi(n)$ 代表自然数 $1, 2, \cdots, n$ 的任意一个排列. 一个无限的随机变量序列是无限可交换 (infinitely exchangeable) 的, 是指它的任意一个有限子序列都是可交换的.

如果一个无限随机变量序列 $\boldsymbol{X}_1, \boldsymbol{X}_2, \cdots, \boldsymbol{X}_n, \cdots$ 是独立同分布的, 那么它们是无限可交换的. 反之不然.

2. 不符合度量

保形预测使用的不符合度量, 度量了一个新例子与旧例子的不同程度, 也可以说是度量预测值与真实值之间的不符合程度. 因此, 需要寻找一种方法来度量预测值与真实值之间的距离.

保形预测要求首先选择一个不符合度量, 而度量预测值和真实值之间距离的方法与数据类型和预测器的选择相关: 在回归问题中, 最常用的不符合度量是残差的绝对值: $R = |Y - \hat{Y}|$. 在分类问题中, 最常用的不符合度量是: $H = 1 - \hat{Y}$.

给定一个不符合度量, 保形算法对每一个误覆盖水平 α 产生一个预测集 $\hat{C}_n$. $\hat{C}_n$ 为 $1 - \alpha$ 预测集; 它有至少 $1 - \alpha$ 的概率包含真实值 Y.

不同 α 得到的预测区间是嵌套的. 因此, 当 $\alpha_1 \geqslant \alpha_2$ 时, 置信水平 $1 - \alpha_1$ 低于 $1 - \alpha_2$, 有 $\hat{C}_{\alpha_1} \subseteq \hat{C}_{\alpha_2}$.

在明确了以上两个概念之后, 我们介绍运用保形预测来构造有效的预测集的几个基本步骤. 假设有一个独立同分布的数据集:

$$\{(\boldsymbol{X}_1^{\mathrm{T}}, Y_1)^{\mathrm{T}}, \cdots, (\boldsymbol{X}_n^{\mathrm{T}}, Y_n)^{\mathrm{T}}\},$$

其中, $\boldsymbol{X}$ 是输入的特征, Y 是因变量, n 是数据点的数量. 假设一个机器学习模型 $f: \boldsymbol{X} \to Y$ 已经被训练. 这个模型可以是一个经典的机器学习模型例如线性回归、支持向量机, 或者深度学习技术例如全连接或卷积网络. 目标是去估计模型输出的预测集. 下面我们将描述保形预测的步骤.

3. 保形预测的基本流程

(1) 选择合适的不符合度量, 计算不符合分数

选择一个适当的不符合度量 $S(\boldsymbol{X}, Y) \in \mathbf{R}$ 来测量模型输出 $\hat{Y}$ 与真实的 Y 之间的差异, 亦称评分函数, 得到的值称为不符合分数. 这个不符合度量非常重要, 因为它决定了我们能得到什么样的预测集. 例如, 在回归问题中, 可以用 $|\hat{Y}_i - Y_i|$ 作为评分函数. 通过这种方式, 所得到的保形预测集在预测值

$\widehat{Y}_i$ 周围的 L_1 范氏球内; 在分类问题中, 可以用 $1 - \widehat{Y}_i$ 作为评分函数, 其中 $\widehat{Y}_i$ 是真实类别对应的预测概率.

(2) 计算不符合分数的 $1 - \alpha$ 分位数

不符合分数的 $1 - \alpha$ 分位数 $\widehat{q}$ 是通过计算 n 个不符合分数 $S_1 = S(\boldsymbol{X}_1, Y_1), \cdots,$ $S_n = S(\boldsymbol{X}_n, Y_n)$ 的 $1 - \alpha$ 分位数得到的. 在完全保形预测方法中, 需要训练 m 次来计算评分并构造预测集, 其中 m 为因变量可能的取值的个数, 这样对算力的消耗无疑是巨大的. 为了降低计算复杂度, 可以采用分裂保形预测的方法, 分裂保形预测将整个训练集分割成合适的训练集和校准集 (calibration set), 然后, 只对训练集进行训练, 在校准集上计算不符合分数.

(3) 使用模型预测和不符合分数的 $1 - \alpha$ 分位数构造预测集

接下来, 使用模型预测值和不符合分数的 $1 - \alpha$ 分位数构造保形预测集. 假设新的输入为 $\boldsymbol{X}_{n+1}$, 得到的保形预测集可以表示为

$$\widehat{C}(\boldsymbol{X}_{n+1}) = \{Y : S(\boldsymbol{X}_{n+1}, Y) \leqslant \widehat{q}\}.$$

例如, 在使用保形预测进行回归分析时, 不符合度量 $S(\boldsymbol{X}_{n+1}, Y) = |Y - \widehat{f}(\boldsymbol{X}_{n+1})|$, 其中 $\widehat{f}$ 是用训练数据集得到预测器. 则此时得到的 $1 - \alpha$ 预测区间可以表示为

$$\widehat{C}(\boldsymbol{X}_{n+1}) = [\widehat{f}(\boldsymbol{X}_{n+1}) - \widehat{q}, \widehat{f}(\boldsymbol{X}_{n+1}) + \widehat{q}].$$

6.1.2 预测集的有效性

对于保形预测的有效性讨论需要区分两种有效性: 保守的和精确的. 一般来说, 保形预测是保守有效的: 当它输出一个 $1 - \alpha$ 集 (也就是说, 一组预测集置信水平为 $1 - \alpha$ 时错误的概率不大于 α, 并且在预测连续的例子时, 它所犯的错误之间几乎没有相关性. 这意味着, 根据大数定律, 在置信水平 $1 - \alpha$ 上的长期错误频率约为 α 或更小. 在实践中, 保守性往往不是很大, 尤其是当 n 很大时, 经验结果显示, 长期误差的频率与 α 非常接近. 然而, 从理论的角度来看, 为了获得准确的有效性, 我们必须在预测过程中引入一个随机误差 α, 其中 $1 - \alpha$ 集出现错误的概率正好是 α, 错误在不同的试验中是独立产生的, 而长期错误的频率收敛到 α.

保形预测可以提供数学上严格的保证. 设 Y_{n+1} 为真值. Y 可以是分类问题中的一个类别, 也可以是回归问题中的一个实值. 设 $\widehat{C}(\boldsymbol{X}_{n+1})$ 是一个预测集 (或区间). 如果 Y_{n+1} 在 $\widehat{C}(\boldsymbol{X}_{n+1})$ 内, 我们将其定义为 $\widehat{C}(\boldsymbol{X}_{n+1})$ 覆盖 Y_{n+1}, 即 $Y_{n+1} \in \widehat{C}(\boldsymbol{X}_{n+1})$. 然后, 给定一组同独立分布样本 $\{(\boldsymbol{X}_1^{\mathrm{T}}, Y_1)^{\mathrm{T}}, \cdots, (\boldsymbol{X}_n^{\mathrm{T}}, Y_n)^{\mathrm{T}}\}$, 保形预测集满足以下覆盖保证

$$P(Y_{n+1} \in \widehat{C}(\boldsymbol{X}_{n+1})) \geqslant 1 - \alpha.$$

基于可交换性假设的覆盖保证的证明可以在文章 A Gentle Introduction to Conformal Prediction and Distribution-Free Uncertainty Quantification 的附录中找到. 以上覆盖率保证在有限样本的情况下也是成立的, 且与普通的统计推断通常都对变量的分布有更严格的假定 (比如高斯) 不同, 该保证仅需要非常弱的条件 (可交换性).

6.1.3 效率

针对分类问题, 保形预测得到的预测集可能包含一个类别, 也可能包含多个类别. 在处理回归问题时, 预测集通常是包含预测值的一个区间. 在保证一定置信水平的情况下, 保形预测集越小, 效率越高, 即分类预测集的元素越少或者回归预测区间越短, 则越好. 这就是我们通常所说的高效率保形预测集.

■ | 6.2 保形回归

保形预测可以用于回归, 也可以用于分类, 接下来我们首先以回归为例, 解释保形预测的思想和原理. 本质上, 保形预测理论背后的基本思想与样本分位数有关.

6.2.1 保形预测基本思想

假设有独立同分布的随机变量样本 $U_1, \cdots, U_n$ (事实上, 此处独立同分布的假设可以被更弱的假设——可交换性替代). 对于一个给定的覆盖水平 $\alpha \in (0,1)$ 和另一个独立同分布的样本 U_{n+1}, 基于 $U_1, \cdots, U_n$ 定义样本分位数 $\widehat{q}_{1-\alpha}$ 为

$$
\widehat{q}_{1-\alpha} = \begin{cases} U_{(\lceil (n+1)(1-\alpha) \rceil)}, & \lceil (n+1)(1-\alpha) \rceil \leqslant n, \\ \infty, & \text{其他.} \end{cases}
$$

可以得到

$$
P\left(U_{n+1} \leqslant \widehat{q}_{1-\alpha}\right) \geqslant 1 - \alpha,
$$

其中, $U_{(1)} \leqslant \cdots \leqslant U_{(n)}$ 表示 $U_1, \cdots, U_n$ 的次序统计量. 通过可交换性, U_{n+1} 在 $U_1, \cdots, U_n, U_{n+1}$ 中的排序是在集合 $\{1, \cdots, n+1\}$ 上均匀分布的, 因此以上有限样本覆盖性质是很容易被验证的.

在回归问题中, 观测到独立同分布的样本 $\boldsymbol{Z}_i = \left(\boldsymbol{X}_i^{\mathrm{T}}, Y_i\right)^{\mathrm{T}} \sim P(\boldsymbol{z}), i = 1, 2, \cdots, n$, 我们可以考虑以下方法来构造 Y_{n+1} 在新特征值 $\boldsymbol{X}_{n+1}$ 处的预测区间, 其中 $(\boldsymbol{X}_{n+1}^{\mathrm{T}}, Y_{n+1})^{\mathrm{T}}$ 是分布 $P(\boldsymbol{z})$ 中一个独立的随机变量. 按照上述思想, 可以构造以下预测区间:

$$\widehat{C}_{\mathrm{naive}}\left(\boldsymbol{X}_{n+1}\right) = \left[\widehat{f}\left(\boldsymbol{X}_{n+1}\right) - \widehat{F}_n^{-1}(1-\alpha), \widehat{f}\left(\boldsymbol{X}_{n+1}\right) + \widehat{F}_n^{-1}(1-\alpha)\right],$$

其中, $\widehat{f}$ 是估计的回归函数预测器, $\widehat{F}_n$ 是拟合残差 $\left|Y_i - \widehat{f}\left(\boldsymbol{X}_i\right)\right|$, $i = 1, 2, \cdots, n$ 的经验分布, $\widehat{F}_n^{-1}(1-\alpha)$ 是 $\widehat{F}_n$ 的 $(1-\alpha)$ 分位数. 假设估计的回归函数 $\widehat{f}$ 是准确的, 则该预测区间在大样本情况下是有效的 (即估计的拟合残差分布的 $(1-\alpha)$ 分位数 $\widehat{F}_n^{-1}(1-\alpha)$ 足够接近总体残差 $\left|Y_i - f\left(\boldsymbol{X}_i\right)\right|$, $i = 1, 2, \cdots, n$ 的 $(1-\alpha)$ 分位数). 保证 $\widehat{f}$ 的准确性通常需要数据分布 $P(\boldsymbol{z})$ 和回归预测器 $\widehat{f}$ 本身均满足一定的条件, 例如适当地选择预测模型和调优参数.

6.2.2 完全保形预测

一般来说, 上述方法得到的预测区间可以粗略地覆盖真实值, 因为拟合残差分布往往是向下倾斜的. 保形预测区间[73-76] 克服了上述原始方法预测区间的缺陷, 并且, 值得注意的是, 某种程度上保形预测可以保证提供适当的有限样本覆盖, 而无须对 $P(\boldsymbol{z})$ 和回归预测器 $\widehat{f}$ 进行任何假设 (除了 f 是数据点的对称函数).

具体算法如下: 对于一个新的输入值 $\boldsymbol{X}_{n+1}$, 其对应的 Y_{n+1} 是未知的. 因此我们为 Y_{n+1} 考虑一个试验集合 $\boldsymbol{Y}_{\mathrm{trial}}$. 从中选取某一值 $Y \in \boldsymbol{Y}_{\mathrm{trial}}$, 基于增广数据集 $\boldsymbol{Z}_1, \cdots, \boldsymbol{Z}_n, (\boldsymbol{X}_{n+1}^{\mathrm{T}}, Y)^{\mathrm{T}}$ 进行训练, 构造一个增广回归预测器 $\widehat{f}_Y$. 接下来计算不符合分数, 即残差的绝对值.

$$R_{Y,i} = \left|Y_i - \widehat{f}_Y\left(\boldsymbol{X}_i\right)\right|, \quad i = 1, 2, \cdots, n,$$
$$R_{Y,n+1} = \left|Y - \widehat{f}_Y\left(\boldsymbol{X}_{n+1}\right)\right|,$$

并且基于 $n+1$ 个不符合分数对 $R_{Y,n+1}$ 进行排序, 得到

$$\pi(Y) = \frac{1}{n+1} \sum_{i=1}^{n+1} I\left(R_{Y,i} \leqslant R_{Y,n+1}\right)$$
$$= \frac{1}{n+1} + \frac{1}{n+1} \sum_{i=1}^{n} I\left(R_{Y,i} \leqslant R_{Y,n+1}\right),$$

即 $\pi(Y)$ 是增广样本中残差绝对值小于最后一个样本点的残差绝对值 $R_{Y,n+1}$ 的样本所占的比例, 其中 $I(\cdot)$ 表示示性函数. 由于数据点的可交换性和 $\widehat{f}_Y$

的对称性, 当我们在估计 Y_{n+1} 时, 发现构造的次序统计量 $\pi(Y_{n+1})$ 在集合 $\{1/(n+1), 2/(n+1), \cdots, 1\}$ 上是均匀分布的, 这意味着

$$P\left\{(n+1)\pi(Y_{n+1}) \leqslant \lceil(1-\alpha)(n+1)\rceil\right\} \geqslant 1-\alpha.$$

上述推理可以通过如下假设检验过程理解, 即对应原假设 $H_0 : Y_{n+1} = Y$. 在给定显著性水平 α 下, 我们有如下结论:

(1) 若事件 $\{(n+1)\pi(Y) > \lceil(1-\alpha)(n+1)\rceil\}$ 成立, 则拒绝原假设;

(2) $1-\pi(Y)$ 相当于 p 值, 若 $1-\pi(Y) < \alpha$, 则拒绝原假设.

通过在 $\boldsymbol{Y}_{\text{trial}}$ 遍历所有 Y 的取值, 可以得到在 $\boldsymbol{X}_{n+1}$ 处的保形预测区间, 即

$$\widehat{C}_{\text{conf}}\left(\boldsymbol{X}_{n+1}\right) = \left\{Y \in \boldsymbol{Y}_{\text{trial}} : (n+1)\pi(Y) \leqslant \lceil(1-\alpha)(n+1)\rceil\right\}.$$

针对每一个新的自变量, 都必须重复以上步骤产生一个预测区间. 为了完整起见, 我们总结为如下**算法 1**.

算法 1: 完全保形预测

输入: 数据 $(\boldsymbol{X}_i^{\text{T}}, Y_i)^{\text{T}}, i = 1, 2, \cdots, n$, 显著性水平 $\alpha \in (0, 1)$, 回归算法 $\mathcal{A}$, 用于构造预测区间的新的点 $\boldsymbol{X}_{\text{new}} = \{\boldsymbol{X}_{n+1}, \boldsymbol{X}_{n+2}, \cdots\}$, 和作为试验集合 $\boldsymbol{Y}_{\text{trial}} = \{Y_1, Y_2, \cdots\}$

输出: $\boldsymbol{X}_{\text{new}}$ 中每一个元素对应的预测区间

for $\boldsymbol{x} \in \boldsymbol{X}_{\text{new}}$ **do**

    for $Y \in \boldsymbol{Y}_{\text{trial}}$ **do**

        $\widehat{f}_Y = \mathcal{A}\left(\{(\boldsymbol{X}_1, Y_1), \cdots, (\boldsymbol{X}_n, Y_n), (\boldsymbol{x}, Y)\}\right)$

        $R_{Y,i} = \left|Y_i - \widehat{f}_Y(\boldsymbol{X}_i)\right|, \quad i = 1, 2, \cdots, n,$

    以及 $R_{Y,n+1} = \left|Y - \widehat{f}_Y(\boldsymbol{x})\right|$

        $\pi(Y) = \left(1 + \sum_{i=1}^{n} I\left(R_{Y,i} \leqslant R_{Y,n+1}\right)\right) / (n+1)$

    end for

    $\widehat{C}_{\text{conf}}(\boldsymbol{x}) = \left\{Y \in \boldsymbol{Y}_{\text{trial}} : (n+1)\pi(Y) \leqslant \lceil(1-\alpha)(n+1)\rceil\right\}$

end for

返回 $\widehat{C}_{\text{conf}}(\boldsymbol{x})$, 对于所有 $\boldsymbol{x} \in \boldsymbol{X}_{\text{new}}$

上述保形预测得到的预测区间具有有效的有限样本覆盖, 并且这个区间是精确的, 意味着它没有过多地覆盖, 以下我们对此进行说明:

如果 $(\boldsymbol{X}_i^{\text{T}}, Y_i)^{\text{T}}, i = 1, 2, \cdots, n$ 为独立同分布的, 那么对于一个新的独立同分布的点 $(\boldsymbol{X}_{n+1}^{\text{T}}, Y_{n+1})^{\text{T}}$, 保形预测建立的预测区间 $\widehat{C}_{\text{conf}}(\boldsymbol{X}_{n+1})$ 有以下覆盖保证:

$$P\left(Y_{n+1} \in \widehat{C}_{\text{conf}}(\boldsymbol{X}_{n+1})\right) \geqslant 1-\alpha,$$

如果我们另外假设对所有 $Y \in \mathbf{R}$, 拟合的绝对残差 $R_{Y,i} = \left|Y_i - \widehat{f}_Y(\boldsymbol{X}_i)\right|, i = $

$1, 2, \cdots, n$ 有一个连续的联合分布, 那么下式也成立:

$$P\left(Y_{n+1} \in \widehat{C}_{\mathrm{conf}}\left(\boldsymbol{X}_{n+1}\right)\right) \leqslant 1 - \alpha + \frac{1}{n+1}.$$

该结论的证明详见文献 [77].

6.3 保形方法

6.3.1 分裂保形预测

上一节中讲述的完全保形预测方法计算量较大, 因为它要遍历所有 Y 的试验集. 即对于任何 $\boldsymbol{X}_{n+1}$ 和未知的 Y, 为了辨别某一个给定的 Y 是否包含在 $\widehat{C}_{\mathrm{conf}}(\boldsymbol{X}_{n+1})$ 中, 我们在增广数据集 (其中包括新的点 $(\boldsymbol{X}_{n+1}, Y)$) 上重新训练模型, 并重新计算和排序绝对残差. 这个步骤需要在 Y_{trial} 集合里面的所有元素上重复进行, 计算成本很高. 在非线性回归问题中, 核密度估计或样条方法去训练模型的较高复杂度都会影响完全保形预测. 特别是在高维回归中, 可能会使用相对复杂的回归预测器, 如 Lasso 回归或深度学习等, 模型的训练仍会花费大量时间, 因此执行有效的完全保形预测仍然是一个有待解决的问题.

幸运的是, 有一种完全通用的方法, 我们称之为分裂保形预测, 其计算成本大大低于完全保形预测方法. 分裂保形方法采用样本分割将拟合步骤和排序步骤分离, 其计算代价与拟合步骤相对简单. **算法 2** 总结了分裂保形预测算法, 其他细节请参考文献 [78]. 在这里, 以及以后讨论分裂保形预测时, 为了简单起见, 我们假设样本量 n 是偶数, 当 n 是奇数时只需要非常小的改变.

如果 $(\boldsymbol{X}_i^{\mathrm{T}}, Y_i)^{\mathrm{T}}, i = 1, 2, \cdots, n$ 是独立同分布的, 对于一个新的数据点 $(\boldsymbol{X}_{n+1}^{\mathrm{T}}, Y_{n+1})^{\mathrm{T}}$, 由**算法 2** 建立的分裂保形预测区间 $\widehat{C}_{\mathrm{split}}(\boldsymbol{X}_{n+1})$, 满足

$$P\left(Y_{n+1} \in \widehat{C}_{\mathrm{split}}\left(\boldsymbol{X}_{n+1}\right)\right) \geqslant 1 - \alpha.$$

算法 2: 分裂保形预测

输入: 数据 $(\boldsymbol{X}_i^{\mathrm{T}}, Y_i)^{\mathrm{T}}, i = 1, 2, \cdots, n$, 显著性水平 $\alpha \in (0, 1)$, 回归算法 $\mathcal{A}$.

输出: $\boldsymbol{x} \in \mathbf{R}^p$ 上的预测区间

将 $\{1, 2, \cdots, n\}$ 随机分裂为两个大小相等的数据集 $\mathcal{I}_1, \mathcal{I}_2$

$\widehat{f} = \mathcal{A}\left(\{(\boldsymbol{X}_i^{\mathrm{T}}, Y_i)^{\mathrm{T}} : i \in \mathcal{I}_1\}\right)$

$R_i = \left|Y_i - \widehat{f}(\boldsymbol{X}_i)\right|, i \in \mathcal{I}_2$

$d = \{R_i : i \in \mathcal{I}_2\}$ 中第 k 小的值, 其中 $k = \left\lceil (1 - \alpha)\left(\frac{n}{2} + 1\right) \right\rceil$

返回 $\widehat{C}_{\mathrm{split}}(\boldsymbol{x}) = [\widehat{f}(\boldsymbol{x}) - d, \widehat{f}(\boldsymbol{x}) + d]$, 对于所有 $\boldsymbol{x} \in \mathbf{R}^p$

另外, 如果我们假设残差 $R_i, i \in \mathcal{I}_2$ 具有连续的联合分布, 那么

$$P\left(Y_{n+1} \in \widehat{C}_{\text{split}}\left(\boldsymbol{X}_{n+1}\right)\right) \leqslant 1 - \alpha + \frac{2}{n+2}.$$

与完全保形预测方法相比, 分裂保形预测除了具有极高的效率外, 在内存需求方面也具有优势. 例如, 如果回归算法 $\mathcal{A}$ 涉及变量选择, 如 Lasso 或双向逐步回归等, 当在估计新的点 $\boldsymbol{X}_i, i \in \mathcal{I}_2$ 时, 只需运用基于样本 $\mathcal{I}_1$ 选择的变量, 来拟合模型计算基于样本 $\mathcal{I}_2$ 的残差. 因此算法 2 可以大大节省内存.

分裂保形预测也可以使用不均衡分裂实现. 采用 $\rho \in (0,1)$, 令 $|\mathcal{I}_1| = \rho n$, 则 $|\mathcal{I}_2| = (1-\rho)n$. 例如, 当回归算法很复杂的时候, 可以选择 $\rho > 0.5$ 使训练得到的回归预测器 $\widehat{f}$ 更准确.

6.3.2 刀切法保形预测

刀切法 (Jackknife) 保形预测是一种计算复杂性介于完全保形法和分裂保形法之间的保形预测方法. 该方法利用留一残差的分位数来定义预测区间, 具体内容如**算法 3** 所示.

算法 3: 刀切法保形预测

输入: 数据 $(\boldsymbol{X}_i^{\mathrm{T}}, Y_i)^{\mathrm{T}}, i = 1, 2, \cdots, n$, 显著性水平 $\alpha \in (0,1)$, 回归算法 $\mathcal{A}$.
输出: $\boldsymbol{x} \in \mathbf{R}^p$ 上的预测区间
for $i \in \{1, 2, \cdots, n\}$ **do**
　　$\widehat{f}^{(-i)} = \mathcal{A}(\{(\boldsymbol{X}_\ell, Y_\ell) : \ell \neq i\})$
　　$R_i = \left| Y_i - \widehat{f}^{(-i)}\left(\boldsymbol{X}_i\right) \right|$
end for
$d = \{R_i : i \in \{1, 2, \cdots, n\}\}$ 中第 k 小的值, 其中 $k = \lceil n(1-\alpha) \rceil$
返回 $\widehat{C}_{\text{Jack}}(\boldsymbol{x}) = [\widehat{f}(\boldsymbol{x}) - d, \widehat{f}(\boldsymbol{x}) + d]$, 对于所有 $\boldsymbol{x} \in \mathbf{R}^p$

与分裂保形法相比, 刀切法的一个优点是它在构造绝对残差时使用更多的训练数据, 随后再构造分位数. 这意味着它通常可以产生更短的间隔长度. 我们注意到, 由于对称性, 刀切法具有有限样本内覆盖性质:

$$P\left(Y_i \in \widehat{C}_{\text{Jack}}\left(\boldsymbol{X}_i\right)\right) \geqslant 1 - \alpha, \quad i = 1, 2, \cdots, n.$$

但是就样本外覆盖而言 (真正的预测推断), 它的属性比较脆弱.

接下来看几篇经典的刀切法文章. Butler 和 Rothman[79] 表明, 在低维线性回归中, 刀切法在足够强的正则条件下产生渐近有效区间, 也意味着需要保证线性回归估计量的一致性. 最近, Steinberger 和 Leeb[80] 在高维回归中建立了刀切法区间的渐近有效性, 它们虽然不需要基本估计量 $\widehat{f}$ 的一致性,

但需要 $\widehat{f}$ 的一致渐近均方误差有界的条件. 此外, Butler 和 Rothman[79] 以及 Steinberger 和 Leeb[80] 的回归分析均基于线性模型, 即回归函数是特征的线性函数, 特征独立于误差, 误差是同方差的. 但是这里介绍的刀切保形预测方法并不需要这些条件.

6.3.3 局部加权保形预测

当噪声是异方差的时候, 我们可以用局部加权的思路替换完全保形法或分裂保形法中的绝对残差, 即使用

$$V_i = \frac{|Y_i - \widehat{f}(\boldsymbol{X}_i)|}{\widehat{\sigma}(\boldsymbol{X}_i)}$$

替代

$$R_i = |Y_i - \widehat{f}(\boldsymbol{X}_i)|,$$

其中 $\widehat{\sigma}^2(\boldsymbol{x})$ 是绝对残差 $\mathrm{Var}(|Y - \widehat{f}(\boldsymbol{X})| \mid \boldsymbol{X} = \boldsymbol{x})$ 的方差函数的一个估计. (注意: $\widehat{f}$ 和 $\widehat{\sigma}$ 可以联合计算, 也可以单独计算.)

局部加权对预测波段的局部宽度可能有很大变化. 以下是分裂保形预测区间形式:

$$\widetilde{C}_{\mathrm{local}}(\boldsymbol{x}) = [\widehat{f}(\boldsymbol{x}) - \widehat{\sigma}(\boldsymbol{x})\widetilde{q}, \widehat{f}(\boldsymbol{x}) + \widehat{\sigma}(\boldsymbol{x})\widetilde{q}],$$

其中 $\widetilde{q}$ 表示 $V_i, i \in \mathcal{I}_2$ 的 $1 - \alpha$ 分位数.

异方差噪声示例

从图 6.3 可以看出, 通过引入局部权重, 可以获得能适应数据异质性的预测区域, 在保证和之前的方法具有相同有效性的同时, 它具有更小的平均长度, 局部的覆盖率也约等于我们想要的值 (比如说 0.9).

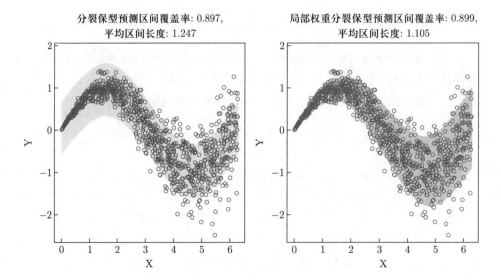

第六章 保形预测

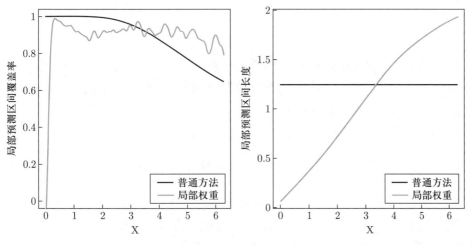

▲ 图 6.3　局部加权保形预测区间, 其中 $n=100, p=1$.

6.4　保形分类

　　选择合适的不符合度量是进行保形预测的重要步骤, 我们在使用保形预测法进行分类时, 应该根据数据类型和预测方法来选择不符合度量. 下面介绍两种不同的不符合度量下保形预测在分类中的应用.

6.4.1　Softmax 法

　　在机器学习尤其是深度学习中, Softmax 是个常用而且比较重要的函数, 尤其在多分类的场景中使用广泛. 假设预测目标是 K 个类别, 则通过神经网络多层变换后得到一个 K 维的输入 $\boldsymbol{z} = (z_1, \cdots, z_K)$, 然后采用 Softmax 函数将 $\boldsymbol{z}$ 映射为 K 个 0 到 1 之间的实数, 并且归一化保证和为 1, 因此多分类的概率之和也刚好为 1. Softmax 函数形式如下:

$$\text{Softmax}(\boldsymbol{z})_k = \frac{e^{z_k}}{\sum\limits_{j=1}^{K} e^{z_j}}, \quad k = 1, 2, \cdots, K.$$

在分类保形预测中, 可以将 Softmax 函数作为我们的预测函数, Softmax 方法经常用于图片分类, 下面简单介绍 Softmax 方法下的保形预测.

　　假设我们的预测任务是判断一个 p 维图像 $\boldsymbol{X}$ 属于哪一个类别 $Y \in \{1, 2, \cdots, K\}$. 首先使用训练数据和 Softmax 函数得到预测模型, 也可称其为分类预测器 $\widehat{f}$. 分类预测器可以对于每个输入 $\boldsymbol{x}$ 输出对应每个类别的 Softmax

分数:
$$\widehat{f}(\boldsymbol{x}) = \text{Softmax}(\boldsymbol{z}) \in [0, 1]^K$$

其中 $\widehat{f}(\boldsymbol{x})_k = \text{Softmax}(\boldsymbol{z})_k$. 然后, 取适当数量的未用于训练的新数据点 $(\boldsymbol{X}_1^{\mathrm{T}}, Y_1)^{\mathrm{T}}, \cdots, (\boldsymbol{X}_n^{\mathrm{T}}, Y_n)^{\mathrm{T}}$ 作为校准数据集. 利用 $\widehat{f}$ 和校准数据, 我们试图构建一个可能的类别的置信集 $\mathcal{T}(\boldsymbol{x}) \subset \{1, 2, \cdots, K\}$, 且这个置信集在下面意义下是有效的:

$$1 - \alpha \leqslant P\left(Y_{n+1} \in \mathcal{T}(\boldsymbol{X}_{n+1})\right) \leqslant 1 - \alpha + \frac{1}{n+1}.$$

其中, $(\boldsymbol{X}_{n+1}^{\mathrm{T}}, Y_{n+1})^{\mathrm{T}}$ 是来自同一分布的新测试点. 换句话说, 置信集包含正确类别的概率几乎正好是 $(1-\alpha)$, 称这种性质为边际覆盖. 为了使用 $\widehat{f}$ 和校准数据构造 $\mathcal{T}$, 我们将执行一个简单的校准步骤. 首先, 设置不符合分数为

$$S_i = S(\boldsymbol{X}_i, Y_i) = 1 - \widehat{f}(\boldsymbol{X}_i)_{Y_i},$$

如果预测器不好, S_i 有可能会很大. 接下来定义 $\widehat{q}$ 为 $S_1, \cdots, S_n$ 的 $\lceil (1-\alpha)(n+1) \rceil$ 分位数, 这实际上是经过小小修正的 n 个样本的 $(1-\alpha)$ 分位数. 对于一个新的输入 $\boldsymbol{X}_{n+1}$ (Y_{n+1} 未知), 产生一个保形预测集:

$$\mathcal{T}(\boldsymbol{X}_{n+1}) = \{Y : S(\boldsymbol{X}_{n+1}, Y) < \widehat{q}\} = \left\{Y : \widehat{f}(\boldsymbol{X}_{n+1})_Y > 1 - \widehat{q}\right\}.$$

该预测集包含那些对应 Softmax 分数足够大的类别, 如图 6.4 所示. 值得注意的是, 不论我们应用什么样的预测模型, 选择任何分布的数据集, 这个算法得到的预测集都是具有覆盖保证的.

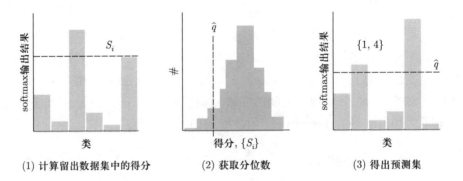

▶ 图 6.4
保形分类——
Softmax 法

(1) 计算留出数据集中的得分   (2) 获取分位数   (3) 得出预测集

6.4.2　最近邻法

最近邻法也是进行分类时常用的方法之一. 在保形预测中, 我们使用最近邻法分类时, 分类预测器将新的样本分类为与其距离最近的样本所对应的类别.

假设有 n 个样本 $\boldsymbol{Z}_1 = (\boldsymbol{X}_1^{\mathrm{T}}, Y_1)^{\mathrm{T}}, \boldsymbol{Z}_2 = (\boldsymbol{X}_2^{\mathrm{T}}, Y_2)^{\mathrm{T}}, \cdots, \boldsymbol{Z}_n = (\boldsymbol{X}_n^{\mathrm{T}}, Y_n)^{\mathrm{T}}$，每个 $\boldsymbol{Z}_i$ 包含特征向量 $\boldsymbol{X}_i$ 和类别 $Y_i \in \{1, 2, \cdots, K\}$. 对于一个新的样本点 $\boldsymbol{Z}_{n+1} = (\boldsymbol{X}_{n+1}^{\mathrm{T}}, Y_{n+1})^{\mathrm{T}}$，我们只能观察到 $\boldsymbol{X}_{n+1}$ 而不知道 Y_{n+1}. 最近邻法寻找距离 $\boldsymbol{X}_{n+1}$ 最近的 $\boldsymbol{X}_i$，并使用它的类别 Y_i 作为 Y_{n+1} 的预测值. 如果没有合适的预测器，我们很难度量这个预测的正确性. 但是可以通过比较 $\boldsymbol{X}$ 到与其有相同类别的旧例子的距离和 $\boldsymbol{X}$ 到与其有不同类别的旧例子的距离，来得到不符合度量，因此我们用下式表示不符合分数：

$$S_i = S(\boldsymbol{X}_i, Y_i) = \frac{\min\{\|\boldsymbol{X}_j - \boldsymbol{X}_i\| : j \neq i, Y_j = Y_i\}}{\min\{\|\boldsymbol{X}_j - \boldsymbol{X}_i\| : j \neq i, Y_j \neq Y_i\}}.$$

不符合分数 S_i 大小，也可以代表分类是否正确. 接下来定义 $\hat{q}$ 为 $S_1, \cdots, S_n$ 的 $\lceil (1-\alpha)(n+1) \rceil$ 分位数. 对于一个新的输入 $\boldsymbol{X}_{n+1}$，我们得到保形预测集：

$$\mathcal{T}(\boldsymbol{X}_{n+1}) = \{Y : S(\boldsymbol{X}_{n+1}, Y) < \hat{q}\}.$$

■ 6.5 保形预测实践

实践代码

本章介绍了保形预测的基本概念和方法. 保形预测是一种非参数方法，旨在为预测结果提供可信区间或概率置信水平. 保形回归部分介绍了保形预测的基本思想，即通过构建覆盖真实值的预测集来确保预测的保形性. 完全保形预测是保形回归的进一步发展，通过对所有可能的子样本进行计算，得出最保守的预测集，确保其包含真实值的概率.

本章还讨论了几种常见的保形方法，包括分裂保形预测、刀切法保形预测和局部加权保形预测. 分裂保形预测通过将数据集分成训练集和验证集，从而提高了预测的效率；刀切法保形预测通过交替去除数据中的一个样本来进行多次预测；局部加权保形预测则在保形预测中引入了样本权重，从而提高了模型的灵活性和适用性.

最后，保形分类部分介绍了如何将保形预测思想应用于分类问题. Softmax 法和最近邻法是保形分类中常用的方法，前者通过概率分布进行分类，后者则基于样本的最近邻进行分类决策.

保形预测方法在应对不确定性和构建可靠预测集方面具有重要意义, 已被广泛应用于回归和分类等领域. 除了本章介绍的方法, 其他保形预测方法如交叉验证保形预测、时间序列概率保形预测等, 也值得进一步学习与研究.

习题

1. 请分别列出完全保形预测和分裂保形预测方法的局限性.

2. 尝试编写加权保形预测的 Python 代码.

3. 编写一个基于深度学习的保形预测程序.

4. 请使用 R 语言自带数据包中的 women 数据, 编写使用分裂保形预测法对体重进行回归预测的 R 语言代码. 要求: 每次取出一组 "身高–体重" 数据作为测试集, 其他数据作为训练集, 对测试集数据中的体重进行预测.

5. 假设坐标轴中的点可分为两类, 分别为正样本点和负样本点. 现存在训练集 $(0, 3)$, $(2, 2)$, $(3, 3)$, $(-1, 1)$, $(-1, -1)$, $(0, 1)$, 其中 $(0, 3)$, $(2, 2)$, $(3, 3)$ 为正样本点, $(-1, 1)$, $(-1, -1)$, $(0, 1)$ 为负样本点. 对于一个新的测试点 $(0, 0)$, 请使用保形预测中的最近邻法判断该测试点属于哪一类别?

3

第三部分

稀疏学习

稀疏学习 (sparse learning) 关注的是学习稀疏表示, 即利用输入数据的稀疏性质来表示数据, 以便更有效地表示和处理高维数据. 稀疏学习通过发现和利用高维数据的冗余性提高模型的效率和性能, 降低数据过拟合的风险. 其在图像处理、信号处理、自然语言处理和生物信息学等领域都有广泛应用.

监督学习和无监督学习直接对输入的训练数据进行操作, 当训练数据维数较高, 具有大量特征时, 先进行稀疏学习, 再进行监督学习和无监督学习可以带来更好的性能和更有效的特征表示.

本部分将介绍两种主要的稀疏学习方法: 模型选择 (model selection) 和特征筛选 (feature screening).

第七章 模型选择

■ 7.1 简介

当我们考虑用模型来拟合数据, 刻画数据的结构预测变量的时候, 需要考虑两个基本问题: 一是采用什么样的模型; 二是采用哪些变量, 即判断哪些变量是重要的, 哪些变量是不重要的. 由于统计推断和预测是在选定模型之后进行的, 模型选择的好坏将直接影响到统计推断和预测的效果, 因此模型选择问题得到了极大的重视和广泛的研究.

回归模型包含的预测变量并不是越多越好. 首先, 收集更多变量的数据会浪费时间和精力; 其次, 使用全部的预测变量会出现多重共线性的问题; 最后, 有些预测变量对响应变量并无影响, 增加不必要的变量会带来估计噪声. 因此要选择简单的且 "足够好" 的模型.

先介绍一个概念: 方差-偏差平衡. 当模型越来越复杂的时候, 模型的预测能力也会越好. 但问题是, 模型只是在训练集上表现不错, 而在测试集上表现比较差. 具体来说: 模型的偏差虽然小了, 但是方差很大, 即模型对 "新" 数据表现出 "不稳定性". 这就是过拟合 (over-fitting) 了. 模型过于复杂, 连 "噪声" 也不放过, 导致训练误差 (training error) 非常小, 测试误差 (test error) 非常大.

如果一个模型对未知数据 (通常是测试集的数据) 的预测能力很好, 就称它的泛化能力 (generalization ability) 很好, 显然过拟合意味着模型的泛化能力很差.

如图 7.1 所示, 当模型复杂度 (degree of complexity) 太低, 训练误差和测试误差都很高时, 模型是欠拟合 (under-fitting) 的. 随着模型复杂度的提升, 测试误差先减小后增大, 但是训练误差不断地减小, 最后过拟合. 因此, 控制模型复杂度可以实现方差-偏差的平衡. 而控制模型复杂度可以转为选择最优模型. 模型选择 (model selection) 就是从多个候选模型中, 基于某评价准则和训练数据选出最优的模型. 它的主要思想是通过训练数据来估计期望的测试误差, 用数学语言描述模型选择就是: 给定数据集 D, 依据某个模型评价准则, 从候选模型集合 S_m 中选出最优模型 S^*, 即

$$S^* = \arg\min_m (\text{crit}(S_m; D)),$$

其中 crit 表示模型评价准则. 不同的评价准则对应不同的模型选择方法.

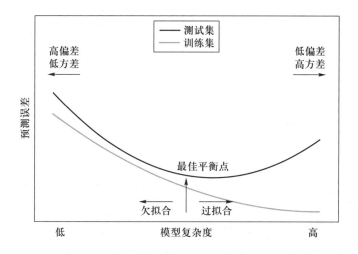

▶ 图 7.1
模型复杂度图

接下来介绍两种常用的模型选择方法: **子集选择法**和**压缩估计法**. 在子集选择法中我们将介绍基于检验的模型选择方法和基于准则的模型选择方法, 在压缩估计法中介绍 Lasso、非凸惩罚函数、群组变量选择方法和双层变量选择方法.

■| 7.2 基于准则的方法

基于准则的方法将介绍 C_p 准则、AIC 准则、BIC 准则与交叉验证.

7.2.1 各种准则

通常训练集的均方误差比测试集的均方误差要低, 而我们在选择模型时是希望得到一个具有最小测试误差的模型. 并且训练误差随着更多变量加入模型中将会逐渐降低. 因此, 残差平方和 SSE 并不适用于对包含不同预测变量的模型进行模型选择.

为了基于测试误差选择最优模型, 就需要去估计测试误差, 通常有两种方法估计测试误差:

(1) **间接估计**: 根据过拟合导致的偏差对训练误差进行调整.

(2) **直接估计**: 通过交叉验证方法直接估计测试误差.

接下来就介绍几种适用于对包含不同预测变量的模型进行模型选择的方法, 是间接估计测试误差的方法, 包括 C_p 准则、AIC 准则、BIC 准则.

1. C_p 统计量

C_p 统计量的思想是通过在训练集 SSE 的基础上增加惩罚项, 来调整训练误差倾向于低估测试误差这一现象. 具体来说就是训练集 RSS 随着模型中预测变量的增加而降低, 但是此时测试集的 SSE 要比训练集的高, 所以就在训练集 SSE 的基础上增加一项, 使得该增加项的大小随着模型中预测变量个数的增加而增加. 采用最小二乘法拟合一个包括 k 个预测变量的模型, C_p 值计算如下:

$$C_p = \frac{1}{n}\left(\text{SSE} + 2k\hat{\sigma}^2\right),$$

其中, $\hat{\sigma}$ 是响应变量观测误差的方差的估计值, k 是模型中变量的个数. C_p 统计量在训练集 SSE 的基础上增加惩罚项 $2k\hat{\sigma}^2$, 这可以看作是在考虑拟合残差同时, 依变量个数施加的惩罚. 显然, 惩罚项随模型中变量个数的增加而增大, 用于调整由于变量个数增加而不断降低的训练集 SSE. 如果 $\hat{\sigma}$ 是观测误差方差的无偏估计, 那么 C_p 是测试均方误差的无偏估计. C_p 值越小, 表示模型的准确性越高.

2. AIC 准则

AIC 准则是衡量统计模型拟合优良性的一种准则, 由日本统计学家赤池弘次[81] 在 1974 年提出, 因而又叫赤池信息准则. 它是权衡估计模型复杂度和拟合数据优良性的准则. AIC 准则的定义公式为

$$\text{AIC} = 2k - 2\ln(L),$$

其中 k 是模型参数个数, L 是最大似然函数. 由于似然函数的值越大得到的估计量就越好, 因此 $-2\ln(L)$ 越小越好, 该项刻画了模型的精度或拟合程度, 又考虑到模型包含的预测变量的个数不能太多, 故加入 $2k$ 对模型参数个数进行惩罚. 即一方面要使似然函数值较大, 另一方面通过惩罚部分限制模型的复杂度. 因此, AIC 是寻找可以最好地解释数据但包含最少自由参数的模型.

假设模型的随机误差服从独立正态分布. 此时 $-2\ln(L) = n\ln\left(\dfrac{\text{SSE}}{n}\right) +$ 常数, 那么 AIC 变为

$$\text{AIC} = 2k + n\ln\left(\frac{\text{SSE}}{n}\right),$$

其中 n 为样本量, k 为参数个数, SSE 为残差平方和.

3. BIC 准则

Schwarz[82] 为了能够克服在大样本数据情形下 AIC 准则容易失效的不足, 提出了贝叶斯信息准则. 其定义公式为

$$\text{BIC} = k\ln(n) - 2\ln(L).$$

假设条件是模型的误差服从独立正态分布, BIC 准则的公式为

$$\text{BIC} = k\ln(n) + n\ln\left(\frac{\text{SSE}}{n}\right).$$

其中, n 为样本量. 当样本量很大时, AIC 准则中的残差平方和的所在项会受到样本量影响而放大, 而参数个数的惩罚因子却未随样本量的变化而变化. 因此当样本量很大时, 使用 AIC 准则选择的模型不收敛到真实的最优模型. 事实上, 它通常比真实模型所含的未知参数个数要多. 为引入对预测变量过多的惩罚, BIC 准则把 AIC 中的 2 换成了 $\ln(n)$. 所以, 当 $n > e^2$ 时, BIC 统计量相比于 AIC 统计量给包含多个变量的模型施以较重的惩罚, 所以与 AIC 统计量相比, BIC 得到的模型规模更小. 如果真实模型是有限维参数, BIC 准则会表现得更好.

4. AIC 和 BIC 比较

AIC 和 BIC 的原理是不同的, AIC 是从预测角度, 选择一个好的模型来预测, BIC 是从拟合角度, 选择一个对现有数据拟合最好的模型, 从贝叶斯因子的解释来讲, 就是边际似然最大的那个模型.

相同点: 构造这些统计量所遵循的统计思想是一致的, 就是在考虑拟合残差的同时, 依预测变量个数施加 "惩罚".

不同点: BIC 的惩罚项比 AIC 大, 考虑了样本个数, 可以防止模型精度过高造成的模型复杂度过高. AIC 和 BIC 前半部分是惩罚项, 当 $n \geqslant 8$ 时, $k\ln(n) \geqslant 2k$, 所以, BIC 相比 AIC 在大数据量时对模型参数惩罚得更多, 导致 BIC 更倾向于选择参数少的简单模型.

7.2.2 交叉验证

交叉验证 (cross-validation) 是一种没有任何前提假定直接估计泛化误差的模型选择方法. 由于没有任何假定, 它可以应用于各种模型选择中. 它的基本思想是将数据分为两部分, 一部分数据用来进行模型的训练, 通常叫做训练集, 另一部分数据用来测试训练生成模型的误差, 叫做测试集. 由于两部分数据的不同, 泛化误差的估计是在新的数据上进行, 这样的泛化误差的估计可以更接近真实的泛化误差. 在数据足够的情况下, 可以很好估计出真实的泛化误差, 但是在实际应用中, 往往只有有限的数据可用, 就必须对数据进行重用, 即对数据进行多次切分来得到好的估计, 自从交叉验证提出以后, 人们提出了不同的数据切分方式, 因此产生了多种形式的交叉验证方法, 下面介绍一些主要的交叉验证方法.

1. 验证集方法

用给定的观测数据集估计使用某种模型拟合所产生的测试误差, 一种最简单、直接的方法是验证集方法. 首先, 将给定的样本观测数据集随机地分为

不重复的两部分, 然后用训练集来训练模型, 在测试集上验证模型及参数. 接着, 再把样本打乱, 重新选择训练集和测试集, 继续训练数据和检验模型. 最后选择损失函数评估最优的模型和参数. 这就是验证集方法的基本原理. 下面以 5×2 交叉验证为例介绍训练集和测试集的选择方法.

5×2 交叉验证法的主要思想是将数据集 V 平均分为两部分 $V_1^{(1)}$ 和 $V_1^{(2)}$, 首先用 $V_1^{(1)}$ 作为训练集, $V_1^{(2)}$ 作为验证集, 然后互换角色, 用 $V_1^{(2)}$ 作为训练集, $V_1^{(1)}$ 作为验证集, 这样就得到了第一折, 即第一次对折. 为了得到第二折, 将数据集重新打乱并划分为新的两个等份 $V_2^{(1)}$ 和 $V_2^{(2)}$. 将 $V_2^{(1)}$ 作为训练集, $V_2^{(2)}$ 作为验证集, 然后对调两者的角色, 得到第二折, 重复以上作法五次, 会得到十个训练集和验证集. 当然可以进行超过五次的对折得到更多的训练集和验证集, 但在五次对折之后, 各个集合共享了许多样本, 使得计算出来的泛化误差估计变得相互依赖无法增加新的信息.

可以看出验证集方法的**优点**: 处理简单, 只需随机把原始数据分为两组即可; 并且测试集和训练集是分开的, 避免了过拟合的现象. 但是也有**缺点**:

(1) 由于是随机地将原始数据分组, 所以最后验证集的分类准确率与原始数据的划分有很大的关系, 最终模型的确定将强烈依赖于训练集和验证集的划分方式, 测试误差会根据划分方式的不同而变化.

(2) 由于只使用部分数据进行训练, 得到的结果并不具有说服性. 在实际应用中, 用于模型训练的观测数据越多, 模型的效果就越理想. 而验证集方法无法充分利用所有的观测数据, 对模型的效果会产生影响.

接下来介绍的交叉验证法, 针对验证集方法的上述问题进行了改进.

2. 留一交叉验证法

留一法 (leave-one-outcross-validation, LOOCV) 的基本思想是每次从个数为 n 的样本集中取出一个样本作为验证集, 剩下的 $n-1$ 个样本作为训练集, 重复进行多次, 依次取遍所有 n 个数据作为验证集. 也就是每次只留下一个样本作测试集, 其他样本作训练集. 操作步骤如下:

(1) 设原始数据有 n 个样本, 即 $\{(\boldsymbol{X}_1, Y_1), \cdots, (\boldsymbol{X}_n, Y_n)\}$, 以每个样本单独作为验证集, 其余的 $n-1$ 个样本作为训练集进行训练, 则会得到 n 个模型.

(2) 对于每个在训练集上拟合的模型而言, 考虑其相应的验证集进而得到该模型的均方误差.

回归问题: $\mathrm{MSE}_i = (Y_i - \hat{Y}_i)^2$;

分类问题: $\mathrm{Err}_i = I(Y_i \neq \hat{Y}_i)$.

(3) 将 n 个模型的 n 个均方误差取均值后, 得到测试均方误差的 LOOCV 估计:

回归问题: $\mathrm{CV}_{(n)} = \dfrac{1}{n} \sum\limits_{i=1}^{n} \mathrm{MSE}_i$;

分类问题: $\mathrm{CV}_{(n)} = \dfrac{1}{n} \sum\limits_{i=1}^{n} \mathrm{Err}_i$.

LOOCV 是交叉验证方法中最常见的一种方法, 相比于验证集方法, 它有如下特点:

优点: 每一回合中几乎所有的样本都用于训练模型, 这样评估所得的结果比较可靠; 试验中没有随机因素, 整个过程是可重复的.

缺点: 计算成本高, 当 n 非常大时, 计算耗时.

于是就有了一种折中的方法——K 折交叉验证法.

3. K 折交叉验证法

K 折交叉验证法 (K-fold cross validation, K-CV) 的原理:

(1) 将原始数据分成 K 组 (一般是均分), 或者说折 (fold); 然后, 让每个子集数据分别做一次验证集, 其对应的剩余 $K-1$ 组子集数据作为训练集, 这样会得到 K 个模型.

(2) 同 LOOCV 方法一样, 基于 K-CV 的试验建立的 K 个模型, 分别在训练集上拟合模型, 再将拟合的模型用于保留的验证集上计算均方误差.

回归问题: $\mathrm{MSE}_k = \dfrac{1}{|G_k|} \sum\limits_{i \in G_k} \left(Y_i - \widehat{Y}_i\right)^2$;

分类问题: $\mathrm{Err}_i = I(Y_i \neq \hat{Y}_i)$.

(3) 用这 K 个模型最终的验证集的均方误差的平均数作为此 K-CV 的估计.

回归问题: $\mathrm{CV}_{(K)} = \dfrac{1}{K} \sum\limits_{k=1}^{K} \mathrm{MSE}_k$;

分类问题: $\mathrm{CV}_{(K)} = \dfrac{1}{K} \sum\limits_{k=1}^{K} \mathrm{Err}_k$.

在实际操作上, K 要够大才能使各回合中的训练样本数够多. 根据经验一般选取 $K = 5$ 或 $K = 10$, 这两个取值会使测试误差的估计不会有过大的偏差或方差, $K = 10$ 是相当足够了.

K 折交叉验证法有如下特点:

与 LOOCV 方法的关系: LOOCV 方法就是 K 折交叉验证法当 $K = n$ 时的一个特例. 由于 $K < n$, K 折交叉验证法拟合模型次数 K 便小于 LOOCV 方法, 这样就降低了计算成本.

优点: K-CV 使得每一个样本数据都既被用作训练数据, 也被用作测试数据, 可以有效避免过拟合以及欠拟合的发生, 最后得到的结果也比较具有说服性.

缺点: K 折交叉验证法的缺点在于 K 的确定. 一方面, K 越大, 样本划分的组多, 训练集包含的观测数据多, 拟合的偏差越小. 特例是当 $K = n$ 时也就是 LOOCV, 我们能够得到一个近似无偏的测试误差估计. 另一方面, K 越大就意味着每次用于拟合模型的训练集的观测数据重合度高, 模型也就更相似. 还是考虑特殊情况 LOOCV, 每一次训练的观测数据几乎是相同的, 拟合的结果之间是高度 (正) 相关的, 由于许多高度相关的量的均值要比相关性相对较小的量的均值具有更高的波动性, 因此方差也将更大.

与 C_p 准则、AIC 准则、BIC 准则相比, 这些方法的优势在于直接给出了测试误差的直接估计, 符合我们最初选择测试误差最小的模型的目的.

7.3 基于检验的方法

在基于检验的方法中介绍两种最常见的方法: 最优子集法和逐步选择法.

7.3.1 最优子集法

对于含有 p 个预测变量组成的集合来说, 最优子集选择即对 p 个预测变量的所有可能组合分别使用最小二乘回归进行拟合, 即对含有一个预测变量的模型, 拟合 p 个模型; 对含有两个预测变量的模型, 拟合 $p(p-1)/2$ 个模型, 依次类推最后一共拟合了 $C_p^0 + C_p^1 + \cdots + C_p^p$ 即 2^p 个模型, 再根据指标从所有可能模型中选取一个最优的模型. 最优子集法具体过程可以概括为

1. 记不包含预测变量的零模型为 M_0.

2. 对 $k = 1, 2, \cdots, p,$

(1) 从 p 个预测变量中任意选择 k 个, 拟合 C_p^k 个模型.

(2) 在 C_p^k 个模型中选择最优的一个 (SSE 最小或决定系数最大), 记为 M_k.

3. 根据交叉验证预测误差、C_p、AIC、BIC 或者修正的决定系数 $\bar{R}^2$ 等指标, 从 $M_0, \cdots, M_p$ 个模型中选择一个最优模型.

步骤 2 先在相同数量预测变量的模型中选择一个最优模型 (内循环); 步骤 3 在不同数量预测变量的模型中进行模型选择 (外循环). 通过外循环选择最优模型, 需要改变准则. 因为随着模型中预测变量数目增加, 这 $p+1$ 个模型的 SSE 会下降. 如果我们仅依据 SSE 进行模型选择的话, 最后选出来的最优模型将包含所有变量. 因此对于变量个数相同的模型, 可通过 SSE 来选择最优模型; 对于变量个数不同的模型, 可使用交叉验证预测误差、C_p、AIC、BIC 或者 $\bar{R}^2$ 等指标进行模型选择. 例如, 根据修正决定系数 $\bar{R}^2$ 的定义:

$$\bar{R}^2 = 1 - \frac{\text{SSE}/(n-k-1)}{\text{SST}/(n-1)}. \tag{7.3.1}$$

我们知道, $\bar{R}^2$ 越大, 模型拟合程度越好. 这里引入了预测变量数量 k 从而对预测变量增加进行了惩罚, 即模型中包含的预测变量 k 增加时会抑制 $\bar{R}^2$ 的增加, 使选出来的模型具有更小的测试误差. 通俗来讲, 修正决定系数并不会"偏爱"预测变量较多的模型.

显然, 最优子集法运用了穷举的思想. 其优势很明显: 简单直接, 遍历所有可能的情况, 最后的选择一定是最优的; 劣势也很明显: 当 p 越大时, 可选模型数量在迅速增加, 计算量明显增大, 降低计算效率. 因此, 最优子集法只适用于 p 较小的情况. 一般来说, 当 $p < 10$ 时, 可以考虑最优子集法.

7.3.2 逐步选择法

最优子集法在 p 很大时运算效率低, 并且随着搜索空间的增大, 找到的模型泛化能力差. 因此, 本章引入逐步选择法避免上述缺点.

在逐步选择法中, 模型会在原有变量的基础上一次增加一个显著的预测变量或剔除一个不显著的预测变量, 直到既没有显著的预测变量选入回归方程, 或也没有不显著的预测变量从回归方程中剔除为止. 最优子集法与逐步选择法的区别在于, 最优子集法可选择任意 k 个变量进行建模, 而逐步选择法只能在之前所选的 k 个变量的基础上建模. 常用的逐步选择法包括向前逐步选择、向后逐步选择、双向选择.

1. 向前逐步选择

向前逐步回归的思想是由少到多, 逐个引入预测变量. 首先考虑一个不包含任何预测变量的零模型, 从零模型开始, 依次引入一个预测变量, 直至没有可引入的变量为止. 所谓没有可引入的变量是指要添加的任何新变量都不会使模型有所改进.

具体来说就是从零模型 M_0 开始, 这个模型只有截距项而没有任何预测变量. 然后, 将 p 个预测变量依次加入模型中 (每次只加入一个预测变量, 考虑 p 次, 得到 $p+1$ 个模型), 保留 SSE 最小或决定系数最大的那个预测变量, 此时模型含有一个预测变量, 记为 M_1. 然后在此基础上, 将剩余的 $p-1$ 个预测变量依次分别加入, 仍然保留 SSE 最小或决定系数最大的那个预测变量, 此时得到的模型含有 2 个预测变量, 记为 M_2. 这样重复操作, 直至包含 p 个预测变量的模型 M_p. 最后根据交叉验证预测误差、C_p、AIC、BIC 或者修正的 $\bar{R}^2$ 等指标, 从 $p+1$ 个最优模型中选择一个最优模型.

向前逐步回归的算法过程如下:

(1) 记不包含任何预测变量的零模型为 M_0.

(2) 对 $k=0,1,2,\cdots,p-1$,

① 基于上一步选取的最优模型 M_k 的 k 个预测变量, 将剩余的 $p-k$ 个

预测变量分别加入, 这样就得到 $p - k$ 个模型;

② 在上述 $p - k$ 个模型中选择 SSE 最小或决定系数最大的模型作为最优模型, 记为 M_{k+1}.

(3) 进一步使用交叉验证误差、C_p、AIC、BIC 或者修正的决定系数等指标, 从 $p + 1$ 个最优模型中选择一个最优模型.

与最优子集选择法要对 2^p 个模型进行拟合不同, 向前回归只需要对零模型以及第 k 次迭代所包含的 $p - k$ 个模型进行拟合, 其中 $k = 0, 1, 2, \cdots, p - 1$. 相当于拟合 $\sum_{k=0}^{p-1}(p - k) = p(p+1)/2$ 个模型, 特别地, 当 $p = 30$ 时, 最优子集需要拟合 1073741824 个模型, 而向前逐步回归只需要拟合 465 个模型.

但是需要注意的是向前逐步回归无法保证最后得到的模型是 2^p 个模型中最优的. 例如在给定的包含三个变量 X_1、X_2、X_3 的数据集中, 最优的单变量模型只包含 X_2, 最优的双变量模型只包含 X_1、X_3, 且通过一些指标得出最优双变量模型在 $2^3 = 8$ 个模型中是最优的. 则通过向前逐步回归无法得到该最优模型, 因为 M_1 包含变量 X_2, 而 M_2 只能包含 X_2、X_3 或者 X_2、X_1, 而无法得到包含 X_1、X_3 的双变量模型.

下面用一个例子说明向前回归的具体过程.

假设 $\{X_1, X_2, \cdots, X_p\}$ 为待选择的预测变量的集合, 首先可以将每一个单一变量看作是一个子集, 构成 p 个模型, 在这 p 个模型中选择 SSE 最小或决定系数最大的为最优模型, 在此不妨假设 $\{X_1\}$ 是最优的单一变量模型; 接下来在上一步的基础上添加一个变量, 得到 $p - 1$ 个包含两个预测变量的模型, 再基于上述准则选出最优模型, 不妨假设 $\{X_1, X_2\}$ 为最优, 且优于 $\{X_1\}$, 则第二步选择结束; 依次类推, 直到第 $k + 1$ 轮选择的最优模型拟合效果不如第 k 轮选出最优模型, 则整个子集选择过程结束, 并将第 k 轮选出的模型作为最后的最优模型.

2. 向后逐步选择

与向前逐步回归法的选择方向相反, 向后逐步回归法以一个包含全部预测变量的全模型为起点, 逐次迭代, 每次剔除一个对模型效果最不利的冗余变量, 直到继续剔除变量却不能使模型质量有所改进为止. 具体来说就是从包含全部 p 个预测变量的模型 M_p 开始, 一个个地移除 p 个预测变量, 保留 SSE 最小或决定系数最大的那个模型, 保留下来的模型是包含 $p - 1$ 个预测变量的模型, 记为 M_{p-1}, 基于该模型继续移除剩余的 $p - 1$ 个预测变量. 这样重复操作, 直至包含 0 个预测变量的模型 M_0. 然后根据交叉验证预测误差、C_p、AIC、BIC 或者修正的决定系数 $\bar{R}^2$ 等指标, 从 $p + 1$ 个最优模型中选择一个最优模型.

向后逐步回归的算法过程如下:

(1) 记包含所有预测变量的全模型为 M_p.

(2) 对 $k=p, p-1, \cdots, 1,$

① 基于上一步选取的最优模型的 k 个预测变量, 依次逐个剔除, 这样就可以构建 k 个模型;

② 在上述 k 个模型中选择最优模型, 记为 M_{k-1}.

(3) 进一步使用交叉验证预测误差、C_p、AIC、BIC 或者修正的决定系数 $\bar{R}^2$ 等指标, 从 $p+1$ 个最优模型中选择一个最优模型, 为最后得到的最优模型.

同样, 向后逐步回归共需对 $1+p(p+1)/2$ 个模型进行搜索, 比最优子集选择更高效. 但是, 向后逐步回归无法保证得到的模型是包含 p 个预测变量子集的最优模型. 这是因为向后逐步回归同样都依赖于上一步的迭代结果. 此处需要注意, 因为向后逐步回归法是从全模型开始的, 如果使用最小二乘法进行拟合, 需要满足 $n > p$ 的条件. 而向前逐步回归法则不需要满足这一条件. 当预测变量向量的维度 p 比较高时, 应优先选择向前逐步回归法.

向前逐步回归和向后逐步回归都属于贪心算法, 能够局部达到最优, 但是从全局来看不一定是最优的. 向前逐步回归虽然每一次都能选取最显著的一个预测变量, 但在实际情况下, 很可能有的预测变量在开始时是显著的, 但是在其余预测变量添加进去之后, 它就变得不显著了, 但向前逐步回归此时不会剔除该变量. 而向后逐步回归则很有可能会遗漏一些很重要的变量, 比如刚开始变量 X_1 不显著, 但是在剔除 m 个变量后其变得显著, 此时向后逐步回归并不会重新加入这个变量. 总的来说这些问题是由于向前逐步回归不会剔除已经加入进来的变量, 向后逐步回归不会加入已经剔除的变量导致的, 下面介绍的双向选择会解决这些问题.

3. 双向选择

双向选择是向前和向后逐步选择法的结合. 每次引入一个变量, 但与此同时也会剔除对模型没有贡献的变量. 引入一个变量后, 我们首先通过 F 检验, 验证新变量是否会使得模型发生显著性变化. 当原有变量由于新变量的加入变得不再显著时, 剔除此变量. 若模型依旧显著, 再对所有变量进行 t 检验, 剔除不显著变量. 直到既没有新的显著的预测变量加入回归方程, 也没有原有的不显著的预测变量从回归方程中剔除为止, 最终得到一个最优模型. 在这个过程中, 某一特定预测变量可能会被反复引入和删除. 该方法在试图达到最优子集选择效果的同时也保留了向前和向后逐步回归在计算效率上的优势.

■ 7.4 正则化方法

子集选择方法通过保留预测变量的一个子集, 并舍弃其他变量, 产生一个简单的具有一定解释性的模型. 然而子集选择法也有缺点, 主要体现在两个方面: 首先, 在进行最优变量子集筛选的过程时离散, 通常具有很高的变异性, 不够稳定; 其次, 忽略了变量选择过程中的随机误差.

模型选择的另一个典型方法是正则化, 正则化就是通过对模型参数进行调整 (数量和大小), 降低模型的复杂度, 以达到可以避免过拟合的效果. 具体的解决方法是在模型的损失函数中加入正则项. 如果不加入正则项, 我们的目标是最小化损失函数; 加入正则项以后, 变成最小化损失同时复杂度不要太高, 这一方法称为结构风险最小化. 通过惩罚函数约束模型的回归系数, 同步实现变量选择和系数估计, 模型估计是一个连续的过程, 更正了子集选择法的缺陷.

在详细介绍这一方法之前, 先介绍目标函数和范数的概念.

1. 目标函数

求解优化问题的关键就是最小化目标函数. 假设样本矩阵为 $\mathbf{X} = (\boldsymbol{X}_1, \cdots,$ $\boldsymbol{X}_n)^{\mathrm{T}}$ 是 $n \times p$ 矩阵, 因变量记为 $\boldsymbol{Y} = (Y_1, \cdots, Y_n)^{\mathrm{T}}$. 我们考虑每组样本中的预测变量为 $\boldsymbol{X}_i$, 响应变量为 Y_i, p 维参数为 $\boldsymbol{\beta}$. 目标函数的一般形式为

$$\min_{\boldsymbol{\beta}} L(\boldsymbol{\beta}) = \min_{\boldsymbol{\beta}} \left\{ Q(\boldsymbol{\beta}|\boldsymbol{Y}, \mathbf{X}) + \sum_{j=1}^{p} p_\lambda(|\beta_j|) \right\},$$

其中 $Q(\boldsymbol{\beta}|\boldsymbol{Y}, \mathbf{X})$ 是损失函数, 不同模型的损失函数形式不同, 线性模型的损失函数为最小二乘函数、逻辑斯谛回归的损失函数为极大似然函数的负向变换.

$p_\lambda(|\beta_j|)$ 为正则化项, 所谓正则化项, 也叫惩罚项, 描述的其实是模型的复杂度, 模型的复杂度越高, 过拟合的风险也就越大. 惩罚项的惩罚力度越大时, 模型的复杂度越低. 例如前面章节讲到的岭回归, 是在极小化损失函数的基础上通过对系数添加 L_2 范数惩罚来进行系数的连续收缩的, 它是 Hoerl 和 Kennard[83] 于 1970 年提出的, 是统计学著名的系数收缩方法之一.

岭回归的目标函数是

$$\min_{\boldsymbol{\beta}} L(\boldsymbol{\beta}) = \frac{1}{2n}(\boldsymbol{Y} - \mathbf{X}\boldsymbol{\beta})^{\mathrm{T}}(\boldsymbol{Y} - \mathbf{X}\boldsymbol{\beta}) + \lambda\boldsymbol{\beta}^{\mathrm{T}}\boldsymbol{\beta},$$

其中第一项是残差平方和 SSE (线性模型的损失函数), 第二项是 L_2 正则化项, λ 为调节参数, $\lambda \geqslant 0$, 为非负数, 其作用是控制损失函数和正则化项对回归系数估计的相对影响程度, $\lambda = 0$ 时, 岭回归估计值与最小二乘估计值相同, λ 越大, 则为了使目标函数最小, 回归系数 $\boldsymbol{\beta}$ 的估计值就越接近于 0.

2. 范数

我们都知道, 函数与几何图形往往是有对应的关系, 这个很好想象, 特别是在三维以下的空间内, 函数是几何图像的数学概括, 而几何图像是函数的

高度形象化. 但当函数与几何超出三维空间时, 就难以获得较好的想象, 于是就有了映射的概念, 进而引入范数的概念.

当有了范数的概念后, 就可以引出两个向量的距离的定义, 这个向量可以是任意维数的. 通过距离的定义, 进而可以讨论逼近程度, 从而讨论收敛性、求极限. 设 $\boldsymbol{a} = (a_1, \cdots, a_n)^{\mathrm{T}}$

L_0 范数: 即向量中非零元素的个数. 公式为

$$\|\boldsymbol{a}\|_0 = \sum_{i=1}^{n} I(a_i \neq 0).$$

L_p 范数: 即向量元素绝对值的 p 次方和的 $1/p$ 次幂:

$$\|\boldsymbol{a}\|_p = (|a_1|^p + |a_2|^p + \cdots + |a_n|^p)^{1/p}.$$

图 7.2 展示了直角坐标系中 p 取不同的值时各个范数下单位向量终点的轨迹:

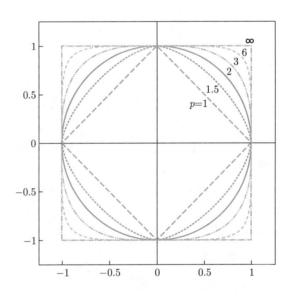

▶ 图 7.2

图 7.3 表示了 p 从无穷到 0 变化时, 三维空间中到原点的距离 (范数) 为 1 的点构成的图形的变化情况, 以 $p = 2$ 为例, 此时的范数也即欧氏距离, 空间中到原点的欧氏距离为 1 的点构成了一个球面:

▶ 图 7.3

　　　　　　　　　　　　　　　　　　　　　第七章　模型选择

其中, L_1 范数正则化、L_2 范数正则化都有助于降低过拟合风险, 我们在此主要运用 L_1 和 L_2 范数正则化, 或者二者相结合的方法. 对于线性回归模型, 使用 L_1 正则化的模型叫做 Lasso 回归, 使用 L_2 正则化的模型叫做岭回归, 两者相结合的方法叫做弹性网.

7.4.1 Lasso 回归

与岭回归类似, Lasso 回归 (Least absolute shrinkage and selection operator) 是在极小化残差平方和的基础上通过对系数添加 L_1 范数惩罚来收缩系数的, 1996 年由 Robert Tibshirani[130] 首次提出. 该方法是一种压缩估计, 当 λ 充分大时, 可以把某些待估系数精确地收缩到零, 因而特别适用于参数个数的缩减与参数的选择.

该方法以岭回归为基础, 增加了稳定性. Lasso 的核心是稀疏性, 稀疏性的优势在于它可以解释拟合模型, 并且计算简单.

Lasso 回归的目标函数是

$$\min_{\boldsymbol{\beta}} L(\boldsymbol{\beta}) = \frac{1}{2n}(\boldsymbol{Y} - \mathbf{X}\boldsymbol{\beta})^{\mathrm{T}}(\boldsymbol{Y} - \mathbf{X}\boldsymbol{\beta}) + \lambda\|\boldsymbol{\beta}\|_1.$$

岭回归和 Lasso 回归的主要区别就是在正则化项, 岭回归用的是 L_2 正则化, 而 Lasso 回归用的是 L_1 正则化. L_2 正则能够有效防止模型过拟合, 解决非满秩下求逆困难的问题; L_1 正则化最大的特点是能稀疏矩阵, 进行庞大预测变量数量下的预测变量选择.

如果把二者目标函数最小化看成是有约束的极值问题, 那么岭回归可以表达为

$$\min_{\boldsymbol{\beta}} \frac{1}{2n}(\boldsymbol{Y} - \mathbf{X}\boldsymbol{\beta})^{\mathrm{T}}(\boldsymbol{Y} - \mathbf{X}\boldsymbol{\beta}), \quad \text{s.t.} \quad \|\boldsymbol{\beta}\|_2^2 \leqslant t.$$

Lasso 回归可以表达为

$$\min_{\boldsymbol{\beta}} \frac{1}{2n}(\boldsymbol{Y} - \mathbf{X}\boldsymbol{\beta})^{\mathrm{T}}(\boldsymbol{Y} - \mathbf{X}\boldsymbol{\beta}), \quad \text{s.t.} \quad \|\boldsymbol{\beta}\|_1 \leqslant t.$$

因此 Lasso 回归和岭回归可以看作是两个同样目标函数但在不同的约束区域下求解的问题.

如图 7.4, 二维空间为例, 不添加正则项的目标函数可以用一圈圈等值线表示, 约束区域对应图中的阴影区域. 等值线和约束域的切点就是目标函数的最优解. 岭方法对应的约束域是圆, 其切点只会存在于圆周上, 不会与坐标轴相切, 则在任一维度上的取值都不为零, 因此没有稀疏; 对于 Lasso 方法, 其约束域是正方形, 会存在与坐标轴的切点, 使得部分回归系数变为零, 因此很容易产生稀疏的结果.

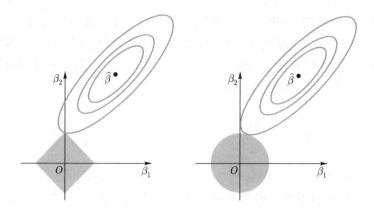

▶ 图 7.4

所以, Lasso 方法可以达到变量选择的效果, 将不显著的变量系数压缩至零, 在估计参数的同时实现了变量选择; 而岭方法虽然也对原本的系数进行了一定程度的压缩, 但是任一系数都不会压缩至零, 只有压缩功能, 没有选择功能, 最终模型保留了所有的变量. Lasso 回归的计算量将远远小于岭回归, 但无论对于岭回归还是 Lasso 回归, 它们的本质都是通过调节 λ 来实现模型偏差和方差的平衡调整.

7.4.2　非凸惩罚函数回归——SCAD 和 MCP

1. SCAD

Lasso 总是有偏估计, 这是因为 Lasso 的调节参数 λ 对所有参数一视同仁, 导致大的系数被过分压缩, 带来较大的估计偏差, 而且 Lasso 的结果具有不稳定性. 由 Fan 和 Li[84] 在 2001 年提出了 SCAD (smoothly clipped absolute deviation penalty) 较好地弥补了 Lasso 的不足, 更进一步地, 该方法具有 Oracle 性质, 使预测效果与真实模型别无二致.

Fan 和 Li 指出, 一个好的惩罚函数应该使得最后得到的估计量满足三个性质: (1) **无偏性**. 即当未知参数的真实值很大时, 估计值应当近乎无偏. (2) **稀疏性**. 即可以自动地将很小的估计系数压缩为零, 降低模型的复杂度. (3) **连续性**. 即估计的系数应当是连续的, 保证模型预测的稳定性.

该方法也是在损失函数的基础上施加惩罚项, 例如基于二次损失的惩罚最小二乘目标函数可以表示为

$$L(\boldsymbol{\beta}) = \frac{1}{2n}\|\boldsymbol{Y} - \mathbf{X}\boldsymbol{\beta}\|^2 + \sum_{j=1}^{p} p_\lambda\left(|\beta_j|\right). \tag{7.4.1}$$

SCAD 的惩罚函数为

$$
p_\lambda(|\beta_j|;\alpha) = \begin{cases} \lambda|\beta_j|, & 0 \leqslant |\beta_j| < \lambda, \\ -\dfrac{|\beta_j|^2 - 2\alpha\lambda|\beta_j| + \lambda^2}{2(\alpha-1)}, & \lambda \leqslant |\beta_j| < \alpha\lambda, \\ (\alpha+1)\lambda^2/2, & \text{其他}, \end{cases}
$$

其中, α 和 λ 是两个调节参数.

考虑 $\beta_j \in [0, +\infty)$ 的情况, SCAD 惩罚函数的导数为

$$
p'_\lambda(\beta_j;\alpha) = \begin{cases} \lambda, & \beta_j < \lambda, \\ \dfrac{\alpha\lambda - \beta_j}{\alpha-1}, & \lambda < \beta_j < \alpha\lambda, \\ 0, & \beta_j > \alpha\lambda. \end{cases}
$$

可以看出 SCAD 惩罚函数的导数在原点附近与 Lasso 相同, 离原点越远导数值越小, 直至为零, 也就是说, SCAD 方法对较大的参数施加较少的惩罚, 当参数大于 $\alpha\lambda$, 不施加惩罚. 因此显著的变量更容易被选入模型.

2. MCP

2010 年, Zhang[85] 提出的 MCP 方法保留了 SCAD 的渐近无偏优点, 其惩罚函数同样是分段函数:

$$
p_\lambda(|\beta_j|;\lambda,\alpha) = \begin{cases} \lambda|\beta_j| - \dfrac{|\beta_j|^2}{2\alpha}, & |\beta_j| \leqslant \alpha\lambda, \\ \dfrac{\alpha\lambda^2}{2}, & |\beta_j| > \alpha\lambda. \end{cases}
$$

惩罚函数关于 $|\beta_j|$ 的导数为

$$
p'_\lambda(|\beta_j|;\lambda,\alpha) = \begin{cases} \lambda - \dfrac{|\beta_j|}{\alpha}, & |\beta_j| \leqslant \alpha\lambda, \\ 0, & |\beta_j| > \alpha\lambda. \end{cases}
$$

可以看出, 当 β_j 近似于零时, MCP 和 Lasso 的惩罚力度一致, 而随着 β_j 从零开始增大, MCP 的惩罚力度逐渐缩减为零. 当 $|\beta_j| > \alpha\lambda$ 时, MCP 对大系数不施加惩罚, 因此 MCP 同 SCAD 类似, 也实现了回归系数的有差别惩罚, 实现了更精确的估计.

图 7.5 展示了回归系数变化时 Lasso、SCAD 和 MCP 的惩罚力度的变化情况.

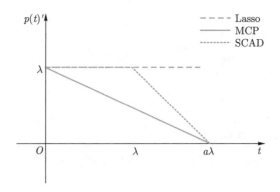

▶ 图 7.5

7.4.3 群组变量选择方法

随着科技发展, 数据的种类与维数不断增加, 导致了回归建模时, 预测变量的群组结构成为了一种普遍现象. 比如, 变量间的相关性无法忽略时, 建模时应当处理共线性问题; 或者在医学上研究基因对疾病的影响时, 一般把同一基因下的变量作为一组变量来进行处理; 或者在处理多分类变量时, 经常使用的虚拟变量也是一类组变量, 在进行组变量选择时它们要当成一个整体去对待. 在这种情况下, 相关的选择问题就变成选择组而不仅仅是单个变量, 群组变量选择模型及其算法成为当下高维数据建模的主要研究方向, 在此我们介绍两种代表性方法.

1. 弹性网 (elastic net)

岭回归结果表明, 岭回归虽然一定程度上可以拟合模型, 但容易导致回归结果失真; Lasso 回归虽然能刻画模型代表的现实情况, 但是模型过于简单, 不符合实际, 当多个变量和另一个变量高度相关的时候, Lasso 倾向于随机选择其中一个. 但如果这几个变量都是对模型重要的变量, 那么 Lasso 只能从多个相关强预测变量中选一个.

Zou 和 Hastie[86] 在 2005 年提出的弹性网结合了岭回归和 Lasso 算法, 既能做到岭回归不能做的预测变量提取, 又能实现 Lasso 不能做的预测变量分组, 是最早解决共线性问题的变量选择方法, 能够将显著的强相关变量同时选入模型. 其目标函数为

$$\min_{\boldsymbol{\beta}} \frac{1}{2n} (\boldsymbol{Y} - \mathbf{X}\boldsymbol{\beta})^{\mathrm{T}} (\boldsymbol{Y} - \mathbf{X}\boldsymbol{\beta}) + \lambda \left[\alpha \|\boldsymbol{\beta}\|_1 + (1-\alpha) \|\boldsymbol{\beta}\|_2^2 \right].$$

显然, 这种方法是利用 $L_1 + L_2$ 范数的凸组合来实现约束的, 其中 L_1 正则化用于变量选择, L_2 正则化用于解决共线性问题. 除了加入调节参数 λ, 我们还引入参数 α 来调节 L_1 范数和 L_2 范数的平衡. 当 $\alpha = 0$ 时, 弹性网回归即为岭回归; 当 $\alpha = 1$ 时, 弹性网回归即为 Lasso 回归. 当 $\alpha = 0.5$ 时, 弹性网的几何结构如图 7.6 所示:

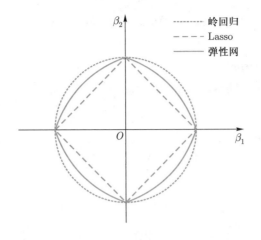

◀ 图 7.6

由图形可知, 弹性网回归在坐标轴上有尖角, 在各个象限内部呈弧形, 因此既具备 Lasso 的变量选择功能, 又具备岭回归的系数收缩功能.

2. Group Lasso

Yuan 和 Lin[87] 在 2006 年将 Lasso 方法推广到组群结构上面, 诞生了 Group Lasso. 我们可以将所有变量分组, 然后在目标函数中加总每个组系数的 L_2 范数, 这样达到的效果就是可以将一整组的系数同时消成零, 即抹掉一整组的变量, 这种方法叫做 Group Lasso 算法. 其目标函数为

$$\min_{\boldsymbol{\beta}} \frac{1}{2n} \left(\|\boldsymbol{Y} - \mathbf{X}\boldsymbol{\beta}\|_2^2 + \lambda \sum_{g=1}^{G} \|\sqrt{p_g}\boldsymbol{\beta}_{I_g}\|_2 \right),$$

其中, I_g 是 g 组的预测变量下标, $g = 1, 2, \cdots, G$, G 代表组的个数, λ 是调整参数, $\sqrt{p_g}$ 是每一组的加权, p_g 代表每一组变量个数. 其惩罚函数中, 在组内, 是只具有压缩功能而没有选择功能的岭惩罚; 在组间是具有变量选择功能的 Bridge 惩罚, 因而整组变量会同时被选入或删除. 我们在此提到的 Bridge 惩罚, 即 $0 < p < 1$ 的 L_p 惩罚函数, 从惩罚函数形式来看, Lasso 对系数 β_j 的惩罚强度是固定的, 而 Bridge 对 β_j 的惩罚强度随 β_j 的增大而减小. 当 β_j 趋于 0 时, Bridge 的惩罚强度趋于无穷大, 使得其稀疏性较 Lasso 更加显著, 而当 β_j 很大时, Bridge 的惩罚强度变得很小, 使得其参数估计近似无偏.

由于 Group Lasso 是一种通过对惩罚项的修改将 Lasso 方法在群组结构下的拓展, 因此与 Lasso 具备相同的缺点, 惩罚率不随组系数的大小而变化, 因此会对较大的系数过分压缩, 导致估计偏差.

7.4.4 双层变量选择方法

Group Lasso 方法由于只进行组变量的选择, 不能选择组内重要的单变量, 使得同组变量全被选择或全被删除, 因此有些显著单变量在进行变量选

择时会随着组变量被淘汰掉, 从而导致模型误差过大, 精确度降低. 为了既考虑组的选择又考虑组内重要变量选择, 引入双层变量选择方法.

1. Group Bridge

Huang et al.[88] 提出的 Group Brige 是一种可以满足组间、组内选择的双层变量选择方法, 是最早实现双层变量选择的方法. 其惩罚函数的形式为

$$P(\boldsymbol{\beta}; \lambda, \gamma) = \lambda \sum_{j=1}^{W} p_j^{\gamma} \|\boldsymbol{\beta}^{(j)}\|_1^{\gamma}.$$

其中 $0 < \gamma < 1$, p_j 是第 j 组变量所包含个数, $\boldsymbol{\beta}^{(j)} = \left(\beta_1^{(j)}, \cdots, \beta_{p_j}^{(j)}\right)$ 是第 j 组预测变量的回归系数, 其中回归系数共分为 W 个组. 其惩罚函数由组内惩罚和组间惩罚函数复合而成, 其中, 组内选择的是 Lasso 惩罚函数, 组间选择的是 Bridge 惩罚函数, 从而实现了组间变量与组内变量的选择.

2. 复合 MCP

复合 MCP 是 Huang et al. 2009 年提出的另一种复合惩罚类的变量选择方法[89], 其惩罚函数形式为

$$P(\boldsymbol{\beta}; \lambda, a, b) = \sum_{j=1}^{W} P_{\text{MCP}} \left(\sum_{m=1}^{p_j} P_{\text{MCP}} \left(|\beta_j^{(m)}|; \lambda, a \right); \lambda, b \right).$$

其组内和组间均使用 MCP 惩罚, 均具备单变量选择的功能.

3. SGL

在双层变量选择方法中也存在另一种形式, 它的惩罚函数不是由两个具有单变量选择的功能惩罚函数复合而成的, 而是由单个变量惩罚和仅选择组变量惩罚的线性组合构成的函数. 这种惩罚方法叫做稀疏组惩罚.

Simon et al. 2013 年提出的 SGL[90] (sparse group penalty) 就属于此类方法, 其惩罚函数形式为

$$P_{\text{SGL}}(\boldsymbol{\beta}; \lambda_1, \lambda_2) = \lambda_1 \sum_{j=1}^{W} \|\boldsymbol{\beta}^{(j)}\|_2 + \lambda_2 \|\boldsymbol{\beta}\|_1.$$

其中第一项是选择重要组变量, 选择的是 Group Lasso 方法的惩罚函数; 第二个惩罚是选择单个变量, 用的是 Lasso 方法的惩罚函数, 其中 λ_1、λ_2 分别为作用在单个变量和组变量上的调整参数.

4. Adaptive SGL

SGL 相对复合函数型方法计算简单, 但它对于所有系数及组系数的惩罚力度相同, 过度压缩大系数, 引起估计偏差. 基于此 Fang et al. 2014 年提出了更一般化的 Adaptive SGL[91], 其惩罚函数形式为

$$P_{\mathrm{adSGL}}(\boldsymbol{\beta}; \lambda_1, \lambda_2) = \lambda_1 \sum_{j=1}^{W} w_j \|\boldsymbol{\beta}^{(j)}\|_2 + \lambda_2 \sum_{j=1}^{W} \xi^{(j)\mathrm{T}} |\boldsymbol{\beta}^{(j)}|.$$

它通过引入权重 $\boldsymbol{\xi} = (\xi^{(1)\mathrm{T}}, \cdots, \xi^{(W)\mathrm{T}})$ 和 $\boldsymbol{w} = (w_1, \cdots, w_W)$ 分别对单个系数和组系数施加不同程度的惩罚, 权重依据样本数据而定, 系数的真实值越大, 给予权重越小, 惩罚力度越小, 增进了预测精度.

■ 7.5 模型选择实践

实践代码

本章介绍了模型选择的基本概念与方法. 模型选择是统计学习和机器学习中至关重要的一步, 旨在从候选模型中选择出最优的模型以提升预测精度并避免过拟合. 本章首先讨论了基于准则的方法. 通过引入多种模型选择准则, 例如 AIC、BIC 和 C_p 准则, 详细阐述了这些准则在平衡模型拟合度和复杂度中的作用. 交叉验证作为一种常用的模型选择方法, 通过对数据进行多次划分与验证, 评估模型的稳定性和泛化能力.

接着, 本章介绍了基于检验的方法, 主要包括最优子集法和逐步选择法. 最优子集法通过遍历所有可能的变量组合, 选出具有最佳预测性能的子集; 逐步选择法则通过逐步添加或删除变量, 逐步优化模型的预测能力. 这些方法在变量筛选和模型简化方面具有重要意义.

正则化方法是本章的另一重点. Lasso 回归通过引入 L_1 正则化约束, 实现了变量选择和模型参数估计的同时进行; 而 SCAD 和 MCP 等非凸惩罚函数回归则在减少偏差的同时, 提供了更优的变量选择效果. 此外, 群组变量选择方法和双层变量选择方法在处理高维数据和复杂模型时, 展现了其独特的优势.

模型选择在实际应用中起着至关重要的作用. 除了本章介绍的方法外, 更多高级模型选择方法如第十一章随机森林、第十二章 Boosting 方法和贝叶斯模型选择等, 值得读者进一步探索与研究.

1. 试证明 $\widehat{\boldsymbol{\beta}} = (\widehat{\boldsymbol{\beta}}_1^{\mathrm{T}}, \mathbf{0}^{\mathrm{T}}) \in \mathbf{R}^p$ 是基于惩罚最小二乘目标函数 (7.4.1) 的局部极小值的充分条件是:

$$n^{-1}\mathbf{X}_1^{\mathrm{T}}(\boldsymbol{Y} - \mathbf{X}\widehat{\boldsymbol{\beta}}) - p'_\lambda\left(\left|\widehat{\boldsymbol{\beta}}_1\right|\right)\operatorname{sgn}\left(\widehat{\boldsymbol{\beta}}_1\right) = \mathbf{0}, \tag{1}$$

$$\left\|n^{-1}\mathbf{X}_2^{\mathrm{T}}(\boldsymbol{Y} - \mathbf{X}\widehat{\boldsymbol{\beta}})\right\|_\infty \leqslant p'_\lambda(0+), \tag{2}$$

$$\lambda_{\min}\left(n^{-1}\mathbf{X}_1^{\mathrm{T}}\mathbf{X}_1\right) \geqslant \kappa\left(p_\lambda; \widehat{\boldsymbol{\beta}}_1\right). \tag{3}$$

其中设计矩阵 $\mathbf{X}_1$ 对应的变量与 $\widehat{\boldsymbol{\beta}}_1$ 对应的变量一致, $\mathbf{X}_2$ 是零系数估计量对应的变量. $\lambda_{\min}(\boldsymbol{A})$ 代表矩阵 $\boldsymbol{A}$ 的最小预测变量值, $\|\boldsymbol{a}\|_\infty = \max\limits_j |a_j|$. $\kappa\left(p_\lambda; \boldsymbol{v}\right)$ 描述了 $p_\lambda(\cdot)$ 在 $\boldsymbol{v} = (v_1, \cdots, v_q)^{\mathrm{T}}$ 的局部凹性质, 且定义为

$$\kappa\left(p_\lambda; \boldsymbol{v}\right) = \lim_{\varepsilon \to 0+} \max_{1 \leqslant j \leqslant q} \max_{t_1 < t_2 \in (|v_j| - \varepsilon, |v_j| + \varepsilon)} -\frac{p'_\lambda\left(t_2\right) - p'_\lambda\left(t_1\right)}{t_2 - t_1}.$$

根据凹函数性质, 在 $[0, \infty)$, $\kappa\left(p_\lambda; \boldsymbol{v}\right) \geqslant 0$. Lasso 惩罚的 $\kappa\left(p_\lambda; \boldsymbol{v}\right) = 0$; 对于 SCAD 惩罚, 当 $|\boldsymbol{v}|$ 取值于 $[\lambda, a\lambda]$, $\kappa\left(p_\lambda; \boldsymbol{v}\right) = (a-1)^{-1}\lambda^{-1}$, 其余地方 $\kappa\left(p_\lambda; \boldsymbol{v}\right) = 0$.

2. 基于习题 1 的结论, 证明

(1) Lasso 惩罚函数自动满足第三个 KKT 条件 (3), 且 (1)—(2)转变为

$$n^{-1}\mathbf{X}_1^{\mathrm{T}}\left(\boldsymbol{Y} - \mathbf{X}_1\widehat{\boldsymbol{\beta}}_1\right) - \lambda\operatorname{sgn}\left(\widehat{\boldsymbol{\beta}}_1\right) = \mathbf{0},$$

$$\left\|(n\lambda)^{-1}\mathbf{X}_2^{\mathrm{T}}\left(\boldsymbol{Y} - \mathbf{X}_1\widehat{\boldsymbol{\beta}}_1\right)\right\|_\infty \leqslant 1;$$

(2) $\left\|n^{-1}\mathbf{X}^{\mathrm{T}}(\boldsymbol{Y} - \mathbf{X}\widehat{\boldsymbol{\beta}})\right\|_\infty \leqslant \lambda$;

(3) 当 $\lambda > \left\|n^{-1}\mathbf{X}^{\mathrm{T}}\boldsymbol{Y}\right\|_\infty$, $\widehat{\boldsymbol{\beta}} = 0$. 因此调节参数 λ 必须在区间 $\left[0, \left\|n^{-1}\mathbf{X}^{\mathrm{T}}\boldsymbol{Y}\right\|_\infty\right]$ 上取值.

3. 考虑如下简单的惩罚最小二乘形式:

$$\hat{\theta}(z) = \operatorname*{argmin}_\theta\left\{\frac{1}{2}(z - \theta)^2 + p_\lambda(|\theta|)\right\}.$$

(1) 如果 $p_\lambda(|\theta|) = \dfrac{\lambda^2}{2}I(|\theta| \neq 0)$, 即 L_0 惩罚, 证明 $\widehat{\theta}_H(z \mid \lambda) = zI(|z| \geqslant \lambda)$;

(2) 如果 $p_\lambda(\theta) = \dfrac{1}{2}\lambda^2 - \dfrac{1}{2}(\lambda - \theta)_+^2$, 可得到基于惩罚最小二乘硬阈估计量 $\widehat{\theta}_H(z) = zI(|z| > \lambda)$. 解释硬阈惩罚函数在哪些方面优于 L_0 惩罚?

(3) 若 $p_\lambda(\theta)$ 是 Lasso 函数, 可得到软阈估计量:

$$\widehat{\theta}_{\mathrm{soft}}(z) = \operatorname{sgn}(z)(|z| - \lambda)_+;$$

(4) 若 $p_\lambda(\theta)$ 是 SCAD 函数, 估计量是

$$\widehat{\theta}_{\mathrm{SCAD}}(z) = \begin{cases} \operatorname{sgn}(z)(|z| - \lambda)_+, & |z| \leqslant 2\lambda, \\ \operatorname{sgn}(z)[(\alpha - 1)|z| - \alpha\lambda]/(\alpha - 2), & 2\lambda < |z| \leqslant \alpha\lambda, \\ z, & |z| \geqslant \alpha\lambda, \end{cases}$$

并且当 $\alpha = \infty$ 时, SCAD 估计量变成软阈估计量;

(5) 若 $p_\lambda(\theta)$ 是 MCP 函数 $(\alpha \geqslant 1)$, 估计量是

$$\widehat{\theta}_{\mathrm{MCP}}(z) = \begin{cases} \operatorname{sgn}(z)(|z| - \lambda)_+/(1 - 1/\alpha), & |z| < \alpha\lambda, \\ z, & |z| \geqslant \alpha\lambda. \end{cases}$$

(6) 计算基于弹性网惩罚函数 $p_\lambda(\theta) = \lambda\left\{(1 - \alpha)\theta^2 + \alpha|\theta|\right\}$ 的估计量 $\hat{\theta}(z \mid \lambda)$.

4. 根据 Lasso 惩罚最小二乘的第一个 KKT 条件, 证明 Lasso 非零回归系数估计量是有偏的, 并计算偏差.

第八章 特征筛选

模型选择和变量筛选的目标都是提高模型在新数据上的泛化性能, 避免过拟合并提高模型的可解释性. 模型选择侧重在一组不同的模型中选择一个最适合数据的模型, 涉及选择不同的算法、模型结构或超参数. 而变量筛选侧重在一个给定的模型中, 选择对目标变量最具预测能力的特征或变量.

■ 8.1 简介

尽管变量选择方法可以用来识别重要变量, 但是在维度 p 非常高的情况下, 即维度 p 随着样本数量 n 的增加呈现指数速率增长, $\log(p) = O(n^\delta)$, $0 < \delta < 1$, 例如基因数据, 此时用于优化的算法仍然非常昂贵. 在实践中, 我们可以自然地考虑一个两阶段的方法: 先特征筛选, 然后变量选择. 首先强调一下, 在机器学习领域普遍使用特征表示统计学里的变量, 两个概念本质上是等价的. 具体地说, 我们使用特征筛选方法将超高维 p 降低至中等尺度 $d \leqslant n$, 一般情况下, 维度 d 随着样本数量 n 的增加呈现幂增长, $d = O(n^\zeta)$, $0 < \zeta < 1$. 然后再用变量选择方法从剩下的变量中选择真实模型. 如果在每一个降维阶段都保留了所有重要变量, 那么这个两阶段方法要经济得多. 接下来我们介绍诸多特征筛选方法, 其目标是尽可能多地丢弃噪声特征, 同时保留所有的重要特征.

在本章中, 我们采用以下符号. 设 Y 为响应变量, $\boldsymbol{X} = (X_1, \cdots, X_p)^{\mathrm{T}}$ 由 p 维预测变量组成, 由此得到 n 个独立的随机样本 $\{\boldsymbol{X}_i, Y_i\}_{i=1}^n$. $\boldsymbol{Y} = (Y_1, \cdots, Y_n)^{\mathrm{T}}$, $\mathbf{X} = (\boldsymbol{X}_1, \cdots, \boldsymbol{X}_n)^{\mathrm{T}}$ 是 $n \times p$ 的设计矩阵. 设 $\mathbf{X}_j$ 为 $\mathbf{X}$ 的第 j 列, 则 $\mathbf{X} = (\mathbf{X}_1, \cdots, \mathbf{X}_p)$. 我们稍微滥用了符号 $\mathbf{X}$ 和 $\mathbf{X}_j$, 但是在上下文中它们的含义是清楚的. 令 $\boldsymbol{\varepsilon}$ 是一个一般随机误差, $\boldsymbol{\varepsilon} = (\varepsilon_1, \cdots, \varepsilon_n)^{\mathrm{T}}$. 设 $\mathcal{M}_*$ 代表一个尺寸为 $s = |\mathcal{M}_*|$ 的真实模型, $\widehat{\mathcal{M}}$ 代表尺寸为 $d = |\widehat{\mathcal{M}}|$ 的选择模型. 对于不同的模型和背景, $\mathcal{M}_*$ 和 $\widehat{\mathcal{M}}$ 的定义可能有所不同.

■ | **8.2** 基于边际模型的特征筛选

8.2.1 边际最小二乘

对于线性回归模型, 其矩阵形式为

$$Y = \mathbf{X}\boldsymbol{\beta} + \boldsymbol{\varepsilon}. \tag{8.2.1}$$

当 $p \gg n$ 时, $\mathbf{X}^{\mathrm{T}}\mathbf{X}$ 是奇异的, 因此 $\boldsymbol{\beta}$ 的最小二乘估计没有很好的定义. 在这种情况下, 岭回归特别有用. 模型 (8.2.1) 的岭回归估计量由下式给出

$$\widehat{\boldsymbol{\beta}}_\lambda = \left(\mathbf{X}^{\mathrm{T}}\mathbf{X} + \lambda \boldsymbol{I}_p\right)^{-1}\mathbf{X}^{\mathrm{T}}\boldsymbol{Y},$$

其中 λ 是一个岭参数. 回归分析章节中介绍过岭回归解决了多重共线性的问题, 从正则项看, 岭回归估计量是线性模型的带 L_2 惩罚的惩罚最小二乘的解. 当 $\lambda \to 0$ 且 $\mathbf{X}$ 为满秩时, $\widehat{\boldsymbol{\beta}}_\lambda$ 趋于最小二乘估计量, 而当 $\lambda \to \infty$ 时, $\lambda\widehat{\boldsymbol{\beta}}_\lambda$ 趋于 $\mathbf{X}^{\mathrm{T}}\boldsymbol{Y}$. 这意味着当 $\lambda \to \infty$ 时, $\widehat{\boldsymbol{\beta}}_\lambda \propto \mathbf{X}^{\mathrm{T}}\boldsymbol{Y}$.

假设所有的协变量和响应变量标准化, 它们的样本均值和方差分别为 0 和 1. 因此 $\frac{1}{n}\mathbf{X}^{\mathrm{T}}\boldsymbol{Y}$ 成为由响应变量和所有协变量之间的皮尔逊相关系数的样本形式组成的向量. 这促使人们使用皮尔逊相关系数作为特征筛选的边际统计量. 具体来说, 首先我们标准化 $\mathbf{X}_j$ 和 $\boldsymbol{Y}$, 然后计算

$$\omega_j = \frac{1}{n}\mathbf{X}_j^{\mathrm{T}}\boldsymbol{Y}, \quad j = 1, 2, \cdots, p, \tag{8.2.2}$$

即第 j 个预测变量和响应变量之间的样本相关系数.

直观来说, X_j 和 Y 之间的相关性越高, 说明 X_j 越重要. Fan 和 Lv[92] 提出根据 $|\omega_j|$ 对预测变量 X_j 的重要性进行排序 (sure independence screening, SIS), 并开发了一种基于皮尔逊相关系数的特征筛选过程, 也称为确定性筛选, 如下所示. 对于预先指定的比例 $\gamma \in (0,1)$, 选择排名靠前的 $\lceil \gamma n \rceil$ 个预测变量来获得子模型:

$$\widehat{\mathcal{M}}_\gamma = \left\{ 1 \leqslant j \leqslant p : |\omega_j| \text{ 是排序在前} \lceil \gamma n \rceil \text{中大的} \right\},$$

其中 $\lceil \gamma n \rceil$ 表示 γn 的整数部分. 它将超高维度降至一个相对适中的尺度 $\lceil \gamma n \rceil$, 即 $\widehat{\mathcal{M}}_\gamma$ 的大小, 然后对子模型 $\widehat{\mathcal{M}}_\gamma$ 再采用变量选择方法. 我们需要设置 γ 值来进行筛选, 一般地, $\lceil \gamma n \rceil$ 的值可以取为 $\lceil n/\log(n) \rceil$.

8.2.2 边际最大似然

假设 $\{\boldsymbol{X}_i, Y_i\}_{i=1}^n$ 是前面介绍的广义线性模型的随机样本. 基于第 i 个样本 $\{Y_i, \boldsymbol{X}_i\}$, 用下式

$$\ell\left(Y_i, \beta_0 + \boldsymbol{X}_i^{\mathrm{T}}\boldsymbol{\beta}\right) = Y_i\left(\beta_0 + \boldsymbol{X}_i^{\mathrm{T}}\boldsymbol{\beta}\right) - b\left(\beta_0 + \boldsymbol{X}_i^{\mathrm{T}}\boldsymbol{\beta}\right)$$

表示使用正则连接函数 b 的似然函数的负对数 (不失一般性, 离散参数取 $\phi = 1$). 注意, 当 $p \gg n$ 时, 负对数似然 $\sum_{i=1}^n \ell\left(Y_i, \beta_0 + \boldsymbol{X}_i^{\mathrm{T}}\boldsymbol{\beta}\right)$ 的最小值无法给出很好的定义.

接下来考虑边际最大似然方法筛选出重要预测变量. 与线性回归模型的边际最小二乘估计相似, 假设每个预测变量进行了标准化, 均值为 0, 标准差为 1, 并定义第 j 个预测变量 X_j 的边际最大似然估计量 (marginal maximum likelihood estimator, MMLE)$\widehat{\boldsymbol{\beta}}_j^M$ 为

$$\widehat{\boldsymbol{\beta}}_j^M = \left(\widehat{\beta}_{j0}^M, \widehat{\beta}_{j1}^M\right) = \arg\min_{\beta_{j0}, \beta_{j1}} \sum_{i=1}^n \ell\left(Y_i, \beta_{j0} + \beta_{j1} X_{ij}\right).$$

可以将 $\widehat{\beta}_{j1}^M$ 的大小作为边际筛选统计量, 对 X_j 的重要性排序, 并通过给定的阈值 κ_n 选择子模型, 即

$$\widehat{\mathcal{M}}_{\kappa_n} = \left\{1 \leqslant j \leqslant p : \left|\widehat{\beta}_{j1}^M\right| \geqslant \kappa_n\right\}.$$

阈值 κ_n 的作用与 $\lceil \gamma n \rceil$ 中的 γ 是一样的, 都是选择一个合适的值确定子模型.

8.2.3 边际非参估计

假设有一个随机样本集 $\{\boldsymbol{X}_i, Y_i\}_{i=1}^n$, 来自可加模型:

$$Y = \sum_{j=1}^p f_j(X_j) + \varepsilon, \tag{8.2.3}$$

其中 $\boldsymbol{X} = (X_1, \cdots, X_p)^{\mathrm{T}}$, ε 是条件均值为 0 的随机误差. 为了快速识别式 (8.2.3) 中的重要变量, 我们考虑以下 p 个边际非参数回归问题:

$$\min_{f_j} E\left[Y - f_j(X_j)\right]^2, \tag{8.2.4}$$

式 (8.2.4) 中的最小值是 $f_j(X_j) = E(Y \mid X_j)$, 即 Y 在 X_j 上的投影. 我们根据 $E\left(f_j^2(X_j)\right)$ 对式 (8.2.3) 中协变量的统计量进行排序, 并通过阈值选择一小组协变量.

为了获得边际非参数回归的样本形式, 我们使用 B 样条基. 令 $\mathcal{S}_n$ 为维度 $l \geqslant 1$ 的多项式样条的空间, $\{\Psi_{jk}, k = 1, 2, \cdots, q_n\}$ 表示具有 $\|\Psi_{jk}\|_\infty \leqslant 1$ 的 B 样条基, 其中 $\|\cdot\|_\infty$ 是 sup 范数. 在某些平滑条件下, 非参数投影 $\{f_j\}_{j=1}^p$ 可以被 $\mathcal{S}_n$ 中的函数 f_{nj} 很好地近似计算, 即 $f_j \approx f_{nj}$. 并且对于任意的 $f_{nj} \in \mathcal{S}_n$, 存在某些系数 $\{\beta_{jk}\}_{k=1}^{q_n}$, 我们有

$$f_{nj}(x) = \sum_{k=1}^{q_n} \beta_{jk} \Psi_{jk}(x), \quad 1 \leqslant j \leqslant p.$$

此时, 边际回归问题的样本形式可以表示为

$$\min_{f_{nj} \in \mathcal{S}_n} E\left(Y - f_{nj}(X_j)\right)^2 = \min_{\boldsymbol{\beta}_j \in \mathbf{R}^{q_n}} E\left(Y - \boldsymbol{\Psi}_j^{\mathrm{T}} \boldsymbol{\beta}_j\right)^2, \qquad (8.2.5)$$

其中 $\boldsymbol{\Psi}_j \equiv \boldsymbol{\Psi}_j(X_j) = (\Psi_1(X_j), \cdots, \Psi_{q_n}(X_j))^{\mathrm{T}}$ 表示 q_n 维基函数. 基于上述最小化的目标函数, 我们首先得到回归系数 $\boldsymbol{\beta}_j$ 的总体形式

$$\boldsymbol{\beta}_j = \left(E\left(\boldsymbol{\Psi}_j \boldsymbol{\Psi}_j^{\mathrm{T}}\right)\right)^{-1} E(\boldsymbol{\Psi}_j Y),$$

其中 E 表示期望. 进而可将 $f_{nj}(X_j)$ 的最小二乘解的总体形式表示出来, 如下所示:

$$f_{nj}(X_j) = \boldsymbol{\Psi}_j^{\mathrm{T}} \left(E\left(\boldsymbol{\Psi}_j \boldsymbol{\Psi}_j^{\mathrm{T}}\right)\right)^{-1} E(\boldsymbol{\Psi}_j Y), \quad j = 1, 2, \cdots, p.$$

基于观测的随机样本集 $\{\boldsymbol{X}_i, Y_i\}_{i=1}^n$, 利用矩估计方法, 即 $E\left(\boldsymbol{\Psi}_j \boldsymbol{\Psi}_j^{\mathrm{T}}\right)$ 和 $E(\boldsymbol{\Psi}_j Y)$ 用样本矩代替, 就可以得到 $\boldsymbol{\beta}_j$ 的估计了.

$$\widehat{\boldsymbol{\beta}_j} = \left(\frac{1}{n} \sum_{i=1}^n \boldsymbol{\Psi}_j(X_{ij}) \boldsymbol{\Psi}_j^{\mathrm{T}}(X_{ij})\right)^{-1} \frac{1}{n} \sum_{i=1}^n \boldsymbol{\Psi}_j(X_{ij}) Y_i.$$

接下来, 计算目标 $E\left(f_j^2(X_j)\right)$ 的统计量的表示形式. 首先, $E\left(f_j^2(X_j)\right)$ 用 $E\left(f_{nj}^2(X_j)\right)$ 去代替, $E\left(f_{nj}^2(X_j)\right)$ 用 $E(\boldsymbol{\Psi}_j^{\mathrm{T}}(X_j)\widehat{\boldsymbol{\beta}_j})^2$ 去近似. 最后 $E\left(\boldsymbol{\Psi}_j^{\mathrm{T}}(X_j)\widehat{\boldsymbol{\beta}_j}\right)$ 所对应的估计量为 $\left\|\widehat{f}_{nj}\right\|_n^2$, 具有如下形式:

$$\left\|\widehat{f}_{nj}\right\|_n^2 = \frac{1}{n} \sum_{i=1}^n \widehat{f}_{nj}(X_{ij})^2 = \frac{1}{n} \sum_{i=1}^n \left\{\boldsymbol{\Psi}_j^{\mathrm{T}}(X_{ij})\widehat{\boldsymbol{\beta}_j}\right\}^2.$$

接下来, 引入阈值 κ_n, 根据边际非参数估计量 $\left\|\widehat{f}_{nj}\right\|_n^2$ 对重要变量进行排序 (nonparametric independence screening, NIS).

$$\widehat{\mathcal{M}}_{\kappa_n} = \left\{1 \leqslant j \leqslant p : \left\|\widehat{f}_{nj}\right\|_n^2 \geqslant \kappa_n\right\}.$$

■ 8.3　基于边际相关系数的特征筛选

8.3.1　广义和秩相关系数

上一节中的 SIS 方法对于具有超高维预测变量的线性回归模型表现良好. 众所周知, 皮尔逊相关系数是用来衡量线性相关性的. 然而对于超高维数据要确定一个回归结构非常困难. 如果线性模型指定错误, 那么 SIS 会失败, 因为皮尔逊相关系数只能捕获每个预测变量和响应变量之间的线性关系. 因此, SIS 最有可能错过一些非线性的重要预测变量, NIS 方法也需要可加性的条件. 如果存在更加复杂的非线性关系, 例如协变量外面是更加复杂且未知的函数变换等, NIS 的特征筛选效果也会不好. 因此, 我们需要将转换后的协变量和响应变量之间的皮尔逊相关系数计算出来, 视为边际筛选统计量进行特征筛选.

为了捕获这种类型的非线性, Hall 和 Miller[93] 定义第 j 个预测变量 X_j 和 Y 的广义相关系数为

$$\rho_g\left(X_j, Y\right) = \sup_{h \in \mathcal{H}} \frac{\text{Cov}\left\{h\left(X_j\right), Y\right\}}{\sqrt{\text{Var}\left\{h\left(X_j\right)\right\}\text{Var}(Y)}}, \quad j = 1, 2, \cdots, p.$$

其中 $\mathcal{H}$ 是包含所有线性函数的一类函数, 例如, 它是一类给定次数的多项式函数. 请注意, 若 $\mathcal{H}$ 是所有线性函数的类, 则 $\rho_g\left(X_j, Y\right)$ 是 $h(X_j)$ 和 Y 之间皮尔逊相关系数. 因此, $\rho_g\left(X, Y\right)$ 被认为是传统皮尔逊相关系数的推广. 假设 $\{(X_{ij}, Y_i), i = 1, 2, \cdots, n\}$ 是总体 (X_j, Y) 的随机样本. 广义相关系数 $\rho_g\left(X_j, Y\right)$ 可以通过下式来估计:

$$\widehat{\rho}_g\left(X_j, Y\right) = \sup_{h \in \mathcal{H}} \frac{\sum\limits_{i=1}^{n}\left\{h\left(X_{ij}\right) - \bar{h}_j\right\}\left(Y_i - \bar{Y}\right)}{\sqrt{\sum\limits_{i=1}^{n}\left\{h\left(X_{ij}\right) - \bar{h}_j\right\}^2 \sum\limits_{i=1}^{n}\left(Y_i - \bar{Y}\right)^2}},$$

其中, $\bar{h}_j = n^{-1}\sum\limits_{i=1}^{n} h\left(X_{ij}\right)$, $\bar{Y} = n^{-1}\sum\limits_{i=1}^{n} Y_i$. 若已知函数类 $\mathcal{H}$, 则可以使用 $\left|\widehat{\rho}_g\left(X_j, Y\right)\right|$ 筛选重要特征.

另外, 我们也可以对响应变量进行函数转换, 并定义转换后的响应变量和协变量之间的相关系数. 一般地, 转换回归模型被定义为

$$H\left(Y_i\right) = \boldsymbol{X}_i^{\text{T}}\boldsymbol{\beta} + \varepsilon_i. \tag{8.3.1}$$

Li 等[94] 通过在模型 (8.3.1) 中假定 $H(\cdot)$ 严格单调, 提出使用秩相关系数衡量每个预测变量的重要性. 他们没有使用之前定义的样本皮尔逊相关系数, 而

是提出了边际秩相关系数

$$\widehat{\omega}_j = \frac{1}{n(n-1)} \sum_{i \neq l}^{n} I(X_{ij} < X_{lj}) I(Y_i < Y_l) - \frac{1}{4}$$

来衡量第 j 个预测变量 X_j 对响应变量 Y 的重要性, 并将方法命名为 RCS (rank correlation screening). 注意, 边际秩相关系数等于响应变量与第 j 个预测变量之间的肯德尔 τ 相关系数的四分之一. 因此, 我们可以基于秩相关系数 $\widehat{\omega}_j$ 的绝对值筛选重要预测变量, 即

$$\widehat{\mathcal{M}}_{\kappa_n} = \left\{ 1 \leqslant j \leqslant p : |\widehat{\omega}_j| > \kappa_n \right\},$$

其中 κ_n 为预设定的阈值.

8.3.2 确定独立秩筛选

我们知道, X_j 和 Y 之间的皮尔逊相关系数仅仅刻画了 X_j 和 Y 之间的线性相关性. Zhu 等人[95] 提出使用 X_j 和 $I(Y < y)$ 的皮尔逊相关系数来刻画 X_j 和 Y 之间的非线性相关性, 因为示性函数具有单调变换不变性, 即针对单调函数 $g(\cdot)$, 有 $I(Y < y) = I(g(Y) < g(y))$. 当 $j = 1, 2, \cdots, p$ 时, 假设 $E(X_j) = 0$, $\mathrm{Var}(X_j) = 1$, 得到随机变量 X_j 和 $I(Y < y)$ 相关系数表示为

$$\Omega_j(y) = \mathrm{Cov}\{X_j, I(Y < y)\} = E\{X_j \, E[I(Y < y) \mid X_j]\}.$$

直观地说, 若 X_j 和 Y 是独立的, 则对于任意的 y, 都有 $\Omega_j(y) = 0$. 另一方面, 若 X_j 和 Y 是相关的, 则存在 y 使得 $\Omega_j(y) \neq 0$. 他们提出使用

$$\omega_j = E\left[\Omega_j^2(Y)\right], \quad j = 1, 2, \cdots, p$$

作为特征筛选的边际统计量. 由于 ω_j 为正, 可以使用 ω_j 对所有预测变量进行排序.

假设 $\{(\boldsymbol{X}_i, Y_i), i = 1, 2, \cdots, n\}$ 是来自 $\{\boldsymbol{X}, Y\}$ 的随机样本. 为了便于表示, 我们假设样本预测变量都是标准化的. 对于任意给定的 y, $\Omega_j(y)$ 的样本矩估计量为

$$\widehat{\Omega}_j(y) = n^{-1} \sum_{i=1}^{n} X_{ij} I(Y_i < y).$$

因此, ω_j 的估计量为

$$\widehat{\omega}_j = \frac{1}{n} \sum_{k=1}^{n} \widehat{\Omega}_j^2(Y_k) = \frac{1}{n} \sum_{k=1}^{n} \left\{ \frac{1}{n} \sum_{i=1}^{n} X_{ij} I(Y_i < Y_k) \right\}^2, \quad j = 1, 2, \cdots, p.$$

接下来, 使用 $\widehat{\omega}_j$ 对所有候选预测变量 $X_j, j = 1, 2, \cdots, p$ 的重要性进行排序, 然后选择最前面的几个作为重要预测变量, 此过程被命名为确定独立秩筛选, 简记为 SIRS (sure independent ranking screening).

8.3.3 距离相关系数

这一章介绍另一种相关系数来有效地度量预测变量与响应变量之间的线性与非线性相关关系, 进行超高维数据的特征筛选. Li, Zhong 和 Zhu[96] 提出了一种基于距离相关系数筛选方法 (distance correlation screening, DCS). 前面介绍的皮尔逊相关系数、秩相关系数和广义相关系数仅仅定义了两个随机变量的相关关系, 而距离相关系数是定义了两个不同维度的随机向量的关系.

首先, 定义两个随机向量 $U \in \mathbf{R}^{q_1}$ 和 $V \in \mathbf{R}^{q_2}$ 之间的距离协方差为

$$\mathrm{dcov}^2(U, V) = \int_{\mathbf{R}^{q_1+q_2}} \left\| \phi_{U,V}(t, s) - \phi_U(t)\phi_V(s) \right\|^2 w(t, s) \mathrm{d}t\mathrm{d}s, \qquad (8.3.2)$$

其中 $\phi_U(t)$ 和 $\phi_V(s)$ 是 U 和 V 的边际特征函数, $\phi_{U,V}(t, s)$ 是 U 和 V 的联合特征函数, 并且

$$w(t, s) = \left\{ c_{q_1} c_{q_2} \|t\|_{q_1}^{1+q_1} \|s\|_{q_2}^{1+q_2} \right\}^{-1},$$

$c_d = \pi^{(1+d)/2}/\Gamma\{(1+d)/2\}$ (这个选择是为了方便微分的计算). 这里 $\|\phi\|^2 = \phi\bar{\phi}$, ϕ 表示复值函数, $\bar{\phi}$ 是 ϕ 的共轭. 由定义 (8.3.2) 可知, 当且仅当 U 和 V 是独立时, $\mathrm{dcov}^2(U, V) = 0$. Székely, Rizzo 和 Bakirov[97] 证明了

$$\mathrm{dcov}^2(U, V) = S_1 + S_2 - 2S_3,$$

其中

$$S_1 = E(\|U - \widetilde{U}\|\|V - \widetilde{V}\|), \quad S_2 = E(\|U - \widetilde{U}\|)E(\|V - \widetilde{V}\|),$$
$$S_3 = E\{E(\|U - \widetilde{U}\| \mid U)E(\|V - \widetilde{V}\| \mid V)\}.$$

并且 $(\widetilde{U}, \widetilde{V})$ 是 (U, V) 的独立副本. 因此, U 和 V 之间的距离协方差可以通过代入对应的样本来估计. 具体来说, 基于总体 (U, V) 中的随机样本 $\{(U_i, V_i), i = 1, 2, \cdots, n\}$, 我们有

$$\widehat{\mathrm{dcov}}^2(U, V) = \widehat{S}_1 + \widehat{S}_2 - 2\widehat{S}_3.$$

其中,

$$\widehat{S}_1 = \frac{1}{n^2} \sum_{i=1}^{n} \sum_{j=1}^{n} \|\boldsymbol{U}_i - \boldsymbol{U}_j\| \, \|\boldsymbol{V}_i - \boldsymbol{V}_j\|,$$

$$\widehat{S}_2 = \frac{1}{n^2} \sum_{i=1}^{n} \sum_{j=1}^{n} \|\boldsymbol{U}_i - \boldsymbol{U}_j\| \, \frac{1}{n^2} \sum_{i=1}^{n} \sum_{j=1}^{n} \|\boldsymbol{V}_i - \boldsymbol{V}_j\|,$$

$$\widehat{S}_3 = \frac{1}{n^3} \sum_{i=1}^{n} \sum_{j=1}^{n} \sum_{l=1}^{n} \|\boldsymbol{U}_i - \boldsymbol{U}_l\| \, \|\boldsymbol{V}_j - \boldsymbol{V}_l\|.$$

根据 $\boldsymbol{U}$ 和 $\boldsymbol{V}$ 的距离相关系数定义

$$\mathrm{dcorr}(\boldsymbol{U}, \boldsymbol{V}) = \frac{\mathrm{dcov}(\boldsymbol{U}, \boldsymbol{V})}{\sqrt{\mathrm{dcov}(\boldsymbol{U}, \boldsymbol{U}) \, \mathrm{dcov}(\boldsymbol{V}, \boldsymbol{V})}},$$

根据以上距离协方差矩阵的估计过程, 可以得到距离相关系数估计量

$$\frac{\widehat{\mathrm{dcov}}(\boldsymbol{U}, \boldsymbol{V})}{\sqrt{\widehat{\mathrm{dcov}}(\boldsymbol{U}, \boldsymbol{U}) \widehat{\mathrm{dcov}}(\boldsymbol{V}, \boldsymbol{V})}}.$$

假设响应变量 $\boldsymbol{Y}$ 是多维度的, 若从 p 个预测变量 X_j 中筛选出重要的预测变量, 则使用如下边际距离相关系数估计量:

$$\widehat{\omega}_j = \frac{\widehat{\mathrm{dcov}}(\boldsymbol{Y}, X_j)}{\sqrt{\widehat{\mathrm{dcov}}(\boldsymbol{Y}, \boldsymbol{Y}) \widehat{\mathrm{dcov}}(X_j, X_j)}},$$

并且使用 $\widehat{\omega}_j^2$ 来对预测变量的重要性进行排序.

8.4 高维分类数据的特征筛选

8.4.1 柯尔莫哥洛夫–斯米尔诺夫统计量

Fan 和 Fan[98] 提出在高维二值分类中使用双样本 t 检验统计量作为特征筛选的边际统计量. 尽管基于双样本 t 检验统计量的特征筛选在高维分类问题中表现很好, 但它可能会被重尾分布或者具有异常值的数据破坏, 而且它是基于模型的, 当数据结构不满足假定模型时, 筛选结果也是失效的.

为了克服这些缺点, Mai 和 Zou[99] 提出了一种新的基于柯尔莫哥洛夫–斯米尔诺夫 (Kolmogorov-Smirnov) 统计量的二值分类特征筛选方法. 为了便于标记, 重新标记 $Y = +1, -1$ 为类标签. 令 $F_{1j}(x) = P(X_j \leqslant x \mid Y = 1)$ 和

$F_{2j}(x) = P(X_j \leqslant x \mid Y = -1)$ 分别为给定 $Y = 1, -1$ 时 X_j 的条件分布函数. 因此, 若 X_j 和 Y 独立, 则 $F_{1j}(x) = F_{2j}(x)$. 基于这一观察, 上述条件分布函数的差可用于构建特征筛选的方法.

因此 Mai 和 Zou[99] 提出柯尔莫哥洛夫–斯米尔诺夫边际效用:

$$\omega_j = \sup_{x \in \mathbf{R}} |F_{1j}(x) - F_{2j}(x)|,$$

并且将

$$\widehat{\omega}_j = \sup_{x \in \mathbf{R}} \left| \widehat{F}_{1j}(x) - \widehat{F}_{2j}(x) \right|$$

作为特征筛选的边际统计量, Mai 和 Zou[99] 将这种特征筛选方法命名为柯尔莫哥洛夫–斯米尔诺夫统计量 (KS), 其中 $\widehat{F}_{1j}(x)$ 和 $\widehat{F}_{2j}(x)$ 为对应的经验条件分布函数, 即

$$\widehat{F}_{1j}(x) = \frac{1}{n_1} \sum_{i:Y_i=1} I(X_{ij} \leqslant x), \quad \widehat{F}_{2j}(x) = \frac{1}{n_2} \sum_{i:Y_i=-1} I(X_{ij} \leqslant x),$$

其中 $n_1 = \sum_{i=1}^{n} I(Y_i = 1)$ 和 $n_2 = \sum_{i=1}^{n} I(Y_i = -1)$, 最后使用 $\widehat{\omega}_j$ 来对预测变量的重要性进行排序.

8.4.2 均值–方差统计量

Cui, Li 和 Zhong[100] 提出了一种利用均值–方差指数进行超高维分类问题的确定独立筛选方法, 形式如下:

$$\mathrm{MV}(X_j, Y) = E_{X_j} \left[\mathrm{Var}_Y \left(F(X_j \mid Y) \right) \right]. \tag{8.4.1}$$

它不仅保留了柯尔莫哥洛夫滤波器的优点, 而且允许分类响应变量具有 $O(n^\kappa)$ 个发散的类别, 其中 $\kappa \geqslant 0$. 假设分类响应变量 Y 有 K 个类别 $\{y_1, \cdots, y_K\}$. 令 $F_j(x) = P(X_j \leqslant x)$ 表示第 j 个特征 X_j 的边际分布函数, $F_{jk}(x) = P(X_j \leqslant x \mid Y = y_k)$ 表示给定 $Y = y_k$ 时 X_j 的条件分布函数. 由于 Y 是离散响应变量, Cui, Li 和 Zhong[100] 推导出

$$\mathrm{MV}(X_j, Y) = \sum_{k=1}^{K} p_k \int [F_{jk}(x) - F_j(x)]^2 \, \mathrm{d}F_j(x).$$

如果 X_j 和 Y 在统计上是独立的, 那么对于任意的 k 和 x, 理论上都有 $F_{jk}(x) = F_j(x)$. 通过上式推导, 均值–方差是给定 $Y = y_k$ 时 X_j 的条件分布函数与 X_j 的无条件分布函数之间的克拉默–沃姆米塞斯 (Cramér-von

Mises) 距离的加权平均, 其中 $p_k = P(Y = y_k)$. 他们进一步表明当 X_j 和 Y 在统计上独立时, $\mathrm{MV}(X_j \mid Y) = 0$.

设 $\{(X_{ij}, Y_i) : 1 \leqslant i \leqslant n\}$ 是总体 (X_j, Y) 中大小为 n 的随机样本, 则均值方差估计量是

$$\widehat{\mathrm{MV}}(X_j, Y) = \frac{1}{n} \sum_{k=1}^{K} \sum_{i=1}^{n} \widehat{p}_k \left[\widehat{F}_{jk}(X_{ij}) - \widehat{F}_j(X_{ij}) \right]^2,$$

其中 $\widehat{p}_k = n^{-1} \sum_{i=1}^{n} I(Y_i = y_k), \widehat{F}_{jk}(x) = n^{-1} \sum_{i=1}^{n} I(X_{ij} \leqslant x, Y_i = y_k)/\widehat{p}_k, \widehat{F}_j(x) = n^{-1} \sum_{i=1}^{n} I(X_{ij} \leqslant x)$. 因此我们可以使用 $\widehat{\mathrm{MV}}(X_j, Y)$ 筛选出重要的预测变量. 这个过程被称为基于 MV 的确定独立筛选方法.

8.4.3 类别自适应筛选统计量

假设观察到具有 K $(K > 2)$ 类的分类响应变量 Y, 即 $\{y_1, y_2, \cdots, y_K\}$, 对于所有的 $k = 1, 2, \cdots, K$ 都有 $p_k = P(Y = y_k) > 0$. 在大数据时代, 不同分类响应变量的样本的来源可能不同, 例如在不同的时间段或者在不同的实验方法下收集到. 换句话说, 具有分类响应变量的高维数据通常是异构的. 因此, 我们考虑

(1) (异构性) 一组重要的预测变量 $\mathcal{A}_k \equiv \{1 \leqslant j \leqslant p : P(W_k \leqslant w_k \mid \boldsymbol{X})$ 依赖于 $X_j\}$, 其中对于不同的 $k = 1, 2, \cdots, K$, $W_k \equiv I(Y = y_k)$ 重要变量集合 $\mathcal{A}_k$ 可能不同;

(2) (稀疏性) 对于某个常数 $\alpha > 0$ 的维度 $p = o\{\exp(n^{\alpha})\}$, $|\mathcal{A}_k| = s_k = o(n)$, 其中 $|\mathcal{A}_k|$ 是 $\mathcal{A}_k$ 的基数, n 是样本大小.

为了寻找不同类别下的重要变量, Xie et al.[101] 考虑了给定 $I(Y = y_k)$ 时 X_j 的条件分布函数, 即 $F_{jk}(x) = P(X_j \leqslant x \mid Y = y_k) = \dfrac{P(X_j \leqslant x, Y = y_k)}{P(Y = y_k)}$, 并提出如下边际筛选指数

$$\tau_{jk} = E_{X_j}\{F_{jk}(X_j)\} - \frac{1}{2}.$$

很明显, 若 $I(Y = y_k)$ 与 X_j 独立, 则 $\tau_{jk} = 0$. 令 $\{(\boldsymbol{X}_i, Y_i), i = 1, 2, \cdots, n\}$ 是独立同分布随机样本. 定义 $\widehat{p}_k = \dfrac{1}{n} \sum_{i=1}^{n} I(Y_i = y_k), k = 1, 2, \cdots, K$. 我们得到 $\tau_{jk}, j = 1, 2, \cdots, p$ 的样本估计为

$$\widehat{\tau}_{jk} = \frac{1}{n+1} \sum_{l=1}^{n} \left\{ \frac{1}{n} \sum_{i=1}^{n} \frac{I(X_{ij} \leqslant X_{lj}, Y_i = y_k)}{\widehat{p}_k} \right\} - \frac{1}{2}. \tag{8.4.2}$$

接下来, 根据 $|\widehat{\tau}_{jk}|$ 值的大小, 对所有候选预测变量 $X_j, j = 1, 2, \cdots, p$ 的重要性进行排序. $|\widehat{\tau}_{jk}|$ 也成为类别自适应筛选统计量, 并简记为 CAS (category adaptive screening) 方法.

如果研究者对影响一个类集 $\mathcal{G} \subset \{1, 2, \cdots, K\}$ 的重要变量感兴趣, 可以采用如下筛选统计量

$$\widehat{\tau}_{j,\mathcal{G}} \equiv \sup_{k \in \mathcal{G}} |\widehat{\tau}_{jk}|.$$

特别地, 若筛选出影响到所有类别的重要变量, 则采用

$$\widehat{\tau}_j \equiv \sup_{k \in \{1, 2, \cdots, K\}} |\widehat{\tau}_{jk}|.$$

因此, 类别自适应筛选统计量方法非常灵活, 既可以筛选出影响某一类的重要变量, 也可以用于筛选影响某一类集以及所有类的重要变量.

■ | 8.5 特征筛选实践

实践代码

本章介绍了特征筛选的基本概念与方法. 特征筛选是处理高维数据时的一项重要技术, 通过筛选出最具信息量的特征, 能够有效提高模型的预测性能并降低计算复杂度. 本章首先讨论了基于边际模型的特征筛选方法, 这些方法包括边际最小二乘、边际最大似然和边际非参估计. 在边际模型的框架下, 这些方法分别从不同角度通过分析单个特征与响应变量之间的关系, 实现了高效的特征筛选.

接着, 本章介绍了基于边际相关系数的特征筛选方法, 主要包括广义和秩相关系数、确定独立秩筛选和距离相关系数. 广义和秩相关系数通过秩相关性来度量特征与响应变量的关系, 而确定独立秩筛选和距离相关系数则进一步增强了对非线性关系的捕捉能力, 使得特征筛选更加灵活和准确.

对于高维分类数据的特征筛选, 本章提出了多种统计量方法, 包括柯尔莫哥洛夫-斯米尔诺夫统计量、均值-方差统计量和类别自适应筛选统计量. 这些方法通过不同的统计准则来衡量特征的重要性, 适用于处理复杂的高维分类问题, 并提高了模型的分类性能.

特征筛选是高维数据分析中的关键步骤, 能够显著提升模型的效能. 除了本章介绍的方法外, 更多的特征筛选技术如互信息、递归特征消除 (RFE) 等, 也值得深入学习与应用.

习题

1. 边际非参估计中假设有一个随机样本 $\{(\boldsymbol{X}_i, Z_i, Y_i)\}_{i=1}^n$ 来自部分线性模型

$$Y_i = \boldsymbol{X}_i^{\mathrm{T}}\boldsymbol{\beta} + m(Z_i) + \varepsilon_i,$$

其中 $\boldsymbol{X}_i$ 和 Z_i 分别是 p 维和 1 维的协变量, 对响应变量分别产生线性和非线性影响. ε_i 是条件均值为 0 的随机误差. 为了快速识别 $\boldsymbol{X}_i$ 中的重要变量, 采用特征筛选方法.

(1) 根据 8.2.1 和 8.2.3 节的内容, 通过光滑样条逼近之后, 考虑的 p 个边际回归模型对应的二次损失函数是什么?

(2) 写出边际筛选统计量;

(3) R 与 Python 语言程序实现.

2. 基于边际相关系数的特征筛选方法大多采用了传统统计的相关系数, 基于此,

(1) 请写出斯皮尔曼相关系数, 并解释其解决了何种统计模型的特征筛选问题;

(2) 请列举其他可以用来进行特征筛选的相关系数.

3. 在 8.4.3 节的高维分类数据的类别自适应筛选统计量中, 考虑了协变量是连续的情形. 而当协变量是有序分类变量时, 写出相应的自适应筛选统计量形式.

4. 请使用心肌病微阵列数据集确定对小鼠 G 蛋白偶联受体 (Ro1) 过度表达最具影响力的基因. 此数据集的样本量 $n = 30$, 变量个数 $p = 6319$, 属于超高维数据. 基于 R 或 Python 语言,

(1) 使用边际最小二乘、广义和秩相关系数以及距离相关系数筛选出前 $\lceil n/\log(n)\rceil$ 重要变量, 并对比解释筛选结果;

(2) 请使用一步变量选择方法 Lasso, SCAD, 与 "特征筛选 + 变量选择" 两步模型拟合方法, 即 SIS-Lasso, SIS-SCAD, 对心肌病微阵列数据集进行线性回归分析. 并使用样本内均方误差, 即 $\dfrac{1}{n}\sum_{i=1}^n (Y_i - \widehat{Y}_i)$ 对比模型预测结果.

5. 最近科研人员使用 mRNA 表达谱分析数据研究肺癌成因. 本肺癌数据集包含 203 个快速冷冻肺肿瘤和正常肺的样本, mRNA 表达水平为 12600, 即 $n = 203$, $p = 12600$. 这里, 响应变量表示肿瘤类型: 肺腺癌 (ADEN) 139 例, 肺鳞状细胞癌 (SQUA) 21 例, 小细胞肺癌 (SCLC) 6 例, 20 例肺类癌 (COID), 其余 17 例正常肺样本 (正常). 基于 R 或 Python 语言,

(1) 使用均值方差统计量与类别自适应筛选统计量筛选出前 $\lceil n/\log(n)\rceil$ 重要变量, 并对比解释筛选结果;

(2) 请使用 "特征筛选 + 变量选择" 两步模型拟合方法, 即 CAS-Lasso, CAS-SCAD, 对心肌病微阵列数据集进行线性逻辑斯谛回归分析. 并使用样本内错分率, 即 $\dfrac{1}{n}\sum_{i=1}^n I(Y_i \neq \widehat{Y}_i)$ 对比预测结果.

4

第四部分

深度学习

深度学习 (deep learning) 是机器学习的一个子领域, 其主要特点是使用深度神经网络来学习和表示数据, 通过多层神经网络学习多层次的特征表示, 可以学习到更抽象、更复杂的特征.

深度学习算法在处理复杂任务和深层次网络时, 通常需要大量的标记数据, 并且对计算资源的需求较高. 由于它在大规模数据和复杂任务上出色的表现, 深度学习在计算机视觉、自然语言处理、语音识别、医学图像分析等领域有广泛应用. 深度学习只是机器学习更广泛领域中的一种方法, 它可以与其他机器学习技术结合使用, 以解决复杂问题.

本部分将介绍两种主要的深度学习方法: 人工神经网络 (artificial neural networks) 和深度学习.

第九章　人工神经网络

9.1　简介

　　1943 年, 心理学家麦卡洛克 (W.McCulloch) 和数理逻辑学家皮茨 (W.Pitts) 在分析和总结神经元 (neuron) 基本特性的基础上, 首先提出了神经元的数学模型[104]. 到目前为止, 人工神经网络 (后面简称为神经网络) 已经发展成了一个相当大的、多学科交叉的学科领域. 对神经网络的定义已有很多, 本书采用了科霍嫩 (Kohonen) 在 1988 年提出的定义, 即 "神经网络是由具有适应性的简单单元组成的广泛并行互连的网络, 它的组织能够模拟生物神经系统对真实世界物体所作出的交互反应"[105]. 在机器学习中谈论神经网络时指的是 "神经网络学习", 或者, 是机器学习与神经网络这两个学科领域的交叉部分.

9.2　人工神经元

　　神经网络起源于对生物神经元的研究, 如图 9.1 所示生物神经元包括细胞体、树突、轴突等部分, 其中树突是用于接收输入信息, 输入信息经过突触处理, 当达到一定条件时通过轴突传出, 此时神经元处于激活状态; 反之没有达到相应条件, 则神经元处于抑制状态.

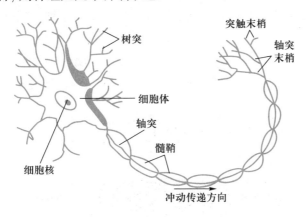

◀ 图 9.1
生物神经元

神经网络的基本节点是人工神经元 (后面简称为神经元), 其工作原理是仿照生物神经元提出的, 如 9.2 所示. 输入值经过加权和偏置后, 由激活函数处理后输出.

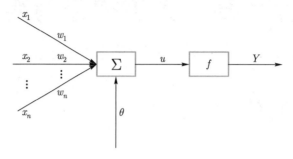

▶ 图 9.2
人工神经元模型

从图 9.2 所示的神经元示意图来看, 对某一个神经元来说, 它可以同时接受 n 个输入信号, 分别用 $x_1, x_2, \cdots, x_n$ 来表示. 每个输入端与神经元之间有联接权值 $w_1, w_2, \cdots, w_n$, 神经元的总输入为对每个输入进行加权求和, 同时加上偏置 θ, 即

$$u = \sum_{i=1}^{n} w_i x_i + \theta. \tag{9.2.1}$$

神经元的输出 Y 是对 u 的映射,

$$Y = f(u) = f\left(\sum_{i=1}^{n} w_i x_i + \theta\right), \tag{9.2.2}$$

其中, f 为激活函数. 注意, 在神经网络章节部分, 我们沿用计算机的数学符号, n 表示变量个数 (对应前面的 p), m 表示样本量 (对应前面的 n), 以及样本向量 $(x_1, \cdots, x_n)$ 和 $(X_1, \cdots, X_p)$ 与前面的理解是一样的.

激活函数能够给神经元引入非线性因素, 使得神经网络可以逼近未知非线性函数, 这样神经网络就可以应用到更多的非线性模型中. 而理想的激活函数包括像图 9.3(a) 中 $\mathrm{sgn}(x)$ 函数那样的跃阶函数, 可以将输入神经元的值映射为 "抑制" 或 "兴奋" 的输出, 也就是 0 和 1[106]. 其中, $\mathrm{sgn}(x) =$

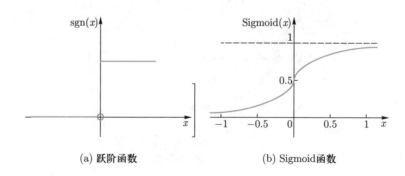

▶ 图 9.3
神经元激活函数

(a) 跃阶函数　　　　　　　(b) Sigmoid函数

$\begin{cases} 1, & x \geqslant 0 \\ 0, & x < 0 \end{cases}$. 然而跃阶函数的性质比较差, 它是不连续、不光滑的, 因此实际常用 Sigmoid 函数作为激活函数, 如图 9.3(b), 它把输入神经元的值映射到了 $(0,1)$ 的范围内进行输出. 其中, $\mathrm{sigmoid}(x) = \dfrac{1}{1 + \mathrm{e}^{-x}}$.

9.3 前馈神经网络

在实际问题中, 不可能只使用一个神经元, 会使用非常多的神经元进行计算. 一般情况下, 神经元分层排列, 每个神经元只接受前一层的输入, 并输出到下一层, 网络没有下一层到上一层的回路信号, 这种网络称为前馈神经网络 (feedforward neural networks). 前馈并不意味着网络中信号不能向后传, 而是指网络拓扑结构上不存在环或回路. 前馈神经网络的第一层为输入层 (input layer), 最后一级为输出层 (output layer), 输入层与输出层之间的各层统一称为隐含层 (hidden layer). 隐含层和输出层神经元都是拥有激活函数的功能神经元. 一个网络可以只包含一个隐含层, 也可以包含多个隐含层. 在这个意义下感知器可以理解为一种常见的前馈神经网络.

9.3.1 单层感知器

感知器, 也称感知机, 是弗兰克·罗森布拉特 (Frank Rosenblatt) 提出的一种神经网络[107]. 如图 9.4 所示, 这是一个简单的感知器逻辑图, 该感知器具有两层, 第一层为输入层, 将输入的值传递给下一层; 第二层为计算单元, 并将结果输出. 因此, 该网络也被称为单层感知器, 它能容易实现与、或、非等逻辑运算, 也常用于线性分类问题.

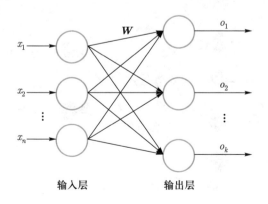

输入层　　　　　输出层

◀ 图 9.4
单层感知器模型

假设输入模式为 n 维特征向量 $\boldsymbol{X} = (x_1, x_2, \cdots, x_n)^{\mathrm{T}}$，则感知器的输入层应有 n 个神经元. 若输出类别有 k 个，则输出层应包含 k 个神经元，即 $\boldsymbol{O} = (o_1, o_2, \cdots, o_k)^{\mathrm{T}}$. 输入层的第 j 个神经元与输出层的第 i 个神经元的连接权值为 w_{ji}，则第 i 个神经元的输出为

$$o_i = f\left(\sum_{j=1}^{n}(w_{ji}x_j + \theta_i)\right). \tag{9.3.1}$$

如果感知器模型是一种针对二分类问题中的神经网络模型，其激活函数为符号函数 $\mathrm{sgn}(x)$，k 值为 2，感知器模型通过输入层接受输入信息 $\boldsymbol{X} = (x_1, x_2, \cdots, x_n)^{\mathrm{T}}$，其输出可以表示为

$$o_i = \mathrm{sgn}\left(\sum_{j=1}^{n}(w_{ji}x_j + \theta_i)\right). \tag{9.3.2}$$

一般地，给定训练数据集和感知器后，权重 W 以及阈值 θ 可通过学习得到. 当把阈值 θ 看作一个固定输入为 1 的"哑节点"(dummy node) 并将所对应的连接权也记为 W (包含 θ) 时，权重和阈值的学习就可统一为权重的学习.

9.3.2 多层感知器

单层感知器只能解决线性可分的问题，多层感知器可以突破这一局限，实现输入和输出之间的非线性映射. 多层感知器的神经元层级之间采用全连接的方式，上层的神经元的输出作为输入推送给下一层的所有神经元. 多层感知器中，除了输入层和输出层，中间可以有多个隐含层. 最简单的情况是只含一个输入层、一个隐含层和一个输出层，即三层感知器，也叫单隐层前馈神经网络，如图 9.5 所示.

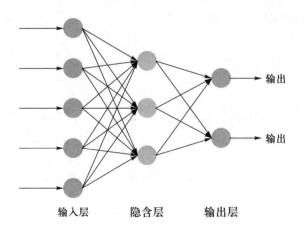

▶ 图 9.5
三层感知器示意图

若第 l 层的第 i 个神经元的输出为 $a_i^{(l)}$, 其与上一层第 j 个神经元的连接权值为 $w_{ji}^{(l-1)}$, 偏置为 $\theta_i^{(l)}$; 与下一层的第 k 个神经元的连接权值为 $w_{ik}^{(l)}$, 偏置为 $\theta_k^{(l+1)}$. 则该神经元的输入为

$z_i^{(l)} = \sum_j w_{ji}^{(l-1)} a_j^{(l-1)} + \theta_i^{(l)}$, 其中 $a_j^{(l-1)}$ 为上一层第 j 个神经元的输出, 则第 l 层第 i 个神经元的输出为

$$a_i^{(l)} = f\left(z_i^{(l)}\right) = f\left(\sum_j w_{ji}^{(l-1)} a_j^{(l-1)} + \theta_i^{(l)}\right), \tag{9.3.3}$$

其中, f 为激活函数.

从上面可以看出, 人工神经网络的学习过程, 就是根据训练数据来调整神经元之间的连接权值 (connection weight) 和每个功能神经元的偏置; 换言之, 神经网络学到的东西, 蕴含在连接权值与偏置中.

9.4 神经网络的正向与反向传播算法

在前几节中, 我们已经学习了神经网络的基本知识. 由于神经网络的结构是多种多样的, 在本节中将以单隐层神经网络和双隐层神经网络为例, 介绍神经网络具体的学习过程是怎样的.

9.4.1 神经网络的正向传播

先以简单的单隐层神经网络为例 (图 9.6), 其中第一层是输入层单元, 输入原始数据. 第二层是隐含层单元, 对数据进行处理, 然后呈递到下一层. 最后是输出单元, 计算后, 输出计算结果.

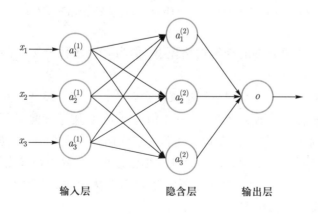

输入层　　　　　隐含层　　　　　输出层

◀ 图 9.6
简单的单隐层
神经网络

一般情况下, 为了提高拟合能力, 需要增加偏置项, 如图 9.7 为一个 3 层的神经网络, 其中第一层为输入层, 最后一层为输出层, 中间一层为带偏置的隐含层.

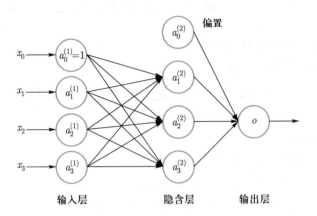

▶ 图 9.7
加入偏置的神经网络模型

　　下面引入一些标记法来帮助描述模型:

　　$a_i^{(j)}$ 代表第 j 层的第 i 个单元, $\boldsymbol{w}^{(j)}$ 代表从第 j 层映射到第 $j+1$ 层时的权重的矩阵, 例如 $\boldsymbol{w}$ 代表从第一层映射到第二层的权重的矩阵. 其尺寸为: 以第 $j+1$ 层的单元数量为行数, 以第 j 层的激活单元数加一为列数的矩阵. 例如: 图 9.7 所示的神经网络中如 $\boldsymbol{w}^{(1)}$ 的尺寸为 $3 \times 4 = 12$.

　　对于图 9.7 所示的模型, 激活单元和输出分别表达为

$$a_1^{(2)} = f\left(w_{10}^{(1)}x_0 + w_{11}^{(1)}x_1 + w_{12}^{(1)}x_2 + w_{13}^{(1)}x_3\right), \tag{9.4.1}$$

$$a_2^{(2)} = f\left(w_{20}^{(1)}x_0 + w_{21}^{(1)}x_1 + w_{22}^{(1)}x_2 + w_{23}^{(1)}x_3\right), \tag{9.4.2}$$

$$a_3^{(2)} = f\left(w_{30}^{(1)}x_0 + w_{31}^{(1)}x_1 + w_{32}^{(1)}x_2 + w_{33}^{(1)}x_3\right), \tag{9.4.3}$$

$$O = f\left(w_{10}^{(2)}a_0^{(2)} + w_{11}^{(2)}a_1^{(2)} + w_{12}^{(2)}a_2^{(2)} + w_{13}^{(2)}a_3^{(2)}\right). \tag{9.4.4}$$

上述情况是一种两分类的神经网络模型, 但当有更多种分类时, 比如以下这种情况, 该怎么办?

　　假如要训练一个神经网络算法来识别路人、汽车、摩托车和卡车, 在输出层我们应该有 4 个值. 例如, 第一个值为 1 或 0 用于预测是不是行人, 第二个值用于判断是不是汽车, 以此类推. 输入向量有三个维度, 两个中间层, 输出层 4 个神经元分别用来表示 4 类, 也就是每一个数据在输出层都会出现 $(a, b, c, d)^{\mathrm{T}}$, 且 $(a, b, c, d)^{\mathrm{T}}$ 中仅有一个为 1, 其余为 0 时, 表示当前类. 图 9.8 是该神经网络的结构示例.

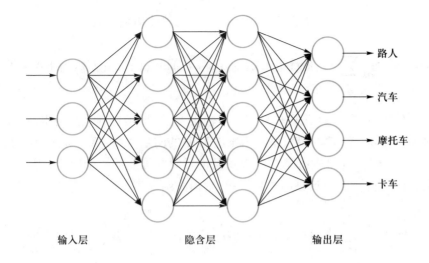

◀ 图 9.8
神经网络结构示意图

输入层　　　　　　隐含层　　　　　　输出层

神经网络算法的输出结果为以下四种可能情形之一:

$$\begin{pmatrix} 1 \\ 0 \\ 0 \\ 0 \end{pmatrix}, \begin{pmatrix} 0 \\ 1 \\ 0 \\ 0 \end{pmatrix}, \begin{pmatrix} 0 \\ 0 \\ 1 \\ 0 \end{pmatrix}, \begin{pmatrix} 0 \\ 0 \\ 0 \\ 1 \end{pmatrix}.$$

9.4.2 神经网络的损失函数

首先引入一些便于稍后讨论的符号:

假设神经网络的训练样本有 m 个, 第 i 个样本的输入为 $\boldsymbol{X}_i = (x_{i0}, x_{i1}, \cdots,$ $x_{in})^{\mathrm{T}}$, 若是分类问题, 则第 i 个样本的标签为 $\boldsymbol{Y}_i = (Y_{i1}, \cdots, Y_{ik})^{\mathrm{T}}$, 其整体映射函数为 $G(\boldsymbol{X})$, 若权重 W 为变量, 则整体映射函数记为 $G_W(\boldsymbol{X})$. L 表示神经网络层数, S_l 表示每层的神经元个数 $(l = 1, 2, \cdots, L)$, 则 S_L 代表最后一层中神经元的个数. 若该神经网络是 k 分类问题, 那么显然 $S_L = k$.

神经网络学习的过程, 实际上就是最小化损失函数的过程. 而损失函数是用来估计模型的预测值 $G(\boldsymbol{X})$ 与真实值 $\boldsymbol{Y}$ 的不一致程度, 通常用误差函数进行衡量. 对于连续函数, 当 $G(\boldsymbol{X})$ 和 $\boldsymbol{Y}$ 维度为一时, 其损失函数常定义为

$$J(W) = \frac{1}{2m}\left[\sum_{i=1}^{m}\left(G_W(\boldsymbol{X}_i) - \boldsymbol{Y}_i\right)^2\right] + \lambda\|W\|_2^2. \tag{9.4.5}$$

式 (9.4.5) 右侧的前半部分为经验风险函数, 后半部分为正则化项, λ 为正则化因子, 由于是 2 范数的平方项, 称为 L_2 正则化项, 也可以是其他形式的正则化项.

对于二分类问题, 逻辑斯谛回归中常用的整体损失函数为

$$J(W) = -\frac{1}{m} \sum_{i=1}^{m} \left[\boldsymbol{Y}_i \log G_W(\boldsymbol{X}_i) + (1 - \boldsymbol{Y}_i) \log(1 - G_W(\boldsymbol{X}_i)) \right] + \lambda \|W\|_2^2.$$

(9.4.6)

在传统逻辑斯谛回归中, 只有一个输出变量, 但是在神经网络中, 可以有很多输出变量. 若 $G_W(\boldsymbol{X})$ 是一个维度为 k 的向量, $G_W(\boldsymbol{X})_j$ 表示 $G_W(\boldsymbol{X})$ 的第 j 个维度, 并且训练集中的因变量也是同样维度的一个向量, 因此损失函数会比逻辑斯谛回归更加复杂一些, 则损失函数为

$$J(W) = -\frac{1}{m} \sum_{i=1}^{m} \sum_{j=1}^{k} \left[Y_{ij} \log(G_W(\boldsymbol{X}_i))_j + (1 - Y_{ij}) \log\left(1 - (G_W(\boldsymbol{X}_i))_j\right) \right]$$
$$+ \frac{\lambda}{2m} \sum_{l=1}^{L-1} \sum_{i=1}^{S_l} \sum_{j=1}^{S_l+1} \left(w_{ij}^{(l)}\right)^2.$$

(9.4.7)

这个看起来复杂很多的损失函数, 其背后的思想还是一样的, 即希望通过损失函数来观察算法预测的结果与真实情况的误差有多大. 唯一不同的是, 对于每一行特征, 都会给出 k 个预测, 基本上可以利用循环, 对每一行特征都预测 k 个不同结果, 然后再利用循环在 k 个预测中选择可能性最高的一个, 将其与 $\boldsymbol{Y}$ 中的实际数据进行比较.

在确定了模型与损失函数后, 通过梯度下降算法就可以让神经网络进行学习了, 但是, 使用梯度下降算法有一个前提: 该算法需要提前知道当前点的梯度, 然而事实并非如此, 如果仔细观察过此模型的损失函数之后, 就会发现这个函数相当复杂, 其导函数难以计算, 而在更加复杂的神经网络模型中, 对损失函数求导往往是不可能的, 因此需要通过其他方法来进行实现.

9.4.3 反向传播算法

1974 年, Paul Werbos[108] 首次给出了训练神经网络的学习算法——反向传播算法 (back propagation, BP), 这个算法可以高效地计算每一次迭代过程中的梯度, 它是迄今最成功的神经网络学习算法. 在实际使用神经网络时, 大多是在使用 BP 算法进行训练. 值得指出的是, BP 算法不仅可用于多层前馈神经网络, 还可用于其他类型的神经网络, 例如训练递归神经网络[109]. 但通常说 "BP 网络" 时, 一般是指用 BP 算法训练的多层前馈神经网络.

下面举一个简单的例子来说明 BP 算法是如何运作的.

假设训练集只有一个样本 $(\boldsymbol{X}, \boldsymbol{Y})$, 使用四层神经网络进行训练, 其中 $k = 4$, $S_L = 4$(如图 9.8), 激活函数为 Sigmoid 函数, 损失函数为式 (9.4.5), 为

简单起见，$\boldsymbol{Y}$ 是 k 类输出变量，且用损失函数

$$J(W) = \frac{1}{2}\sum_{j=1}^{k}\left(G_W(\boldsymbol{X})_j - Y_j\right)^2 = \frac{1}{2}\sum_{j=1}^{k}\left(a_j^{(L)} - Y_j\right)^2,$$

该网络反向传播算法为：

算法 1

$$a^{(1)} = \boldsymbol{X} \tag{9.4.8}$$

$$z^{(2)} = W^{(1)}a^{(1)} \tag{9.4.9}$$

$$a^{(2)} = f\left(z^{(2)}\right)\left(add\ a_0^{(2)}\right) \tag{9.4.10}$$

$$z^{(3)} = W^{(2)}a^{(2)} \tag{9.4.11}$$

$$a^{(3)} = f\left(z^{(3)}\right)\left(add\ a_0^{(3)}\right) \tag{9.4.12}$$

$$z^{(4)} = W^{(3)}a^{(3)} \tag{9.4.13}$$

$$a^{(4)} = f\left(z^{(4)}\right) \tag{9.4.14}$$

一般从最后一层的误差开始计算，定义 $\delta^{(i)} = \dfrac{\partial J(W)}{\partial z^{(i)}}$ 来表示误差，则

$$\delta_j^{(4)} = \frac{\partial J(W)}{\partial z_j^{(4)}} = (a_j^{(4)} - Y_j) * f'\left(z_j^{(4)}\right),$$

再利用这个误差来计算前一层的误差

$$\delta^{(3)} = \frac{\partial J(W)}{\partial z^{(3)}} = \frac{\partial J(W)}{\partial z^{(4)}} \cdot \frac{\partial z^{(4)}}{\partial z^{(3)}} = \left(W^{(3)}\right)^{\mathrm{T}}\delta^{(4)} * f'\left(z^{(3)}\right),$$

其中 $*$ 表示矩阵对应元素相乘，$f'\left(z^{(3)}\right)$ 是激活函数的导数. 而 $\left(W^{(3)}\right)^{\mathrm{T}}\delta^{(4)}$ 则是权重导致的误差和. 下一步是计算第二层的误差

$$\delta^{(2)} = \left(W^{(2)}\right)^{\mathrm{T}}\delta^{(3)} * f'\left(z^{(2)}\right).$$

第一层是输入变量，不存在误差.

有了所有误差的表达式后，便可以计算损失函数的偏导数了，即不做任何正则化处理时有

$$\frac{\partial J(W)}{\partial w_{ji}^{(l)}} = \frac{\partial J(W)}{\partial z_j^{(l+1)}}\frac{\partial z_j^{(l+1)}}{\partial w_{ji}^{(l)}} = a_i^{(l)}\delta_j^{(l+1)}.$$

BP 算法的学习过程实际上由正向传播过程和反向传播过程组成. 在正向传播过程中, 输入信息通过输入层经隐含层, 逐层处理并传向输出层. 如果在输出层得不到期望的输出值, 则取输出与期望的误差的平方和作为目标函数, 转入反向传播, 逐层求出目标函数对各神经元权值的偏导数, 构成目标函数对权值向量的梯量, 作为修改权值的依据, 网络的学习在权值修改过程中完成. 误差达到所期望值时, 网络学习结束.

9.4.4 全局最小与局部极小

若用 J 表示神经网络在训练集上的误差, 则它显然是关于连接权值和偏置的函数. 此时, 神经网络的训练过程可看作一个参数寻优过程, 即在参数空间中, 寻找一组最优参数使得 J 最小.

我们常会谈到两种 "最优": 局部极小 (local minimum) 和全局最小 (global minimum). 对 ω^* 和 θ^*, 若存在 $\varepsilon > 0$ 使得

$$\forall (\omega;\theta) \in \{(\omega;\theta) \,|\, \|(\omega;\theta) - (\omega^*;\theta^*)\| \leqslant \varepsilon\},$$

都有 $J(\omega;\theta) \geqslant J(\omega^*;\theta^*)$ 成立, 则 $(\omega^*;\theta^*)$ 为局部极小解; 若对参数空间中的任意 $(\omega;\theta)$ 都有 $J(\omega;\theta) \geqslant J(\omega^*;\theta^*)$, 则 $(\omega^*;\theta^*)$ 为全局最小解. 直观地看, 局部极小解是参数空间中的某个点, 其邻域点的误差函数值均不小于该点的函数值; 全局最小解则是指参数空间中所有点的误差函数值均不小于该点的误差函数值. 两者对应的值分别称为误差函数的局部极小值和全局最小值.

显然, 参数空间内梯度为零的点, 只要其误差函数值小于邻点的误差函数值, 就是局部极小点; 可能存在多个局部极小值, 但却只会有一个全局最小值. 也就是说, "全局最小" 一定是 "局部极小", 反之则不成立. 例如, 图 9.9 中有两个局部极小, 但只有其中之一是全局最小. 显然, 在参数寻优过程中是希望找到全局最小.

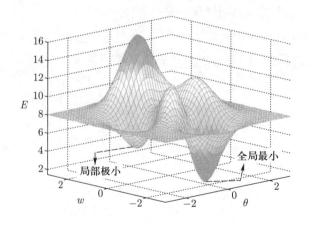

► 图 9.9
全局最小与局部极小

基于梯度的搜索是使用最为广泛的参数寻优方法. 在此类方法中, 我们从某些初始解出发, 迭代寻找最优参数值. 每次迭代中, 先计算误差函数在当前点的梯度, 然后根据梯度确定搜索方向. 例如, 由于负梯度方向是函数值下降最快的方向, 因此梯度下降法就是沿着负梯度方向搜索最优解. 若误差函数在当前点的梯度为零, 则已达到局部极小, 更新量将为零, 这意味着参数的迭代更新将在此停止. 显然, 如果误差函数仅有一个局部极小, 那么此时找到的局部极小就是全局最小; 然而, 若误差函数具有多个局部极小, 则不能保证找到的解是全局最小. 对后一种情形, 称参数寻优陷入了局部极小, 这显然不是我们所希望的.

在现实任务中, 常采用以下策略来试图 "跳出" 局部极小, 从而进一步接近全局最小:

1. 以多组不同参数值初始化多个神经网络, 按标准方法训练后, 取其中误差最小的解作为最终参数. 这相当于从多个不同的初始点开始搜索, 这样就可能陷入不同的局部极小, 从中选择有可能获得更接近全局最小的结果.

2. 使用 "模拟退火"(simulated annealing, SA) 技术[110]. 模拟退火在每一步都以一定的概率接受比当前解更差的结果, 从而有助于 "跳出" 局部极小. 在每步迭代过程中, 接受 "次优解" 的概率要随着时间的推移而逐渐降低, 从而保证算法稳定.

3. 使用随机梯度下降. 与标准梯度下降法精确计算梯度不同, 随机梯度下降法在计算梯度时加入了随机因素. 于是, 即便陷入局部极小点, 它计算出的梯度仍可能不为零, 这样就有机会跳出局部极小继续搜索.

此外, 遗传算法 (genetic algorithms, GA)[111] 也常用来训练神经网络以更好地逼近全局最小. 需注意的是, 上述用于跳出局部极小的技术大多是启发式智能算法, 理论上尚缺乏保障.

9.5 径向基网络

径向基函数神经网络 (简称为径向基 (radial basis function, RBF) 网络) 是一种局部逼近型网络模型. 所谓局部逼近型网络, 是指网络输出仅与少数几个连接权重相关, 对于每个参与模型训练的样本, 通常仅有少数与其相关的权重需要进行更新. 这种局部性的参数更新方式有利于加速模型的训练.

机器学习中回归任务的本质是根据已知离散数据集求解与之相符的连续函数, 基本求解思路是对已知的离散数据进行拟合, 使得拟合函数与已知离散数据的误差在某种度量意义下达到最小. RBF 网络对于此类问题的求解思路则是通过对已知离散数据进行插值的方式确定网络模型参数.

RBF 神经网络一共分为三层, 如图 9.10 所示. 第一层为输入层, 由信号源节点组成; 第二层为隐含层, 隐含层中神经元的激活函数, 即径向基函数是对中心点径向对称且衰减的非负线性函数, 该函数是局部响应函数. 局部响应函数一般要根据具体问题设置相应的隐含层神经元个数; 第三层为输出层, 是对输入模式做出的响应, 输出层根据线性权重进行调整, 采用的是线性优化策略, 因而学习速度相对较快. 该网络将径向基函数作为隐单元的 "基" 构成隐含层空间, 将输入直接映射到隐空间.

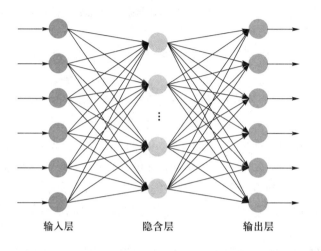

▶ 图 9.10
RBF 神经网络模型

输入层　　　　　　隐含层　　　　　　输出层

RBF 网络的基本思想是: 用 RBF 作为隐单元的 "基" 构成隐含层空间, 这样就可以将输入直接映射到隐空间, 而不需要通过 "权" 连接. 当 RBF 的中心点确定以后, 这种映射关系也就确定了. 而隐含层空间到输出空间的映射是线性的, 即网络的输出是隐单元输出的线性加权和, 此处的权即为网络可调参数. 隐含层的作用是把向量从低维度映射到高维度, 这样低维度线性不可分的情况到高维度就可以变得线性可分了, 这即是核函数的思想. 这样网络由输入到输出的映射是非线性的, 而网络输出对可调参数而言却又是线性的. 网络的权就可由线性方程组直接解出, 从而大大加快学习速度并避免局部极小问题.

对于给定训练样本集 $D = \{(\boldsymbol{X}_1, Y_1), (\boldsymbol{X}_2, Y_2), \cdots, (\boldsymbol{X}_m, Y_m)\}$, 其中 Y_i 为 $\boldsymbol{X}_i$ 所对应的连续真实值, 插值的目标是找到某个函数 f 使得

$$f(\boldsymbol{X}_i) = Y_i, \quad i = 1, 2, \cdots, m. \tag{9.5.1}$$

通常 f 为非线性函数, 故其函数图像为一个插值曲面, 该曲面经过数据集 D 中所有样本点. 为求解函数 f, 可考虑选择 m 个与样本点对应的基函数 $\varPhi_1, \varPhi_2, \cdots, \varPhi_m$, 并将 f 近似表示为这组基函数的线性组合, 即有

$$f(\boldsymbol{X}) = \sum_{i=1}^{m} w_i \varPhi_i. \tag{9.5.2}$$

只需确定上式中权重参数 $w_1, w_2, \cdots, w_m$ 取值, 就可确定插值函数 f 的具体形式, 进而将上述插值问题转换为如下非线性模型的参数问题:

$$\Phi_i = \Phi\left(\|\boldsymbol{X} - \boldsymbol{X}_i\|\right), \tag{9.5.3}$$

其中 Φ_i 为非线性函数, 其函数自变量为输入数据 $\boldsymbol{X}$ 到中心点 $\boldsymbol{X}_i$ 的距离.

由于从中心点 $\boldsymbol{X}_i$ 到相同半径的球面上任意点的距离相等, 即距离具有径向相同性, 故通常将这种以距离作为自变量的基函数, 称为径向基函数. 将径向基函数的具体形式代入式中, 则可得到插值函数 f 如下形式:

$$f(\boldsymbol{X}) = \sum_{i=1}^{m} w_i \Phi\left(\|\boldsymbol{X} - \boldsymbol{X}_i\|\right). \tag{9.5.4}$$

将数据集 D 中任意样本 $(\boldsymbol{X}_j, Y_j)$ 代入可得

$$Y_j = \sum_{i=1}^{m} w_i \Phi\left(\|\boldsymbol{X}_j - \boldsymbol{X}_i\|\right). \tag{9.5.5}$$

将数据集 D 中数据均代入式 (9.5.5) 可得到由 m 个线性方程组成的线性方程组. 记径向基函数的取值 $\Phi(\|\boldsymbol{X}_j - \boldsymbol{X}_i\|)$ 为 Φ_{ij}, 则可将该线性方程组表示为如下矩阵形式:

$$\boldsymbol{\Phi w} = \boldsymbol{Y}, \tag{9.5.6}$$

其中 $\boldsymbol{\Phi} = (\Phi_{ij})_{m \times m}$, $\boldsymbol{w} = (w_1, w_2, \cdots, w_m)^{\mathrm{T}}$, $\boldsymbol{Y} = (Y_1, Y_2, \cdots, Y_m)^{\mathrm{T}}$.

径向基函数可以有多种选择, 如高斯径向基函数、反演 S 型径向基函数等.

(1) 高斯径向基函数:

$$G\left(\boldsymbol{X}, \boldsymbol{X}_i\right) = \exp\left(-\frac{1}{2\delta_i^2}\|\boldsymbol{X} - \boldsymbol{X}_i\|^2\right); \tag{9.5.7}$$

(2) 反演 S 型径向基函数:

$$R\left(\boldsymbol{X}, \boldsymbol{X}_i\right) = \frac{1}{1 + \exp\left(\dfrac{\|\boldsymbol{X} - \boldsymbol{X}_i\|^2}{\delta_i^2}\right)}, \tag{9.5.8}$$

其中 δ_i 为扩展常数, 其取值越大, 数据分布范围越宽.

针对分类问题, 高斯径向基函数常用

$$G\left(\boldsymbol{X}, c_i\right) = \exp\left(-\beta_i\|\boldsymbol{X} - c_i\|^2\right), i = 1, \cdots, k,$$

其中 c_i 称为中心. 通常采用两步过程来训练该网络: 第一步, 确定神经元中心 c_i, 常用的方式包括随机采样、聚类等; 第二步, 利用 BP 算法等来确定参数 w_i 和 β_i. 第 j 个样本的 RBF 可用线性方程组表示为

$$\Phi_j W \xrightarrow{\ \text{激活}\ } \boldsymbol{Y}_j,$$

其中 $\Phi_j = (\Phi_{ji})_{1 \times k}, \Phi_{ji} = G(X_j, c_i), W = (W_{ir})_{k \times r}, \boldsymbol{Y}_j = (Y_{j1}, \cdots, Y_{jr})$.

■ 9.6 其他常见的神经网络

神经网络模型中包含了大量的不同模型, 就算相同模型也可以通过改变网络的结构变得不同, 因此本书不能详尽地列举所有的模型, 所以选择了最常见的几种模型进行了简单的介绍.

1. ART 网络模型

竞争型学习 (competitive learning) 是神经网络中一种常用的无监督学习策略, 在使用该策略时, 网络的输出神经元相互竞争, 每一时刻仅有一个竞争获胜的神经元被激活, 其他神经元的状态被抑制. 这种机制亦称 "胜者通吃"(winner-take-all) 原则.

自适应谐振理论 (adaptive resonance theory, ART) 网络[112]是竞争型学习的重要代表. 该网络由比较层、识别层、识别阈值和重置模块构成. 其中, 比较层负责接收输入样本, 并将其传递给识别层神经元. 识别层每个神经元对应一个模式类, 神经元数目可在训练过程中动态增长以增加新的模式类.

在接收到比较层的输入信号后, 识别神经元之间相互竞争以产生获胜神经元. 竞争的最简单方式是, 计算输入向量与每个识别层神经元所对应的模式类的代表向量之间的距离, 距离最小者胜. 获胜神经元将向其他识别层神经元发送信号, 抑制其激活. 若输入向量与获胜神经元所对应的代表向量之间的相似度大于识别阈值, 则当前输入样本将被归为该代表向量所属类别, 同时, 网络连接权将会更新, 使得以后在接收到相似输入样本时该模式类会计算出更大的相似度, 从而使该获胜神经元有更大可能获胜; 若相似度不大于识别阈值, 则重置模块将在识别层增设一个新的神经元, 其代表向量就设置为当前输入向量.

ART 比较好地缓解了竞争型学习中的 "可塑性–稳定性窘境"(stability-plasticity dilemma), 可塑性是指神经网络要有学习新知识的能力, 而稳定性则是指神经网络在学习新知识时要保持对旧知识的记忆. 这就使得 ART 网络具有一个很重要的优点: 可进行增量学习 (incremental learning) 或在线学习 (online learning). 早期的 ART 网络只能处理布尔型输入数据, 此后 ART

发展成了一个算法族, 包括能处理包括实值输入的 ART2 网络、结合模糊处理的 FuzzyART 网络, 以及可进行监督学习的 ARTMAP 网络等.

2. 自组织映射网络模型

自组织映射 (self-organizing map, SOM) 网络[113] 是一种竞争学习型的无监督神经网络, 它能将高维输入数据映射到低维空间 (通常为二维), 同时保持输入数据在高维空间的拓扑结构, 即将高维空间中相似的样本点映射到网络输出层中的邻近神经元.

如图 9.11 所示, SOM 网络中的输出层神经元以矩阵形式排列在二维空间中, 每个神经元都拥有一个权向量, 网络在接收输入向量后, 将会确定输出层获胜神经元, 它决定了该输入向量在低维空间中的位置. SOM 的训练目标就是为每个输出层神经元找到合适的权向量, 以达到保持拓扑结构的目的.

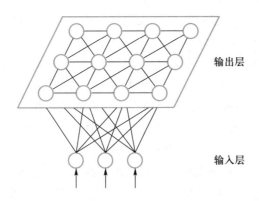

输出层

输入层

◀ 图 9.11
SOM 网络结构

SOM 的训练过程很简单: 在接收到一个训练样本后, 每个输出层神经元会计算该样本与自身携带的权向量之间的距离, 距离最近的神经元成为竞争获胜者, 称为最佳匹配单元 (best matching unit). 然后, 最佳匹配单元及其邻近神经元的权向量将被调整, 以使得这些权向量与当前输入样本的距离缩小. 这个过程不断迭代, 直至收敛.

3. 级联相关网络

一般的神经网络模型通常假定网络结构是事先固定的, 训练的目的是利用训练样本来确定合适的连接权、阈值等参数. 与此不同, 结构自适应网络则将网络结构也当作学习的目标之一, 并希望能在训练过程中找到最符合数据特点的网络结构. 级联相关 (cascade-correlation) 网络[114] 是结构自适应网络的重要代表.

级联相关网络有两个主要成分: 级联和相关. 级联是指建立层次连接的层级结构. 在开始训练时, 网络只有输入层和输出层, 处于最小拓扑结构; 随着训练的进行, 如图 9.12 所示, 新的隐含层神经元逐渐加入, 从而创建起层级结构. 当新的隐含层神经元加入时, 其输入端连接权值是冻结固定的. 相关是指通过最大化新神经元的输出与网络误差之间的相关性 (correlation) 来训练相关的参数.

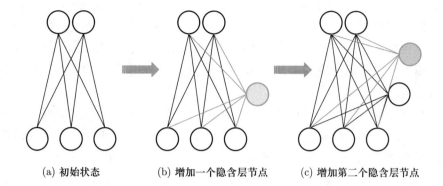

▶ 图 9.12
级联相关网络的训练过程

(a) 初始状态　　　(b) 增加一个隐含层节点　　　(c) 增加第二个隐含层节点

与一般的前馈神经网络相比, 级联相关网络无须设置网络层数、隐含层神经元数目, 且训练速度较快, 但其在数据较小时易陷入过拟合.

4. Elman 网络

与前馈神经网络不同, 递归神经网络 (recurrent neural networks) 允许网络中出现环形结构, 从而可让一些神经元的输出反馈回来作为输入信号. 这样的结构与信息反馈过程, 使得网络在 t 时刻的输出状态不仅与 t 时刻的输入有关, 还与 $t-1$ 时刻的网络状态有关, 从而能处理与时间有关的动态变化.

Elman 网络[115] 是最常用的递归神经网络之一, 其结构如图 9.13 所示, 它的结构与多层前馈网络很相似, 但隐含层神经元的输出被反馈回来, 与下一时刻输入层神经元提供的信号一起, 作为隐含层神经元在下一时刻的输入. 隐含层神经元通常采用 Sigmoid 激活函数, 而网络的训练则常通过推广的 BP 算法进行[109].

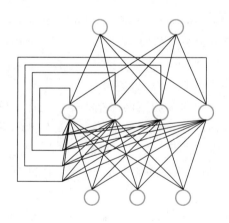

▶ 图 9.13
Elman 网络结构

9.7 神经网络实践

实践代码

本章小结

本章主要讨论了前馈神经网络的数学模型、正向和反向计算方法, RBF 神经网络的数学模型和计算方法等, 并对其他神经网络形式做了简单介绍. 但在理论和实践中大多是针对分类问题进行讲解和编程实现的. 对于回归问题, 限于篇幅, 并未涉及, 读者可参考马丁 T. 哈根的《神经网络设计 (原书第 2 版)》进行学习.

习题

1. 请用 Python 或 R 语言编程实现 BP 算法.
2. 根据 RBF 神经网络计算原理, 请使用 Python 或 R 语言编写程序实现.
3. 在基于 Python 中 sklearn 的多层感知器网络构建中, 请对参数进行消融实验, 探索参数的影响情况和最佳组合. 若使用 R 语言, 完成同样的工作.
4. 在基于 Python 中 sklearn 的多层感知器网络构建中, 请使用前面章节所讲过的决策树、贝叶斯、支持向量机等模型进行方法对比实验, 比较各模型对于此问题解决的效果. 若使用 R 语言, 完成同样的工作.

第十章 深度学习

深度学习和人工神经网络之间存在密切的关系，人工神经网络是深度学习的基础，可以将人工神经网络视为深度学习的基本组成单元. 深度学习通过使用深层次的神经网络 (深度神经网络)，强调通过层次化的方式学习数据的表示，每一层对数据进行不同层次的特征提取，能够学习更复杂的特征.

■ 10.1 简介

理论上来说，参数越多的模型复杂度越高、容量 (capacity) 越大，这意味着它能完成越复杂的学习任务. 但一般情形下，复杂模型的训练效率低，易陷入过拟合，因此难以受到人们青睐. 而随着云计算、大数据时代的到来，计算能力的大幅提高可缓解训练低效性，训练数据的大幅增加则可降低过拟合风险，因此，以深度学习为代表的复杂模型开始受到人们的关注.

典型的深度学习模型就是有许多层的神经网络. 显然，对神经网络模型，提高容量的一个简单办法是增加隐含层的数目. 隐含层多了，相应的神经元连接权、阈值等参数就会更多. 模型复杂度也可通过单纯增加隐含层神经元的数目来实现，从上一章的学习中可以了解道，单隐层的多层前馈网络已具有很强大的学习能力；但从增加模型复杂度的角度来看，增加隐含层的数目显然比增加隐含层神经元的数目更有效，因为增加隐含层数不仅增加了拥有激活函数的神经元数目，还增加了激活函数嵌套的层数. 然而，多隐层神经网络难以直接用经典算法 (例如标准 BP 算法) 进行训练，因为误差在多隐层内反向传播时，往往会发散而不能收敛到稳定状态.

一种节省训练开销的策略是权共享 (weight sharing)，即让一组神经元使用相同的连接权. 这个策略在卷积神经网络 (convolutional neural network, CNN)[116][117] 中发挥了重要作用.

以 CNN 进行手写数字识别任务为例[117]，如图 10.1 所示，网络输入是一个 32×32 的手写数字图像，输出是其识别结果，CNN 复合多个"卷积层"和"采样层"对输入信号进行加工，然后在连接层实现与输出目标之间的映射.

每个卷积层都包含多个特征映射, 每个特征映射 (feature map) 是一个由多个神经元构成的 "平面", 通过一种卷积滤波器提取输入的一种特征. 例如, 图 10.1 中第一个卷积层由 6 个特征映射构成, 每个特征映射是一个 28×28 的神经元阵列, 其中每个神经元负责从 5×5 的区域通过卷积滤波器提取局部特征. 采样层亦称为池化层 (pooling), 其作用是基于局部相关性原理进行亚采样, 从而在减少数据量的同时保留有用信息. 例如图 10.1 中第一个采样层有 6 个 14×14 的特征映射, 其中每个神经元与上一层中对应特征映射的 2×2 邻域相连, 并据此计算输出. 通过复合卷积层和采样层, 图 10.1 中的 CNN 将原始图像映射成 120 维特征向量, 最后通过一个由 84 个神经元构成的连接层和输出层连接完成识别任务. CNN 可用 BP 算法进行训练, 但在训练中, 无论是卷积层还是采样层, 其每一组神经元 (即图 10.1 中的每个 "平面") 都是用相同的连接权, 从而大幅减少了需要训练的参数数目.

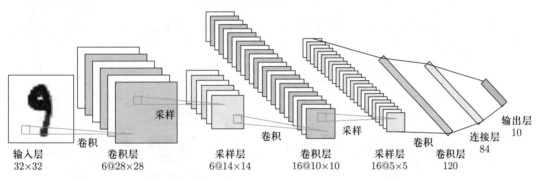

▲ 图 10.1 卷积神经网络用于手写数字识别

■ | 10.2 卷积神经网络

神经网络在得到广泛应用的同时, 参数过多、容易发生过拟合和训练时间长等缺点也暴露出来. 能否减少神经网络中参数的数目, 并进一步提升神经网络的性能? 卷积神经网络应运而生.

卷积神经网络 (CNN) 又称为卷积网络, 是在图像处理和计算机视觉领域应用较为广泛的一种神经网络. 与全连接神经网络同属于神经网络模型, 相对于全连接神经网络而言, 卷积神经网络的不同之处在于加入了卷积层 (convolution) 和池化层 (pooling) 两种结构, 这两种结构是 CNN 必不可少的结构. 下文将详细介绍它们的计算原理.

CNN 最早可以追溯到 1986 年 BP 算法的提出[118], 1989 年 LeCun[119] 将 BP 算法用到多层神经网络中, 1998 年 LeCun[117] 提出 LeNet-5 模型, 卷积神

经网络的雏形完成. 在接下来近十年的时间里, 卷积神经网络的相关研究趋于停滞, 原因有两个: 一是研究人员意识到多层神经网络在进行 BP 训练时的计算量极其大, 当时的硬件计算能力完全不可能实现; 二是包括支持向量机在内的浅层机器学习算法也渐渐开始崭露头角. 直到 2006 年, Hinton[120] 在 Science 发文, 指出 "多隐层神经网络具有更为优异的特征学习能力, 并且其在训练上的复杂度可以通过逐层初始化来有效缓解", 深度学习开始觉醒, 并逐渐走入人们的视线. 2009 年, 李飞飞牵头建立了 ImageNet 数据集, 该数据集包含图片的种类和数量远远超过以往所有的数据集. 自 2010 年以来, 每年都举行 ImageNet 大规模视觉识别挑战赛 (ILSVRC), 研究团队在给定的数据集上评估其算法, 并在几项视觉识别任务中争夺更高的准确性. 在刚开始的两年, 冠军被支持向量机取得, 而在 2012 年, AlexNet 取得了比赛的冠军, 识别的正确率得到明显提升, 这之后占据高位的一直是卷积神经网络, 包括我们现在所熟知的 VGGNet, GooLeNet, ResNet 等. 2016 年, AlphaGo 战胜了围棋世界冠军、职业九段棋手李世石, 更是将深度学习和卷积神经网络推向了高潮.

图 10.2 展示了近些年来 CNN 的发展历程.

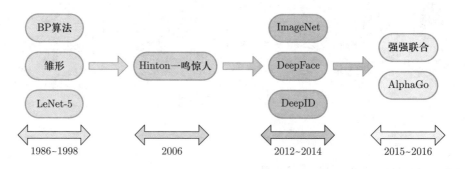

▶ 图 10.2
CNN 大事件

10.2.1 卷积运算

卷积运算有连续和离散两种定义, 一维情形下有如下所示:

$$(f*g)(n) = \int_{-\infty}^{\infty} f(t)g(n-t)\,\mathrm{d}t,$$

$$(f*g)(n) = \sum_{t=-\infty}^{\infty} f(t)g(n-t).$$

从公式中可以发现, 卷积运算先对函数 g 进行翻转, 相当于在数轴上把函数 g 从右边折到左边去, 也就是卷积中的 "卷". 然后再把函数 g 平移到 n, 在这个位置对两个函数的对应点相乘, 然后相加, 这个过程是卷积中的 "积". 因此, 所谓 "卷积", 可直观理解为 "卷" 和 "积" 两个过程.

在卷积神经网络中"卷"和"积"如何体现呢? 下面通过图 10.3 说明卷积神经网络的计算过程.

最左侧为输入, 中间部分表示卷积核, 最右侧为输出. 卷积核移动到输入左上角开始计算, 以此向右、向下滑动. 例如, 第一个卷积核移动到第一个输入的左上角时, 此时计算过程为:

$$0\times(-1)+0\times0+0\times0+0\times(-1)+0\times1+1\times(-1)+0\times1+1\times(-1)+0\times(-1)=-2.$$

类似地, 可以继续后面的运算.

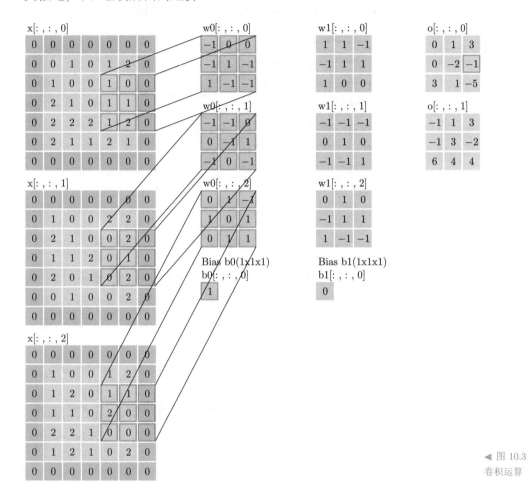

◀ 图 10.3
卷积运算

通过计算的过程可以发现, "卷"并没有发挥作用, 卷积神经网络仅仅应用了 "积". 卷积神经网络具备两大特点: **局部连接**和**权值共享**. 局部连接指的是卷积层的节点仅仅和其前一层的部分节点相连接; 权值共享指的是同一张图使用相同的卷积核. 局部连接和权值共享减少了参数数量, 加快了神经网络的学习速率, 同时也在一定程度上减少了过拟合的可能.

10.2.2 基本参数

了解了卷积神经网络的基本过程后, 接下来学习卷积神经网络中的几个基本参数.

1. 填充 (padding)

在进行卷积操作的时候, 6×6 的图像经过 3×3 的卷积过滤器得到 4×4 的卷积结果, 如图 10.4 所示. 用更加一般的形式表达: 如果我们有一个 $n \times n$ 的图像, 用 $f \times f$ 的过滤器做卷积, 那么输出的维度就是 $(n-f+1) \times (n-f+1)$. 在这个例子里是 $6-3+1=4$, 因此得到了一个 4×4 的输出.

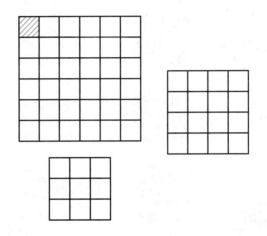

▶ 图 10.4
图像由 6×6 到 3×3

但是这样做存在明显缺点: 每次卷积操作后图像尺寸都会缩小, 同时角落边缘的像素点, 在卷积计算的时候只被一个输出所触碰或者使用, 但是中间的像素点会被多次卷积计算, 所以那些在角落的像素点参与卷积计算较少, 意味着丢掉一些图像边缘位置的信息.

卷积操作中的填充, 可以自行指定 p 的值. 一般有如下两种填充方式:

(1) 不填充: 不填充, 即 $p=0$;

(2) 填充至与原矩阵相同大小: 填充后输出矩阵的大小与原矩阵保持一致, 即 $p = \dfrac{f-1}{2}$, 其中卷积核的大小为 $f \times f$. 通常将 f 设置为奇数, 这样方便我们对称填充, 填充数值可以为零.

2. 步幅 (stride)

滑动卷积核时, 我们会先从输入的左上角开始, 每次往左滑动一列或者往下滑动一行逐一计算输出, 将每次滑动的行数和列数称为步幅.

3. 池化

池化是实现下采样的一种运算, 能在提取图像关键特征的基础上减小图片尺寸, 以减少训练中的参数数量, 达到减少计算量、增大感受野并防止过拟合的目的.

　　　　　　　　　　　　　　　　　　　　　　　　第十章　深度学习

如图 10.5 所示, 池化主要有最大值池化 (max-pooling) 和平均值池化 (average-pooling) 两种. 最大值池化从所选区域的矩阵元素中取最大值, 而平均值池化是将所选区域的矩阵元素求和后取平均值.

4. 欠拟合和过拟合

(1) 欠拟合

如图 10.6, 欠拟合是指模型拟合程度不高, 数据距离拟合曲线较远, 或指模型没有很好地捕捉到数据特征, 不能够很好地拟合数据. 解决办法是提高模型的复杂度, 如增加神经网络的层数、宽度, 减少正则化的参数等.

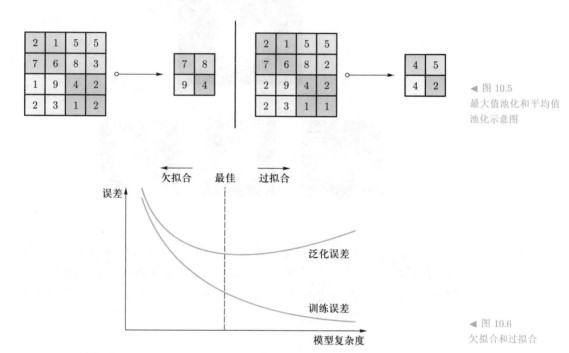

◀ 图 10.5
最大值池化和平均值池化示意图

◀ 图 10.6
欠拟合和过拟合

(2) 过拟合

如图 10.6, 一个假设在训练数据上能够获得比其他假设更好的拟合, 但是在训练数据外的数据集上却不能很好地拟合数据, 表现为泛化能力差, 称为过拟合. 导致过拟合的原因有很多, 主要包括以下几点: 模型过于复杂、参数过多; 数据太少; 训练集和测试集的数据分布不同; 样本里的噪音数据干扰过大, 大到模型过分记住了噪音特征, 反而忽略了真实的输入输出间的关系. 解决办法包括 L_1、L_2 正则化, 扩增数据, Dropout; 提前终止 (early stopping) 等.

L_1、L_2 正则化

在损失函数上添加正则化项, 其中 L_1 正则化为参数 w 的绝对值 (Lasso 回归)、L_2 正则化为参数 w 的平方值 (岭回归). 通过对 w 值的修正, 使其偏离不会太大, 从而减少过拟合的产生.

扩增数据

更多的数据集, 能够让搭建的网络在更多的数据中不断修正调整, 进而训练出更好的模型. 然而数据量都是有限的, 所以可以从已有数据出发, 对其进行调整以得到更多的数据集. 如图 10.7 和 10.8, 可以针对已有图像应用随机图像转换, 如旋转、对称和放大等, 来增加图像数量.

▶ 图 10.7
原图

▶ 图 10.8
翻转、镜面、缩放变换

Dropout

不同于 L_1、L_2 正则化通过修改损失函数防止过拟合, Dropout 修改的对象是神经网络. 如图 10.9 所示, 其思想主要是随机使得神经网络隐含层中的一些神经元失活, 在简化网络结构的同时防止了过拟合, 而且随机失活迫使每一个神经元学习到有效的特征, 增强了搭建网络的泛化能力.

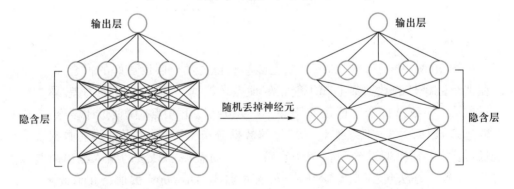

▶ 图 10.9
Dropout

在神经网络中使用 Dropout 时, 一般以概率 0.5 选择神经元是否有效, 即每层仅留下半数的神经元. 因此使用 Dropout 相当于训练了多个只有半数隐含层神经元的神经网络, 每一个这样的网络, 都可以给出一个分类结果, 这些结果有对有错. 随着训练的进行, 大部分网络可以给出正确的分类结果, 此时少数的错误分类结果不会对最终结果造成大的影响.

提前终止

当训练有足够的表示能力甚至会过拟合的大模型时, 经常观察到训练误差会随着时间的推移逐渐降低但验证集的误差会再次上升. 这意味着如果返回使验证集误差最低的参数设置, 就可以获得更好的模型 (有希望获得更好的测试误差). 在每次验证集误差有所改善后, 我们存储模型参数的副本. 当训练算法终止时, 返回这些参数而不是最新的参数. 当验证集上的误差在事先指定的循环次数内没有进一步改善时, 算法就会终止. 需要注意的是, 通过提前终止自动选择超参数的显著代价是训练期间要定期评估验证集.

图 10.10 中横轴为迭代次数, 纵轴为损失. 黑线为训练集上的损失, 随着迭代次数的不断增加明显减少, 蓝线为验证集上的误差. 上述策略称为提前终止.

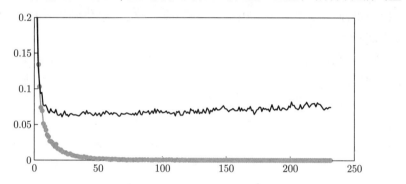

◀ 图 10.10
提前终止

10.2.3　卷积神经网络的一般结构

在卷积神经网络中, 输入图像通过多个卷积层和池化层进行特征提取, 逐步由低层特征变为高层特征; 高层特征再经过全连接层和输出层进行特征分类, 产生一维向量, 表示当前输入图像的类别. 因此, 根据每层的功能, 卷积神经网络可以划分为两个部分: 由输入层、卷积层和池化层构成特征提取器, 以及由全连接层和输出层构成分类器.

在实际操作中, 卷积神经网络的架构可以如图 10.11 所示.

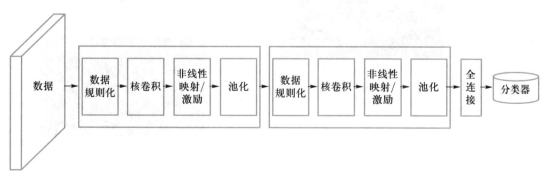

▲ 图 10.11　卷积神经网络架构

1. 数据规则化: Batch Normalization

随着网络的深度增加, 每层特征值分布会逐渐地向激活函数的输出区间的上下两端 (激活函数饱和区间) 靠近, 这样下去会导致梯度消失. 批量标准化 (batch normalization, BN) 通过将该层特征值分布重新拉回标准正态分布, 特征值将落在激活函数对于输入较为敏感的区间, 输入的小变化可导致损失函数较大的变化, 使得梯度变大, 避免梯度消失, 同时也可加快收敛.

BN 在实际工程中被证明了能够缓解神经网络难以训练的问题. 主要有如下优点:

(1) BN 使得神经网络中每层输入数据的分布相对稳定, 加速了模型学习速度;

(2) BN 使得模型对网络中的参数不那么敏感, 简化调参过程, 使得网络学习更加稳定;

(3) BN 允许网络使用饱和性激活函数 (例如 Sigmoid, tanh 等), 缓解梯度消失问题;

(4) BN 具有一定的正则化效果.

2. 卷积池化层: 特征提取

如图 10.12, 给定图片, 如何确定图中包含哪些物体? 可以检测图片中的边缘来达到识别的目的. 比如说, 图片中的栏杆和行人的轮廓线都可以看作是垂线, 同样, 栏杆就是很明显的水平线, 它们也能被检测到. 图片中的大部分物体都能用垂直和水平边缘线来刻画, 那么如何在图像中检测这些边缘呢? 下面通过一个简单例子来说明.

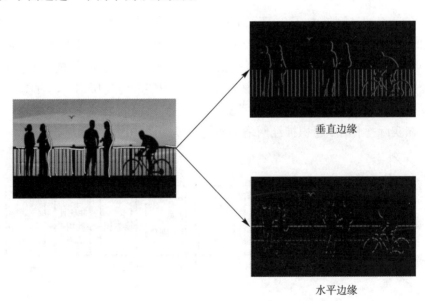

垂直边缘

水平边缘

▶ 图 10.12
边缘检测

一个 6×6 的灰度图, 可以表示为左亮右暗的形式, 如图 10.13(a) 所示. 很明显, 中间存在明显的分界线, 因此我们试图将该垂直边缘识别出来. 选择卷积核为 3×3, 相应的输出为 4×4. 仍旧通过颜色的亮暗来表示卷积核和输出矩阵, 如图 10.13(b) 和图 10.13(c) 所示. 不难看出, 输出矩阵对应的图中间有段发亮的区域, 对应原图中的垂直边缘.

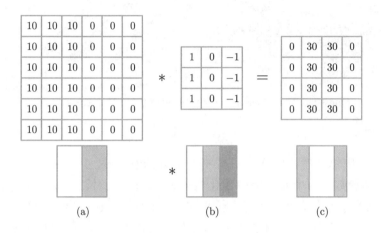

◀ 图 10.13
卷积提取特征示意图

显然这里检测到的边缘宽度远大于原图中的边缘宽度, 这和原图像素大小有关, 如果改用像素值为 500×500 的图像或者更大, 检测效果将会有显著提升. 垂直边缘通过这样的方式可以很容易检测出, 水平边缘的检测类似. 推广到一般情况, 卷积核就是通过这样的方式, 提取到输入图像的特征.

3. 全连接层

把分布式特征映射到样本标记空间, 即将特征整合到一起输出为一个值, 减少特征位置对分类带来的影响.

例如: 假设你是一只小蚂蚁, 你的任务是找小面包. 你的视野比较窄, 因此只能看到很小的一片区域. 当你找到一片小面包之后, 你不确定你找到的是不是全部的小面包, 所以你和其余的蚂蚁一块儿开了个会, 把所有的小面包都拿出来以确定是否已经找到所有的小面包. 某种程度上可以认为, 全连接层就是这个蚂蚁大会. 需要注意的是, 在数据输入到全连接层前还需要进行拉直操作, 将所有数据拉成一维向量. 或者可以认为是某种卷积操作. 由于全连接层参数过多, 正逐渐被全局平均池化 (global average pooling, GAP) 的方法代替.

10.2.4 常见的卷积神经网络

1. LeNet

LeNet 由 LeCun[117] 在 1998 年提出, 用于解决手写数字识别的视觉任务. 图 10.14 中, Convolutions 表示卷积, Subsampling 表示下采样, 即池化,

Full connection 表示全连接, Gaussian connection 表示高斯连接. 具体来看, LeNet 共有 5 层, 包括 2 层卷积层和 3 层全连接层.

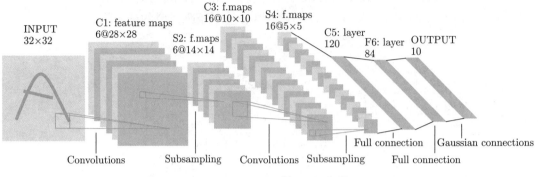

▲ 图 10.14 LeNet

LeNet 中每个卷积层均使用尺寸为 5×5 的卷积核, 步长为 1, 并使用 Sigmoid 激活函数. 两个池化层中池化核均为 2×2, 且步长为 2, 这里选择的是平均池化. 由于池化核尺寸与步长相同, 因此池化后在输出上每次滑动所覆盖的区域互不重叠, 池化不改变通道数量. 当卷积层块的输出传入全连接层块时, 全连接层块会将小批量中每个样本变平. 全连接层块含 3 个全连接层. 它们的输出个数分别是 120、84 和 10, 其中 10 为输出类别的个数.

2. AlexNet

AlexNet 是 2012 年 ImageNet 竞赛的冠军, 自此越来越多越来越复杂的神经网络被提出并得到广泛应用.

限于单个图形处理器 (GPU) 的计算能力, AlexNet 在两个图形处理器上实现卷积神经网络的搭建和计算. 图 10.15 中 Stride 表示步幅, Max Pooling 表示池化选择最大池化, Dense 为全连接. 搭建和计算的大致如下:

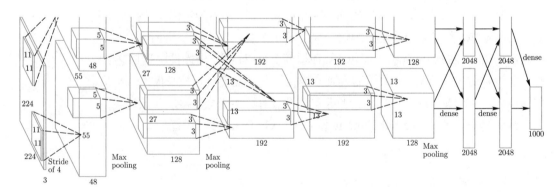

▲ 图 10.15 AlexNet

AlexNet 共有八层, 包括 5 层卷积层和 3 层全连接层. 输入尺寸为 227×227×3 的彩色图片, 使用 11×11 的卷积核, 步幅选择为 4, 输出图像的尺寸为

$55\times55\times96$, 其中

$$输出图像长 (宽) 度 = \frac{输入图像长 (宽) 度 + 2\times Padding - 卷积核长 (宽) 度}{步幅} + 1,$$

因此 $\frac{227 + 2\times0 - 11}{4} + 1 = 55$. Pooling 选择步长为 2、$3\times3$ 的池化核, 输出图像的尺寸变为 $27\times27\times96$.

再次使用 5×5 的卷积核, 步幅选择为 1, 并且使用 Padding=2, 输出得到

$$\frac{27 + 2\times2 - 5}{1} + 1 = 27,$$

通道数为 256. Pooling 选择步幅为 2、3×3 的池化核, 输出图像的尺寸为 $13\times13\times256$.

第三、四、五层均选择 3×3 的卷积核, 且步幅均为 1. Pooling 仍旧选择步幅为 2、3×3 的池化核, 输出图像的尺寸变为 $6\times6\times256$.

AlexNet 具有如下四个特点:

(1) 使用 ReLU 函数作为激活函数, 很好地增强了网络的非线性表达能力.

(2) 引入局部响应归一化 (local response normalization, LRN). 通过 ReLU 函数得到的值域没有固定区间, 因此要对得到的结果进行归一化. 具体来说放大对分类贡献较大的神经元, 抑制对分类贡献较小的神经元.

(3) 使用重叠的最大池化. 即池化层中卷积核的尺寸大于步幅, 这样池化层的输出出现重叠和覆盖, 提升了特征的丰富性.

(4) 通过 Dropout 和数据扩增等方式来防止神经网络出现过拟合现象.

3. ZFNet

图 10.16 中 image size 为输入图片的尺寸, 224×224, filter size 为卷积核的大小, stride 为步幅, max pool 表示池化选择最大池化, softmax 为最终用于分类的函数, Layer 标明了 ZFNet 的每一层. ZFNet 是 AlexNet 的改进版本, 共有八层, 仍旧是 5 层卷积层和 3 层全连接层. 改进主要有以下两点:

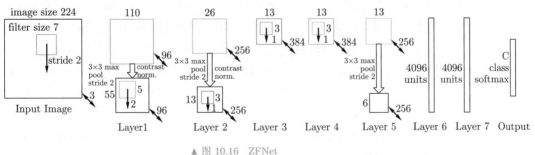

▲ 图 10.16　ZFNet

(1) 使用一块图形处理器搭建稠密连接结构;

(2) 第一个卷积层中卷积核的尺寸从 11×11 变为 7×7, 同时步幅从 4 减小为 2; 为了让后续输出图像的尺寸与 AlexNet 中的输出图像尺寸保持一致, 第 2 个卷积层的步幅从 1 变为 2.

整体来看, ZFNet 的改进似乎并不明显. 那么为什么要做这样的修改? 修改的动机又是什么呢? 这是基于卷积神经网络深层特征的可视化提出的. 可视化操作, 针对的是已经训练好的网络, 或者训练过程中的网络快照. 可视化操作不会改变网络的权重, 只是用于分析和理解在给定输入图像时网络观察到了什么样的特征, 以及训练过程中特征发生了什么变化.

可视化主要有如下三个操作:

(1) 修正 (rectification): 因为使用的是 ReLU 激活函数, 前向传播时只将正值原封不动输出, 负值置 0, "反激活" 过程与激活过程没什么分别, 直接将来自上层的输出再次输入到 ReLU 激活函数中即可.

(2) 上池化 (unpooling): 在前向传播时, 记录相应最大池化层每个最大值来自的位置, 在上池化时, 根据来自上层的 map 直接填在相应位置上, 其余位置为 0.

(3) 转置卷积 (transposed convolution): 卷积操作输出图像的尺寸一般小于等于输入图像的尺寸, 转置卷积可以将尺寸恢复到与输入相同, 相当于上采样过程, 该操作的做法是, 与卷积共享同样的卷积核, 但需要将其左右上下翻转 (即中心对称), 然后作用在来自上层的输出图像进行卷积, 结果继续向下传递.

不断进行上述操作, 可以将特征映射回输入所在的像素空间, 进而呈现出人眼可以理解的特征. 给定不同的输入图像, 看看每一层关注到最显著的特征是什么.

图 10.17(a) 为没有经过裁剪的图片经过第一个卷积层后的特征可视化图, 注意到有一个特征全白, (b) 为 AlexNet 中第一个卷积层特征可视化图, (c) 为 ZFNet 中第一个卷积层可视化图, 可以看到相比前面有更多的独特的特征以及更少的无意义的特征, 如第 3 列的第 3 到 6 行, (d) 为 AlexNet 中第二个卷积层特征可视化图, (e) 为 ZFNet 中的第二个卷积层特征可视化图, 可以看到 (e) 中的特征更加干净, 清晰, 保留了更多的第一层和第二层中的信息.

通过对 AlexNet 的特征进行可视化, Zeiler 等人发现 AlexNet 第一层中有大量的高频和低频信息的混合, 却几乎没有覆盖到中间的频率信息; 且第二层中由于第一层卷积用的步幅为 4 太大了, 导致了有非常多的混叠情况. 为了解决这个问题, Zeiler 等人提高采样频率, 将步幅从 4 调整为 2, 与之相应地将卷积核尺寸也缩小 (可以认为步幅变小了, 卷积核没有必要看那么大范围了), 修改后第一层呈现了更多更具区分力的特征, 第二层的特征也更加清晰[121].

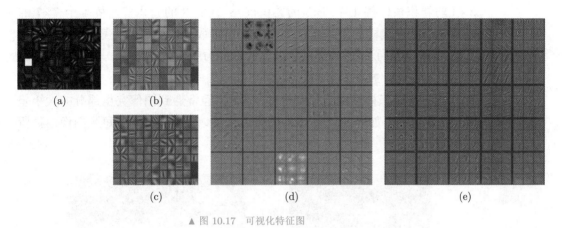

(a)　　　(b)

(c)　　　(d)　　　(e)

▲ 图 10.17　可视化特征图

4. VGGNet

VGGNet(visual geometry group net) 是由牛津大学计算机视觉组合和 Google DeepMind 公司研究员[122] 一起研发的深度卷积神经网络. 它探索了卷积神经网络的深度和其性能之间的关系, 通过反复的堆叠 3×3 的卷积核和 2×2 的最大池化层, 成功地构建了 16 到 19 层的卷积神经网络. 因此, VGGNet 是指一系列网络, 下面以 VGG-16 为例进行介绍.

图 10.18 中 convolution+Relu 表示卷积后选择 Relu 激活函数, max pooling 表示池化层选择最大池化, full nected+Relu 表示全连接层后选择 Relu 激活函数, softmax 激活函数用于最后的分类.

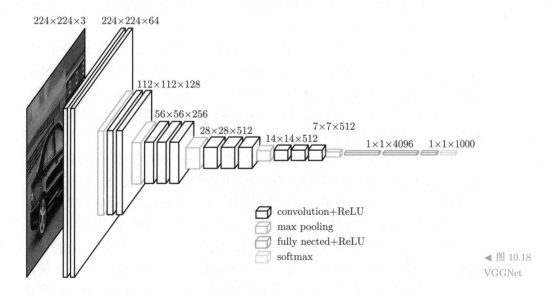

◀ 图 10.18
VGGNet

VGGNet 是一种专注于构建卷积层的简单网络, 相比 AlexNet 和 ZFNet

参数量大大减少, 一个很重要的原因是用到了卷积核的堆叠. 例如通过 2 个 3×3 的卷积核代替 1 个 5×5 的卷积核, 3 个 3×3 的卷积核代替 1 个 7×7 的卷积核. 通过这样的方式不仅节省了大量参数, 还使得网络获得了更大的感受野, 同时增强了卷积神经网络的非线性能力.

5. GoogLeNet

在通过卷积神经网络识别处理图像时, 经常遇到图像突出部分的大小差别很大的情况. 如图 10.19, 猫的图像可以是以下任意情况. 每张图像中猫所占区域是不同的.

(a)   (b)

▶ 图 10.19
不同位置的猫

由于信息位置的巨大差异, 为卷积操作选择合适的卷积核大小就比较困难. 信息分布更全局性的图像偏好较大的卷积核, 信息分布比较局部的图像偏好较小的卷积核. 同时, 非常深的网络更容易过拟合. 将梯度更新传输到整个网络是很困难的. 再加上简单地堆叠较大的卷积层非常消耗计算资源, 因此考虑在同一层级上运行具备多个尺寸的卷积核呢? 网络本质上会变得稍微宽一些, 而不是更深. 2015 年, 串并联网络架构的 GoogLeNet 应运而生[123]. GoogLeNet 最基本的网络块是 Inception, 它是一个并联网络块, 经过不断地迭代优化, 发展出了 Inception-v1、Inception-v2、Inception-v3、Inception-v4、Inception-ResNet 共 5 个版本. Inception 家族的迭代逻辑是通过结构优化来提升模型泛化能力、降低模型参数.

Inception 就是把多个卷积或池化操作, 放在一起组装成一个网络模块, 设计神经网络时以模块为单位去组装整个网络结构. 在未使用这种方式的网络里, 我们一层往往只使用一种操作, 比如卷积或者池化, 而且卷积操作的卷积核尺寸也是固定大小的. 但是, 在实际情况下, 在不同尺度的图片里, 需要不同大小的卷积核, 这样才能使性能最好, 或者, 对于同一张图片, 不同尺寸的卷积核的表现效果是不一样的, 因为它们的感受野不同. 所以, 我们希望让网络自己去选择, Inception 便能够满足这样的需求, 一个 Inception 模块中并列提供多种卷积核的操作, 网络在训练的过程中通过调节参数自己去选择使用, 同时, 由于网络中都需要池化操作, 所以此处也把池化层并列加入网络中.

10.3 简单循环神经网络

循环神经网络 (recurrent neural network, RNN) 是一类以序列 (sequence) 数据为输入, 在序列的演进方向进行递归 (recursion) 且所有节点 (循环单元) 按链式连接的递归神经网络 (recursive neural network).

在日常生活和学习中, 有许多数据的样本之间是有关联的, 比如气象数据、经济数据, 而之前讲述的神经网络并不能很好地学习这一关联, 而循环神经网络就能很好解决这一问题.

要了解 RNN, 首先从一个简单的循环神经网络开始 (如图 10.20). 其中, X 是一个向量, 它表示输入层的值 (图中并未画出表示神经元节点的圆圈); S 是一个向量, 它表示隐含层的值; U 是输入层到隐含层的权重矩阵; O 也是一个向量, 它表示输出层的值; V 是隐含层到输出层的权重矩阵; 而权重矩阵 W 就是隐含层上一时间的值对这一时间的输入的权重, 它表示上一时间隐含层的值对这一时间的影响. 这一简单的循环神经网络与全连接神经网络的不同就在于多出了权重矩阵 W.

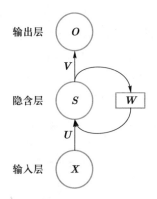

◀ 图 10.20
简单的循环神经网络

图 10.21 展示了这个神经网络展开的样子, 可以发现权重矩阵 W 实际上就相当于 $t-1$ 时刻对 t 时刻的一个影响.

这个网络在 t 时刻接收到输入值为 X_t, 隐含层的值是 S_t, 输出值是 O_t. 关键一点是, S_t 的值不仅仅取决于 X_t, 还取决于 S_{t-1}. 可以用下面的公式来表示循环神经网络的计算方法:

$$O_t = g(V \cdot S_t),$$

$$S_t = f(U \cdot X_t + W \cdot S_{t-1}).$$

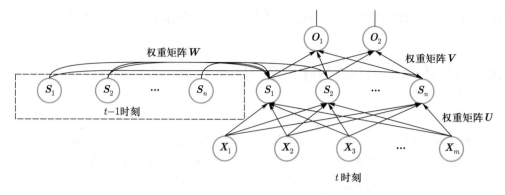

▲ 图 10.21 简单的循环神经网络

循环神经网络的参数同样可以利用前文提到的反向传播算法进行求解. 但同时, 需要注意的是: 反向传播算法按照时间逆序将信息一步步向前传递, 如果输入序列较长, 会存在梯度爆炸与梯度消失问题, 也称为长程依赖问题, 长程依赖问题的具体表现为: 很久以前的输入, 对当前时刻的网络影响较小, 在反向传播时, 梯度也很难影响到很久以前的输入.

■| 10.4　长短时记忆神经网络

为了解决长程依赖问题, 人们将基于图 10.22 中所展示的神经网络进行了改进, 引入了门控机制 (gating mechanism). 门 (gate) 是一种让信息有选择地通过的方式, 它由一个 Sigmoid 函数和一个点乘运算组成. 利用 Sigmoid 函数返回 0 或 1 的数字的特性, 令这个数字描述每个元素有多少信息可以通过, 0 表示不通过任何信息, 1 表示全部通过.

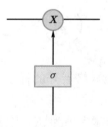

▶ 图 10.22
门

门控机制控制了对于当前时刻有哪些信息将被保留, 有哪些信息将被遗忘. 也将控制有哪些新信息将被加入记忆信息, 有哪些信息又将从记忆信息中被提取出作为当前时刻的输出. 下面介绍一个加入了门控机制后的循环神经网络——长短时记忆神经网络 (long short-term memory neural network, LSTM). LSTM 的结构有很多种形式, 但是都大同小异. 这里介绍一种较为流

行的结构——门控循环单元 (gated recurrent unit, GRU). 结构图 10.23 如下:

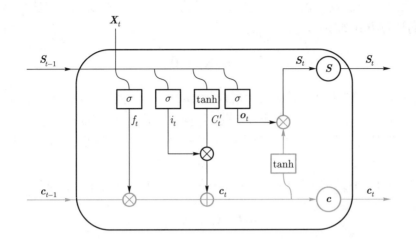

◀ 图 10.23
LSTM 完整结构逻辑图

LSTM 模型的关键是引入了一组记忆单元 c_t, 以及三个控制 "门": 输入门、输出门、控制门. 它们允许网络可以学习何时遗忘历史信息, 何时用新信息更新记忆单元. 在时刻 t 时, 记忆单元 c_t 记录了到当前时刻为止的所有历史信息, 并受三个 "门" 控制, 三个门中元素的数值取值范围是 $(0,1)$:

$$输入门: i_t = \sigma(U_i X_t + W_i S_{t-1}),$$

$$遗忘门: f_t = \sigma(U_f X_t + W_f S_{t-1}),$$

$$输出门: o_t = \sigma(U_o X_t + W_o S_{t-1}).$$

下面具体介绍 LSTM 模型. 首先了解 LSTM 模型中的核心机制: 记忆细胞状态.

细胞状态就像一根传送带, 直接在整个链上运行, 运行过程中只有少量的线性交互, 以保证信息在上面流传保持不变. 这些信息将会随着网络一直传递下去, 保证了在学习当前时刻输入信息的同时, 不会遗忘掉之前学习到的信息.

在 LSTM 模型中引入的门控机制, 目的就是为了控制记忆细胞状态, 向其中增添与删除信息. 首先是遗忘门 f_t 的更新机制:

$$f_t = \sigma(U_f X_t + W_f S_{t-1}),$$

其中, W_f 是关于隐藏状态 S_t 的参数矩阵, U_f 是关于当前输入 X_t 的参数矩阵. 由于 Sigmoid 函数的存在, f_t 的取值范围在 $(0,1)$ 内.

遗忘门 f_t 的具体功能是根据 X_t (当前输入) 和 S_{t-1} (前一个隐藏状态), 为记忆状态 c_{t-1} ($t-1$ 时刻状态) 中的每个元素输出 $0 \sim 1$ 之间的数字, 以决定每一个 c_{t-1} 元素保留多少信息. 1 代表完全保留, 0 代表彻底删除.

下一步是确定向记忆细胞中增添多少新信息. 这一步骤分为两部分, 首先需要确定当前输入信息, 再决定输入信息的保留程度. 对于当前输入信息 C'_t 的计算方式如下:

$$C'_t = \tanh(U_c X_t + W_c S_{t-1}).$$

这里同样利用上一时刻隐含层向量 S_{t-1} 与当前输入向量 X_t 分别乘参数矩阵 W_c 与 U_c, 进行一个线性变化. 不同的是由于 C'_t 不是一个门, 不需要其取值范围限定在 $(0,1)$ 内, 于是选择用 $\tanh()$ 函数代替 Sigmoid 函数进行非线性激活.

得到 C'_t 后, 使用输入门 i_t 来决定保留 C'_i 中的信息至记忆细胞状态中:

$$i_t = \sigma(U_i X_t + W_i S_{t-1}).$$

与遗忘门相同, W_i 是关于前一个隐藏状态 S_{t-1} 的参数矩阵, U_i 是关于当前输入 x_t 的参数矩阵. 同理, 输入门 i_t 的取值范围在 $(0,1)$ 内.

最后是输出门 o_t: 基于当前的 c_t, 输出那些作为当前时刻隐含层的信息 h_t. o_t 的更新方法依旧类似于之前的遗忘门与输出门:

$$o_t = \sigma(U_o h_{t-1} + W_o X_t + b_o),$$

其中, U_o 是关于前一个隐藏状态 h_{t-1} 的参数矩阵, W_0 是关于当前输入 o_t 的参数矩阵, b_0 是一个偏置向量. 同理, 由于 Sigmoid 函数, 输入门 o_t 的取值范围也在 $(0,1)$ 内. 在获得 o_t 之后, 利用之前更新好的当前时刻历史记忆信息 c_t, 进行当前时刻隐含层 h_t 信息的更新:

$$h_t = o_t(c_t)$$

在更新 h_t 的时候, 首先用非线性函数 $\tanh()$ 对 c_t 进行激活, 然后再与 o_t 进行点乘运算, 保证向量维度保持不变. h_t 会作为下一个时刻的输入之一, 再参与未来新的一系列更新.

有两点需要强调:

(1) 尽管三个门, 以及当前输入信息 C'_t 的更新都具有相同的形式, 但是每个更新所用的参数都是独立不同的, 这保证了反向传播时对三个门控单元即当前记忆信息独立地进行更新.

(2) 以上公式中的所有参数都是可学习的参数. 它们在最初是自动随机生成的随机数, 但是随着模型的不断训练, 这些参数会随着反向传播算法不断更新, 最终使得损失函数值尽可能小, 以提高模型的表达能力.

LSTM 结构回顾:

(1) LSTM 有单独的细胞状态, 该状态贯穿整个 LSTM 网络.

(2) 用遗忘门 C_t' 和输入门 i_t 决定历史记忆信息与新记忆信息的保留或放弃.

(3) 当前输入信息 C_t' 来源于 S_{t-1} 和 X_t.

(4) 当前记忆信息由 $f_t + i_t \times C_t'$ 计算得出.

(5) 输出门控制细胞状态的输出 $S_t = o_t(c_t)$.

以上所介绍的循环神经网络大量应用在自然语言处理场合. 自然语言处理 (NLP) 是指利用人类交流所使用的自然语言与机器进行交互通讯的技术. 通过人为地对自然语言处理, 使其可读并被计算机理解. 在本章 10.7 节, 引入了一个在自然语言处理情境应用循环神经网络的代码示例, 可供参考与学习.

■ | **10.5 自编码器**

在机器学习任务中经常需要采用某种方式对数据进行有效编码, 例如对原始数据进行特征提取便是几乎所有机器学习问题均需解决的编码任务. 除此之外, 对数据进行降维处理或稀疏编码也是常见的编码任务. 通常对数据进行编码时需要按照编码要求将原始数据转化为特定形式的编码数据, 并要求编码数据尽可能多地保留原始数据信息, 对这样的编码数据进行分析处理不仅会更加方便, 而且可保证分析处理的结果较为准确. 对数据的编码过程事实上是一个数据映射过程. 若将某类原始数据 X 编码为特定形式的数据 Y, 则需找到某个合适的映射 f 使得 $Y = f(X)$. 通常称映射 f 为编码器, 并称将原始数据 X 映射为编码数据 Y 的过程为编码过程. 若编码数据 Y 保留了大部分原始数据 X 中的信息, 则从理论上说一定存在某种方式将数据 Y 映射为与 X 相近的数据 X'. 假设存在映射 g 满足

$$X' = g(Y) = g[f(X)], \tag{10.5.1}$$

则认为编码器 f 可对原始数据 X 进行有效编码, 此时称映射 g 为解码器.

通常将用于实现自编码器的神经网络模型称为自编码器. 由于神经网络输入层不具备数据处理能力, 故自编码器中除输入层之外还包括两个分别用于实现编码器 f 和解码器 g 的模块, 每个模块的神经元层数既可为单层也可为多层. 一个单隐层的自编码器网络结构如图 10.24 所示:

由图 10.24 可以看到, 自编码器输出层的节点与输入层相等, 训练这个网络以期望得到近似恒等函数. 该模型首先使用编码器对输入数据进行编码, 然后使用解码器尽量将编码数据还原为输入数据, 即模型输出 X' 尽量与模型输入 X 保持一致. 显然, 若编码器 f 和解码器 g 均采用恒等映射, 即

$f(a) = a$, $g(a) = a$, 则有如下关系:

$$Y = f(\boldsymbol{X}) = \boldsymbol{X}, \boldsymbol{X}' = g(Y) = g[f(\boldsymbol{X})] = \boldsymbol{X}, \tag{10.5.2}$$

此时恒有 $\boldsymbol{X}' = \boldsymbol{X}$. 但这样的自编码器显然毫无意义, 因为自编码器的主要功能是对原始数据进行编码而非对编码数据进行还原, 即更加注重自编码器中的编码器模块.

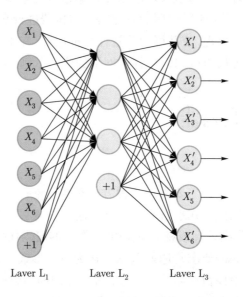

▶ 图 10.24
单隐层的自编码器

Laver L_1 Laver L_2 Laver L_3

若自编码器的神经元均使用激活函数 σ, 则对于输入数据 $\boldsymbol{X} = (X_1, X_2, \cdots, X_p)^{\mathrm{T}}$, 由前向计算方法可知自编码器隐含层第 j 个神经元的输出应为

$$f_j(\boldsymbol{X}) = \sigma \left(\sum_{i=1}^{p} w_{ij}^{(1)} X_i + b_j^{(2)} \right), \tag{10.5.3}$$

由于隐含层数据处理节点个数为 s, 故自编码器的隐含层可将 p 维数据输入转化为 s 维数据 $\boldsymbol{Y} = (f_1(\boldsymbol{X}), f_2(\boldsymbol{X}), \cdots, f_s(\boldsymbol{X}))^{\mathrm{T}}$. 若 $s < p$, 则是对数据 $\boldsymbol{X}$ 进行降维; 若 $s > p$, 则是对数据 $\boldsymbol{X}$ 进行升维. 自编码器隐含层到输出层的数据处理过程与此类似, 最终输出 $\boldsymbol{X}'$ 为

$$\boldsymbol{X}' = (g_1(\boldsymbol{Y}), g_2(\boldsymbol{Y}), \cdots, g_p(\boldsymbol{Y}))^{\mathrm{T}}. \tag{10.5.4}$$

上式输出层第 j 个神经元输出 $g_j(y)$ 的具体取值为

$$g_j(\boldsymbol{Y}) = \sigma \left(\sum_{i=1}^{s} w_{ij}^{(2)} f_i(\boldsymbol{X}) + b_j^{(3)} \right). \tag{10.5.5}$$

若已经完成模型训练过程, 则 $\boldsymbol{X}'$ 应与数据输入 $\boldsymbol{X}$ 差别不大. 自编码器的模型训练通常使用不带标注信息的示例样本, 故这是一种无监督学习方

式. 但由于要求自编码器的输入数据与输出数据尽可能接近, 故对于训练样本 $\boldsymbol{X}_k$, 若模型参数均已知, 则可直接通过对比模型输入 $\boldsymbol{X}_k$ 与输出 $\boldsymbol{X}'_k$ 的差异确定损失函数 $L(\boldsymbol{X}_k, \boldsymbol{X}'_k)$. 这相当于将自编码器的训练样本集看作监督学习的训练样本集 $\{(\boldsymbol{X}_1, \boldsymbol{X}'_1), (\boldsymbol{X}_2, \boldsymbol{X}'_2), \cdots, (\boldsymbol{X}_n, \boldsymbol{X}'_n)\}$, 即根据自编码器的特点将无监督学习方式转化为监督学习方式.

可得自编码器模型优化目标函数

$$J(\boldsymbol{W}) = \frac{1}{n} \sum_{k=1}^{n} L\left(\boldsymbol{X}_k, \boldsymbol{X}'_k\right), \tag{10.5.6}$$

其中 $\boldsymbol{W}$ 为自编码器的参数向量.

损失函数 L 通常采用 $\boldsymbol{X}_k, \boldsymbol{X}'_k$ 之间欧氏距离的平方, 即 $L\left(\boldsymbol{X}_k, \boldsymbol{X}'_k\right) = \left\|\boldsymbol{X}_k - \boldsymbol{X}'_k\right\|_2^2$. 由此可得目标函数的具体形式为

$$J(\boldsymbol{W}) = \frac{1}{n} \sum_{k=1}^{n} \left\|\boldsymbol{X}_k - \boldsymbol{X}'_k\right\|_2^2. \tag{10.5.7}$$

确定了目标函数之后, 可采用适当模型优化算法并结合反向传播算法对模型参数进行优化, 得到所求的自编码器. 具体过程与反向传播神经网络优化过程类似.

如上所述, 若自编码器隐含层神经元数目 s 大于输入数据维度 p, 则可实现对输入数据的升维, 此时只需确保编码后数据向量中取值为 0 的分量较多即可实现对原始数据的稀疏编码.

由于自编码器隐含层输出向量 $\boldsymbol{Y} = (f_1(\boldsymbol{X}), f_2(\boldsymbol{X}), \cdots, f_s(\boldsymbol{X}))^{\mathrm{T}}$ 即为编码数据, 故只需使 $\boldsymbol{Y}$ 中取值为 0 的分量较多便可实现对原始数据的稀疏编码. 令自编码器隐含层神经元采用 Sigmoid 激活函数, 则对于训练样本集 $D = \{\boldsymbol{X}_1, \boldsymbol{X}_2, \cdots, \boldsymbol{X}_n\}$ 自编码器隐含层第 j 个神经元的平均激活程度为

$$\overline{f}_j(\boldsymbol{X}) = \frac{1}{n} \sum_{i=1}^{n} f_j\left(\boldsymbol{X}_i\right). \tag{10.5.8}$$

为将隐含层第 j 个神经元的输出值限制为 0, 可令 $\overline{f}_j(\boldsymbol{X}) = \varepsilon$. 这里 ε 为某个接近于 0 的正数. 由于 $f_j(\boldsymbol{X}_i) > 0$ 且 $f_j(\boldsymbol{X}_i)$ 在数据集 D 上期望接近于 0, 故 $f_j(\boldsymbol{X}_i)$ 的取值也接近于 0. 若对隐含层中大部分神经元输出均施加此约束条件, 即 $\overline{f}_j(\boldsymbol{X}) = \varepsilon, j = 1, 2, \cdots, s$, 则可保证 $\boldsymbol{Y}$ 中大部分元素取值均接近于 0, 实现对原始数据的稀疏编码. 为将该约束条件纳入训练过程, 需调整模型优化的目标函数, 即在原始目标函数 $J(\boldsymbol{W})$ 基础上添加约束 $\overline{f}_j(\boldsymbol{X}) = \varepsilon, j = 1, 2, \cdots, s$ 的惩罚项 $\lambda\left(\overline{\boldsymbol{f}}(\boldsymbol{X})\right)$, 将目标函数转化为如下形式:

$$J(\boldsymbol{W}) = J'(W) = J(W) + \lambda\left(\bar{\boldsymbol{f}}(\boldsymbol{X})\right)$$
$$= \frac{1}{n}\sum_{k=1}^{n} L\left(\boldsymbol{X}_k, \boldsymbol{X}'_k\right) + \alpha\lambda\left(\bar{\boldsymbol{f}}(\boldsymbol{X})\right), \tag{10.5.9}$$

其中, α 为惩罚项的权重. 当 α 取值较大时, 所求自编码器的编码数据具有较好的稀疏性, 但会舍弃较多的原始数据信息; 当 α 取值较小时, 所求自编码器的编码数据会保留较多的原始数据信息, 但稀疏性较差.

一般, 惩罚项 $\lambda\left(\bar{\boldsymbol{f}}(\boldsymbol{X})\right)$ 具有如下形式:

$$\lambda\left(\overline{\boldsymbol{f}}(\boldsymbol{X})\right) = \frac{1}{s}\sum_{j=1}^{s}\left(\overline{f}_j(\boldsymbol{X}) - \varepsilon\right)^2. \tag{10.5.10}$$

除此之外, 还可使用 $\left(\overline{f}_j(\boldsymbol{X})\right)$ 与 ε 之间的 KL 散度作为单个隐含层节点的惩罚项, 由此得到如下惩罚项:

$$\lambda\left(\overline{\boldsymbol{f}}(\boldsymbol{X})\right) = \frac{1}{s}\sum_{j=1}^{s}\text{KL}\left(\varepsilon, \overline{f}_j(\boldsymbol{X})\right) = \frac{1}{s}\sum_{j=1}^{s}\left[\varepsilon\log\frac{\varepsilon}{\overline{f}_j(\boldsymbol{X})} + (1-\varepsilon)\log\frac{1-\varepsilon}{1-\overline{f}_j(\boldsymbol{X})}\right], \tag{10.5.11}$$

其中 $\text{KL}\left(\varepsilon, \overline{f}_j(\boldsymbol{X})\right)$ 为 $\overline{f}_j(\boldsymbol{X})$ 与 ε 之间的 KL 散度.

上述自编码器模型均要求模型的输入与输出尽可能相一致. 这种自编码器得到的编码数据有时未必是对原始数据的最优表示.

若某种自编码器能对被破坏的数据 $\overline{\boldsymbol{X}}$ (如图 10.25) 进行编码并将其解码为真实原始数据 $\boldsymbol{X}$, 则该自编码器的编码方式显然更为有效. 通常称这种通过引入噪声来增加编码鲁棒性的自编码器为降噪自编码器, 如图 10.25 所示.

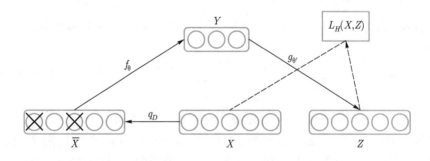

▶ 图 10.25
降噪自编码器模型

对于输入数据 $\boldsymbol{X}$, 按照 q_D 分布进行加噪 "损坏", 由图 10.25 可以看到, 加噪过程是按照一定的概率将输入层的某些节点清零, 然后将其作为自编码器的输入进行训练, 除了输入层数据的处理不同, 其余部分都和自编码器相同.

■ 10.6 玻尔兹曼机

玻尔兹曼机 (Boltzmann machines, BM) 是一种反馈随机神经网络, 其具有两种输出状态, 即 0 或 1. 输出状态的取值根据概率统计方法取得的结果决定, 这种概率统计方法类似于一个玻尔兹曼分布. 在神经元状态变化中引入了概率, 网络的平衡状态服从玻尔兹曼分布, 其运行机制基于模拟退火算法, 可以理解为

离散霍普菲尔德 (Hopfield) 神经网络 + 模拟退火 + 隐单元 =BM.

10.6.1 随机神经网络

若将 BP 算法中的误差函数看作一种能量函数, 则 BP 算法通过不断调整网络参数使其能量函数按梯度单调下降, 而反馈网络 (霍普菲尔德神经网络) 通过动态演变过程使网络的能量函数沿着梯度单调下降, 在这一点上两类网络的指导思想是一致的. 正因如此, 常常导致网络落入局部极小点而达不到全局最小点, 对于 BP 网络, 局部极小点意味着训练可能不收敛; 对于霍普菲尔德网络, 则得不到期望的最优解. 导致这两类网络陷入局部极小点的原因是: 网络的误差函数或能量函数是具有多个极小点的非线性空间, 而所用的算法却一味追求网络误差或能量函数的单调下降. 也就是说, 算法赋予网络的是只会 "下山" 而不具备 "爬山" 的能力. 如果为具有多个局部极小点的系统打一个形象的比喻, 设想托盘上有一个凸凹不平的多维能量曲面, 若在该曲面上放置一个小球, 它在重力作用下, 将滚入最邻近的一个低谷 (局部最小点) 而无法跳出. 但该低谷不一定就是曲面上最低的那个低谷 (全局最小点). 因此, 局部极小问题只能通过改进算法来解决. 随机神经网络可赋予网络既能 "下坡" 也能 "爬山" 的本领, 因而能有效地克服上述缺陷. 随机网络与其他神经网络相比有两个主要区别:

(1) 在学习阶段, 随机网络不像其他网络那样基于某种确定性算法调整权值, 而是按某种概率分布进行修改.

(2) 在运行阶段, 随机网络不是按某种确定性的网络方程进行状态演变, 而是按某种概率分布决定其状态的转移. 神经元的净输入不能决定其状态取 1 还是取 0, 但能决定其状态取 1 还是取 0 的概率. 这就是随机神经网络算法的基本概念, 图 10.26 为随机网络算法与梯度下降算法区别的示意图.

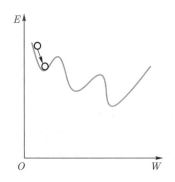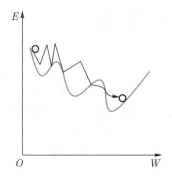

▶ 图 10.26
梯度下降算法与随机网络算法区别的示意图

10.6.2 模拟退火算法

模拟退火算法是随机网络中解决能量局部极小问题的一个有效方法, 其基本思想是模拟金属退火过程, 金属退火过程大致是, 先将物体加热至高温, 使其原子处于高速运动状态, 此时物体具有较高的内能; 然后, 缓慢降温, 随着温度的下降, 原子运动速度减慢, 内能下降; 最后, 整个物体达到内能最低的状态. 模拟退火过程相当于沿水平方向晃动托盘, 温度高则意味着晃动的幅度大, 小球肯定会从任何低谷中跳出, 而落入另一个低谷. 这个低谷的高度 (网络能量) 可能比小球原来所在低谷的高度低 (网络能量下降), 但也可能反而比原来高 (能量上升). 后一种情况的出现, 从局部和当前来看, 这个运动方向似乎是错误的; 但从全局和发展的角度看, 正是由于给小球赋予了 "爬山" 的本事, 才使它有可能跳出局部低谷而最终落入全局低谷. 当然, 晃动托盘的力度要合适, 并且还要由强至弱 (温度逐渐下降), 小球才不致因为有了 "爬山" 的本领而越爬越高.

在随机网络学习过程中, 先令网络权值作随机变化, 然后计算变化后的网络能量函数. 网络权值的修改应遵循以下准则: 若权值变化后能量变小, 则接受这种变化; 否则也不应完全拒绝这种变化, 而是按预先选定的概率分布接受权值的这种变化. 其目的在于赋予网络一定的 "爬山" 能力. 实现这一思想的一个有效方法就是 Metropol et al.[124] 提出的模拟退火算法.

10.6.3 BM

神经网络模型的训练构造通常使用目标函数最小化的优化方式实现. 前述各类前馈神经网络模型的训练构造均从误差最小化的角度设计目标函数, 对此类目标函数进行优化后可保证在训练集上的整体预测误差达到最小且具备一定的泛化能力. 事实上, 还可从系统稳定性角度出发设计目标函数. 由于系统越稳定其能量越低, 故为得到一个稳定的模型输出, 可设计与网络模型相关的能量函数作为网络模型优化的目标函数, 由此实现对神经网络模型的优化求解. BM 便是此类神经网络的代表模型之一. BM 包含可视层与隐含层 (如图 10.27) 所示, 通过可视层神经元完成与外部的信息交互且可视层与隐含层的所有神经元均参与信息处理过程. 该模型的理想效果是获得训练集 D 中样本在模型稳定状态下的输出值.

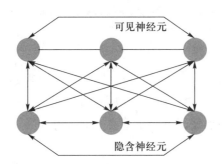

◀ 图 10.27
BM 网络运行图

BM 中所有神经元两两之间均存在信息传递且任意两个神经元之间的连接权重均相等, 若使用 w_{ij} 表示 BM 中的 i 个神经元到第 j 个神经元的连接权重, 则有 $w_{ij} = w_{ji}$, 当 $i=j$ 时有 $w_{ij} = w_{ji} = 0$. BM 中每个神经元的输出信号均限制为 0 或 1, 并且每个神经元的状态取值具有一定的随机性, 即以一定概率输出 0 或 1, 这个概率与该神经元的输入相关.

具体地说, 对于包含 k 个神经元的 BM, 由于其第 j 个神经元的输入数据为其他所有神经元的输出信号, 故该节点的总输入为

$$I_j = \sum_{i=1}^{k} w_{ij} O_i + \theta_j, \tag{10.6.1}$$

其中 O_i 为第 i 个神经元的输出信号, θ_j 为第 j 个神经元所对应的偏置项. 在网络中添加一个取值恒为 1 的第 0 个神经元作为偏置项, 则可将偏置项 θ_j 表示为连接权重 w_{0j}, 则有

$$I_j = \sum_{i=0}^{k} w_{ij} O_i. \tag{10.6.2}$$

此时可将第 j 个神经元的输出信号 O_j 取值为 1 的概率定义为

$$P(O_j = 1) = \frac{1}{1 + \mathrm{e}^{-\frac{I_j}{T}}}, \tag{10.6.3}$$

相应地, 该神经元输出为 0 的概率为

$$P(O_j = 0) = \frac{\mathrm{e}^{-\frac{I_j}{T}}}{1 + \mathrm{e}^{-\frac{I_j}{T}}}. \tag{10.6.4}$$

通常称参数 T 为温度.

BM 所采用能量函数具体形式如下:

$$J\left(w_{ij}, O_i, O_j\right) = -\frac{1}{2} \sum_{i=0}^{k} \sum_{j=0}^{k} w_{ij} O_i O_j. \tag{10.6.5}$$

对于第 j 个节点的输出 O_j:

若 $O_j = 0$, 则对于 $i \leqslant j$, 有 $J\left(w_{ij}, O_i, 0\right) = 0$;

若 $O_j = 1$, 则对于 $i \leqslant j$, 有 $J\left(w_{ij}, O_i, 1\right) = -\frac{1}{2} \sum_{i=0}^{k} w_{ij} O_i = -\frac{1}{2} I_j$.

若满足 $J\left(w_{ij}, O_i, 1\right) > J\left(w_{ij}, O_i, 0\right) = 0$, 则说明 O_j 取 1 时的能量高于 O_j 取 0 时的能量且 $I_j < 0$, 可知 $P\left(O_j = 1\right) < 0.5 < P\left(O_j = 0\right)$, 此时第 j 个神经元以较大概率输出使得网络能量降低的取值, 但仍有可能选择使得网络能量升高的取值.

若满足 $J\left(w_{ij}, O_i, 1\right) < J\left(w_{ij}, O_i, 0\right) = 0$, 则说明 O_j 取 1 时的能量低于 O_j 取 0 时的能量且 $I_j > 0$, 故有 $P\left(O_j = 1\right) > 0.5 > P\left(O_j = 0\right)$, 此时第 j 个神经元倾向于选择使得网络能量更低的取值作为输出.

由以上分析可知, BM 的各神经元均倾向于选择使得网络能量降低的输出值, 故该网络模型的能量函数取值呈现总体下降趋势, 但亦存在能量函数取值上升的可能性. 这样可有效避免网络模型的优化计算陷入局部最优.

用 BM 网络进行联想时, 可通过学习用网络稳定状态的概率来模拟训练集样本的出现概率. 根据学习类型, BM 网络可分为自联想和异联想两种情况 (如图 10.28 所示). 自联想 BM 网络中的可见节点既是输入节点又是输出节点, 隐节点的数目由学习的需要而定, 最少可以为 0. 异联想 BM 网络中的可见节点需按功能分为输入节点组和输出节点组.

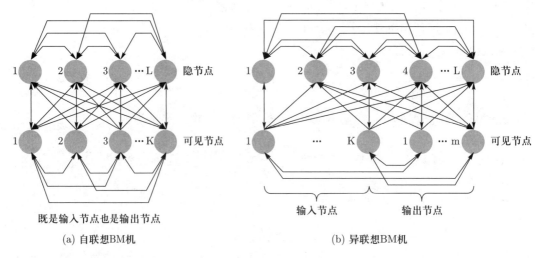

(a) 自联想BM机　　　　　　　　　(b) 异联想BM机

▲ 图 10.28　BM 网络拓扑结构

10.7 深度学习实践

实践代码

本章针对图像数据, 讨论了卷积神经网络、循环神经网络、长短时记忆网络、自编码器等网络的结构和计算过程. 但限于篇幅, 并未讨论视频、文本、自然语言等数据类型中的问题, 也未讨论生成对抗网络、迁移学习、强化学习等比较新的深度学习模型, 请参考邱锡鹏所著《神经网络与深度学习》.

习题

1. 总结卷积神经网络算法的计算过程, 并指出其存在的问题.
2. 当图像尺寸变大 2 倍, 卷积神经网络的参数数量变大几倍? 为什么?
3. 解释批量标准化的意义.
4. 模型的超参数是什么? 它和参数有什么不同? 针对上一节中的程序, 请进行超参数优化.
5. 根据正文中描述的常见卷积神经网络, 请用 PyTorch 或 Keras 构建网络模型并编程实现.

5

集成学习

集成学习 (ensemble learning) 的主核心思想是通过结合多个学习器的预测结果, 以获得比任何单一学习器更好的性能. 集成学习的目标是通过利用多样性和集体智慧来提高模型的泛化能力和鲁棒性, 适用于分类、回归和聚类等各种机器学习任务. 集成学习组合的多个学习器可以是同质的也可以是异质的, 对于数据中的噪声和异常值有更强的鲁棒性, 但更难解释整体模型的决策过程. 集成学习常常被用作提高模型性能的有效手段, 通过与其他机器学习方法结合适应, 可以达到更好的效果. 当单个模型具有不同的优点和缺点, 或者当数据集很大且多样化以及在面对不确定性和复杂任务时, 集成学习通常表现得更为出色.

　　本部分将介绍三种主要的集成学习方法: 随机森林 (random forest)、Boosting 方法 (boosting method) 和模型平均 (model average).

第十一章 随机森林

■ 11.1 简介

回归树和分类树的优点是解释性强且易于计算, 然而就像一个硬币具有两面, 基于单棵树的回归或者分类模型也具有明显的缺陷:

1. 由于模型的简单性及仅用单一的常数作为最终区域的预测值, 从而使得单棵树的回归或分类模型很难具有最优的预测能力[71];

2. 单棵树的预测是不稳定的[125][70], 数据有较小的变动就可能会导致完全不一样的分裂变量和分裂点;

3. 单棵树具有容易遭受选择偏差影响的问题, 即取值多的分类自变量比取值少的分类自变量更容易被选择为分裂变量[126][127][128].

为了克服单一统计模型 (单棵树) 稳定性差 (方差大) 的缺陷, 集成学习方法得到了广泛的研究和发展. 所谓集成学习, 就是指分类 (回归) 器的集成. 集成学习通过构建并结合多个弱学习器来完成学习任务, 一般的方法是先产生一组个体学习器, 再用某种策略将它们结合起来, 常见的结合策略有平均法、投票法和学习法等. 例如 Bagging 方法利用 Bootstrap 方法 (有放回抽样) 对训练集进行抽样, 得到一系列新的训练集, 对每个训练集都构建一棵树, 最后通过平均法、投票法组合所有预测器得到最终的预测模型.

后来, 为了克服单棵树的缺陷及降低每次 Bootstrap 抽样之间的相关性, Breiman[129] 综合以往集成学习的优缺点提出了一种新的集成学习方法——随机森林. 接下来我们将详细介绍随机森林的基本思想、算法步骤及变量重要性评价等内容.

■ 11.2 随机森林基本概况

在引入随机森林这一算法之前, 先考虑与之相关的概念——Bagging. Bagging 是 Bootstrap Aggregating 的缩写.

特别地, 我们考虑每个预测器都是决策树模型的 Bagging 算法. 在 Bagging 算法中, 我们注意到在对训练集 $N_0 = \{(\boldsymbol{X}_1, Y_1), \cdots, (\boldsymbol{X}_n, Y_n)\}$ 进行 Bootstrap 抽样 (样本量为 n) 以获得 M 个新的训练集, 记为 $\{N_m, m = 1, 2, \cdots, M\}$, 鉴于 Bootstrap 抽样的性质, 可以证明新训练集 $N_b, b \in \{1, 2, \cdots, M\}$ 大约只包含原训练集 N_0 的三分之二 (因为一个样本, 经 n 次有放回抽样, 仍未被抽中的概率是 $\lim\limits_{n \to \infty} \left(1 - \dfrac{1}{n}\right)^n = \mathrm{e}^{-1} \approx \dfrac{1}{3}$). 这些未被使用的观测值称为此树的袋外观测值 (out-of-bag, OOB). 袋外观测值构成的集合称为袋外示例.

可以将袋外示例作为对应训练集生成的树的测试集来评估训练的结果, 即可以用所有将第 i 个观测值作为 OOB 的树来预测第 i 个观测值的响应值. 我们可以对这些预测响应值求平均 (回归情况下) 或执行多数投票 (分类情况下), 已得到第 i 个观测值的一个 OOB 预测. 用这种方法可以求出每个观测值的 OOB 预测, 根据这些就可以计算总体的 OOB 均方误差 (对回归问题) 或分类误差 (对分类问题). 由此得到的 OOB 误差是对 Bagging 模型测试误差的有效估计. 我们将应用 OOB 误差来评估随机森林变量的重要性.

随机森林的**基本思想**是: 为了降低单棵树的缺陷及各次抽样间的相关性, 随机森林采用有放回抽样, 每次抽取 n 个样本, 再无放回随机抽取 p 个属性 (自变量) 中的 k(一般取 k 为 $\sqrt{p}$) 个属性, 把这 k 个属性当成新的特征, 并结合因变量和抽取的 n 个样本, 生成一棵回归树或者分类树, 重复这一过程 M 次得到 M 棵回归树或分类树, 随机森林是通过集成上述 M 棵回归树或分类树而成. 通过集成 M 棵树可以有效避免单棵树的不稳定性, 而每一棵树只用 k 个属性代替 p 个属性来建模, 不仅可以有效降低树之间的相关性, 还能提高计算速度和节省计算机内存.

随机森林算法步骤如下:

(1) 从数据集 $(\boldsymbol{X}_1, Y_1), \cdots, (\boldsymbol{X}_n, Y_n)$ 中进行 Bootstrap 抽样 (有放回抽样), 抽取 n 个样本, 得到样本集 N_m;

(2) 利用 N_m 建立一棵决策树, 对于树上的每个节点, 重复以下步骤, 直到节点的样本数达到指定的最小限定值 $n_{\min}$:

a) 从全部 p 个随机变量中随机取 $k(k < p)$ 个;

b) 从这 k 个变量中选取最优分裂变量, 将此节点分裂成两个子节点.

注: 对于分类问题, 构造每棵树时默认使用 $k = \sqrt{p}$ 个随机变量, 节点最小样本数为 1; 对于回归问题, 构造每棵树时默认使用 $k = \dfrac{p}{3}$ 个随机变量, 节点最小样本数为 5.

(3) 重复以上过程 M 次, 得到 M 棵树构成一个随机森林.

(4) 当对新样本进行预测时, 由每个决策树得到一个预测结果, 再进行平均或 "投票" 得出最后的结果. a) 对于回归问题, 最后的预测结果为所有决策树预测值的平均数; b) 对于分类问题, 最终的预测结果为所有决策树预测结果中最多的那类, 即采用 "投票" 得出最后的分类结果.

从随机森林的基本思想和算法可以看出, 随机森林具有以下的**特点**:

(1) 与其他的集成学习如 Bagging 相比, 由于每次只选取 $k(k < p)$ 个预测, 能够有效降低树间的相关性, 从而最大限度地减少预测方差, 提高预测的精度;

(2) 由于每次只用到 k 个自变量, 因此能有效节省计算时间和计算机内存;

(3) 与 Bagging 相比, 随机森林最大的不同就在于自变量子集的规模 k. 若取 $k = p$ 建立随机森林, 则等同于建立 Bagging 树. 因此, Bagging 是随机森林的特例.

变量重要性评估: 与所有集成学习方法一样, 随机森林很难得到自变量 (特征) 与因变量间的一个直接的显式表达关系. 因而, 很难评估自变量的重要性. 考虑到随机森林只用到了部分自变量, Breiman[129] 建议通过如下方式来度量某个特征 X_j 的重要性:

(1) 根据未被抽取样本 OOB 计算随机森林中第 i 棵回归树的袋外误差 e_i;

(2) 随机打乱训练集在变量 X_j 所在列的取值顺序, 并计算新的袋外误差 e_i^j;

(3) 重复步骤直至计算出所有决策树的误差变化, 最后变量 X_j 预测误差的平均变化, 即重要性指标: $V(X_j) = \sum_{i=1}^{M} \left(e_i^j - e_i\right)^2 / M$.

这里袋外误差是指我们使用针对某一棵树的袋外数据得到的预测误差的均值. 因为共有 M 棵树, 故而有 M 个袋外示例. 由上述袋外示例会生成 M 个袋外误差 $e_i(i = 1, 2, \cdots, M)$. 由此可知, 若特征变量 X_j 的变化引起重要性指标增加越大, 精度减少得越多, 则说明该变量越重要.

■ 11.3 随机森林基本理论

在上一节已经详细介绍了随机森林算法的基本思想、算法及与其他集成学习相比的优缺点等, 这一节我们将详细介绍随机森林相关的基本理论. 接下来我们将分别介绍回归树和分类树的基本理论.

11.3.1 回归树基本理论

假设随机森林是通过树的预测 $h(\boldsymbol{X}, \boldsymbol{\Theta})$ 生成的, 其中, $\boldsymbol{\Theta}$ 是 q 维随机向量, $h(\boldsymbol{X}, \boldsymbol{\Theta})$ 是 $\mathbf{R}^{p+q} \to \mathbf{R}$ 上的实值函数. 不妨假设 $(\boldsymbol{X}_1, Y_1), \cdots, (\boldsymbol{X}_n, Y_n)$ 独立同分布地来自 $(\boldsymbol{X}, Y)$, 并定义均方误差为 $E_{\boldsymbol{X}, Y}(Y - h(\boldsymbol{X}, \boldsymbol{\Theta}))^2$.

通过对 M 棵单一回归树 $h(\boldsymbol{X}, \boldsymbol{\Theta}_i)$ 取平均来生成随机森林的预测, 当 $M \to \infty$ 时, 我们可以得到定理 11.1 的结论, 即随机森林预测是均方收敛的.

定理 11.1　随着随机森林中树的数目趋向无穷, 如下结论几乎处处成立:

$$\lim_{M \to \infty} E_{\boldsymbol{X}, Y} \left(Y - \frac{1}{M} \sum_{i=1}^{M} h(\boldsymbol{X}, \boldsymbol{\Theta}_i) \right)^2 \to E_{\boldsymbol{X}, Y} (Y - E_{\boldsymbol{\Theta}} h(\boldsymbol{X}, \boldsymbol{\Theta}))^2.$$

由定理 11.1 可知当树的数目 $M \to \infty$ 时, 随机森林的预测误差趋向于总体预测误差. 接下来我们将推导出随机森林预测误差的上界, 其结果在定理 11.2 中给出.

定理 11.2　假设对所有 $\boldsymbol{\Theta}$, $EY = E_{\boldsymbol{X}}(h(\boldsymbol{X}, \boldsymbol{\Theta}))$, 则如下结论成立:

$$E_{\boldsymbol{X}, Y}[E_{\boldsymbol{\Theta}}(Y - h(\boldsymbol{X}, \boldsymbol{\Theta}))]^2 \leqslant \rho E_{\boldsymbol{\Theta}} \left[E_{\boldsymbol{X}, Y}(Y - h(\boldsymbol{X}, \boldsymbol{\Theta}))^2 \right],$$

其中, ρ 是 $Y - h(\boldsymbol{X}, \boldsymbol{\Theta})$ 和 $Y - h(\boldsymbol{X}, \boldsymbol{\Theta}')$ 间的加权相关系数, $\boldsymbol{\Theta}$ 和 $\boldsymbol{\Theta}'$ 相互独立.

证明

$$E_{\boldsymbol{X}, Y}[E_{\boldsymbol{\Theta}}(Y - h(\boldsymbol{X}, \boldsymbol{\Theta}))]^2 = E_{\boldsymbol{\Theta}} E_{\boldsymbol{\Theta}'} E_{\boldsymbol{X}, Y}(Y - h(\boldsymbol{X}, \boldsymbol{\Theta}))(Y - h(\boldsymbol{X}, \boldsymbol{\Theta}')),$$

$$(11.3.1)$$

式 (11.3.1) 的右边是一个协方差并且可以写成:

$$E_{\boldsymbol{\Theta}} E_{\boldsymbol{\Theta}'}(\rho(\boldsymbol{\Theta}, \boldsymbol{\Theta}') \mathrm{sd}(\boldsymbol{\Theta}) \mathrm{sd}(\boldsymbol{\Theta}')), \qquad (11.3.2)$$

其中, $\mathrm{sd}(\boldsymbol{\Theta}) = \sqrt{E_{\boldsymbol{X}, Y}(Y - h(\boldsymbol{X}, \boldsymbol{\Theta}))^2}$. 加权相关系数的定义为

$$\rho = E_{\boldsymbol{\Theta}} E_{\boldsymbol{\Theta}'}(\rho(\boldsymbol{\Theta}, \boldsymbol{\Theta}') \mathrm{sd}(\boldsymbol{\Theta}) \mathrm{sd}(\boldsymbol{\Theta}')) / (E_{\boldsymbol{\Theta}} \mathrm{sd}(\boldsymbol{\Theta}))^2. \qquad (11.3.3)$$

因此,

$$\begin{aligned} E_{\boldsymbol{X}, Y}[E_{\boldsymbol{\Theta}}(Y - h(\boldsymbol{X}, \boldsymbol{\Theta}))]^2 &= \rho (E_{\boldsymbol{\Theta}} \mathrm{sd}(\boldsymbol{\Theta}))^2 \\ &\leqslant \rho E_{\boldsymbol{\Theta}}[E_{\boldsymbol{X}, Y}(Y - h(\boldsymbol{X}, \boldsymbol{\Theta}))^2]. \end{aligned} \qquad (11.3.4)$$

证毕.　　　　　　　　　　　　　　　　　　　　　　　　　　　　　　□

由定理 11.2 可以看出随机森林预测的准确性取决于单棵树的预测能力及树之间相关性的强弱. 补充一点, 树 $\boldsymbol{\Theta}$ 和 $\boldsymbol{\Theta}'$ 的建立是相互独立的, 但两棵树在拟合数据, 即误差表现 $Y - h(\boldsymbol{X}, \boldsymbol{\Theta})$ 和 $Y - h(\boldsymbol{X}, \boldsymbol{\Theta}')$ 有相关性.

11.3.2 分类树基本理论

假设随机森林是树型分类器 $\{h(\boldsymbol{X}, \boldsymbol{\Theta}_i), i = 1, 2, \cdots, M\}$ 的集合, 其中, $\boldsymbol{X}$ 是预测向量; $\boldsymbol{\Theta}_i$ 是独立同分布的随机向量, 决定了单棵分类树的生成过程; 元分类器 $h(\boldsymbol{X}, \boldsymbol{\Theta}_i)$ 是用 CART[67] 算法构建的无剪枝的分类决策树. 则当 M 趋向无穷时, 对分类树也是收敛的, 即有如下结论:

定理 11.3 随着随机森林中树的数目趋向无穷, 如下结论成立:

$$\lim_{M \to \infty} P_{\boldsymbol{X}, Y}\left(\left[\frac{1}{M}\sum_{i=1}^{M} I\left(h\left(\boldsymbol{X}, \boldsymbol{\Theta}_i\right) = Y\right) - \max_{j \neq Y} \frac{1}{M}\sum_{i=1}^{M} I\left(h\left(\boldsymbol{X}, \boldsymbol{\Theta}_i\right) = j\right)\right] < 0\right)$$

$$\to P_{\boldsymbol{X}, Y}\left(\left[P_{\boldsymbol{\Theta}}(h(\boldsymbol{X}, \boldsymbol{\Theta}) = Y) - \max_{j \neq Y} P_{\boldsymbol{\Theta}}(h(\boldsymbol{X}, \boldsymbol{\Theta}) = j)\right] < 0\right),$$

其中, $I(\cdot)$ 是示性函数.

证明 容易证明, 参数空间 $\boldsymbol{\Theta}_1, \boldsymbol{\Theta}_2, \cdots, \boldsymbol{\Theta}_M$ 上存在一个零概率集合 C, 在 C 之外, 对于所有的 $\boldsymbol{X}$, 有下式成立

$$\frac{1}{M}\sum_{i=1}^{M} I\left(h\left(\boldsymbol{X}, \boldsymbol{\Theta}_i\right) = g\right) \to P_{\boldsymbol{\Theta}}(h(\boldsymbol{X}, \boldsymbol{\Theta}) = g).$$

在一个固定的训练集和参数空间 $\boldsymbol{\Theta}$ 上, 所有满足 $h(\boldsymbol{\Theta}, \boldsymbol{X}) = g$ 的 $\boldsymbol{X}$ 构成的集合是一个超矩形单元. 对于所有 $h(\boldsymbol{\Theta}, \boldsymbol{X})$ 只有有限的 K 个这种超矩阵单元, 记作 $S_1, \cdots, S_K$. 若 $\{\boldsymbol{X} : h(\boldsymbol{\Theta}, \boldsymbol{X}) = g\} = S_g$, 此时定义 $\phi(\boldsymbol{\Theta}) = g$, 并令 N_g 为前 N 次实验中 $\phi(\boldsymbol{\Theta}_i) = g$ 的次数. 那么有

$$\frac{1}{M}\sum_{i=1}^{M} I\left(h\left(\boldsymbol{X}, \boldsymbol{\Theta}_i\right) = g\right) = \frac{1}{M}\sum_{g=1}^{K} N_g I(\boldsymbol{X} \in S_g).$$

再由大数定理可得

$$N_g = \frac{1}{M}\sum_{i=1}^{M} I(\phi(\boldsymbol{\Theta}_i) = g),$$

会收敛到 $P_{\boldsymbol{\Theta}}(\phi(\boldsymbol{\Theta}) = g)$. 对于 g 的某个值, 所有集合的并集都不会发生收敛, 得到一个概率为零的集合 C, 因此在 C 之外有

$$\frac{1}{M}\sum_{i=1}^{M} I\left(h\left(\boldsymbol{X}, \boldsymbol{\Theta}_i\right) = g\right) \to \sum_{g=1}^{K} P_{\boldsymbol{\Theta}}(\phi(\boldsymbol{\Theta}) = g) I(\boldsymbol{X} \in S_g).$$

上式右边即是 $P_{\boldsymbol{\Theta}}(h(\boldsymbol{X}, \boldsymbol{\Theta}) = g)$. 这样我们就证明了定理. □

由定理 11.3可知, 随着随机森林中树数量增加, 模型的分类误差上限趋于一个固定值. 即随机森林不会随着分类树数目的增加而产生过度拟合的问题, 将对未知实例预测提供较好的参考思路和应用性. 类似定理 11.2, 我们将给出随机森林分类误差的一个上界, 为叙述方便, 先给出如下定义:

给定一组分类器 $h(\boldsymbol{X}, \boldsymbol{\Theta}_1), h(\boldsymbol{X}, \boldsymbol{\Theta}_2), \cdots, h(\boldsymbol{X}, \boldsymbol{\Theta}_M)$, 并使用从随机向量 $(\boldsymbol{X}, Y)$ 的分布中随机抽取的训练集, 将边际函数定义为

$$\mathrm{mg}(\boldsymbol{X}, Y) = \frac{1}{M} \sum_{i=1}^{M} I(h(\boldsymbol{X}, \boldsymbol{\Theta}_i) = Y) - \max_{j \neq Y} \frac{1}{M} \sum_{i=1}^{M} I(h(\boldsymbol{X}, \boldsymbol{\Theta}_i) = j),$$

其中, $I(\cdot)$ 是示性函数.

边际函数衡量的是正确分类在 $(\boldsymbol{X}, Y)$ 的平均投票数超过任何其他分类的平均投票数的程度. 差距越大, 对分类的信心就越大. 一般泛化误差由下式给出:

$$\mathrm{PE}^* = P_{\boldsymbol{X}, Y}(\mathrm{mg}(\boldsymbol{X}, Y) < 0).$$

随机森林的边际函数为

$$\mathrm{mg}(\boldsymbol{X}, Y) = P_{\boldsymbol{\Theta}}(h(\boldsymbol{X}, \boldsymbol{\Theta}) = Y) - \max_{j \neq Y} P_{\boldsymbol{\Theta}}(h(\boldsymbol{X}, \boldsymbol{\Theta}) = j).$$

分类器集 $h(\boldsymbol{X}, \boldsymbol{\Theta})$ 的强度定义为

$$s = E_{\boldsymbol{X}, Y} \mathrm{mg}(\boldsymbol{X}, Y).$$

不妨设 $s \geqslant 0$, 由切比雪夫不等式可得下式成立:

$$\mathrm{PE}^* \leqslant \mathrm{Var}(\mathrm{mg}(\boldsymbol{X}, Y))/s^2. \tag{11.3.5}$$

$\mathrm{mg}(\boldsymbol{X}, Y)$ 方差的一个显式表达为:

$$\hat{\jmath}(\boldsymbol{X}, Y) = \arg\max_{j \neq Y} P_{\boldsymbol{\Theta}}(h(\boldsymbol{X}, \boldsymbol{\Theta}) = j),$$

故

$$\mathrm{mg}(\boldsymbol{X}, Y) = P_{\boldsymbol{\Theta}}(h(\boldsymbol{X}, \boldsymbol{\Theta}) = Y) - P_{\boldsymbol{\Theta}}(h(\boldsymbol{X}, \boldsymbol{\Theta}) = \hat{\jmath}(\boldsymbol{X}, Y))$$

$$= E_{\boldsymbol{\Theta}}[I(h(\boldsymbol{X}, \boldsymbol{\Theta}) = Y) - I(h(\boldsymbol{X}, \boldsymbol{\Theta}) = \hat{\jmath}(\boldsymbol{X}, Y))].$$

原始边际函数定义为

$$\mathrm{rmg}(\boldsymbol{\Theta}, \boldsymbol{X}, Y) = I(h(\boldsymbol{X}, \boldsymbol{\Theta}) = Y) - I(h(\boldsymbol{X}, \boldsymbol{\Theta}) = \hat{\jmath}(\boldsymbol{X}, Y)),$$

因此, $\mathrm{mg}(\boldsymbol{X}, Y)$ 是 $\mathrm{rmg}(\boldsymbol{\Theta}, \boldsymbol{X}, Y)$ 关于 $\boldsymbol{\Theta}$ 的期望. 对于任意函数 f, 当 $\boldsymbol{\Theta}, \boldsymbol{\Theta}'$ 独立同分布时, 有下式成立:

$$[E_{\boldsymbol{\Theta}} f(\boldsymbol{\Theta})]^2 = E_{\boldsymbol{\Theta}, \boldsymbol{\Theta}'} f(\boldsymbol{\Theta}) f(\boldsymbol{\Theta}'),$$

即有
$$\mathrm{mg}(\boldsymbol{X}, Y)^2 = E_{\boldsymbol{\Theta}, \boldsymbol{\Theta}'} \mathrm{rmg}(\boldsymbol{\Theta}, \boldsymbol{X}, Y) \mathrm{rmg}(\boldsymbol{\Theta}', \boldsymbol{X}, Y). \tag{11.3.6}$$

再由式 (11.3.2) 可得
$$\mathrm{Var}(\mathrm{mg}(\boldsymbol{X}, Y)) = E_{\boldsymbol{\Theta}, \boldsymbol{\Theta}'}(\mathrm{Cov}_{\boldsymbol{X}, Y}(\mathrm{rmg}(\boldsymbol{\Theta}, \boldsymbol{X}, Y) \mathrm{rmg}(\boldsymbol{\Theta}', \boldsymbol{X}, Y)))$$
$$= E_{\boldsymbol{\Theta}, \boldsymbol{\Theta}'}(\rho(\boldsymbol{\Theta}, \boldsymbol{\Theta}') \mathrm{sd}(\boldsymbol{\Theta}) \mathrm{sd}(\boldsymbol{\Theta}')),$$

其中, $\rho(\boldsymbol{\Theta}, \boldsymbol{\Theta}')$ 是 $\mathrm{rmg}(\boldsymbol{\Theta}, \boldsymbol{X}, Y)$ 和 $\mathrm{rmg}(\boldsymbol{\Theta}', \boldsymbol{X}, Y)$ 间的相关系数, $\mathrm{sd}(\boldsymbol{\Theta})$ 是 $\mathrm{rmg}(\boldsymbol{\Theta}, \boldsymbol{X}, Y)$ 的标准差. 那么,
$$\mathrm{Var}(\mathrm{mg}(\boldsymbol{X}, Y)) = \rho(E_{\boldsymbol{\Theta}} \mathrm{sd}(\boldsymbol{\Theta}))^2 \leqslant \rho E_{\boldsymbol{\Theta}} \mathrm{Var}(\boldsymbol{\Theta}). \tag{11.3.7}$$

其中, ρ 是相关系数的平均值, 即
$$\rho = \frac{E_{\boldsymbol{\Theta}, \boldsymbol{\Theta}'}(\rho(\boldsymbol{\Theta}, \boldsymbol{\Theta}') \mathrm{sd}(\boldsymbol{\Theta}) \mathrm{sd}(\boldsymbol{\Theta}'))}{E_{\boldsymbol{\Theta}, \boldsymbol{\Theta}'}(\mathrm{sd}(\boldsymbol{\Theta}) \mathrm{sd}(\boldsymbol{\Theta}'))}$$

$$E_{\boldsymbol{\Theta}} \mathrm{Var}(\boldsymbol{\Theta}) \leqslant E_{\boldsymbol{\Theta}}(E_{\boldsymbol{X}, Y} \mathrm{rmg}(\boldsymbol{\Theta}, \boldsymbol{X}, Y))^2 - s^2 \leqslant 1 - s^2. \tag{11.3.8}$$

由式 (11.3.7) 及 (11.3.8) 可得到随机森林分类误差的上界.

定理 11.4 随机森林泛化误差的上界由下式给出
$$\mathrm{PE}^* \leqslant \frac{\rho(1 - s^2)}{s^2}.$$

由定理 11.4 可知, 分类错误的上界受随机森林中单个分类器强弱及分类间的相关性影响.

■ 11.4 随机森林实践

实践代码

这里介绍的随机森林是专门基于树的结构提出的集成学习方法, 类似于集成方法 Bagging[134] 和 Boosting, 随机森林的思想也可以推广到其他的统计模型或弱分类器中. Bagging 是利用 bootstrap 抽样来建立单棵树, 但是每次都是利用所有 p 个预测来建立单棵树. 因此, 与 Bagging 相比, 随机森林具有两个明显的优势, 第一, 随机森林只用 k 个特征, 可以节省计算量和计算机内存; 第二, 当预测中存在高度相关的自变量时, 在减少树之间的相关性方面, 随机森林具有明显的优势. 关于集成学习 Bagging 和 Boosting 更多的介绍, 有兴趣的读者可以参考 [70] 和 [71] 两本书.

习题

1. 证明定理 11.1.

2. 集成学习是否可以避免过拟合?

3. 随机森林的不同基决策树模型差异体现在哪些地方?

4. 随机森林和 Bagging 类方法有什么异同?

5. 随机森林的投票方式是怎么样的?

6. 用逻辑斯谛回归代替随机森林中树的分类方法, 并与本章所介绍方法进行比较, 讨论各自方法的优缺点.

7. 模拟或者找一个实际数据 Y 是连续随机变量, X 是随机向量, 分别用 R 软件包 rpart, party 和 RWeka 等运行这一数据并讨论各算法的优缺点.

8. 模拟或者找一个实际数据 Y 是连续随机变量, X 是随机向量, 对这一数据比较 Bagging、Boosting 和随机森林等集成方法的表现, 并总结各自方法的优缺点.

第十二章　Boosting　方　法

Boosting 是另一种集成学习方法, 它通过迭代训练一系列弱学习器, 每个学习器都试图纠正前一个学习器的错误. 在每一轮中, 对之前错误分类的样本增加权重, 使其在下一轮中更受关注. 与随机森林选择随机特征和直接投票不同, Boosting 算法使用所有特征进行训练, 对预测结果进行加权投票.

■ 12.1　简介

如何根据历史数据, 建立精确的预测模型, 是机器学习方法研究的主要目的之一. 例如, 我们拟构建一个可以区分垃圾邮件和正常邮件的电子邮件过滤器. 通常机器学习方法解决此问题的思路如下: 首先收集尽可能多的垃圾电子邮件和非垃圾电子邮件的案例. 然后, 应用已有的机器学习算法对收集到的邮件和其对应的标签进行训练, 建立一个分类准则, 基于已知数据建立的准则可以对新的、未加标签的电子邮件进行自动的分类. 一个自然的期望是建立的分类 (预测) 准则能够对新的电子邮件做出精确的预测.

通常, 建立一个高度准确的预测或分类准则往往是困难的. 但是, 建立系列相对准确、比随机猜测稍好的经验法则就容易实现得多. 对上例的电子邮件问题, 可以建立这样一个简单规则: 如果电子邮件中出现 "立即购买" 的短语, 那么就预测它是垃圾邮件. 一方面, 此规则并不能涵盖所有垃圾邮件; 另一方面, 这一规则显然要好于随机猜测. 对于任何一个遭受过垃圾邮件骚扰的人来说, 一些识别垃圾邮件的规则会迅速在我们脑海中闪现. 例如, 如果邮件里有 "购买" "中奖" 这种词, 那么该邮件很可能就是垃圾邮件. 但是, 根据个人经验总结的规则对于垃圾邮件的正确区分是远远不够的. 一方面, 例如把出现 "购买" 的邮件都划分为垃圾邮件, 其他邮件都视作正常邮件, 那么也会出错. 但是另一方面, 这些规则也并非毫无用处, 至少给我们提供了有价值的信息. 虽然其准确率较低, 但至少比随机猜测的效果要好. 另外, 发现这些 "弱" 的准则也相对容易.

Boosting 方法正是基于这样一种考虑: 找到许多粗糙的、比随机猜测稍好的经验准则要比找到单一的、高度精确的预测规则容易得多. 这些粗糙的、比随机猜测稍好的经验准则或算法, 通常被称为弱学习算法或者基学习算法.

Boosting 算法反复调用这些弱学习算法, 每次让其学习训练样本的不同子集. 更准确地说, 是训练数据的不同分布或权重. 每次调用时, 基学习算法都会生成一个新的弱学习算法 (学习器). 重复建立多个弱学习算法后, Boosting 算法最终将这些弱学习算法 (学习器) 有效组合成最后的强学习算法 (强学习器), 强学习器有望比任何一个弱学习器都准确得多.

因此, Boosting 的**核心思想**就是: 对于一个复杂的任务而言, 有效地综合多个专家的预测进而所得出的新的预测, 要优于其中任何一个专家的单独预测. 即通常所说的 "三个臭皮匠顶个诸葛亮" 的道理.

Boosting 集成学习方法基本流程如图 12.1 所示.

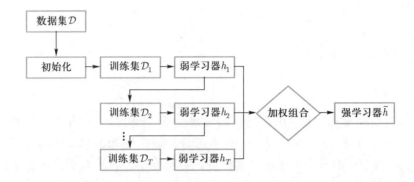

▶ 图 12.1
Boosting 集成学习方法基本流程

当然, 要使上述 Boosting 方法切实可行, 还有以下**两个基本问题**需要解决:

1. 在每一轮训练中, 如何改变训练数据的权值或概率分布;
2. 最终, 如何将所得到的弱分类器组合成为一个强学习器.

关于第 1 个问题, Boosting 算法家族中的代表性算法 AdaBoost 的处理方式是: 提高那些被前一轮弱学习器错误分类样本的权值, 而降低那些被正确分类样本的权值. 这样一来, 那些没有得到正确分类的数据, 由于其权值的加大而受到后一轮弱学习器的更大关注. 于是得到的系列弱学习器之间具有 "互补" 的特点. 至于第 2 个问题, AdaBoost 算法通常采取加权投票的方法. 具体地, 增加分类误差率小的弱学习器的权值, 使其在表决中起较大作用; 减少分类误差率大的弱学习器的权值, 使其在表决中起较小的作用.

12.1.1 Boosting 方法起源

Boosting 方法起源于一个纯理论性的公开问题, 即所谓的 **Boosting 公开问题**.

1984 年, Valiant[135] 在研究概率近似正确 (probably approximately correct, PAC) 学习框架时, 给出了强可学习 (或称可学习) 和弱可学习的概念. 1988 年, Kearns 和 Valiant[136] 在研究 PAC 学习模型时, 针对以上弱可学习与强可学习提出如下公开问题: 是否可以将性能仅略好于随机猜测的弱学习算法 "Boosting" 提升为具有任意精确度的强学习算法? 即 Boosting 公开问题. 此问题非常重要, 因为获得一个弱学习器要比获得一个强学习器要容易得多. 如果该问题的答案是肯定的, 那么任何弱学习器都有可能被提升为强学习器. 这一思想对今后机器学习算法尤其是集成学习的发展产生了深远的影响.

1989 年, Schapire 给出了肯定的答复, 在 PAC 框架下, 强可学习与弱可学习是等价的, 即: 一个概念是强可学习的充要条件是这个概念是弱可学习的. 同时, 他在文章中给出的构造性证明也成为最早的 Boosting 算法[137]. 随后, 在 1990 年, Freund 开发了一个效率更高的且具有某种最优性的 Boosting 算法[138]. Drucker 等人利用这些早期的 Boosting 方法在光学字符识别 (optical character recognition, OCR) 任务上进行了首次实验验证[139]. 然而, 由于上述算法需要提前知晓弱学习器的错误率上界, 这通常在实际应用中是未知的. 因此上述 Boosting 算法并不具备实际应用性.

Freund 与 Schapire 在随后的研究中发现, "Online" 学习与 Boosting 问题之间存在着极大的共性. 他们将其与加权投票的相关研究成果进行融合, 并在 Boosting 问题中进行相应推广, 得到了著名的 AdaBoost 算法. 特别地, 此算法不需要提前预知弱学习器的分类精度等相关的任何先验知识, 在实践中获得了极大成功. 凭借此工作, Freund 和 Schapire 获得了 2003 年度理论计算机的最高奖——哥德尔奖 (Godel prize). AdaBoost 一举成为最具影响力的集成算法之一, 被评为数据挖掘十大算法之一[140].

12.1.2　AdaBoost 算法

1. AdaBoost 通用算法

AdaBoost 算法可以做出非常精准的预测, 其过程却非常简单. 现举例如下:

以二元问题为例, 设 $\mathcal{X}$ 为自变量组成的样本空间, 其中的样本都是从分布 $\mathcal{D}$ 中随机抽取, 且满足独立同分布性; 设 $\mathcal{X}$ 由 $\mathcal{X}_1$、$\mathcal{X}_2$ 和 $\mathcal{X}_3$ 三部分组成, 每个部分占 1/3, 通过随机猜测工作的学习器在这个问题上有 0.5 的分类误差. 我们想在这个问题上得到一个精确的 (例如零误差) 学习器. 可借助的只有一个弱学习器 h_1, 它在样本空间 $\mathcal{X}_1$ 和 $\mathcal{X}_2$ 中有正确的分类, 在 $\mathcal{X}_3$ 有错误的分类. 如何将此弱学习器 h_1 "Boosting" 为强学习器呢?

一个自然的想法就是纠正 h_1 所犯的错误. 首先, 通过 $\mathcal{D}$ 派生出新的分布 $\mathcal{D}_1$. 例如通过提高那些被 h_1 错误学习样本的权值, 降低那些被 h_1 正确预测的样本的权值诱导出新分布 $\mathcal{D}_1$. 显然在 $\mathcal{D}_1$ 上, h_1 的错误被彰显. 然后用 $\mathcal{D}_1$ 训练得到学习器 h_2. 此时得到的学习器 h_2 极有可能也是一个弱学习器. 假设它在 $\mathcal{X}_1$ 和 $\mathcal{X}_3$ 中有正确的预测, 在 $\mathcal{X}_2$ 有错误的预测. 通过以某种适当的方式组合 h_1 和 h_2, 组合的学习器将在 $\mathcal{X}_1$ 中具有正确的预测, 并且可能在 $\mathcal{X}_2$ 和 $\mathcal{X}_3$ 中仍有错误. 类似地, 为了使组合学习器的错误彰显, 我们再次派生出一个新的分布 $\mathcal{D}_2$, 并从 $\mathcal{D}_2$ 训练出新的学习器 h_3, 使 h_3 在 $\mathcal{X}_2$ 和 $\mathcal{X}_3$ 有正确的预测. 最后, 通过组合 h_1、h_2 和 h_3, 就得到一个强学习器, 因为在 $\mathcal{X}_1$、$\mathcal{X}_2$ 和 $\mathcal{X}_3$ 的每个空间中, 至少有两个学习器是正确的.

简而言之, Boosting 方法就是顺序训练一族弱学习器, 并将它们组合以形成强学习器来进行预测. 训练过程中, 让后建立的学习器更多地关注前序学习器的错误预测样本. 通用 Boosting 算法如下:

Boosting 通用算法

输入: 样本权值分布 $\mathcal{D}$;

　　　基学习算法 $\mathcal{L}$;

　　　学习轮数 T.

过程:

　　1. $\mathcal{D}_1 = \mathcal{D}$;　　　　　　　　　　　　% 初始化分布

　　2. **for** $t = 1, 2, \cdots, T$:

　　3. $h_t = \mathcal{L}(\mathcal{D}_t)$;　　　　　　　　　　% 依分布训练弱学习器

　　4. $\mathrm{err}_{\mathcal{D}_t} = P_{\mathcal{D}_t}(h_t(\boldsymbol{X}) \neq Y)$;　　　　% 度量误差

　　5. $\mathcal{D}_{t+1} = \mathrm{Adjust\_Distribution}(\mathcal{D}_t, \mathrm{err}_{\mathcal{D}_t})$;　% 更新分布

　　6. **end**

输出: $\mathcal{H}(\boldsymbol{X}) = \mathrm{Combine\_Outputs}\left(\{h_1(\boldsymbol{X}), \cdots, h_T(\boldsymbol{X})\}\right)$

---

2. AdaBoost 具体算法

对上述 Boosting 通用算法, 将 Adjust_Distribution$(\cdot, \cdot)$ 和 Combine_Outputs $(, \cdots,)$ 取成不同的形式, 则会衍生出各种类型的 Boosting 算法, 如 AdaBoost.M$_1$、AdaBoost.MR、FilterBoost、GentleBoost、GradientBoost、LogitBoost 等, 进而形成庞大的 Boosting 算法族. 我们下面重点介绍 AdaBoost 算法.

假设 $\mathcal{X} \subset \mathbf{R}^{n \times p}$ 是自变量生成的样本空间, $\mathcal{Y}$ 是标签集, 通常假设 $\mathcal{Y} = \{-1, 1\}$. 给定一个二元训练数据集 $\{(\boldsymbol{X}_1, Y_1), (\boldsymbol{X}_2, Y_2), \cdots, (\boldsymbol{X}_n, Y_n)\}$ 每个训练数据由自变量样本与标签组成, 其中 $\boldsymbol{X}_i \in \mathcal{X}$ 为自变量样本空间, $Y_i \in \mathcal{Y}$ 为标签, $i = 1, 2, \cdots, n$. AdaBoost 算法如下.

AdaBoost 算法

输入：训练数据集 $\{(\boldsymbol{X}_1, Y_1), (\boldsymbol{X}_2, Y_2), \cdots, (\boldsymbol{X}_n, Y_n)\}$;

  基学习算法 $\mathcal{L}$;

  学习轮数 T.

过程：

1. $\mathcal{D}_1(\boldsymbol{X}_i) = 1/n$;   % 初始化权重分布
2. **for** $t = 1, 2, \cdots, T$：
3. $h_t(\boldsymbol{X}) = \mathcal{L}(\mathcal{D}, \mathcal{D}_t)$, 且 $h_t(\boldsymbol{X}) : \mathcal{X} \to \{-1, 1\}$;   % 依分布训练输出弱学习器
4. $\mathrm{err}_{\mathcal{D}_t} = \sum_{i=1}^{n} P_{\boldsymbol{X}_i \sim \mathcal{D}_t}(h_t(\boldsymbol{X}_i) \neq Y_i)$;   % 度量误差
5. **if** $\mathrm{err}_{\mathcal{D}_t} \geqslant 0.5$ **then break**
6. $\alpha_t = \dfrac{1}{2} \ln \left(\dfrac{1 - \mathrm{err}_{\mathcal{D}_t}}{\mathrm{err}_{\mathcal{D}_t}} \right)$;   % 计算弱学习器 h_t 的权重
7. $\mathcal{D}_{t+1}(\boldsymbol{X}_i) = \dfrac{\mathcal{D}_t(\boldsymbol{X}_i)}{Z_t} \exp(-\alpha_t Y_i h_t(\boldsymbol{X}_i))$, 其中

   $Z_t = \sum_{i=1}^{n} \mathcal{D}_t(\boldsymbol{X}_i) \exp(-\alpha_t Y_i h_t(\boldsymbol{X}_i))$;   % 更新分布, Z_t 为规范化因子
8. **end**

输出：$\mathcal{H}(\boldsymbol{X}) = \mathrm{sign} \left(\sum_{t=1}^{T} \alpha_t h_t(\boldsymbol{X}) \right)$

注 12.1   上述算法通常被称为"离散型 AdaBoost", 因为弱学习器 $h_t(\boldsymbol{X})$ 返回离散的标签. 若弱学习器返回的预测值为连续实数, 则可以对 AdaBoost 做恰当的修改, 参见文献 [141]. 此外, 上述算法中的关键量 h_t 和 α_t 的选取原理将在下一章给出具体的解释.

注 12.2   对上述 AdaBoost 算法做一些简单说明：

(1) 为保证第 1 步能够输出基本学习器 $h_1(\boldsymbol{X})$, 我们需要假设原始训练数据具有已知的权值分布. 为简单起见, 通常假定训练数据具有均匀分布.

(2) 根据已有的符号表示, 可以将训练数据权值的分布写成如下形式：

$$\mathcal{D}_t = (w_1^{(t)}, w_2^{(t)}, \cdots, w_i^{(t)}, \cdots, w_n^{(t)}), \quad t = 1, 2, \cdots, T, \tag{12.1.1}$$

其中, $w_i^{(1)} = \dfrac{1}{n}$, $i = 1, 2, \cdots, n$.

(3) 计算基本学习器 $h_t(\boldsymbol{X})$ 在分布为 $\mathcal{D}_t$ 的训练数据集上的误差率：

$$\mathrm{err}_{\mathcal{D}_t} = \sum_{i=1}^{n} P_{\boldsymbol{X}_i \sim \mathcal{D}_t}(h_t(\boldsymbol{X}_i) \neq Y_i) = \sum_{h_t(\boldsymbol{X}_i) \neq Y_i} w_i^{(t)}. \tag{12.1.2}$$

此式表明弱学习器 $h_t(\boldsymbol{X})$ 在加权训练数据集上的分类误差等于被 $h_t(\boldsymbol{X})$ 误分的样本权值之和.

(4) 上述算法给出弱学习器的系数表达式为

$$\alpha_t = \frac{1}{2} \ln \left(\frac{1 - \mathrm{err}_{\mathcal{D}_t}}{\mathrm{err}_{\mathcal{D}_t}} \right). \tag{12.1.3}$$

显然当 $\mathrm{err}_{\mathcal{D}_t} \leqslant 0.5$ 时, 其系数 $\alpha_t \geqslant 0$, 且 α_t 为 $\mathrm{err}_{\mathcal{D}_t}$ 的减函数. 所以误差率 $\mathrm{err}_{\mathcal{D}_t}$ 越小的学习器其权重 α_t 就越大.

(5) 根据算法中的第 7 个式子以及式 (12.1.1) 可知, 更新权值分布可以写成

$$w_i^{(t+1)} = \frac{w_i^{(t)}}{Z_t} \exp(-\alpha_t Y_i h_t(\boldsymbol{X}_i)) = \begin{cases} \dfrac{w_i^{(t)}}{Z_t} \mathrm{e}^{-\alpha_t}, & h_t(\boldsymbol{X}_i) = Y_i, \\[2ex] \dfrac{w_i^{(t)}}{Z_t} \mathrm{e}^{\alpha_t}, & h_t(\boldsymbol{X}_i) \neq Y_i. \end{cases} \tag{12.1.4}$$

其中

$$\begin{aligned} Z_t &= \sum_{i=1}^{n} \mathcal{D}_t(\boldsymbol{X}_i) \exp(-\alpha_t Y_i h_t(\boldsymbol{X}_i)) \\ &= \sum_{i=1}^{n} w_i^{(t)} \exp(-\alpha_t Y_i h_t(\boldsymbol{X}_i)) \\ &= \sum_{Y_i = h_t(\boldsymbol{X}_i)} w_i^{(t)} \mathrm{e}^{-\alpha_t} + \sum_{Y_i \neq h_t(\boldsymbol{X}_i)} w_i^{(t)} \mathrm{e}^{\alpha_t}. \end{aligned} \tag{12.1.5}$$

式 (12.1.4) 说明, 若样本 $\boldsymbol{X}_i$ 被正确学习, 即 $h_t(\boldsymbol{X}_i) = Y_i$, 则其权重会减小; 若 $\boldsymbol{X}_i$ 被错误学习, 即 $h_t(\boldsymbol{X}_i) \neq Y_i$, 则其权重会增大. 这样, 误分学习样本在下一轮学习中就会受到基学习器的更大关注而起到更大作用.

(6) 记

$$\widetilde{h}_T(\boldsymbol{X}) = \sum_{t=1}^{T} \alpha_t h_t(\boldsymbol{X}), \tag{12.1.6}$$

则 AdaBoost 的最后输出结果为

$$\mathcal{H}(\boldsymbol{X}) = \mathrm{sign}\left(\sum_{t=1}^{T} \alpha_t h_t(\boldsymbol{X}) \right). \tag{12.1.7}$$

此式表明对于任何数据的分类采用加权投票表决的方法, 其中 $\mathcal{H}(\boldsymbol{X})$ 的符号决定数据 $\boldsymbol{X}$ 的类. 需要注意的是, 基本学习器 $h_t(\boldsymbol{X})$ 的系数 α_t 未必具有归一性.

(7) AdaBoost 具备以下两个特点:

(a) AdaBoost 不更新训练数据, 只是不断更新训练数据的权值分布, 使得训练数据在基本分类器的学习中起不同的作用.

(b) AdaBoost 最终分类器 $\widetilde{h}_T(\boldsymbol{X})$ 的构成是利用基本分类器 $h_t, t = 1, 2, \cdots, T$ 的线性组合构建, 因而可视其为加法模型.

12.1.3 AdaBoost 实例

例 12.1 给定如表 12.1 所示训练数据. 假设弱学习器 (或称阈值函数) 由 $X < v$ 或 $X \geqslant v$ 产生, 其阈值 v 使该学习器在训练数据集上分类误差率最低. 试用 AdaBoost 算法学习一个强学习器.

序号	1	2	3	4	5	6	7	8	9	10
X	1	2	3	4	5	6	7	8	9	10
Y	1	1	1	−1	1	−1	−1	1	−1	−1

◀ 表 12.1
训练数据表

解 初始化数据权值分布

$$\mathcal{D}_1 = (w_1^{(1)}, w_2^{(1)}, \cdots, w_n^{(1)}),$$

$$w_i^{(1)} = 0.1, \quad i = 1, 2, \cdots, 10.$$

1. 对 $t = 1$:

(1) 在权值分布为 $\mathcal{D}_1$ 的训练数据上, 阈值 v 取 3.5 时分类误差率最低, 故基本分类器为

$$h_1(X) = \begin{cases} 1, & X < 3.5, \\ -1, & X \geqslant 3.5. \end{cases}$$

(2) $h_1(X)$ 在训练数据集上的误差率: $\mathrm{err}_{\mathcal{D}_1} = \sum_{i=1}^{n} P_{X_i \sim \mathcal{D}_t}(h_1(X_i) \neq Y_i) = 0.2.$

(3) 计算 $h_1(X)$ 的系数: $\alpha_1 = \dfrac{1}{2} \ln \dfrac{1 - \mathrm{err}_{\mathcal{D}_1}}{\mathrm{err}_{\mathcal{D}_1}} = 0.6931.$

(4) 更新训练数据的权值分布:

$$\mathcal{D}_2 = (w_1^{(2)}, w_2^{(2)}, \cdots, w_n^{(2)}),$$

$$w_i^{(2)} = \frac{w_i^{(1)}}{Z_1} \exp(-\alpha_1 Y_i h_1(X_i)), i = 1, 2, \cdots, 10,$$

$$\mathcal{D}_2 = (0.0625, 0.0625, 0.0625, 0.0625, 0.2500, 0.0625,$$

$$0.0625, 0.2500, 0.0625, 0.0625),$$

$$\widetilde{h}_1(X) = 0.6931h_1(X).$$

分类器 $\mathrm{sign}(\widetilde{h}_1(X))$ 在训练数据集上有 2 个误分类点.

2. 对 $t = 2$:

(1) 在权值分布为 $\mathcal{D}_2$ 的训练数据上, 阈值 v 是 8.5 时分类误差率最低, 基本分类器为

$$h_2(X) = \begin{cases} 1, & X < 8.5, \\ -1, & X \geqslant 8.5. \end{cases}$$

(2) $h_2(X)$ 在训练数据集上的误差率 $\mathrm{err}_{\mathcal{D}_2} = 0.1875$.

(3) 计算 $\alpha_2 = 0.7332$.

(4) 更新训练数据权值分布:

$$\mathcal{D}_3 = (0.0385, 0.0385, 0.0385, 0.1667, 0.1539, 0.1667,$$

$$0.1667, 0.1539, 0.0385, 0.0385),$$

$$\widetilde{h}_2(X) = 0.6931h_1(X) + 0.7332h_2(X).$$

分类器 $\mathrm{sign}(\widetilde{h}_2(X))$ 在训练数据集上有 3 个误分类点.

3. 对 $t = 3$:

(1) 在权值分布为 $\mathcal{D}_3$ 的训练数据上, 阈值 v 是 5.5 时分类误差率最低, 基本分类器为

$$h_3(X) = \begin{cases} 1, & X < 5.5, \\ -1, & X \geqslant 5.5. \end{cases}$$

(2) $h_3(X)$ 在训练数据集上的误差率 $\mathrm{err}_{\mathcal{D}_3} = 0.3206$.

(3) 计算 $\alpha_3 = 0.3755$.

(4) 更新训练数据权值分布:

$$\mathcal{D}_4 = (0.028, 0.028, 0.028, 0.260, 0.113, 0.123,$$

$$0.123, 0.240, 0.028, 0.028),$$

$$\widetilde{h}_3(X) = 0.4236h_1(X) + 0.6496h_2(X) + 0.3755h_3(X).$$

分类器 $\mathrm{sign}(\widetilde{h}_3(X))$ 在训练数据集上有 0 个误分类点.

于是最终分类器为

$$\mathcal{H}(X) = \mathrm{sign}(\widetilde{h}_3(X)) = \mathrm{sign}\{0.4236h_1(X) + 0.6496h_2(X) + 0.3755h_3(X)\}.$$

12.2　AdaBoost 算法的误差分析

12.2.1　AdaBoost 算法的训练误差

AdaBoost 最基本的理论性质涉及其减少训练误差的能力, 即训练集上的误差率. Freund 和 Schapire 给出了误差界[142]:

定理 12.1　若 AdaBoost 在每一轮迭代中生成弱分类器 h_t 的误差率是 $\mathrm{err}_{\mathcal{D}_t}$, $t = 1, 2, \cdots, T$, 则最终分类器 $\mathcal{H}(\boldsymbol{X})$ 的训练误差率

$$\mathrm{err}_{\mathcal{D}} = \sum_{i=1}^{n} P_{\boldsymbol{X}_i \sim \mathcal{D}}\left(\mathcal{H}(\boldsymbol{X}_i) \neq Y_i\right)$$

满足

$$\mathrm{err}_{\mathcal{D}} \leqslant 2^T \prod_{t=1}^{T} \sqrt{\mathrm{err}_{\mathcal{D}_t}(1 - \mathrm{err}_{\mathcal{D}_t})}.$$

此定理的证明具有一定的技巧性与特殊性, 因而在后续研究中极少被采用. 随后 Schapire 和 Singer 进行了更深入研究[143], 得到如下结论:

定理 12.2　AdaBoost 算法最终分类器的训练误差满足

$$\frac{1}{n}\sum_{i=1}^{n} I(\mathcal{H}(\boldsymbol{X}_i) \neq Y_i) \leqslant \frac{1}{n}\sum_{i=1}^{n} \exp(-Y_i \widetilde{h}_T(\boldsymbol{X}_i)) = \prod_{t=1}^{T} Z_t, \qquad (12.2.1)$$

其中 $I()$ 是示性函数, Z_t, $\widetilde{h}_T(\boldsymbol{X})$ 和 $\mathcal{H}(\boldsymbol{X})$ 分别见式 (12.1.5), (12.1.6) 和 (12.1.7).

证明　当 $\widetilde{h}_T(\boldsymbol{X}_i) \neq Y_i$ 时, $Y_i \widetilde{h}_T(\boldsymbol{X}_i) < 0$, 因而 $\exp(-Y_i \widetilde{h}_T(\boldsymbol{X}_i)) \geqslant 1$. 由此可知 (12.2.1) 的不等式成立.

下面证明 (12.2.1) 中等式是成立的. 首先, 由式 (12.1.4) 可知:

$$w_i^{(t)} \exp(-\alpha_t Y_i h_t(\boldsymbol{X}_i)) = Z_t w_i^{(t+1)} \quad i = 1, 2, \cdots, n.$$

根据上式得到:

$$\begin{aligned}
\frac{1}{n}\sum_{i=1}^{n} \exp(-Y_i \widetilde{h}_T(\boldsymbol{X}_i)) &= \frac{1}{n}\sum_{i=1}^{n} \exp\left(-\sum_{t=1}^{T} \alpha_t Y_i h_t(\boldsymbol{X}_i)\right) \\
&= \sum_{i=1}^{n} w_i^{(1)} \prod_{t=1}^{T} \exp\left(-\alpha_t Y_i h_t(\boldsymbol{X}_i)\right) \\
&= Z_1 \sum_{i=1}^{n} w_i^{(2)} \prod_{t=2}^{T} \exp\left(-\alpha_t Y_i h_t(\boldsymbol{X}_i)\right)
\end{aligned}$$

$$= Z_1 Z_2 \sum_{i=1}^{n} w_i^{(3)} \prod_{t=3}^{T} \exp\left(-\alpha_t Y_i h_t(\boldsymbol{X}_i)\right)$$

$$= \cdots$$

$$= Z_1 Z_2 \cdots Z_{T-1} \sum_{i=1}^{n} w_i^{(T)} \exp\left(-\alpha_T Y_i h_T(\boldsymbol{X}_i)\right).$$

$$(12.2.2)$$

再由式 (12.1.5) 中 Z_t 的定义可知:

$$Z_T = \sum_{i=1}^{n} w_i^{(T)} \exp\left(-\alpha_T Y_i h_T(\boldsymbol{X}_i)\right), \tag{12.2.3}$$

证毕. □

注 12.3 (1) 定理 12.2的左边是训练误差, 右边是所有归一化因子 Z_t ($t = 1, 2, \cdots, T$) 的乘积. 通过上式可以知道, 要想得到对训练样本拟合精度高的强学习器, 需要选择弱学习器 $h_t(\boldsymbol{X})$ 以及其权值 α_t, 使 $\prod_{t=1}^{T} Z_t$ 最小化. 虽然上式给出的是相对松弛的训练误差界, 但因其更好的解释性和可操作性, 可得到更广泛的应用.

(2) 要实现 $\prod_{t=1}^{T} Z_t$ 的最小化, 每加入一个新的弱学习器, 都可能要修改已有弱学习器的集成方式, 其复杂度太高. AdaBoost 的思想是不改变已有预测准则的形式, 以线性加和的方式加入新的弱学习器, 只最小化当前迭代的归一化因子 Z_t.

定理 12.3

$$\prod_{t=1}^{T} Z_t = 2^T \prod_{t=1}^{T} \sqrt{\operatorname{err}_{\mathcal{D}_t}(1 - \operatorname{err}_{\mathcal{D}_t})} = \prod_{t=1}^{T} \sqrt{1 - 4\gamma_t^2} \leqslant \exp\left(-2\sum_{t=1}^{T} \gamma_t^2\right), \tag{12.2.4}$$

其中 $\gamma_t = \dfrac{1}{2} - \operatorname{err}_{\mathcal{D}_t}$, 称为 h_t 的边界 (edge).

本定理证明过程略, 感兴趣的读者可参考文献 [144].

推论 12.1 若存在 $\gamma > 0$, 对所有 t 有 $\gamma_t \geqslant \gamma$, 则

$$\frac{1}{n} \sum_{i=1}^{n} I(\mathcal{H}(\boldsymbol{X}_i) \neq Y_i) \leqslant \exp(-2T\gamma^2). \tag{12.2.5}$$

因为 $\operatorname{err}_{\mathcal{D}_t} = \dfrac{1}{2} - \gamma_t$, 说明边界 γ_t 度量第 t 个弱学习器 h_t 的误差率比随机猜测的错误率好.

此推论告诉我们这样一个事实：只要弱学习器的学习能力比随机猜测稍好 $(\gamma_t = \frac{1}{2} - \text{err}_{\mathcal{D}_t} \geqslant \gamma > 0)$，那么通过 AdaBoost 输出的强学习器 $\mathcal{H}$ 的训练误差就是随着轮数 T 呈指数下降的. 例如令 $\gamma = 0.1$，即所有弱学习器的误差率不超过 0.4，则上式表明强预测准则 $\mathcal{H}$ 的训练误差率至多是

$$\left(\sqrt{1 - 4 \times 0.1^2}\right)^T \approx (0.9798)^T.$$

但其实 AdaBoost 算法及其分析并不需要知道这个下界 γ，而且能适应弱学习器各自的训练误差率，由此获得了自适应 Boosting 的名称，即 AdaBoost (Ada 是 Adaptive 的简写). 如果某些 γ_t 很大，那么训练误差界的减少将会更大.

此外，通过此推论可知：若想使训练误差率 $\text{err}_{\mathcal{D}} \leqslant \varepsilon$，则可让训练轮数 T 为

$$\frac{1}{2\gamma^2} \ln \frac{1}{\varepsilon}.$$

上述式子说明可以通过有限个学习器就可以使得训练误差足够小.

12.2.2 AdaBoost 算法的泛化误差

定理 12.1, 12.2 和 12.3 讨论了 AdaBoost 算法训练误差的下界. 然而，在机器学习中我们真正关心的是它在测试数据上的泛化能力. 事实上，任一种能够降低训练误差的算法不一定有资格作为 Boosting 算法. Boosting 算法是一种可以使泛化误差 (generalization error) 任意接近零的算法. 直观来说，它是一种对测试数据具有接近完美的预测能力的学习算法. 当然，以上结论的成立需要对算法提供合理规模的训练样本，所使用的弱学习算法也一直有比随机猜测好的弱学习器.

许多实验都表明 AdaBoost 算法在迭代次数很高时似乎并不容易出现过拟合. 特别地，在训练误差率降到零以后，继续增大学习轮数 T，AdaBoost 的测试误差率在某种程度上仍在降低. 例如，Schapire 绘制了效果曲线，如图 12.2(a) 所示. 对于 AdaBoost 算法，在最初几轮训练误差率已降至零后的很长一段时间内，测试误差率仍持续降低. 从表面上看，随着更多子分类器的加入，集成分类器形式趋于复杂，分类精度却仍在提高，似乎违背了科学研究中的"奥卡姆剃刀"原理. 因此，如何解释 AdaBoost 为什么不容易过拟合成为了 AdaBoost 算法中最迷人的理论问题，吸引了大量关注.

为了解释这一现象，分析 AdaBoost 算法的强泛化能力，Schapire 将统计学习中分类间隔 (例如支持向量机中定义的间隔) 的相关分析理论引入 AdaBoost 算法[145]. 由此，Schapire et al. 指出，AdaBoost 之所以没有过拟合，是

因为在训练误差达到零后, 强分类器随着学习轮数增加, 其间隔还在增大, 因而泛化误差仍在减小. 这也成了目前最流行的分析方法.

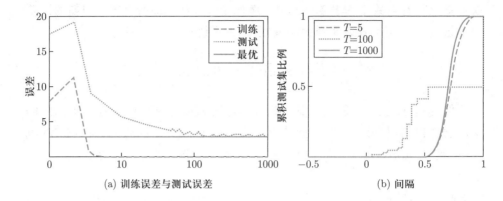

► 图 12.2
AdaBoost 的间隔解释

(a) 训练误差与测试误差　　　　(b) 间隔

根据泛化误差依赖于最小间隔 θ 的值. 我们可以最大化最小间隔来得到更紧的泛化误差. 这也正是 Breiman 设计 Arc-gv 算法的主要思想. 在每轮迭代中, Arc-gv 根据上述思想更新 α_t 形式如下:

$$\alpha_t = \frac{1}{2} \ln \left(\frac{1 + \gamma_t}{1 - \gamma_t} \right) - \frac{1}{2} \ln \left(\frac{1 + \theta_t}{1 - \theta_t} \right),$$

其中 $\gamma_t = \frac{1}{2} - \mathrm{err}_{\mathcal{D}_t}$, θ_t 是截止当前学习轮次的组合分类器的最小间隔.

与 AdaBoost 相比, Arc-gv 能够得到更大的最小分类间隔以及更好的分类间隔分布. 而且, 基于间隔理论, Breiman 给出了更紧的泛化误差界[146].

按照理论分析, Arc-gv 具有更强的泛化能力, Arc-gv 应当比 AdaBoost 性能好. 然而 Breiman 在实验中发现: 尽管 Arc-gv 能够得到比 AdaBoost 更大的最小间隔, 但 Arc-gv 的测试误差率却总是高于 AdaBoost. 因此, Breiman 对 Schapire 的间隔分析理论提出了质疑, 使得 AdaBoost 的间隔分析方法受到了极大的挑战.

随后的几年, 虽然有诸多学者给出了 AdaBoost 更紧致的泛化误差界, 并指出其实是分类间隔分布影响着 AdaBoost 的泛化误差界. 但是关于 Breiman 的质疑, 都没有给出正面回答. 七年后, Reyzin 和 Schapire 发现了一个有趣的现象. 考虑到泛化误差界与间隔 θ、学习轮数 T 以及子学习器的复杂度相关, 因此为了研究间隔的影响, 需要固定另外的两个因素. Breiman 在比较 Arc-gv 和 AdaBoost 时, 在实验中以 CART 为弱分类器, 通过固定叶节点数目来控制弱分类器复杂度. 然而, Reyzin 和 Schapire 却进一步发现, 当叶节点数目相同时, Arc-gv 与 AdaBoost 生成的决策树有着很大的不同[147]. Arc-gv 生成的树通常拥有较大的深度, 而 AdaBoost 生成的树则宽度较大. 一般情况下, 更深的决策树由于进行了更多分裂, 可能具有更大的模型复杂度. 在这种情况下比较 Arc-gv 与 AdaBoost 有失公平. Reyzin 和 Schapire 重新进行了 Breiman 的实验, 但使用复杂度相同的决策树作为基分类器. 此时, AdaBoost 比 Arc-gv 的间隔分布要优. 虽然 Reyzin 和 Schapire 指出分类间隔分布是影响算法泛化能力的关键, 但并没有给出比 Breiman 更紧致地泛化误差界.

为彻底解决此类问题, 需要通过分类间隔分布给出 AdaBoost 算法更紧致的泛化误差界. 而且, 要想正面回答 Breiman 的问题, 这个泛化误差界应该比 Breiman 给出的基于最小分类间隔的泛化误差界更紧致. 也就是说, 是分类间隔分布, 而不是最小分类间隔决定了算法的泛化能力. 2008 年, 王立威等构造了一种与分类间隔分布有关, 与最小分类间隔几乎无关的平衡分类间隔 (equilibrium margin, Emargin), 给出了基于平衡分类间隔更紧致的 Emargin 界[148]. 通过实验证明: 与 Arc-gv 相比, AdaBoost 有着更大的平衡分类间隔以及更低的测试误差率, 实现了实验测试与理论分析结果的一致. 但是证明过程中考虑了比 Breiman 和 Schapire 模型更多的信息, 因而无法直接说明平衡分类间隔比最小间隔更本质.

为更进一步解决这个问题, 2013 年, 周志华进行了更深入的研究[149]. 首先, 他们引入了第 k 间隔界 (the kth margin bound), 并且研究其与最小间隔界与 Emargin 界的关系. 然后, 通过改进 Bernstein 界最终给出了更好的泛化误差界. 总之, 周志华他们的研究结果不仅正面回答了 Breiman 的疑问, 合理解释了 AdaBoost 不会过拟合的原因, 而且进一步巩固了间隔分析理论知识结构.

■ 12.3 AdaBoost 算法原理探析

AdaBoost 算法最初的方法融合了 "Online" 学习与加权投票的思想, 但随着研究的深入, 不同学者从不同的视域提出了各种新的理论模型, 越来越多地将 Boosting 算法设计与优化理论联系起来, 从不同的视角解释 AdaBoost 算法的原理和有效性. 这些不同的视域分析也为新算法的设计提供了更广阔的思路. 本章将分别从几种主流的视域对 AdaBoost 算法进行分析, 并对其算法的原理进行讨论.

12.3.1 损失函数最小化视域

多数统计与机器学习问题都可视为对目标函数或者损失函数的优化. 例如, 最简单的一元线性回归问题. 给定样本 $\{(\boldsymbol{X}_1, Y_1), \cdots, (\boldsymbol{X}_n, Y_n)\}$. 最小二乘估计的目标是找到参数 $\boldsymbol{\beta} = (\beta_1, \beta_2)^{\mathrm{T}}$, 使其最小化残差平方和

$$\mathrm{RSS}(\boldsymbol{\beta}) = \sum_{i=1}^{n} \left(Y_i - \beta_1 - \boldsymbol{X}_i^{\mathrm{T}} \beta_2 \right)^2,$$

其中, $\mathrm{RSS}(\boldsymbol{\beta})$ 就是损失函数. 许多其他方法, 如神经网络、最大似然估计、支持向量机、逻辑斯谛回归等, 都可视为某种程度下的目标函数优化问题.

现在的问题是: AdaBoost 是否也可视为是最优化目标函数的过程? 后面的研究表明, AdaBoost 确实可视为优化某种损失函数的一种算法.

1. 指数损失函数

那么 AdaBoost 关联的损失函数如何定义呢? 我们前面得到分类器的误差率为

$$\frac{1}{n} \sum_{i=1}^{n} I(\mathcal{H}(\boldsymbol{X}_i) \neq Y_i), \tag{12.3.1}$$

那么 AdaBoost 算法就是最小化 (12.3.1) 所示的目标函数吗? 其实并不是, 而是最小化式 (12.3.1) 的一个上界. 因为 $\mathcal{H}(\boldsymbol{X}) = \mathrm{sign}(\widetilde{h}_T(\boldsymbol{X}))$, 则

$$\frac{1}{n} \sum_{i=1}^{n} I(\mathcal{H}(\boldsymbol{X}_i) \neq Y_i) = \frac{1}{n} \sum_{i=1}^{n} I(\mathrm{sign}(\widetilde{h}_T(\boldsymbol{X}_i)) \neq Y_i) = \frac{1}{n} \sum_{i=1}^{n} I(\widetilde{h}_T(\boldsymbol{X}_i) Y_i \leqslant 0). \tag{12.3.2}$$

利用 $I(x \leqslant 0) \leqslant \mathrm{e}^{-x}$, 则知误差率上界可取为

$$\mathscr{L}_{\exp}(\widetilde{h}|\mathcal{D}) = E_{\boldsymbol{X} \sim \mathcal{D}}(\mathrm{e}^{-Y\widetilde{h}_T(\boldsymbol{X})}), \tag{12.3.3}$$

其中, $Y\widetilde{h}_T(\boldsymbol{X})$ 称为假定问题的分类间隔.

要使上述损失函数达到最小, 关键要解决以下两个问题:

(1) 如何确定一系列的弱学习器 h_t?

(2) 如何确定合适的权重 α_t?

利用式 (12.1.6) 可知, 只需求

$$\mathscr{L}_{\exp}(\alpha_t h_t|\mathcal{D}_t) = E_{\boldsymbol{X} \sim \mathcal{D}_t}(\mathrm{e}^{-Y\alpha_t h_t}) \tag{12.3.4}$$

在分布 $\mathcal{D}_t$ 下关于权重 α_t 和学习器 h_t 的最小值.

$$\begin{aligned}
&E_{\boldsymbol{X} \sim \mathcal{D}_t}(\mathrm{e}^{-Y\alpha_t h_t}) \\
={}&E_{\boldsymbol{X} \sim \mathcal{D}_t}[\mathrm{e}^{-\alpha_t} I(Y = h_t(\boldsymbol{X})) + \mathrm{e}^{\alpha_t} I(Y \neq h_t(\boldsymbol{X}))] \\
={}&\mathrm{e}^{-\alpha_t} P_{\boldsymbol{X} \sim \mathcal{D}_t}(Y = h_t(\boldsymbol{X})) + \mathrm{e}^{\alpha_t} P_{\boldsymbol{X} \sim \mathcal{D}_t}(Y \neq h_t(\boldsymbol{X})) \\
={}&\mathrm{e}^{-\alpha_t}(1 - \mathrm{err}_{\mathcal{D}_t}) + \mathrm{e}^{\alpha_t} \mathrm{err}_{\mathcal{D}_t}, \tag{12.3.5}
\end{aligned}$$

其中 $\mathrm{err}_{\mathcal{D}_t} = P_{\boldsymbol{X} \sim \mathcal{D}_t}(Y \neq h_t(\boldsymbol{X}))$. 为得到最优 α_t, 将指数损失函数求导令其为零, 则

$$\frac{\partial \mathscr{L}_{\exp}(\alpha_t h_t | \mathcal{D}_t)}{\partial \alpha_t} = -\mathrm{e}^{-\alpha_t}(1 - \mathrm{err}_{\mathcal{D}_t}) + \mathrm{e}^{\alpha_t}\mathrm{err}_{\mathcal{D}_t} = 0, \tag{12.3.6}$$

解得

$$\alpha_t = \frac{1}{2}\ln\left(\frac{1 - \mathrm{err}_{\mathcal{D}_t}}{\mathrm{err}_{\mathcal{D}_t}}\right). \tag{12.3.7}$$

这正是 AdaBoost 算法中计算 α_t 的方法. 下面讨论 h_t 的选取.

假设已获得了一系列弱学习器并知其权重, 则组合形成 $\widetilde{h}_{t-1}$. 关于 h_t 的理想选择就是纠正 $\widetilde{h}_{t-1}$ 的错误, 最小化指数损失函数

$$\begin{aligned}
&\mathscr{L}_{\exp}(\widetilde{h}_{t-1} + h_t | \mathcal{D}) \\
&= E_{\boldsymbol{X} \sim \mathcal{D}}[\mathrm{e}^{-Y(\widetilde{h}_{t-1}(\boldsymbol{X}) + h_t(\boldsymbol{X}))}] \\
&= E_{\boldsymbol{X} \sim \mathcal{D}}[\mathrm{e}^{-Y\widetilde{h}_{t-1}(\boldsymbol{X})} \cdot \mathrm{e}^{-Yh_t(\boldsymbol{X})}].
\end{aligned} \tag{12.3.8}$$

对 $\mathrm{e}^{-Yh_t(\boldsymbol{X})}$ 利用泰勒展式, 则

$$\begin{aligned}
&\mathscr{L}_{\exp}(\widetilde{h}_{t-1} + h_t | \mathcal{D}) \\
&\approx E_{\boldsymbol{X} \sim \mathcal{D}}\left[\mathrm{e}^{-Y\widetilde{h}_{t-1}(\boldsymbol{X})}\left(1 - Yh_t(\boldsymbol{X}) + \frac{Y^2 h_t(\boldsymbol{X})^2}{2}\right)\right] \\
&= E_{\boldsymbol{X} \sim \mathcal{D}}\left[\mathrm{e}^{-Y\widetilde{h}_{t-1}(\boldsymbol{X})}\left(1 - Yh_t(\boldsymbol{X}) + \frac{1}{2}\right)\right].
\end{aligned} \tag{12.3.9}$$

因此, h_t 的理想选择为

$$\begin{aligned}
h_t(\boldsymbol{X}) &= \operatorname*{argmin}_{h} \mathscr{L}_{\exp}(\widetilde{h}_{t-1} + h_t | \mathcal{D}) \\
&= \operatorname*{argmin}_{h} E_{\boldsymbol{X} \sim \mathcal{D}}\left[\mathrm{e}^{-Y\widetilde{h}_{t-1}(\boldsymbol{X})}\left(1 - Yh_t(\boldsymbol{X}) + \frac{1}{2}\right)\right] \\
&= \operatorname*{argmax}_{h} E_{\boldsymbol{X} \sim \mathcal{D}}\left[\mathrm{e}^{-Y\widetilde{h}_{t-1}(\boldsymbol{X})}Yh_t(\boldsymbol{X})\right] \\
&= \operatorname*{argmax}_{h} E_{\boldsymbol{X} \sim \mathcal{D}}\left[\frac{\mathrm{e}^{-Y\widetilde{h}_{t-1}(\boldsymbol{X})}}{E_{\boldsymbol{X} \sim \mathcal{D}}[\mathrm{e}^{-Y\widetilde{h}_{t-1}(\boldsymbol{X})}]}Yh_t(\boldsymbol{X})\right].
\end{aligned} \tag{12.3.10}$$

记

$$\mathcal{D}_t(\boldsymbol{X}) = \frac{\mathcal{D}(\boldsymbol{X})\mathrm{e}^{-Y\widetilde{h}_{t-1}(\boldsymbol{X})}}{E_{\boldsymbol{X} \sim \mathcal{D}}\left[\mathrm{e}^{-Y\widetilde{h}_{t-1}(\boldsymbol{X})}\right]}, \tag{12.3.11}$$

则利用期望的定义, 可得

$$h_t(\boldsymbol{X}) = \underset{h}{\operatorname{argmax}}\, E_{\boldsymbol{X}\sim\mathcal{D}} \left[\frac{\mathrm{e}^{-Y\widetilde{h}_{t-1}(\boldsymbol{X})}}{E_{\boldsymbol{X}\sim\mathcal{D}}[\mathrm{e}^{-Y\widetilde{h}_{t-1}(\boldsymbol{X})}]} Y h_t(\boldsymbol{X}) \right]$$

$$= \underset{h}{\operatorname{argmax}}\, E_{\boldsymbol{X}\sim\mathcal{D}_t}[Y h_t(\boldsymbol{X})]. \tag{12.3.12}$$

又由于 $Y h_t(\boldsymbol{X}) = 1 - 2I(Y \neq h_t(\boldsymbol{X}))$, 因而 $h_t(\boldsymbol{X})$ 满足

$$h_t(\boldsymbol{X}) = \underset{h}{\operatorname{argmin}}\, E_{\boldsymbol{X}\sim\mathcal{D}_t}[I(Y \neq h_t(\boldsymbol{X}))]. \tag{12.3.13}$$

通过式 (12.3.11), 可得

$$\mathcal{D}_{t+1}(\boldsymbol{X}) = \frac{\mathcal{D}(\boldsymbol{X})\mathrm{e}^{-Y\widetilde{h}_t(\boldsymbol{X})}}{E_{\boldsymbol{X}\sim\mathcal{D}}\left[\mathrm{e}^{-Y\widetilde{h}_t(\boldsymbol{X})}\right]}$$

$$= \frac{\mathcal{D}(\boldsymbol{X})\mathrm{e}^{-Y\widetilde{h}_{t-1}(\boldsymbol{X})} \cdot \mathrm{e}^{-Y\alpha_t h_t(\boldsymbol{X})}}{E_{\boldsymbol{X}\sim\mathcal{D}}[\mathrm{e}^{-Y\widetilde{h}_t(\boldsymbol{X})}]}$$

$$= \mathcal{D}_t(\boldsymbol{X}) \cdot \mathrm{e}^{-Y\alpha_t h_t(\boldsymbol{X})} \frac{E_{\boldsymbol{X}\sim\mathcal{D}}[\mathrm{e}^{-Y\widetilde{h}_{t-1}(\boldsymbol{X})}]}{E_{\boldsymbol{X}\sim\mathcal{D}}[\mathrm{e}^{-Y\widetilde{h}_t(\boldsymbol{X})}]}. \tag{12.3.14}$$

这恰好是 AdaBoost 算法更新分布的方法.

注 12.4 从优化损失函数的角度分析 AdaBoost 算法, 有以下优点:

(1) 帮助我们明确 AdaBoost 算法的学习目标, 有助于理解 AdaBoost 的理论原理及相关性质.

(2) 实现学习目标 (损失函数最小化) 与实现目标 (数值方法) 之间的 "解耦" (decoupling). 一方面可以修改目标函数以适应新的学习模型, 另一方面可以引入快速实用的数值方法. 从而可以建立其他类型的 AdaBoost 算法[150]. 如优化任意可导函数的 AnyBoost; 优化基于分类间隔损失函数的 MarginBoost 等[151].

2. 逻辑斯谛损失函数

对于 AdaBoost 算法, 如注 12.4 所言, 可以根据需要使用不同的损失函数.

对于指数损失函数 $\mathrm{e}^{-Y\widetilde{h}_T(\boldsymbol{X})}$, 其优点是性质好且容易处理. 但若预测错误, 则 $Y\widetilde{h}_T(\boldsymbol{X})$ 为负, 从而 $\mathrm{e}^{-Y\widetilde{h}_T(\boldsymbol{X})}$ 为指数增长. 这意味着此时对扰动很敏感, 即稳健性较差.

为此, 在当代 Boosting 方法中, 常用逻辑斯谛损失函数:

$$\mathscr{L}_{\log}(\widetilde{h}|\mathcal{D}) = E_{\boldsymbol{X}\sim\mathcal{D}} \left[\ln\left(1 + \mathrm{e}^{-Y\widetilde{h}_T(\boldsymbol{X})}\right) \right]. \tag{12.3.15}$$

显然根据指数函数与对数函数的性质知式 (12.3.3) 与式 (12.3.15) 会被相同的函数最小化. 事实上, 可以通过极大似然的思想来解释 $\ln\left(1 + \mathrm{e}^{-Y\widetilde{h}_T(\boldsymbol{X})}\right)$

的来源. 已知 $Y_i \in \{-1, 1\}$, 且服从 Logit 模型, 则有:

$$P(Y_i|\boldsymbol{X}_i) = \begin{cases} \dfrac{1}{1+\mathrm{e}^{-\widetilde{h}_T(\boldsymbol{X}_i)}}, & Y_i = 1, \\[3mm] \dfrac{1}{1+\mathrm{e}^{\widetilde{h}_T(\boldsymbol{X}_i)}}, & Y_i = -1. \end{cases}$$

考虑到 Y_i 的取值为 -1 或者 1, 将上式合并成

$$P(Y_i|\boldsymbol{X}_i) = \begin{cases} \dfrac{1}{1+\mathrm{e}^{-Y_i\widetilde{h}_T(\boldsymbol{X}_i)}}, & Y_i = 1, \\[3mm] \dfrac{1}{1+\mathrm{e}^{-Y_i\widetilde{h}_T(\boldsymbol{X}_i)}}, & Y_i = -1, \end{cases}$$

即条件概率的表达式统一为

$$P(Y_i|\boldsymbol{X}_i) = \frac{1}{1+\mathrm{e}^{-Y_i\widetilde{h}_T(\boldsymbol{X}_i)}},$$

从而最大似然函数为

$$\prod_{i=1}^{n} P(Y_i|\boldsymbol{X}_i) = \prod_{i=1}^{n} \frac{1}{1+\mathrm{e}^{-Y_i\widetilde{h}_T(\boldsymbol{X}_i)}} = \prod_{i=1}^{n} \left(1+\mathrm{e}^{-Y_i\widetilde{h}_T(\boldsymbol{X}_i)}\right)^{-1}. \qquad (12.3.16)$$

上式 (12.3.16) 的最大值等价成取负对数的最小值, 即式 (12.3.15).

注 12.5 指数损失函数与逻辑斯谛损失函数都可视作对 0–1 损失函数的光滑近似. 相比较而言, 逻辑斯谛的近似程度要更好. 见图 12.3.

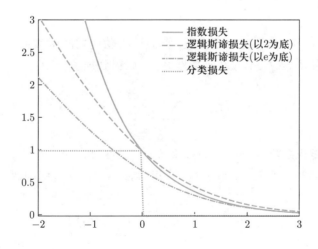

◀ 图 12.3
指数损失、逻辑斯谛
损失、分类损失

Friedman et al. 认为, 与其用 AdaBoost 中的拟牛顿更新策略, 不如通过梯度下降的方式优化逻辑斯谛损失函数, 并据此给出了 LogitBoost 算法[141].

LogitBoost 算法

输入： 训练数据集 $\{(\boldsymbol{X}_1,Y_1),(\boldsymbol{X}_2,Y_2),\cdots,(\boldsymbol{X}_n,Y_n)\}$;

基学习算法 $\mathcal{L}$;

学习轮数 T.

过程：

1. $Y_0(\boldsymbol{X}_i)=Y_i$;   % 初始化目标

2. $\widetilde{h}_0(\boldsymbol{X})=0$;   % 初始化函数

3. **for** $t=1,\cdots,T$:

4. $p_t(\boldsymbol{X})=\dfrac{1}{1+\mathrm{e}^{-2\widetilde{h}_{t-1}(\boldsymbol{X})}}$;   % 计算概率

5. $Y_t(\boldsymbol{X})=\dfrac{Y_{t-1}(\boldsymbol{X})-p_t(\boldsymbol{X})}{p_t(\boldsymbol{X})(1-p_t(\boldsymbol{X}))}$;   % 更新目标

6. $\mathcal{D}_t(\boldsymbol{X})=p_t(\boldsymbol{X})(1-p_t(\boldsymbol{X}))$;   % 更新权重

7. $h_t=\mathcal{L}(\mathcal{D},Y_t,\mathcal{D}_t)$;   % 训练分类器 h_t 在分布 $\mathcal{D}_t$ 下拟合样本集中的 $Y_t()$

8. $\widetilde{h}_t=\widetilde{h}_{t-1}+\dfrac{1}{2}h_t$;   % 更新组合分类器

9. **end**

输出： $\mathcal{H}(\boldsymbol{X})=\mathrm{sign}\left(\displaystyle\sum_{t=1}^{T}h_t(\boldsymbol{X})\right)$

12.3.2 向前逐段可加视域

1. 向前逐段算法

对于二元分类问题的 AdaBoost 算法, 其最终表达式为

$$\mathcal{H}(\boldsymbol{X})=\mathrm{sign}(\widetilde{h}_T(\boldsymbol{X}))=\mathrm{sign}\left(\sum_{t=1}^{T}\alpha_t h_t(\boldsymbol{X})\right).$$

可将 $h_t(\boldsymbol{X})\in\{-1,1\}$ 视为基函数, 类似于泰勒展式的函数项. 不失一般性, 将希望学到的函数 $f(x)$ 做基函数展开, 可以得到加法模型:

$$f(x)=\sum_{t=1}^{T}\alpha_t h(x;\gamma_t),\tag{12.3.17}$$

其中, α_t 为展开系数, $h(x;\gamma_t)$ 为基函数, γ_t 为参数.

为估计展开式系数 α_t 与参数 γ_t, 可以最小化以下目标函数:

$$\min_{\alpha_t's,\gamma_t's}\sum_{i=1}^{n}L\left(Y_i,\sum_{t=1}^{T}\alpha_t h(\boldsymbol{X}_i;\gamma_t)\right),\tag{12.3.18}$$

其中, $L(Y_i,f(\boldsymbol{X}_i))$ 为损失函数. 例如 $L(Y_i,f(\boldsymbol{X}_i))=(Y_i-f(\boldsymbol{X}_i))^2$, $L(Y_i,f(\boldsymbol{X}_i))=|Y_i-f(\boldsymbol{X}_i)|$ 或者 0–1 损失函数 $I(Y_i\neq f(\boldsymbol{X}_i))$.

显然, 这是一个复杂的优化问题. 向前分段算法 (forward stagewise algorithm) 求解这一优化问题的想法是: 利用加性模型的性质, 考虑从向前的分步计算, 每一步只学习一个基函数及其系数, 逐步逼近优化目标函数式 (12.3.18). 具体地, 每步只需优化如下损失函数:

$$\min_{\alpha,\gamma} \sum_{i=1}^{n} L\left(Y_i, \alpha h(\boldsymbol{X}_i; \gamma)\right). \tag{12.3.19}$$

2. 向前分段算法与 AdaBoost 算法

由向前分段算法可以推导出 AdaBoost, 用如下定理叙述这一关系.

定理 12.4 二元分类问题的 AdaBoost 算法是向前分段加法算法的特例. 其中模型是由基本分类器组成的加法模型, 损失函数为

$$L(Y, f(\boldsymbol{X})) = \mathrm{e}^{-Y f(\boldsymbol{X})}.$$

该定理的证明关键是找出 $h_t(\boldsymbol{X})$ 和 α_t, 其证明过程类似于前面的推导过程, 可参见文献 [19].

12.4 Boosting 算法的演化

基于 AdaBoost 的理论剖析, 人们对 AdaBoost 算法进行了各种改进与推广, 并进行了广泛应用.

12.4.1 回归问题的 Boosting 算法

最初的 AdaBoost 算法是针对分类问题设计的, 但其算法思想极其具有一般性, 因而可将其应用于其他问题, 下面重点介绍回归问题的 LSBoost 方法.

对于回归问题, 一般采用均方误差为损失函数:

$$\mathscr{L}_{\mathrm{mse}} = \left(Y - \widetilde{h}_T(\boldsymbol{X})\right)^2, \tag{12.4.1}$$

将 12.3.2 节中的向前逐段加法模型代入该损失函数如下, 并且最小化该损失函数可得 α_t, γ_t:

$$\min_{\alpha,\gamma} \sum_{i=1}^{n} \mathscr{L}_{\mathrm{mse}}\left(Y_i, \widetilde{h}_{t-1}(\boldsymbol{X}_i) + \alpha \cdot h(\boldsymbol{X}_i; \gamma)\right)$$

$$= \min_{\alpha,\gamma} \sum_{i=1}^{n} \left(Y_i - \widetilde{h}_{t-1}(\boldsymbol{X}_i) - \alpha \cdot h(\boldsymbol{X}_i; \gamma)\right)^2$$

$$= \min_{\alpha,\gamma} \sum_{i=1}^{n} \left(r_{ti} - \alpha \cdot h(\boldsymbol{X}_i; \gamma) \right)^2. \tag{12.4.2}$$

其中, r_{ti} 为当前阶段模型的残差. 因而算法的更新思想是以当前残差 r_{ti} 为因变量, 对自变量 $h(\boldsymbol{X}_i; \gamma)$ 进行回归即可. 进行回归时, 可以采用普通的线性回归方法, 也可以使用如下所述的回归树.

1. 树模型

分类与回归树模型 (classification and regression tree, CART) 主要由 Quinlan、Breiman et al. 创立[67][131], 是一种基本的分类与回归方法. 用于分类问题时, 称为分类树 (classification tree); 用于回归问题, 称为回归树 (regression tree). 这些是前面介绍过的内容.

对于分类问题, 我们回忆例 12.1 的做法. 基本分类器可以看作是由一个根节点连接两个叶节点的简单决策树, 常称为决策树桩 (decision stump). 最终的强分类器形式为 $\widetilde{h}_T(\boldsymbol{X}) = \sum_{t=1}^{T} h_t(\boldsymbol{X})$. 抽象成一般形式应用于回归问题, 则回归 Boosting 树模型可以表示以决策树为基函数的加法模型:

$$\widetilde{h}_T(\boldsymbol{X}) = \sum_{t=1}^{T} G(\boldsymbol{X}; \Theta_t), \tag{12.4.3}$$

其中, $G(\boldsymbol{X}; \Theta_t)$ 表示决策树, Θ_t 为决策树的参数, T 为树的数量.

2. 回归问题的 Boosting 树算法

假设 $\mathcal{X}$ 为输入空间, $\mathcal{Y}$ 为输出空间, $\{(\boldsymbol{X}_1, Y_1), (\boldsymbol{X}_2, Y_2), \cdots, (\boldsymbol{X}_n, Y_n)\}$ 为训练数据集.

一棵回归树由输入空间的一个划分以及在划分单元上的取值两部分决定. 假设已将输入空间 $\mathcal{X}$ 划分为 K 个单元: $R_1, \cdots, R_K$, 并且在每个单元 R_k 上的取值为 c_k, 于是回归树具有如下形式:

$$G(\boldsymbol{X}; \Theta) = \sum_{k=1}^{K} c_k I(\boldsymbol{X} \in R_k), \tag{12.4.4}$$

其中, 参数 $\Theta = \{(R_1, c_1), (R_2, c_2), \cdots, (R_K, c_K)\}$ 表示树的区域划分和各区域上的常数. K 是回归树的复杂度, 即叶节点个数.

回归问题的 Boosting 树算法采用向前分段算法. 首先确定初始 Boosting 树 $\widetilde{h}_0(\boldsymbol{X}) = 0$, 设 $\widetilde{h}_{t-1}(\boldsymbol{X})$ 为当前模型, 则第 t 步的模型是

$$\widetilde{h}_t(\boldsymbol{X}) = \widetilde{h}_{t-1}(\boldsymbol{X}) + G(\boldsymbol{X}; \Theta_t),$$

其中 Θ_t 的选取遵循损失最小化原则, 即

$$\Theta_t = \underset{\Theta}{\operatorname{argmin}} \sum_{i=1}^{n} \mathscr{L}(Y_i, \widetilde{h}_{t-1}(\boldsymbol{X}_i) + G(\boldsymbol{X}_i; \Theta))$$

由于树的线性组合可以很好地拟合训练数据, 所以回归问题的 Boosting 树是一个很高效的学习方法. 此算法代码如下:

回归问题的 Boosting 树算法

输入: 训练数据集 $\{(\boldsymbol{X}_1, Y_1), (\boldsymbol{X}_2, Y_2), \cdots, (\boldsymbol{X}_n, Y_n)\}$;
  损失函数 $\mathscr{L}_{\mathrm{mse}}(Y, \widetilde{h}_T(\boldsymbol{X}))$, 基函数集 $\{G(\boldsymbol{X}; \Theta_t)\}$;
  学习轮数 T.

过程:

1. $\widetilde{h}_0(\boldsymbol{X}) \equiv 0$;   % 初始化基函数
2. **for** $t = 1, \cdots, T$:
3. $\Theta_t = \underset{\Theta}{\arg\min} \sum_{i=1}^{n} \mathscr{L}_{\mathrm{mse}}(Y_i, \widetilde{h}_{t-1}(\boldsymbol{X}_i) + G(\boldsymbol{X}_i; \Theta))$;   % 拟合残差得到回归树
4. $\widetilde{h}_t(\boldsymbol{X}) = \widetilde{h}_{t-1}(\boldsymbol{X}) + G(\boldsymbol{X}; \Theta_t)$;   % 更新加法模型
5. **end**

输出: $\widetilde{h}_T(\boldsymbol{X}) = \sum_{t=1}^{T} G(\boldsymbol{X}; \Theta_t)$.

---

3. 回归问题其他损失函数

对于回归问题的损失函数, 可以根据需要取成不同的形式.

(1) 拉普拉斯 (Laplace) 损失函数:

$$\mathscr{L}_{ll}\left(Y, \widetilde{h}_T(\boldsymbol{X})\right) = \left| Y - \widetilde{h}_T(\boldsymbol{X}) \right|.$$

相比较于平方损失函数 $\mathscr{L}_{\mathrm{mse}}$, 拉普拉斯损失函数不易受到异常值的影响, 因而更稳健.

(2) 胡伯 (Huber) 损失函数:

$$\mathscr{L}_{hl}\left(Y, \widetilde{h}_T(\boldsymbol{X})\right) = \begin{cases} \dfrac{1}{2}\left[Y - \widetilde{h}_T(\boldsymbol{X})\right]^2, & |Y - \widetilde{h}_T(\boldsymbol{X})| \leqslant \delta, \\ \delta\left[|Y - \widetilde{h}_T(\boldsymbol{X})| - \dfrac{\delta}{2}\right], & |Y - \widetilde{h}_T(\boldsymbol{X})| > \delta. \end{cases}$$

其中, δ 为松弛参数. 通过以上表达式可以看出, 当误差绝对值较小时, 使用平方损失函数; 若误差绝对值较大, 则使用绝对值损失函数. 因此, 胡伯损失函数结合了平方损失函数与绝对值损失函数的优点.

12.4.2 梯度 Boosting 方法

1. 梯度 Boosting 算法

根据前面的理论剖析, AdaBoost 可视为加性模型中利用坐标下降法优化指数型损失函数的过程. 在此基础上, Friedman 提出了梯度 Boosting 算法

(gradient boosting), 简称为 GBM 算法[152]. GBM 思想：以非参数方法估计基函数, 并在"函数空间"使用梯度下降法求解.

假设训练数据 $\mathcal{D} = \{(\boldsymbol{X}_1, Y_1), \cdots, (\boldsymbol{X}_n, Y_n)\}$, 若以函数 $\widetilde{h}_T(\boldsymbol{X})$ 来预测 Y, 则在总体中的平均损失 (expected loss function) 为

$$E_{Y, \boldsymbol{X}} \mathscr{L}\left[Y, \widetilde{h}_T(\boldsymbol{X})\right],$$

其中 $\mathscr{L}[\cdot, \cdot]$ 为损失函数. 目标变成找出能够最小化损失的函数 $\widetilde{h}^*(\boldsymbol{X})$, 即

$$\widetilde{h}^*(\boldsymbol{X}) = \underset{\widetilde{h}}{\operatorname{argmin}} E_{Y, \boldsymbol{X}} \mathscr{L}\left[Y, \widetilde{h}_T(\boldsymbol{X})\right].$$

利用期望的性质将上式写成

$$\begin{aligned}
\widetilde{h}^*(\boldsymbol{X}) &= \underset{\widetilde{h}}{\operatorname{argmin}} E_{Y, \boldsymbol{X}} \mathscr{L}\left(Y, \widetilde{h}_T(\boldsymbol{X})\right) \\
&= \underset{\widetilde{h}}{\operatorname{argmin}} E_{\boldsymbol{X}}\left(E_Y\left(\mathscr{L}\left(Y, \widetilde{h}_T(\boldsymbol{X})\right) | \boldsymbol{X}\right)\right),
\end{aligned}$$

因而最小化问题等价为

$$\min_{\widetilde{h}} E_Y\left[\mathscr{L}(Y, \widetilde{h}_T(\boldsymbol{X})) | \boldsymbol{X}\right]. \tag{12.4.5}$$

使用非参数思想, 将 $\widetilde{h}_T(\boldsymbol{X})$ 在每个 $\boldsymbol{X}$ 的取值均看作参数. 由此, $\widetilde{h}_T(\boldsymbol{X})$ 可视为无穷维向量, 故有无穷多参数. 在函数空间上, 进行"泛函梯度下降"方法找最优解.

假设模型为加法模型：

$$\widetilde{h}^*(\boldsymbol{X}) = \sum_{t=1}^{T} f_t(\boldsymbol{X}),$$

利用梯度下降算法, 则

$$f_t(\boldsymbol{X}) = -\rho_t g_t(\boldsymbol{X}), \tag{12.4.6}$$

其中 ρ_t 为步幅, 也称为学习率 (learning rate), 且

$$\begin{aligned}
g_t(\boldsymbol{X}) &= \left[\frac{\partial E_Y\left(\mathscr{L}\left(Y, \widetilde{h}_T(\boldsymbol{X})\right) | \boldsymbol{X}\right)}{\partial \widetilde{h}_T(\boldsymbol{X})}\right]_{\widetilde{h}(\boldsymbol{X}_i) = \widetilde{h}_{t-1}(\boldsymbol{X}_i)}, \\
\widetilde{h}_{t-1}(\boldsymbol{X}) &= \sum_{j=1}^{t-1} f_j(\boldsymbol{X}). \tag{12.4.7}
\end{aligned}$$

假设泛函正则性足够好, 能够交换微积分次序, 则

$$g_t(\boldsymbol{X}) = E_Y \left[\frac{\partial \mathscr{L}(Y, \widetilde{h}_T(\boldsymbol{X}))}{\partial \widetilde{h}_T(\boldsymbol{X})} | \boldsymbol{X} \right]_{\widetilde{h}(\boldsymbol{X}_i) = \widetilde{h}_{t-1}(\boldsymbol{X}_i)} . \qquad (12.4.8)$$

ρ_t 通过下式给出

$$\rho_t = \underset{\rho}{\arg\min} \, E_{Y,\boldsymbol{X}} \mathscr{L}(Y, \widetilde{h}_{t-1}(\boldsymbol{X}) - \rho g_t(\boldsymbol{X})). \qquad (12.4.9)$$

因为训练数据的有限性, 这种非参数统计的方法在实际应用中是行不通的. 为解决此问题, 首先假设

$$\widetilde{h}_T(\boldsymbol{X}; \boldsymbol{\alpha}, \boldsymbol{\gamma}) = \sum_{t=1}^{T} \alpha_t h(\boldsymbol{X}; \gamma_t), \qquad (12.4.10)$$

其中 $h(\boldsymbol{X}; \gamma_t)$ 由基学习器决定. 根据训练数据, 则其梯度方向为

$$g_t(\boldsymbol{X}_i) = \left[\frac{\partial \mathscr{L}(Y_i, \widetilde{h}_T(\boldsymbol{X}_i))}{\partial \widetilde{h}_T(\boldsymbol{X}_i)} \right]_{\widetilde{h}(\boldsymbol{X}_i) = \widetilde{h}_{t-1}(\boldsymbol{X}_i)} , \quad i = 1, 2, \cdots, n, \quad (12.4.11)$$

因而, 选择与负梯度方向最为接近的弱学习器, 即

$$\gamma_t = \underset{\gamma}{\arg\min} \sum_{i=1}^{n} \left[-g_t(\boldsymbol{X}_i) - h(\boldsymbol{X}_i; \gamma) \right]^2. \qquad (12.4.12)$$

求得最优 $h(\boldsymbol{X}_i; \gamma_t)$ 之后, 函数更新为

$$\widetilde{h}_t = \widetilde{h}_{t-1} + \alpha_t h(\boldsymbol{X}; \gamma_t), \qquad (12.4.13)$$

其中, 步幅 ρ_t 利用直线搜索 (line search) 取为

$$\alpha_t = \underset{\alpha}{\arg\min} \sum_{i=1}^{n} \mathscr{L}(Y_i, \widetilde{h}_{t-1}(\boldsymbol{X}_i) + \alpha \cdot h(\boldsymbol{X}_i; \gamma_t)). \qquad (12.4.14)$$

2. GBDT 方法

以 GBM 算法为基础, 结合树的思想给出梯度提升决策树 (gradient boosting decision tree, GBDT) 方法. GBDT 以决策树为弱学习器的学习模型, 利用梯度 Boosting 的方法, 完成机器学习任务. 直接给出算法如下:

GBDT 算法

输入: 训练数据集 $D = \{(\boldsymbol{X}_1, Y_1), (\boldsymbol{X}_2, Y_2), \cdots, (\boldsymbol{X}_n, Y_n)\}$;

损失函数 $\mathscr{L}(\cdot, \cdot)$;

学习轮数 T.

过程:

1. $\widetilde{h}_0(\boldsymbol{X}) = \underset{c}{\arg\min} \sum_{i=1}^{n} \mathscr{L}(Y_i, c)$;   % 构造初始学习器

2. **for** $t = 1, 2, \cdots, T$:

3. $r_{ti} = -\left[\dfrac{\partial \mathscr{L}(Y_i, \widetilde{h}_T(\boldsymbol{X}_i))}{\partial \widetilde{h}_T(\boldsymbol{X}_i)} \right]_{\widetilde{h}(\boldsymbol{X}_i) = \widetilde{h}_{t-1}(\boldsymbol{X}_i)}$;   % 计算样本负梯度

4. 利用 $D_t = \{(\boldsymbol{X}_1, r_{t1}), \cdots, (\boldsymbol{X}_n, r_{tn})\}$ % 学习得到新的叶节点 R_{tj}

5. $c_{tj} = \underset{c}{\arg\min} \sum_{i \in R_{tj}} \mathscr{L}(Y_i, \widetilde{h}_{t-1}(\boldsymbol{X}_i) + c)$,

   R_{tj} 表示第 t 棵树的第 j 个叶节点区域, $j = 1, 2, \cdots, J$.   % 生成决策树

6. $\widetilde{h}_t(\boldsymbol{X}) = \widetilde{h}_{t-1}(\boldsymbol{X}) + \sum_{j=1}^{J} c_{tj} I(\boldsymbol{X} \in R_{tj})$;   % 更新决策树

7. **end**

输出: $\widetilde{h}_T(\boldsymbol{X}) = \sum_{t=1}^{T} \sum_{j=1}^{J} c_{tj} I(\boldsymbol{X} \in R_{tj})$.

注 12.6   对上述 GBDT 算法做一些说明:

(1) 算法第 1 步构造初始学习器, 即只有一个根节点的初始决策树.

(2) 对于决策树模型, 损失函数的常用方式有均方误差损失函数、拉普拉斯损失函数、胡伯损失函数等.

(3) 算法第 3 步计算出 r_{ti}, 将其作为残差估计, 称其为拟残差 (pseudo residuals).

(4) 算法第 4 步建立新的训练样本集 D_t:

$$D_t = \{(\boldsymbol{X}_1, r_{t1}), \cdots, (\boldsymbol{X}_n, r_{tn})\}, \tag{12.4.15}$$

并用 D_t 作为训练样本集构造一棵决策树, 取此决策树为第 $t+1$ 个基学习器.

(5) 算法第 5 步表示基学习器 $\widetilde{h}_T(\boldsymbol{X})$ 中每个叶节点的输出均使得上一轮迭代所取得模型的预测误差达到最小.

注 12.7   将 GBDT 应用于回归问题. 假设损失函数取为均方损失函数, 则

$$\mathscr{L}(Y, \widetilde{h}_T(\boldsymbol{X})) = \frac{1}{2}[Y - \widetilde{h}_T(\boldsymbol{X})]^2,$$

此时步骤 3 中拟残差的表达式变为

$$r_{ti} = -\left[\frac{\partial \mathscr{L}[Y_i, \widetilde{h}_T(\boldsymbol{X}_i)]}{\partial \widetilde{h}_T(\boldsymbol{X}_i)} \right]_{\widetilde{h}(\boldsymbol{X}_i) = \widetilde{h}_{t-1}(\boldsymbol{X}_i)}$$

$$= -\left[\frac{\partial \frac{1}{2}[Y_i - \widetilde{h}_T(\boldsymbol{X}_i)]^2}{\partial \widetilde{h}_T(\boldsymbol{X}_i)}\right]_{\widetilde{h}(\boldsymbol{X}_i)=\widetilde{h}_{t-1}(\boldsymbol{X}_i)}$$

$$= [Y_i - \widetilde{h}_T(\boldsymbol{X}_i)]_{\widetilde{h}(\boldsymbol{X}_i)=\widetilde{h}_{t-1}(\boldsymbol{X}_i)}$$

$$= Y_i - \widetilde{h}_{t-1}(\boldsymbol{X}_i). \tag{12.4.16}$$

此时对于回归问题, 拟残差 r_{ti} 就是真正的残差 $Y_i - \widetilde{h}_{t-1}(\boldsymbol{X})$. 进一步计算最优步长

$$\alpha_t = \underset{\alpha}{\operatorname{argmin}} \sum_{i=1}^{n} (Y_i - \widetilde{h}_{t-1}(\boldsymbol{X}_i) - \alpha \cdot h(\boldsymbol{X}_i; \gamma_t))^2$$

$$= \underset{\alpha}{\operatorname{argmin}} \sum_{i=1}^{n} (r_{ti} - \alpha \cdot h(\boldsymbol{X}_i; \gamma_t))^2, \tag{12.4.17}$$

因此当基学习器为决策树时, GBDT 恰好是前面的回归 Boosting 方法.

12.5　AdaBoost 算法实践

实践代码

本章小结

　　本章介绍了 Boosting 方法的基本概念和方法. Boosting 方法是一类强大的集成学习技术, 通过将多个弱学习器组合成一个强学习器, 从而显著提升模型的预测性能.

　　本章详细介绍了最经典的 AdaBoost 算法. AdaBoost 算法通过迭代地调整样本权重, 逐步减少误分类样本的影响, 从而提升分类器的整体性能. 对于 AdaBoost 算法的误差表现, 本章探讨了其训练误差和泛化误差. 本章通过理论分析给出了 AdaBoost 算法训练误差界和泛化误差界, 解释了其强大的泛化能力和鲁棒性. 随后, 本章深入探讨了 AdaBoost 算法的原理, 分别从损失函数最小化和向前逐段可加模型的角度, 阐明了 AdaBoost 算法的工作机制. 这些理论视域不仅加深了对 AdaBoost 算法的理解, 也为后续的 Boosting 方法提供了理论支持.

　　最后, 本章介绍了 Boosting 算法的演化, 特别是其在回归问题中的应用以及梯度 Boosting 方法的发展. 梯度 Boosting 方法通过优化损失函数, 使得模型在处理复杂回归问题时展现了更高的精度和灵活性.

Boosting 方法已成为机器学习中的重要工具, 被广泛应用于分类、回归等领域. 除了本章介绍的 AdaBoost 和梯度 Boosting 外, 其他如 XGBoost 和 LightGBM 等 Boosting 算法也值得进一步探索和研究.

习题

1. 给定如表 12.2 所示训练数据. 假设弱分类器为阈值函数, 选择弱分类器的标准是其阈值 s 使该分类器在训练数据集上分类误差率最低. 试用 AdBoost 算法学习一个强分类器, 并尝试给出算法代码.

▶ 表 12.2
训练数据表

序号	1	2	3	4	5	6	7	8	9	10
X_i	0	1	2	3	4	5	6	7	8	9
Y_i	−1	−1	−1	1	1	1	−1	−1	−1	1

2. 某公司招聘职员考察身体、业务能力、发展潜力这 3 项. 身体分为合格 1、不合格 0 两级; 业务能力和发展潜力分为上 1、中 2、下 3 三级; 分类标签分为合格 1、不合格 −1 两类. 已知 10 人数据, 如表 12.3 所示. 假设弱分类器为决策树桩, 试用 AdaBoost 算法学习一个强分类器, 并尝试给出算法代码.

▶ 表 12.3
应聘人员情况数据表

序号	1	2	3	4	5	6	7	8	9	10
身体	0	0	1	1	1	0	1	1	1	0
业务能力	1	3	2	1	2	1	1	1	3	2
发展潜力	3	1	2	3	3	2	2	1	1	1
分类	−1	−1	−1	−1	−1	−1	1	1	−1	−1

3. 已知如表 12.4 所示的训练数据, X_i 的取值范围为 $(0.5, 10.5)$, Y_i 的取值范围为 $(5.0, 10.0)$, 请使用回归问题的 Boosting 树算法进行建模分析, 考虑只用树桩作为基函数.

▶ 表 12.4
训练数据表

X_i	1	2	3	4	5	6	7	8	9	10
Y_i	5.56	5.70	5.91	6.40	6.80	7.05	8.90	8.70	9.00	9.05

4. 现有某工厂四位工人的考评信息及月薪数据, 如表 12.5 所示. 试根据该数据集和 GBDT 学习算法构造包含两个个体学习器的集成模型, 并使用该集成模型预测工龄为 25 年, 绩效得分为 65 分的工人的月薪.

▶ 表 12.5
员工信息表

编号	工龄/年	绩效得分	月薪/万元
1	5	20	1.1
2	7	30	1.3
3	21	70	1.7
4	30	60	1.8

5. 第 4 题的损失函数为均方损失函数, 尝试分别利用拉普拉斯损失函数、胡伯损失函数, 仍然根据表 12.5, 利用 GBDT 算法构造包含 3 个个体的学习器.

第十三章 模型平均

模型平均是另一种集成学习技术, 通过独立训练多个相同类型的学习器, 然后对它们的预测结果进行平均或投票, 可以降低过拟合风险, 提高模型的鲁棒性. 相较于随机森林, 模型平均是一种更通用的技术, 可以应用于不同类型的模型.

■ 13.1 简介

模型平均 (model Averaging) 通过整合多个独立模型的预测结果, 旨在提高整体估计的准确性和鲁棒性. 从统计学角度看, 模型平均可视为对概率分布的加权融合, 以降低估计的方差. 通过简单平均或加权平均多个模型的输出, 可以有效减小由单一模型引入的估计误差. 关键在于确保模型之间的适度独立性, 以最大程度地利用它们的差异性. 模型平均在处理有限数据、降低过拟合风险和提高整体模型鲁棒性方面具有广泛应用.

13.1.1 模型不确定性

在使用统计方法进行数据分析时, 研究者通常根据分析的问题假定统计模型, 并假定其为真实模型, 即生成实际数据的模型. 这种所谓的真实模型一般是根据研究者的经验或研究者使用数据里面的一些先验信息来建立的. 但这种假设往往是不正确的, 因为这个事先给定的模型只是真实模型的一个近似, 并且有可能是错误的, 而且在很多实际问题的数据分析研究中真实模型都是未知的, 这就是模型不确定性带来的不良影响. 从建模角度看, 模型不确定性一方面体现在采用的模型形式不确定, 例如函数形式、分布假定、模型结构或使用不同的预测变量等, 另一方面是由于模型选择导致的不确定性, 例如不同的模型选择方法对应不同的模型选择结果或同一模型选择方法的选择结果会不稳定.

13.1.2 模型选择与模型平均

考虑到模型不确定性时, 一种传统的做法是利用模型选择方法从众多的候选模型中选出最优模型, 并将其看作真实模型进行后续的统计推断. 前面章节已经详细介绍了模型选择, 解决了过度复杂或简单的模型均可能使估计或者预测的方差偏大的问题. 研究者们常采用的模型选择方法和准则包括逐步回归、AIC、BIC、C_p、交叉验证、Lasso 回归、SCAD 或 MCP 方法等, 这些方法通过选择最优模型的过程看似在一定程度上解决了模型不确定性问题. 但是模型选择方法导致了人们忽视模型选择过程所带来的不确定性, 即模型选择本身就是不确定性的.

模型平均方法起源于 20 世纪 60 年代, 早期最有影响的是 Bates 教授和诺贝尔经济学奖获得者 Granger 所做的工作, 他们通过组合两个无偏的预测来说明组合预测的优越性[155]. 他们把来自不同模型的估计或者预测通过一定的权重平均起来, 有时也称为模型组合, 一般包括组合估计和组合预测. 模型平均方法没有追求最优模型, 而以特定的权重对所有候补模型的统计结果进行平均, 在避免了遗失有用信息的同时也充分考虑了模型不确定性, 并且使得估计更加稳健.

因此, 模型平均解决了模型选择带来的一系列问题:

(1) 模型平均使用连续的权重去组合来自不同模型的估计, 在表示形式上, 模型选择可以看作模型平均的特例, 但它的权重只取 0 或者 1, 因而模型平均估计一般更加稳健.

(2) 模型选择通过一系列的模型选择方法选出一个最优模型, 这样就可能导致遗失其他模型的信息或者其他变量所特有的影响因素信息. 但是, 模型平均方法不会把某个选定的模型当作真实模型, 因为模型平均不轻易地排除任何模型, 给每一个模型赋予一个权重, 去充分利用每一个模型的信息, 因而减少信息的遗失.

(3) 模型选择也会导致模型不确定性, 因为可能选到一个与真实模型相差甚远的模型, 统计推断就可能存在很高的风险. 模型平均提供了一种保障机制, 规避了这种风险, 也可以说是避免了把鸡蛋放在同一个篮子里.

总的来说, 模型选择是统计推断的基础, 模型选择旨在选定一个最优模型, 基于该模型进行统计推断. 但是, 模型选择的不确定性会影响到统计推断, 从而使得分析结果会出现问题. 模型平均方法从估计和预测角度来看是模型选择的推广, 相比传统的模型选择方法来确定唯一的最优模型, 模型平均方法通过组合不同的模型进行估计和预测, 解决模型选择带来的模型不确定性问题, 常常能够减小估计风险, 得到更加有效的结论. 模型平均本质上是一类集成学习方法.

在模型平均的理论研究过程中, 如何确定组合权重是最重要的问题. 下面通过组合预测的角度, 介绍模型平均的两类方法: 贝叶斯模型平均 (Bayesian model averaging, BMA) 和频率模型平均 (frequentist model averaging, FMA).

13.2 贝叶斯模型平均

贝叶斯模型平均是一种基于贝叶斯理论并且将模型本身的不确定性考虑在内的方法. 基本步骤是: 设定待组合模型的先验概率和各个模型中参数的先验分布, 然后用经典的贝叶斯方法进行统计分析.

设 Y 为组合预测随机变量, D 为已获得的数据. 因为并不知道哪一个模型是最优模型, 即模型本身存在着不确定性, 我们设定 $\mathcal{M} = \{M_1, M_2, \cdots, M_K\}$ 代表所有可能模型组成的模型空间.

根据贝叶斯模型平均方法, 组合预测随机变量 Y 的后验分布为

$$
\begin{aligned}
P(y|D) &= \sum_{k=1}^{K} P(y, M_k|D) \\
&= \sum_{k=1}^{K} P(M_k|D) P(y|M_k, D) \quad \text{(全概率公式)},
\end{aligned} \tag{13.2.1}
$$

其中 $P(M_k|D)$ 为给定数据 D 的条件下模型 M_k 的后验分布, 反映了研究人员对于真实模型的不确定性. 根据贝叶斯公式, 其形式为

$$
\begin{aligned}
P(M_k|D) &= \frac{P(D|M_k)P(M_k)}{P(D)} \quad \text{(贝叶斯公式)} \\
&= \frac{P(D|M_k)P(M_k)}{\sum_{k=1}^{K} P(D|M_k)P(M_k)} \quad \text{(全概率公式)},
\end{aligned} \tag{13.2.2}
$$

其中 $P(M_k)$ 为候补模型 (candidate model) M_k 的先验概率, 在没有特别先验信息的条件下可取均匀分布, 即 $P(M_k) = 1/K$; $P(D|M_k)$ 为模型 M_k 的似然函数. 在参数模型假设下, 假定 $\boldsymbol{\theta}_k$ 为模型 M_k 的参数向量, 例如线性回归模型 $\boldsymbol{\theta}_k$ 包含了回归系数和误差的方差, $P(\boldsymbol{\theta}_k|M_k)$ 是给定模型 M_k 下 $\boldsymbol{\theta}_k$ 的先验概率函数, $P(D|\boldsymbol{\theta}_k, M_k)$ 是给定模型 M_k 下参数化的似然函数. 可以推出

$$
P(D|M_k) = \int P(D|\boldsymbol{\theta}_k, M_k) P(\boldsymbol{\theta}_k|M_k) \mathrm{d}\boldsymbol{\theta}_k. \tag{13.2.3}
$$

从组合预测随机变量的后验分布可以发现, 贝叶斯模型平均方法实际上是以模型的后验分布为权重, 对所有模型的预测后验分布进行加权. 使用贝

叶斯模型平均的关键在于确定组合的模型以及各单项模型的后验概率, 即权重. 另外也可以看出, 贝叶斯模型平均有两个困难: 第一是 $P(D|M_k)$ 计算中涉及积分运算, 如果模型复杂, 积分也会变得困难; 第二是候补模型的个数也需要科学方法去确定.

记 μ_k 和 σ_k^2 为给定数据 D 和候补模型 M_k 的均值和方差, 则组合预测随机变量 Y 的条件期望和条件方差表示为 $E(Y \mid D, M_k) = \mu_k$ 和 $\mathrm{Var}(Y \mid D, M_k) = \sigma_k^2$. 令候补模型 M_k 的后验概率为 $P(M_k \mid D) = w_k$, 则组合预测随机变量 Y 的条件期望分解形式为

$$
\begin{aligned}
\mu(\boldsymbol{w}) = E(Y \mid D) &= E_{\mathcal{M}}[E(Y \mid D, \mathcal{M})] \\
&= \sum_{k=1}^{K} P(M_k \mid D) E(Y \mid D, M_k) \\
&= \sum_{k=1}^{K} w_k \mu_k,
\end{aligned}
$$

$\boldsymbol{w} = (w_1, \cdots, w_K)^{\mathrm{T}}$. 在参数模型假设下, 我们可以使用贝叶斯估计框架, 使用方程 (13.2.3) 得到似然函数 $P(D|M_k)$ 的估计. 接下来使用公式 (13.2.2) 和给定的候补模型 M_k 的先验概率 $P(M_k)$, 估计出所有候补模型的权重 $\widehat{w}_k$. 另外, 我们基于模型 M_k 的后验概率分布 $P(y|M_k, D)$ 估计出 $\widehat{\mu}_k$, 则贝叶斯模型平均估计的预测值是

$$
\widehat{\mu}(\widehat{\boldsymbol{w}}) = \sum_{k=1}^{K} \widehat{w}_k \widehat{\mu}_k.
$$

另外, 条件方差 $\mathrm{Var}(Y \mid D)$ 可以分解为

$$
\begin{aligned}
\mathrm{Var}(Y \mid D) &= E_{\mathcal{M}}[\mathrm{Var}(Y \mid D, \mathcal{M})] + \mathrm{Var}_{\mathcal{M}}[E(Y \mid D, \mathcal{M})] \\
&= \sum_{k=1}^{K} w_k \sigma_k^2 + \sum_{k=1}^{K} w_k (\mu_k - \mu)^2.
\end{aligned}
$$

研究者认为上述条件方差被作为衡量模型不确定性的基础. $E_{\mathcal{M}}[\mathrm{Var}(Y \mid D, \mathcal{M})]$ 被认为是模型**结构内方差**, $\mathrm{Var}_{\mathcal{M}}[E(Y \mid D, \mathcal{M})]$ 则是**结构间方差**, 是由模型结构的不确定性引起的, 原因是当能够确定真实模型时, $\mathrm{Var}_{\mathcal{M}}[E(Y \mid D, \mathcal{M})]$ 为零.

■ 13.3 频率模型平均

与贝叶斯模型平均相比较, 频率模型平均方法不需要考虑如何设置候补模型的先验概率, 模型估计和权重估计完全由数据确定. 频率模型平均过程为: 假设有 K 个模型 (或者 K 种估计方法), 每个模型 (或方法) 估计出一个预测值, 不妨将其写为

$$\widehat{u}_k, \quad k = 1, 2, \cdots, K,$$

那么频率模型平均方法得到的最终估计的预测值为

$$\widehat{u} = w_1\widehat{u}_1 + w_2\widehat{u}_2 + \cdots + w_K\widehat{u}_K,$$

其中 $\boldsymbol{w} = (w_1, \cdots, w_K)^{\mathrm{T}}$ 为权重向量, 通常满足 $0 \leqslant w_k \leqslant 1, \sum_{k=1}^{K} w_k = 1$.

若定义权重系数为示性函数, 即令

$$w_k = I\{\text{第}k\text{个模型被选到}\},$$

则模型平均变为模型选择, 从这里可以看出模型选择是模型平均的一个特例, 模型平均是模型选择的推广. 和贝叶斯模型平均方法一样, 频率模型平均法也需要确定权重值, 那么怎么求取候补模型对应的权重呢? 下一节介绍几种权重选择方法.

■ 13.4 权重选择方法

13.4.1 基于信息准则

所谓信息准则 (IC) 的权重选择方法即对于每一个候补模型给出一个基于信息准则的得分, 最后依据得分多少来描述候补模型的重要性. 根据上节介绍的模型选择的知识, 我们可以先计算每一个模型的 AIC 和 BIC 值, 然后通过如下公式计算各个组合权重:

$$w_k = \frac{\exp\left(-\dfrac{\mathrm{IC}_k}{2}\right)}{\displaystyle\sum_{k=1}^{K} \exp\left(-\dfrac{\mathrm{IC}_k}{2}\right)}, \tag{13.4.1}$$

其中 K 表示候补模型集合中模型的个数, w_k 表示第 k 个候补模型的权重; IC_k 为第 k 个候补模型的 AIC 或 BIC 值. 由上式可看出基于信息准则的组合权重计算方法比较简单, 只需计算每个候补模型下的 AIC 或 BIC 值即可, 对应的模型平均方法称为 AIC 模型平均和 BIC 模型平均. 由于计算方便, 基于信息准则的思路是比较常用的权重选择方法.

13.4.2 基于马洛斯准则

在模型选择准则中介绍了 C_p 准则, C_p 准则的全称为 Mallows's C_p 准则. 我们接下来要介绍的马洛斯准则是对 Mallows's C_p 准则的推广, 基于该准则的权重选择方法是最小化马洛斯准则来得到组合预测的权重. 下面以线性模型为例介绍具体的过程.

记响应变量的观测样本 $\boldsymbol{Y} = (Y_1, \cdots, Y_n)^{\mathrm{T}}$, 估计的预测值记为 $\widehat{\boldsymbol{\mu}} = (\widehat{\mu}_1, \cdots, \widehat{\mu}_n)^{\mathrm{T}}$, 协变量样本矩阵记为 $\mathbf{X} = (\boldsymbol{X_1}, \cdots, \boldsymbol{X_n})^{\mathrm{T}}$, 其中 $\boldsymbol{X}_i = (1, X_{i1}, \cdots, X_{ip})^{\mathrm{T}}$, p 是变量的个数, 误差项 $\boldsymbol{e} = (e_1, \cdots, e_n)^{\mathrm{T}}$. 如果用传统线性模型去描述 p 个协变量与响应变量之间的线性关系表示为

$$\boldsymbol{Y} = \mathbf{X}\boldsymbol{\beta} + \boldsymbol{e},$$

其中 $\boldsymbol{\beta}$ 为协变量对应的系数向量, 形式为 $\boldsymbol{\beta} = (\beta_0, \beta_1, \cdots, \beta_p)^{\mathrm{T}}$.

假设研究者采用 K 个候补模型去获得 $\widehat{\boldsymbol{\mu}}$, 其中第 k 个采用的候补模型为

$$M_k: \quad \boldsymbol{Y} = \mathbf{X}_k \boldsymbol{\beta}_k + \boldsymbol{e},$$

其中 $\mathbf{X}_k = (\boldsymbol{X}_{k1}, \cdots, \boldsymbol{X}_{kn})^{\mathrm{T}}$ 是 $n \times p_k$ 的第一列为 1 的矩阵, 即它是由 $\mathbf{X}$ 除去第一列外的任意 $p_k - 1$ 列组成的, $\boldsymbol{\beta}_k$ 是其相应的 p_k 维的系数向量. 一般情况下 $\mathbf{X}_k^{\mathrm{T}} \mathbf{X}_k$ 是可逆的, 故 $\boldsymbol{\beta}_k$ 基于第 k 个候补模型的最小二乘估计为 $\widehat{\boldsymbol{\beta}}_k = (\mathbf{X}_k^{\mathrm{T}} \mathbf{X}_k)^{-1} \mathbf{X}_k^{\mathrm{T}} \boldsymbol{Y}$. 相应地, $\boldsymbol{\mu}_k$ 的估计为 $\widehat{\boldsymbol{\mu}}_k = \mathbf{X}_k (\mathbf{X}_k^{\mathrm{T}} \mathbf{X}_k)^{-1} \mathbf{X}_k^{\mathrm{T}} \boldsymbol{Y} = \boldsymbol{H}_k \boldsymbol{Y}$. 其中 $\boldsymbol{H}_k = \mathbf{X}_k (\mathbf{X}_k^{\mathrm{T}} \mathbf{X}_k)^{-1} \mathbf{X}_k^{\mathrm{T}}$ 是帽子矩阵. 记权重向量 $\boldsymbol{w} = (w_1, \cdots, w_K)^{\mathrm{T}}$, 且满足

$$\mathrm{H} = \left\{ \boldsymbol{w} \in [0,1]^K : \sum_{k=1}^{K} w_k = 1 \right\},$$

那么 $\boldsymbol{\mu}$ 的模型平均估计为

$$\widehat{\boldsymbol{\mu}}(\boldsymbol{w}) = \sum_{k=1}^{K} w_k \widehat{\boldsymbol{\mu}}_k. \tag{13.4.2}$$

接下来, 采用以下**马洛斯准则**估计权重:

$$\mathrm{C}_n(\boldsymbol{w}) = \boldsymbol{w}^{\mathrm{T}} \widehat{\mathbf{E}}^{\mathrm{T}} \widehat{\mathbf{E}} \boldsymbol{w} + 2\widehat{\sigma}^2 \boldsymbol{w}^{\mathrm{T}} \boldsymbol{\phi},$$

其中 $\widehat{\mathbf{E}} = (\widehat{e}_1, \cdots, \widehat{e}_K)^{\mathrm{T}}$, $\widehat{e}_k = \boldsymbol{Y} - \widehat{\boldsymbol{\mu}}_k$ 为基于第 k 个候补模型估计的残差向量, $\boldsymbol{\phi} = (p_1, \cdots, p_K)^{\mathrm{T}}$, $\widehat{\sigma}^2 = \dfrac{\widehat{e}_{\widetilde{k}}^{\mathrm{T}} \widehat{e}_{\widetilde{k}}}{n - \boldsymbol{\phi}_{\widetilde{k}}}$, $\widetilde{k}$ 满足 $\boldsymbol{\phi}_{\widetilde{k}} = \max\{p_1, \cdots, p_K\}$. 通过极小化马洛斯准则所得到的权重为

$$\widehat{\boldsymbol{w}}_{\mathrm{M}} = \underset{\boldsymbol{w} \in \mathrm{H}}{\operatorname{argmin}} \, \mathrm{C}_n(\boldsymbol{w}). \tag{13.4.3}$$

该权重对应的模型平均估计成为马洛斯模型平均 (Mallows model average, MMA) 估计, 将其代入式 (13.4.2) 可得到 MMA 估计的观测值 $\widehat{\boldsymbol{\mu}}(\widehat{\boldsymbol{w}})$.

13.4.3 基于刀切法准则

基于刀切法 (Jackknife) 准则的模型平均方法是通过最小化刀切法准则得到组合预测的权重. 该方法适用于随机误差项异方差的情形, 即当 $\mathrm{Cov}(\boldsymbol{e}|\boldsymbol{X}) = \mathrm{diag}(\sigma_1^2, \cdots, \sigma_n^2)$ 时可用基于刀切法准则的模型平均方法去选择权重.

假设研究者依然以线性模型为例, 并且采用 K 个候补模型, 其中第 k 个采用的候补模型使用的协变量观测矩阵是 $\mathbf{X}_k = (\boldsymbol{X}_{k1}, \cdots, \boldsymbol{X}_{kn})^{\mathrm{T}}$. 使用刀切法对第 k 个候补模型估计预测值的具体流程是: 对于 $i = 1, 2, \cdots, n$,

(1) 删除第 i 个样本, 使用最小二乘得到回归参数的估计

$$\widehat{\boldsymbol{\beta}}_{(-i)} = (\mathbf{X}_{k(-i)}^{\mathrm{T}} \mathbf{X}_{k(-i)})^{-1} \mathbf{X}_{k(-i)}^{\mathrm{T}} \boldsymbol{Y}_{(-i)},$$

其中 $\mathbf{X}_{k(-i)}$ 和 $\boldsymbol{Y}_{(-i)}$ 分别是去掉第 i 个样本之后的 $(n-1) \times p_k$ 协变量观测矩阵和 $(n-1)$ 维的响应变量观测向量.

(2) 估计出第 i 个样本的预测值为 $\widetilde{\mu}_{ki} = \boldsymbol{X}_{ki}^{\mathrm{T}} \widehat{\boldsymbol{\beta}}_{(-i)}$.

最后得到基于第 k 个候补模型的对应 n 个样本的预测向量 $\widetilde{\boldsymbol{\mu}}_k = (\widetilde{\mu}_{k1}, \cdots, \widetilde{\mu}_{kn})^{\mathrm{T}}$. 注意到 $\mathbf{X}_{k(-i)}^{\mathrm{T}} \mathbf{X}_{k(-i)} = \mathbf{X}_k^{\mathrm{T}} \mathbf{X}_k - \boldsymbol{X}_{ki} \boldsymbol{X}_{ki}^{\mathrm{T}}$, 根据 Sherman-Morrison 公式, 可以推导出

$$\widetilde{\mu}_{ki} = \sum_{j \neq i} \frac{H_{k,ij}}{1 - H_{k,ii}} Y_j,$$

其中 $H_{k,ij}$ 代表第 k 个模型的帽子矩阵第 i 行第 j 列的元素. 上式表明 $\widetilde{\mu}_{ki}$ 不依赖于 Y_i. 可以用矩阵表示第 k 个候补模型的预测向量为

$$\widetilde{\boldsymbol{\mu}}_k = (\boldsymbol{D}_k(\boldsymbol{H}_k - \boldsymbol{I}_n) + \boldsymbol{I}_n)\boldsymbol{Y},$$

其中 $\boldsymbol{D}_k$ 是对角矩阵, 它的第 i 个对角元素为 $(1 - H_{k,ii})^{-1}$, 并且 $D_{k,ii}(H_{k,ii} - 1) = \dfrac{H_{k,ii} - 1}{1 - H_{k,ii}} = -1$, $\boldsymbol{I}_n$ 是单位矩阵.

令 $\widetilde{\mathbf{E}} = (\widetilde{e}_1, \widetilde{e}_2, \cdots, \widetilde{e}_K)^{\mathrm{T}}$, $\widetilde{e}_k = \boldsymbol{Y} - \widetilde{\boldsymbol{\mu}}_k$ 为基于第 k 个模型估计的残差向量, 而且 $\widetilde{e}_k$ 是弃一的交叉验证的残差向量, 在统计学中弃一的交叉验证又称为刀切法. **刀切法准则**定义为

$$\mathrm{J}_n(\boldsymbol{w}) = \boldsymbol{w}^{\mathrm{T}} \widetilde{\mathbf{E}}^{\mathrm{T}} \widetilde{\mathbf{E}} \boldsymbol{w}. \tag{13.4.4}$$

并且通过极小化刀切法准则所得到的权重为

$$\widehat{\boldsymbol{w}}_{\mathrm{J}} = \arg\min_{\boldsymbol{w} \in \mathrm{H}} \mathrm{J}_n(\boldsymbol{w}),$$

并且基于刀切法准则得出的组合模型权重对应的模型平均方法为刀切法模型平均 (Jackknife model average, JMA).

13.5 模型平均实践

实践代码

本章介绍了模型平均的基本概念与方法, 模型平均是一种通过结合多个候选模型来提高预测性能和处理模型不确定性的方法. 本章首先概述了模型不确定性问题, 并探讨了模型选择与模型平均的区别与联系. 与模型选择试图选出最优模型不同, 模型平均则通过对多个模型进行加权组合, 以降低单一模型选择带来的风险, 从而提高预测的稳定性与准确性.

本章介绍了两种主要的模型平均方法: 贝叶斯模型平均和频率模型平均. 贝叶斯模型平均基于贝叶斯理论, 通过计算模型的后验概率, 对不同模型进行加权平均, 从而得到最终预测; 频率模型平均则从频率论的角度出发, 通过对不同模型的预测结果进行加权组合来实现模型平均.

针对频率模型平均的权重选择, 本章重点介绍了三种常用的方法: 基于信息准则、基于马洛斯准则和基于刀切法准则. 基于信息准则的方法通过最小化信息损失来确定权重, 基于马洛斯准则的方法通过平衡模型复杂度与拟合程度来选择权重, 而基于刀切法准则的方法则通过对样本数据的多次重复抽样, 评估不同模型的表现, 以此来确定模型权重.

模型平均方法在处理模型不确定性和提高预测性能方面具有重要意义, 已被广泛应用于统计和机器学习中. 更多的模型平均技术如针对高维数据的 delete-one 交叉验证模型

平均、与模型融合方法 Stacking、Bagging 等结合的模型平均方法, 也值得进一步探索与研究.

习题

1. 假设观察到随机样本 $\boldsymbol{Y} = (Y_1, \cdots, Y_n)^{\mathrm{T}}$, $\mathbf{X} = (\boldsymbol{X}_1, \cdots, \boldsymbol{X}_n)^{\mathrm{T}}$ 是 $n \times p$ 的设计矩阵, 且满足线性模型

$$\boldsymbol{Y} = \mathbf{X}\boldsymbol{\beta} + \boldsymbol{\varepsilon},$$

其中 $\boldsymbol{\varepsilon} \sim N(\boldsymbol{0}, \sigma^2 \boldsymbol{I}_n)$. 对于参数 $\boldsymbol{\beta}$, σ^2, 考虑标准正态伽马共轭先验, 即

$$\boldsymbol{\beta} \sim N\left(\boldsymbol{\mu}, \sigma^2 \boldsymbol{V}\right),$$

$$\frac{\nu\lambda}{\sigma^2} \sim \chi^2_{(\nu)},$$

其中 $\nu, \lambda, \boldsymbol{\mu}, \boldsymbol{V}$ 是超参数且已知. 若采用的候补模型是全模型, 试证明 $P(D|M) = f(\boldsymbol{Y}|\mathbf{X})$ 服从非中心的 t 分布, 自由度是 ν, 期望是 $\boldsymbol{X}\boldsymbol{\mu}$, 方差是 $[\nu/(\nu-2)]\lambda\left(\boldsymbol{I}_n + \mathbf{X}\boldsymbol{V}\mathbf{X}^{\mathrm{T}}\right)$.

2. 请推导刀切法准则中的结论: $\widetilde{\boldsymbol{\mu}}_k = (\boldsymbol{D}_k(\boldsymbol{H}_k - \boldsymbol{I}_n) + \boldsymbol{I}_n)\boldsymbol{Y}$, $\boldsymbol{D}_k$ 是对角矩阵, 它的第 i 个对角元素为 $(1 - H_{k,ii})^{-1}$, 而 $H_{k,ii}$ 是 $\boldsymbol{H}_k$ 的第 i 个对角元素.

(提示: 使用 Sherman-Morrison 公式: $\left(\boldsymbol{A} + \boldsymbol{U}\boldsymbol{V}^{\mathrm{T}}\right)^{-1} = \boldsymbol{A}^{-1} - \dfrac{\boldsymbol{A}^{-1}\boldsymbol{U}\boldsymbol{V}^{\mathrm{T}}\boldsymbol{A}^{-1}}{1 + \boldsymbol{V}^{\mathrm{T}}\boldsymbol{A}^{-1}\boldsymbol{U}}$, 其中 $\boldsymbol{A}$ 是 $r \times r$ 可逆方阵, $\boldsymbol{U}, \boldsymbol{V}$ 分别是 $r \times 1$ 列向量, $1 + \boldsymbol{V}^{\mathrm{T}}\boldsymbol{A}^{-1}\boldsymbol{U} \neq 0$.)

3. 数据使用第五届未来商业科技年会中公布的高中学生表现数据, 由 649 个观测样本和 30 个变量组成. 我们对学生成绩变量感兴趣, 因此选取为响应变量. 基于 R 或 Python 语言,

配套数据

(1) 建立线性模型, 并使用最小二乘方法估计参数, 并计算 $\mathrm{MSE} = \dfrac{1}{n}\sum_{i=1}^{n}(Y_i - \widehat{Y}_i)$.

(2) 根据 (1) 中回归系数估计量的绝对值的大小对变量的重要性进行排序, 并根据变量排序, 构造 3 个候补模型, 每个候补模型 10 个变量. 分别使用基于 AIC、BIC、马洛斯准则和刀切法准则的模型平均方法获得预测值 $\widehat{Y}_i$, 并计算 MSE.

(3) 对比 (1) 和 (2) 预测结果并解释.

6

第六部分

增量学习

增量学习 (incremental learning) 是一种持续学习的方法, 模型可以在不断接收新数据的情况下进行更新和改进. 与传统的离线学习不同, 增量学习的目标是使模型能够适应新的数据, 而不需要重新训练整个模型. 与前面提到的机器学习方法相比, 增量学习主要用于处理动态环境下的学习, 允许模型在接收到新数据时进行实时更新、在线学习. 增量学习具有实时性、持续适应、适用于大规模数据和适应非平稳环境的优势, 在在线广告、推荐系统、传感器网络、自适应控制等领域有广泛应用.

在某些情况下, 可以将增量学习和前面的方法结合使用. 例如, 可以使用前面介绍的机器学习方法构建基础模型, 然后通过增量学习来适应新的数据, 以保持模型的实时性.

本部分将介绍三种主要的深度学习方法: 在线学习 (online learning) 并行计算 (parallel computing) 和迁移学习 (transfer learning).

第十四章 在线学习

■ 14.1 简介

随着科技的快速发展, 我们迎来了大数据时代. 通过对海量数据的处理与分析, 可以发现巨大的社会价值, 服务于生产生活. 日益增长的海量数据往往呈现"流"特征, 亦称"数据流", 此类大数据对存储承载力与计算机的计算性能等方面提出了更高的要求, 传统的基于离线优化的机器学习算法面对极大的挑战. 因此, 在线学习的出现解决了这一问题. 在线学习算法可被理解为: 在重复决策的过程中, 算法基于之前的经验以及当前的数据做出预测, 以实现实时决策并不断地对模型进行改进, 来提高预测的精度. 在线学习算法已经被广泛应用于数据流的分析中.

在线学习是基于机器学习的方法, 对海量数据流进行训练, 基于之前的经验 (即保存下来的估计), 来不断更新最佳的预测, 而非传统地以批量处理的方式运行. 在数据流框架下, 传统的批量学习方法具有时间和空间成本高、效率低、扩展性差的特点, 在线学习方法仅仅基于当前数据和历史估计结果进行更新, 算法的效率和可扩展性大大提高.

接下来介绍一个在线学习的应用实例, 比如在云计算中使用并行处理时, 需要实现一种分配资源和调度任务执行顺序的机制. 由于资源和任务在过程中不断更新, 后台研究人员无法一次性得到所有的信息进行离线训练. 因此可以利用在线学习算法根据实际任务执行的更新信息动态调整资源分配, 提高云的利用率.

在线学习适合大数据时代的分布式数据流的处理流程, 目前, 在线学习已经成为机器学习与人工智能领域的重要研究课题, 其研究方向可能集中在对维度更敏感的高效在线图优化算法、理论方面上下限分析及最优解的寻找等方面.

下面以均值模型、线性模型、岭回归以及高维模型讲解在线学习算法, 主要介绍 3 种方法: 累积统计量、在线梯度下降以及正则化的在线梯度下降.

■ | 14.2   累积统计量在线学习

14.2.1   均值模型

平均值反映数据的位置, 描述数据中心. 对于一组 p 维的数据 $\boldsymbol{X}_1, \cdots,$ $\boldsymbol{X}_n$, 我们可构建均值模型为

$$\boldsymbol{X}_i = \boldsymbol{\mu} + \boldsymbol{\varepsilon}_i, \ i = 1, 2, \cdots, n.$$

模型通过误差 $\boldsymbol{\varepsilon}_i$ 来描述以 $\boldsymbol{\mu}$ 为中心的样本值. 对于参数 $\boldsymbol{\mu}$, 用样本均值进行参数估计, 即

$$\widehat{\boldsymbol{\mu}} = \bar{\boldsymbol{X}} = \frac{1}{n} \sum_{i=1}^{n} \boldsymbol{X}_i.$$

然而, 对于实时获取的海量数据流来讲, 我们会按照时间观测到数据 $\{\boldsymbol{X}_{ti} : i = 1, 2 \cdots, n_t, t = 1, 2, \cdots\}$, $\boldsymbol{X}_{ti}$ 代表第 t 批次数据流第 i 个样本, n_t 是第 t 批次数据的样本量. 数据的更新意味着需要对模型不断地进行重复计算. 受限于数据存储承载力与计算机的计算性能, 传统的离线算法不适用于数据流的均值估计.

因此, 我们可以构建在线学习均值模型, 即在保存的前面算法结果的基础上仅对新数据进行处理, 从而不断更新总体期望的估计结果. 截止到第 t 批次, 均值估计过程如下:

$$\widehat{\boldsymbol{\mu}}_t = \bar{\boldsymbol{X}}_t = \frac{1}{N_t} \sum_{j=1}^{t} \sum_{i=1}^{n_j} \boldsymbol{X}_{ji} = \frac{1}{N_t} \left\{ \sum_{j=1}^{t-1} \sum_{i=1}^{n_j} \boldsymbol{X}_{ji} + \sum_{i=1}^{n_t} \boldsymbol{X}_{ti} \right\},$$

其中 $N_t = n_1 + \cdots + n_t$. 通过在线学习均值模型的构建, 在已知 $\sum_{j=1}^{t-1} \sum_{i=1}^{n_j} \boldsymbol{X}_{ji}$ (已保存, 仅为 p 维向量) 的基础上, 只需计算 $\sum_{i=1}^{n_t} \boldsymbol{X}_{ti}$ 以及更新 N_t 的值, 便可得到新数据下参数 $\boldsymbol{\mu}$ 的估计. 这样一来, 可从多输入源分布式地输入数据, 算法的效率和可扩展性都大大提高.

在线更新样本均值算法流程可以表示如下:

当然, 我们可以选择终止条件, 在某一时刻终止上述在线算法, 得到收敛值, 并将其作为最终的均值估计值.

算法 1：均值模型累积统计量在线学习算法

输入： 初始化数据 $\boldsymbol{X}_{11}, \cdots, \boldsymbol{X}_{1n_1}$

输出： 实时的样本均值 $\bar{\boldsymbol{X}}_t$

for $t = 2$ to ∞ do

  计算新的样本总数 $N_t = N_{t-1} + n_t$

  计算并输出新的样本总和 $\displaystyle\sum_{j=1}^{t}\sum_{i=1}^{n_j} \boldsymbol{X}_{ji} = N_{t-1}\overline{\boldsymbol{X}}_{t-1} + \sum_{i=1}^{n_t} \boldsymbol{X}_{ti}$

  计算新的样本均值 $\displaystyle\bar{\boldsymbol{X}}_t = \frac{1}{N_t}\sum_{j=1}^{t}\sum_{i=1}^{n_j} \boldsymbol{X}_{ji}$

14.2.2 线性模型

线性模型是一种描述因变量和自变量之间线性关系的模型, 假设因变量 Y 和 p 个自变量 $X_1, \cdots, X_p$ 之间存在简单的线性关系, 可构建如下形式:

$$Y = h_{\boldsymbol{\beta}}(\boldsymbol{X}) = \beta_0 + \beta_1 X_1 + \cdots + \beta_p X_p + \varepsilon.$$

对于实时获取的海量回归数据流来讲, 我们假设观测到数据 $\{(\boldsymbol{X}_{ti}^{\mathrm{T}}, Y_{ti})^{\mathrm{T}} : i = 1, 2, \cdots, n_t, t = 1, 2, \cdots\}$, 令

$$\boldsymbol{Y}_t = \mathbf{X}_t\boldsymbol{\beta} + \boldsymbol{\varepsilon}_t,$$

$$\boldsymbol{Y}_t = \begin{pmatrix} Y_{t1} \\ Y_{t2} \\ \vdots \\ Y_{tn_t} \end{pmatrix}, \mathbf{X}_t = \begin{pmatrix} 1 & X_{t1,1} & \cdots & X_{t1,p} \\ 1 & X_{t2,1} & \cdots & X_{t2,p} \\ \vdots & \vdots & & \vdots \\ 1 & X_{tn_t,1} & \cdots & X_{tn_t,p} \end{pmatrix}, \boldsymbol{\beta} = \begin{pmatrix} \beta_0 \\ \beta_1 \\ \beta_2 \\ \vdots \\ \beta_p \end{pmatrix}, \boldsymbol{\varepsilon}_t = \begin{pmatrix} \varepsilon_{t1} \\ \varepsilon_{t2} \\ \vdots \\ \varepsilon_{tn_t} \end{pmatrix}.$$

截止到第 t 批次数据的到来, 回归模型的参数估计过程如下:

$$\widehat{\boldsymbol{\beta}}_t = \left(\sum_{j=1}^{t}\mathbf{X}_j^{\mathrm{T}}\mathbf{X}_j\right)^{-1}\left(\sum_{j=1}^{t}\mathbf{X}_j^{\mathrm{T}}\boldsymbol{Y}_j\right) = \left(\sum_{j=1}^{t-1}\mathbf{X}_j^{\mathrm{T}}\mathbf{X}_j + \mathbf{X}_t^{\mathrm{T}}\mathbf{X}_t\right)^{-1}\left(\sum_{j=1}^{t-1}\mathbf{X}_j^{\mathrm{T}}\boldsymbol{Y}_j + \mathbf{X}_t^{\mathrm{T}}\boldsymbol{Y}_t\right).$$

通过在线学习线性模型的构建, 在已知 $\displaystyle\sum_{j=1}^{t-1}\mathbf{X}_j^{\mathrm{T}}\mathbf{X}_j$(已保存, 仅为 $(p+1)\times(p+1)$ 矩阵) 和 $\displaystyle\sum_{j=1}^{t-1}\mathbf{X}_j^{\mathrm{T}}\boldsymbol{Y}_j$(已保存, 仅为 $p+1$ 维向量) 的基础上, 只需计算 $\mathbf{X}_t^{\mathrm{T}}\mathbf{X}_t$ 以及 $\mathbf{X}_t^{\mathrm{T}}\boldsymbol{Y}_t$ 的值, 便可得到新数据下参数 $\boldsymbol{\beta}$ 的估计. 这样一来, 可从多输入源分布式地输入数据, 算法的效率和可扩展性都大大提高.

在线更新回归参数算法流程可以表示如下：

算法 2：线性模型累积统计量在线学习算法

输入：初始化数据 $\mathbf{X}_1, \boldsymbol{Y}_1$

输出：实时的回归参数估计 $\widehat{\boldsymbol{\beta}}_t$

for $t = 2$ to ∞ do

更新 $p \times p$ 矩阵 $\displaystyle\sum_{j=1}^{t} \mathbf{X}_j^{\mathrm{T}}\mathbf{X}_j = \sum_{j=1}^{t-1} \mathbf{X}_j^{\mathrm{T}}\mathbf{X}_j + \mathbf{X}_t^{\mathrm{T}}\mathbf{X}_t$

更新 p 维向量 $\displaystyle\sum_{j=1}^{t} \mathbf{X}_j^{\mathrm{T}}\boldsymbol{Y}_j = \sum_{j=1}^{t-1} \mathbf{X}_j^{\mathrm{T}}\boldsymbol{Y}_j + \mathbf{X}_t^{\mathrm{T}}\boldsymbol{Y}_t$

估计回归参数 $\displaystyle\widehat{\boldsymbol{\beta}}_t = \left(\sum_{j=1}^{t} \mathbf{X}_j^{\mathrm{T}}\mathbf{X}_j\right)^{-1}\left(\sum_{j=1}^{t} \mathbf{X}_j^{\mathrm{T}}\boldsymbol{Y}_j\right)$

■ 14.3 在线梯度下降

本章节介绍在线梯度下降算法 (online gradient descent, OGD), 并研究算法收敛性以及在线性模型和岭回归模型中的应用.

14.3.1 OGD 算法一般形式

假设第 t 次批量数据到来, 在传统离线优化算法中, 我们采用一般形式的损失函数去估计感兴趣参数 $\boldsymbol{\beta}$:

$$L_t(\boldsymbol{\beta}) = \sum_{j=1}^{t} \ell_j(\boldsymbol{\beta}),$$

其中 $\ell_j(\boldsymbol{\beta}) = \ell(h_{\boldsymbol{\beta}}(\mathbf{X}_j), \boldsymbol{Y}_j)$ 代表第 j 批量数据下的损失函数, 例如二次损失或负对数似然等, 且满足利普希茨连续性. 然而, 若采用上述形式损失函数更新参数, 则需要使用数据流的所有样本进行估计, 模型训练速度会随着时间的增加变得越来越慢.

接下来, 我们采用在线梯度下降算法对其进行无约束优化, 估计模型参数. 梯度下降法是一种最优化算法, 从几何意义上来讲, 梯度是函数变化增加最快的方向, 沿着梯度向量相反的方向, 梯度减少更快, 更加容易找到函数的最小值. 根据损失函数的选取、更新参数时使用样本数量的不同, 常见的梯度下降法分为批量梯度下降法 BGD、随机梯度下降法 SGD、小批量梯度下降法 MBGD 等.

对于日益增加的样本量, 若使用传统离线的优化方法, 虽然模型拟合精度得到提高, 但是计算复杂度不断提高, 训练速度会越来越来慢, 并且历史数据也被重复使用. 因此, Zinkevich[156] 提出了在线梯度下降的在线学习算法. 在线梯度下降算法思想是在第 $t+1$ 阶段, 仅使用第 t 阶段的数据对应的损失函数 $l_t(\boldsymbol{\beta})$ 进行梯度下降. 计算出直接下降结果后, 若可行域 $\mathcal{K}$ 受限, 还需将梯度下降后的结果投影回可行空间.

在明确回归函数 $h_{\boldsymbol{\beta}}(\boldsymbol{X})$ 以及损失函数 $l_t(\boldsymbol{\beta})$ 的具体形式后, OGD 算法流程的一般框架如下所示:

算法 3–1: OGD 算法

输入: 初始化参数 $\boldsymbol{\beta}_0$, 终止距离 δ, 学习速率 α, 可行域 $\mathcal{K}$

输出: 参数 $\boldsymbol{\beta}$ 的收敛值

for $t = 0$ to ∞ do

 计算梯度下降点 $\boldsymbol{\theta}_{t+1} = \boldsymbol{\beta}_t - \alpha l_t'(\boldsymbol{\beta}_t)$

 计算投影点 $\boldsymbol{\beta}_{t+1} = \underset{\boldsymbol{\beta} \in \mathcal{K}}{\operatorname{argmin}} \|\boldsymbol{\theta}_{t+1} - \boldsymbol{\beta}\|^2$

 计算当前损失 $l_t(\boldsymbol{\beta}_{t+1})$ 及其梯度 $l_t'(\boldsymbol{\beta}_{t+1})$

 如果前后步距离 $\|\boldsymbol{\beta}_{t+1} - \boldsymbol{\beta}_t\| < \delta$

end for

14.3.2   OGD 算法收敛性分析

定义遗憾函数 (regret function)

$$R_T = \sum_{t=1}^{T} \left[\ell_t \left(\boldsymbol{\beta}_t \right) - \ell_t \left(\boldsymbol{\beta}^* \right) \right], \tag{14.3.1}$$

其中 $\boldsymbol{\beta}^* = \operatorname{argmin}_{\boldsymbol{\beta}} \sum_{t=1}^{T} \ell_t \left(\boldsymbol{\beta} \right)$, $\boldsymbol{\beta}_t$ 表示第 t 轮迭代值. 随着时间 T 的增加, 遗憾函数的值接近于一个常量, 则算法的收敛值 $\boldsymbol{\beta}_T$ 与最优的 $\boldsymbol{\beta}^*$ 是一致的, 即可证明此在线学习方法是有效的.

接下来, 我们分析 OGD 算法的收敛性. 根据投影点的对应关系, 可以得到

$$\left\| \boldsymbol{\beta}_{t+1} - \boldsymbol{\beta}^* \right\|^2 \leqslant \left\| \boldsymbol{\theta}_{t+1} - \boldsymbol{\beta}^* \right\|^2 = \left\| \boldsymbol{\beta}_t - \boldsymbol{\beta}^* \right\|^2 - 2\alpha \left\langle \ell_t' \left(\boldsymbol{\beta}_t \right), \left(\boldsymbol{\beta}_t - \boldsymbol{\beta}^* \right) \right\rangle + \alpha^2 \left\| \ell_t' \left(\boldsymbol{\beta}_t \right) \right\|^2,$$

由此式变形后, 可以得到

$$\left\langle \ell_t' \left(\boldsymbol{\beta}_t \right), \left(\boldsymbol{\beta}_t - \boldsymbol{\beta}^* \right) \right\rangle \leqslant \frac{1}{2\alpha} \left(\left\| \boldsymbol{\beta}_t - \boldsymbol{\beta}^* \right\|^2 - \left\| \boldsymbol{\beta}_{t+1} - \boldsymbol{\beta}^* \right\|^2 \right) + \frac{\alpha}{2} \left\| \ell_t' \left(\boldsymbol{\beta}_t \right) \right\|^2.$$

另一方面, 根据损失函数的凸性可以得到

$$R_T = \sum_{t=1}^{T} \left[\ell_t(\boldsymbol{\beta}_t) - \ell_t(\boldsymbol{\beta}^*) \right] \leqslant \sum_{t=1}^{T} \left\langle \ell'_t(\boldsymbol{\beta}_t), (\boldsymbol{\beta}_t - \boldsymbol{\beta}^*) \right\rangle,$$

合并上述两式可得

$$R_T \leqslant \frac{1}{2\alpha} \|\boldsymbol{\beta}_1 - \boldsymbol{\beta}^*\|^2 + \frac{\alpha}{2} \sum_{t=1}^{T} \|\ell'_t(\boldsymbol{\beta}_t)\|^2.$$

再由损失函数的利普希茨连续性 (假设常数为 L) 可知, $\forall t, \|\ell'_t(\boldsymbol{\beta}_t)\| \leqslant L$, 因此得到 R_T 上界的最终形式如下:

$$R_T \leqslant \frac{1}{2\alpha} \|\boldsymbol{\beta}_1 - \boldsymbol{\beta}^*\|^2 + \frac{\alpha L^2 T}{2},$$

当且仅当 $\frac{1}{2\alpha} \|\boldsymbol{\beta}_1 - \boldsymbol{\beta}^*\|^2 = \frac{\alpha L^2 T}{2}$, 即 $\alpha = \frac{\|\boldsymbol{\beta}_1 - \boldsymbol{\beta}^*\|}{L\sqrt{T}}$ 时, 式右边取最小值, 即 $R_T \leqslant \|\boldsymbol{\beta}_1 - \boldsymbol{\beta}^*\| L\sqrt{T}$. 因此, 我们推出 OGD 算法的性能最差情况是 $\mathcal{O}(\sqrt{T})$.

14.3.3 线性模型的 OGD 算法

注意到上述 OGD 算法是对于一般模型而言的, 实现了在线梯度下降的算法功能, 具有一定的包容性与可扩展性, 相比于传统离线优化算法大大减少了计算的复杂度, 因为损失函数 $l_t(\boldsymbol{\beta})$ 仅使用第 t 阶段的数据. 借助 OGD 的算法思想, 假设第 t 阶段的二次损失函数为

$$l_t(\boldsymbol{\beta}) = \frac{1}{2} \|\boldsymbol{Y}_t - \mathbf{X}_t \boldsymbol{\beta}\|_2^2,$$

对应的梯度是

$$l'_t(\boldsymbol{\beta}) = -\mathbf{X}_t^{\mathrm{T}} (\boldsymbol{Y}_t - \mathbf{X}_t \boldsymbol{\beta}).$$

在基于二次损失构造线性模型在线学习算法时, 我们不妨在第 t 阶段, 选取第 $t-1$ 阶段求得的 $\boldsymbol{\beta}_{t-1}$ 计算梯度值, 这样不仅能通过新数据不断迭代更新参数估计, 还减少了第 t 阶段模型拟合带来的计算复杂度. 因此第 t 阶段的梯度的计算公式如下:

$$l'_t(\boldsymbol{\beta}_{t-1}) = -\boldsymbol{X}_t^{\mathrm{T}} (\boldsymbol{Y}_t - \boldsymbol{X}_t \boldsymbol{\beta}_{t-1}).$$

另外, 考虑到线性模型的可行域为 $\mathbf{R}^{p+1}$, 梯度下降后无需将中间迭代结果投影回可行域. 因此基于二次损失的线性模型在线学习算法流程可以表示如下:

算法 3–2：OGD 算法—基于二次损失

输入：初始化参数 $\boldsymbol{\beta}_0$，终止距离 δ，学习速率 α，参数 λ

输出：参数 $\boldsymbol{\beta}$ 的收敛值

for $t = 1$ to ∞ do

    计算第 t 阶段梯度 $l'_t(\boldsymbol{\beta}_{t-1}) = -\mathbf{X}_t^{\mathrm{T}}(\boldsymbol{Y}_t - \mathbf{X}_t\boldsymbol{\beta}_{t-1})$

    更新学习速率 $\alpha = \lambda t^{-\frac{1}{2}}$

    更新参数 $\boldsymbol{\beta}_t = \boldsymbol{\beta}_{t-1} - \alpha l'_t(\boldsymbol{\beta}_{t-1})$

  如果前后步距离 $\|\alpha l'_t(\boldsymbol{\beta}_{t-1})\| < \delta$

end for

14.3.4 岭回归模型的 OGD 算法

岭回归方法是一种解决回归数据共线性问题的监督学习方法. 其使用的目标函数是在二次损失的基础上, 增加 L_2 正则项, 详细介绍参考回归模型章节. 下面介绍基于二次损失的岭回归在线学习算法. 假设观测到第 t 次批量数据的到来, 在传统岭回归模型离线优化算法中, 采用如下二次损失函数去估计感兴趣参数 $\boldsymbol{\beta}$：

$$l_t(\boldsymbol{\beta}) = \frac{1}{2n_t}\|\boldsymbol{Y}_t - \mathbf{X}_t\boldsymbol{\beta}\|_2^2 + \frac{\lambda}{2}\boldsymbol{\beta}^{\mathrm{T}}\boldsymbol{\beta},$$

对应的梯度是

$$l'_t(\boldsymbol{\beta}) = -\frac{1}{n_t}\mathbf{X}_t^{\mathrm{T}}(\boldsymbol{Y}_t - \mathbf{X}_t\boldsymbol{\beta}) + \lambda\boldsymbol{\beta}.$$

考虑到模型的训练速度以及计算的复杂度, 不妨借助上一节线性模型在线学习的思想, 第 t 阶段对应的梯度函数, 选取第 $t-1$ 阶段求得的 $\boldsymbol{\beta}_{t-1}$ 进行下一步的迭代, 这样不仅能通过新数据不断迭代更新参数估计, 还不用基于当前数据拟合模型, 即此时的梯度是

$$l'_t(\boldsymbol{\beta}_{t-1}) = -\frac{1}{n_t}\mathbf{X}_t^{\mathrm{T}}(\boldsymbol{Y}_t - \mathbf{X}_t\boldsymbol{\beta}_{t-1}) + \lambda\boldsymbol{\beta}_{t-1}.$$

以上岭回归模型的在线学习算法流程可以表示如下：

算法 4：岭回归在线学习算法—基于二次损失

输入：初始化参数 $\boldsymbol{\beta}_0$，终止距离 δ，学习速率 α，调谐参数 λ

输出：参数 $\boldsymbol{\beta}$ 的收敛值

for $t = 1$ to ∞ do

    计算第 t 阶段梯度 $l'_t(\boldsymbol{\beta}_{t-1}) = -\frac{1}{n_t}\boldsymbol{X}_t^{\mathrm{T}}(\boldsymbol{Y}_t - \boldsymbol{X}_t\boldsymbol{\beta}_{t-1}) + \lambda\boldsymbol{\beta}_{t-1}$

    更新参数 $\boldsymbol{\beta}_t = \boldsymbol{\beta}_{t-1} - \alpha l'_t(\boldsymbol{\beta}_{t-1})$

  如果前后步距离 $\|\alpha l'_t(\boldsymbol{\beta}_{t-1})\| < \delta$

  end for

14.4 基于正则化的在线梯度下降

14.4.1 FTL 算法

FTL(follow the leader) 算法在损失函数强凸的情形下能有效解决在线优化问题, 其算法的思想是通过最小化累积损失来更新参数, 公式如下:

$$\boldsymbol{\beta}_{t+1} = \operatorname*{argmin}_{\boldsymbol{\beta}} \sum_{j=1}^{t} l_j(\boldsymbol{\beta}).$$

由归纳法得 FTL 算法的遗憾函数上限为

$$R_T \leqslant \sum_{t=1}^{T} (l_t(\boldsymbol{\beta}_t) - l_t(\boldsymbol{\beta}_{t+1})).$$

可见, 在损失函数强凸的情形下, $\boldsymbol{\beta}_t$ 会收敛到 $\boldsymbol{\beta}^*$. 但是, 在在线线性优化 (online linear optimization) 问题中不一定成立. 接下来, 我们考虑一维的感兴趣参数 β, 损失函数关于 β 是线性的, 假设为 $l_t(\beta) = G_t\beta$, $\beta \in [-1, 1]$. 此时 G_t 是损失函数的梯度, 其取值为

$$G_t = \begin{cases} -0.5, & t=1, \\ 1, & t \text{ 为偶数}, \\ -1, & t>1 \text{ 且 } t \text{ 为奇数}. \end{cases}$$

由参数更新公式得

$$\beta_{t+1} = \operatorname*{argmin}_{\beta} \sum_{j=1}^{t} G_j\beta.$$

使用 FTL 算法会出现参数震荡现象:

t	G_t	$\beta_{t+1} = \operatorname*{argmin}_{\beta} \sum_{j=1}^{t} G_j\beta$
1	-0.5	$\operatorname*{argmin}_{\beta}\{-0.5\beta\}=1$
2	1	$\operatorname*{argmin}_{\beta}\{-0.5\beta + 1\beta\} = -1$
3	-1	$\operatorname*{argmin}_{\beta}\{-0.5\beta + 1\beta - 1\beta\}=1$
4	1	$\operatorname*{argmin}_{\beta}\{-0.5\beta + 1\beta - 1\beta + 1\beta\} = -1$
...	...	...

经过计算, β 最终的 "收敛值" 在 1 和 -1 之间震荡, 并不收敛, FTL 算法在这个在线线性优化问题上失效. 因此, FTL 算法在损失函数强凸的情形下虽然有效, 但在一般凸函数情形下不满足遗憾函数次线性, 导致参数不收敛, 可见算法不稳定.

14.4.2 FTRL 算法

为了解决上述问题, FTRL(follow the regularized leader) 算法在 FTL 算法的基础上增加正则化项 $P_\alpha(\boldsymbol{\beta})$ 来使算法更稳定. FTRL 算法的参数更新公式如下:

$$\boldsymbol{\beta}_{t+1} = \underset{\boldsymbol{\beta}}{\operatorname{argmin}} \left\{ \sum_{j=1}^{t} l_j(\boldsymbol{\beta}) + P_\alpha(\boldsymbol{\beta}) \right\}.$$

容易证明 FTRL 算法的遗憾函数上限为

$$R_T \leqslant P_\alpha(\boldsymbol{\beta}^*) + \sum_{t=1}^{T} [l_t(\boldsymbol{\beta}_t) - l_t(\boldsymbol{\beta}_{t+1})].$$

针对上述的在线线性优化问题, 不妨令 $P_\alpha(\boldsymbol{\beta}) = \dfrac{1}{2\alpha} \|\boldsymbol{\beta}\|_2^2$, 求导得出参数更新公式为: $\boldsymbol{\beta}_{t+1} = \boldsymbol{\beta}_t - \alpha \boldsymbol{G}_t$, 注意此时我们考虑的是多维的感兴趣参数 $\boldsymbol{\beta}$, $\boldsymbol{G}_t$ 是梯度向量.

FTRL 算法的遗憾函数上限为

$$R_T \leqslant \frac{1}{2\alpha} \|\boldsymbol{\beta}^*\|_2^2 + \alpha \sum_{t=1}^{T} \|\boldsymbol{G}_t\|_2^2,$$

若参数 $\boldsymbol{\beta} \in \{\boldsymbol{\beta} : \|\boldsymbol{\beta}\|_2 \leqslant B\}$, 损失函数 l 满足 L-Lipschitz 条件, 即 $\dfrac{1}{T} \sum_{t=1}^{T} \|\boldsymbol{G}_t\|_2^2 \leqslant L^2$, 则

$$R_T \leqslant \frac{1}{2\alpha} B^2 + \alpha T L^2,$$

当且仅当 $\dfrac{1}{2\alpha} B^2 = \alpha T L^2$, 即 $\alpha = \dfrac{B}{L\sqrt{2T}}$ 时, 上式右边取得最小值. 因此代入 α, 则遗憾函数满足

$$R_T \leqslant BL\sqrt{2T}.$$

可以发现

$$\lim_{T \to \infty} \frac{\mathrm{d}R_T}{\mathrm{d}T} = \lim_{T \to \infty} \frac{BL}{\sqrt{2T}} = 0,$$

因此, $\boldsymbol{\beta}_t$ 收敛, 则 FTRL 为有效算法, 可见其相比于 FTL 算法更加稳定.

14.4.3 FTRL-Proximal 算法

FTRL-Proximal 算法是一种用于点击率预估的在线机器学习系统的核心算法, 其可以看作 RDA(regularized dual averaging algorithm) 算法与 FOBOS(forward backward splitting) 算法的结合体, 在 FTL 算法的基础上通过增加 L_1、L_2 正则项的方式来兼顾算法的稀疏性与精确度.

为了进一步提高算法的稀疏性, FTRL-Proximal 算法在 FTRL 算法的基础上添加 L_1 正则项. FTRL-Proximal 算法使用如下损失函数更新参数:

$$\boldsymbol{\beta}_{t+1} = \arg\min \left(\sum_{j=1}^{t} \boldsymbol{G}_j^{\mathrm{T}} \boldsymbol{\beta} + \frac{1}{2} \sum_{j=1}^{t} \sigma_j \|\boldsymbol{\beta} - \boldsymbol{\beta}_j\|_2^2 + \lambda \|\boldsymbol{\beta}\|_1 \right),$$

其中 $\sigma_j = \dfrac{1}{\alpha_j} - \dfrac{1}{\alpha_{j-1}}$, α_t 是 t 时刻的学习率, λ 是 L_1 正则化调谐参数, $\boldsymbol{\beta}$ 为感兴趣参数. 值得注意的是, $\displaystyle\sum_{j=1}^{t} \boldsymbol{G}_j^{\mathrm{T}} \boldsymbol{\beta}$ 保证向正确的方向更新, 而使用历史累积梯度保证不会过早地将重要特征的参数约束为 0. $\dfrac{1}{2} \displaystyle\sum_{j=1}^{t} \sigma_j \|\boldsymbol{\beta} - \boldsymbol{\beta}_j\|_2^2$ 要求新产生的参数不要偏离历史参数太远, 即参数更新不要太激进, $\lambda \|\boldsymbol{\beta}\|_1$ 保证解的稀疏性.

在参数更新过程中, 我们将特征参数的各个维度拆解成独立的标量最小化问题, 从而简化算法, 具体计算过程如下:

令 $\boldsymbol{Z}_t = \displaystyle\sum_{j=1}^{t} \boldsymbol{G}_j - \sum_{j=1}^{t} \sigma_j \boldsymbol{\beta}_j$, $\sigma_t = \dfrac{1}{\alpha_t} - \dfrac{1}{\alpha_{t-1}}$, 不妨构造函数 $F(\boldsymbol{\beta})$ 为

$$F(\boldsymbol{\beta}) = \boldsymbol{Z}_t^{\mathrm{T}} \boldsymbol{\beta} + \frac{1}{2\alpha_t} \|\boldsymbol{\beta}\|_2^2 + \lambda \|\boldsymbol{\beta}\|_1 + (\text{常数}),$$

即 $\boldsymbol{\beta}_{t+1} = \arg\min_{\boldsymbol{\beta}} F(\boldsymbol{\beta})$. 下面求解使得 $F(\boldsymbol{\beta})$ 最小的 $\boldsymbol{\beta}$. 由于 $\|\boldsymbol{\beta}\|_1$ 在零点处不可导, 我们考虑使用次梯度方法.

$$\partial_{\boldsymbol{\beta}} F(\boldsymbol{\beta}) = \boldsymbol{Z}_t + \frac{\boldsymbol{\beta}}{\alpha_t} + \lambda \partial_{\boldsymbol{\beta}} \|\boldsymbol{\beta}\|_1,$$

令其次梯度为 0, 并根据条件限制得到各维度参数更新公式如下:

$$\beta_{t+1,k} = \begin{cases} (\lambda - Z_{t,k})\alpha_t, & Z_{t,k} > \lambda, \\ 0, & |Z_{t,k}| \leqslant \lambda, \\ (-\lambda - Z_{t,k})\alpha_t, & Z_{t,k} < -\lambda. \end{cases}$$

另外, FTRL-Proximal 算法考虑了数据在不同维度上的特征分布的不均匀性, 建议每个维度采用的学习率 α_t 是不一样的并改为如下形式的 $\alpha_{t,k}$:

$$\alpha_{t,k} = \frac{\omega}{\gamma + \sqrt{\sum\limits_{j=1}^{t} G_{j,k}^2}},$$

其中, $\alpha_{t,k}$ 为 t 时刻 k 维度的学习率, ω, γ 为超参数, $G_{t,k}$ 为 t 时刻 k 维度的损失函数的梯度.

FTRL-Proximal 算法流程如下:

算法 5: FTRL-Proximal 算法

输入: 超参数 ω, γ, 正则化参数 λ, 总时间 T, 以及初始化参数 Z_0, α_0, β_1

输出: β_T

for $t = 1$ to T do

    计算损失梯度向量 $G_t = G_t(\beta_t)$

  for $k = 1$ to p do

    计算每一维度的学习速率 $\alpha_{t,k} = \dfrac{\omega}{\gamma + \sqrt{\sum\limits_{j=1}^{t} G_{j,k}^2}}$

  end for

    计算对角矩阵 $\sigma_t = \mathrm{diag}\left\{ \dfrac{1}{\alpha_t} - \dfrac{1}{\alpha_{t-1}} \right\}$

    计算向量 $Z_t = Z_{t-1} + G_t - \sigma_t \beta_t$

    使用式 (14.4.3) 更新参数下一步迭代值 β_{t+1}

end for

14.5 在线学习实践

实践代码

本章介绍了在线学习的基本概念与方法. 在线学习是一种能够在数据逐步到达时更新模型的方法, 适用于处理大规模数据和实时数据的场景. 本章首先概述了在线学习的核心思想, 即模型在数据逐渐获取的过程中, 不断进行更新和优化, 从而实现实时学习与预测. 在线学习在现代数据密集型应用中具有重要的应用价值.

接着, 本章讨论了两种累积统计量在线学习方法——均值模型和线性模型. 这些方法通过在数据流中不断更新累积统计量, 如均值和线性关系, 从而保持模型的实时性和适应性.

随后, 本章深入探讨了在线梯度下降 (OGD) 方法. OGD 算法通过逐步优化损失函数, 达到在线学习的目的. 接着分析了其收敛性, 从而解释了 OGD 算法如何实现稳定的模型更新. 此外, 还介绍了 OGD 算法在线性模型和岭回归模型中的具体应用.

最后, 本章介绍了基于正则化的在线梯度下降方法, 包括 FTL、FTRL 和 FTRL-Proximal 算法. FTL 算法通过将历史数据中的全部损失最小化来更新模型, 而 FTRL 算法则结合了正则化项, 增强了模型的稳定性和鲁棒性. FTRL-Proximal 算法进一步引入了近端操作, 改善了算法在高维数据中的表现.

除了本章介绍的方法外, 更多先进的在线学习技术如在线支持向量机和在线神经网络等, 值得进一步研究与实践.

习题

1. 假设观测到一维数据 $\{X_{ti} : i = 1, 2, \cdots, n_t, t = 1, 2, \cdots\}$, X_{ti} 代表第 t 批次数据流第 i 个样本, n_t 是第 t 批次的样本量, 并且 $\mathrm{Var}(X_{ti}) = \sigma^2$. 根据在线学习样本均值估计量的形式, 请写出在线方差估计量 $\hat{\sigma}^2$ 形式以及具体更新算法.

2. 假设观测到回归数据 $\{(\boldsymbol{X}_{ti}^{\mathrm{T}}, Y_{ti}) : i = 1, 2, \cdots, n_t, t = 1, 2, \cdots\}$, 满足模型

$$Y_{ti} = \boldsymbol{X}_{ti}^{\mathrm{T}}\boldsymbol{\beta} + \varepsilon_{ti},$$

根据在线学习样本均值估计量的形式 (不用 SGD), 请写出在线学习岭估计量 $\hat{\boldsymbol{\beta}}$ 形式以及具体更新算法.

3. 根据 FTRL-Proximal 算法, 写出基于 SCAD 和 MCP 惩罚函数的在线最小二乘估计过程以及程序实现.

4. 本题的数据是来自于摩洛哥北部泰图安市的 3 个区域的用电量以及影响到用电量的 6 个特征: 时间, 温度, 湿度, 风速, 一般漫反射流, 漫反射流. 数据取自于监控和数据采集系统 (SCADA) 的 2017 年的全年数据, 数据每 10 分钟采集一次. 为公用事业公司提供智能策略并帮助其改进重要任务, 采用统计模型对用电量进行分析.

(1) 基于均值模型以及在线学习更新算法, 分别估计 3 个区域的用电量;

(2) 建立线性模型分析区域 1 的用电量, 分别使用基于岭回归模型的在线学习算法和离线学习算法估计参数, 并比较估计结果;

(3) 建立线性模型分析区域 1 的用电量, 分别使用高维在线学习算法和离线学习算法估计参数, 并比较估计结果.

配套数据

第十五章　并行计算

并行计算是一种通过同时处理多个计算任务来提高计算效率的方式, 通过同时处理多个任务来提高整体计算速度, 减少计算时间, 同时处理的多个计算任务, 可以在不同处理单元上并行执行. 并行计算广泛应用于大规模数据处理、复杂模型训练、科学计算等领域. 在线学习注重模型持续适应新数据的能力, 而并行计算注重通过同时处理多个任务来提高计算效率.

■ | 15.1　简介

随着数据的增加, 机器学习中的计算瓶颈越发凸显, 并行计算就成为解决这个瓶颈的关键技术. 根据计算设备的不同, 一般分为基于 CPU 的并行计算和基于 GPU 的并行计算, 本章基于 Python 和 R 编程环境, 给出了基于 CPU 和基于 GPU 的并行计算的相关概念、原理和计算流程.

■ | 15.2　并行计算相关概念

15.2.1　进程

进程的概念是 60 年代初首先由麻省理工学院的 MULTICS 系统和 IBM 公司的 CTSS/360 系统引入的. **进程** (process) 是具有一定独立功能的程序在某个数据集合上的一次运行活动, 是系统进行资源分配和调度的一个独立单位. 程序只是一组指令的有序集合, 它本身没有任何运行的含义, 只是一个静态实体. 而进程则不同, 它是程序在某个数据集上的执行, 是一个动态实体. 它因创建而产生, 因调度而运行, 因等待资源或事件而被处于等待状态, 因完成任务而被撤销, 反映了一个程序在一定的数据集上运行的全部动态过程. 图 15.1 为 Windows 任务管理器中进程一览表, 每个进程表现为一个独立的执行程序.

▶ 图 15.1
Windows 任务管理
器之进程显示

1. 进程的特征

根据进程的特点, 它具有以下特征:

(1) 动态性: 进程的实质是程序在多道程序系统中的一次执行过程, 进程是动态产生, 动态消亡的.

(2) 并发性: 任何进程都可以同其他进程一起并发执行.

(3) 独立性: 进程是一个能独立运行的基本单位, 同时也是系统分配资源和调度的独立单位.

(4) 异步性: 由于进程间的相互制约, 使进程具有执行的间断性, 即进程按各自独立的、不可预知的速度向前推进.

(5) 结构特征: 进程由程序、数据和进程控制块三部分组成.

多个不同的进程可以包含相同的程序: 一个程序在不同的数据集里就构成不同的进程, 能得到不同的结果; 但是执行过程中, 程序不能发生改变.

2. 进程的状态

进程执行时的间断性, 决定了进程可能具有多种状态. 事实上, 运行中的进程可能具有如图 15.2 所示的三种基本状态: 运行态、就绪态和阻塞态.

(1) 就绪态 (ready)

进程已获得除处理器外的所需资源, 等待分配处理器资源; 只要分配了处理器进程就可执行. 就绪进程可以按多个优先级来划分队列. 例如, 当一个进程由于时间片用完而进入就绪状态时, 排入低优先级队列; 当进程由 I/O 操作完成而进入就绪状态时, 排入高优先级队列.

(2) 运行态 (running)

进程占用处理器资源, 处于此状态的进程的数目小于等于处理器的数目. 在没有其他进程可以执行时 (如所有进程都在阻塞状态), 通常会自动执行系统的空闲进程.

(3) 阻塞态 (blocked)

由于进程等待某种条件 (如 I/O 操作或进程同步), 在条件满足之前无法继续执行. 该事件发生前即使把处理器分配给该进程, 也无法运行.

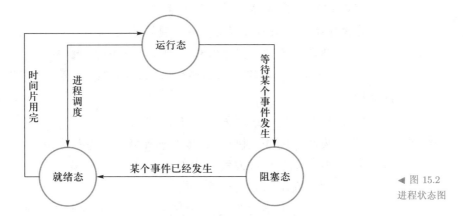

◀ 图 15.2
进程状态图

15.2.2 线程

线程 (thread) 是进程的一个实体, 是 CPU 调度和分派的基本单位. 线程不能够独立执行, 必须依存在进程中, 由进程提供多个线程执行控制. 从内核角度讲线程是活动体对象, 而进程只是一组静态的对象集, 进程必须至少拥有一个活动线程才能维持运转. 图 15.3 表明一个进程最多可以调用 8 个线程.

◀ 图 15.3
进程状态图

线程和进程的关系是：线程是属于进程的，线程运行在进程空间内，同一进程所产生的线程共享同一内存空间，当进程退出时该进程所产生的线程都会被强制退出并清除. 线程可与属于同一进程的其他线程共享进程所拥有的全部资源，但是其本身基本上不拥有系统资源，只拥有一点在运行中必不可少的信息 (如程序计数器、一组寄存器和栈).

在操作系统中引入线程带来的主要好处是：

(1) 在进程内创建、终止线程比创建、终止进程要快.

(2) 同一进程内的线程间切换比进程间的切换要快，尤其是用户级线程间的切换.

另外，线程的出现还因为以下几个原因：

(1) 并发程序的并发执行，在多处理环境下更为有效. 一个并发程序可以建立一个进程，而这个并发程序中的若干并发程序段就可以分别建立若干线程，使这些线程在不同的处理器上执行.

(2) 每个进程具有独立的地址空间，而该进程内的所有线程共享该地址空间. 这样可以解决父子进程模型中，子进程必须复制父进程地址空间的问题.

(3) 线程对解决客户/服务器模型非常有效.

不同的平台对线程的状态定义不同，大致可以定义为运行、挂起、睡眠、阻塞、就绪、终止这六种，如图 15.4 所示.

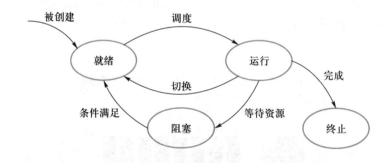

▶ 图 15.4
线程状态图

运行：就是线程获得了 CPU 的控制权，正在执行计算.

挂起：一般是指被挂起，因为同一时刻，需要"同步"运行的线程不止它一个，所以基于时间片轮转的原则，它在独占了一段时间的 CPU 后，被挂起，线程环境被压栈.

睡眠：一般是指主动挂起，这种情况在 Windows 平台不存在.

阻塞：与挂起和睡眠类似，都是失去 CPU 的控制权. 与挂起更相像，也是被挂起的. 不同之处在于，被挂起的线程没有额外的表示，而被阻塞的线程会被记录下来，当等待的因素就绪后，线程会转为就绪状态. 例如你在线程中调用一些系统服务函数，会引起线程控制权的一次裁决，从而挂起本线程，造成本线程的阻塞. 挂起、睡眠、阻塞看起来差不多, 但本质上还是有所区别的.

就绪: 顾名思义, 就是指它准备好了, 一旦轮到它, 它就可以转为运行状态.

终止: 线程结束.

15.2.3 并行计算与分布式计算

并行计算 (parallel computing) 是指同时使用多种计算资源解决计算问题的过程, 是提高计算机系统计算速度和处理能力的一种有效手段. 它的基本思想是用多个处理器 (多个核) 来协同求解同一问题, 即将被求解的问题分解成若干个部分, 各部分均由一个独立的处理器来并行计算. 并行计算系统既可以是专门设计的、含有多个处理器的超级计算机, 也可以是以某种方式互连的若干台的独立计算机构成的集群. 通过并行计算集群完成数据的处理, 再将处理的结果返回给用户.

并行计算可分为时间上的并行和空间上的并行. 时间上的并行是指流水线技术. 而空间上的并行是指多个处理器并发的执行计算, 即通过网络将两个以上的处理器连接起来, 达到同时计算同一个任务的不同部分, 或者单个处理器无法解决的大型问题. 但这个空间一般是指集中放在一起的集群计算机. 并行计算中主要研究的是空间上的并行问题. 从程序和算法设计人员的角度来看, 并行计算又可分为数据并行和任务并行. 空间上的并行导致了两类并行机的产生, 按照弗林 (Flynn) 分类法为: 单指令流多数据流 (SIMD) 和多指令流多数据流 (MIMD). 我们常用的串行机也叫做单指令流单数据流 (SISD).

而**分布式计算** (distributed computing) 也是一种并行计算, 主要是指通过网络相互连接的两个以上的处理器相互协调, 各自执行相互依赖的不同应用, 从而达到协调资源访问, 提高资源使用效率的目的. 但是, 它无法达到并行计算所倡导的提高求解同一个应用的速度, 或者提高求解同一个应用的问题规模的目的. 对于一些复杂应用系统, 分布式计算和并行计算通常相互配合, 既要通过分布式计算协调不同应用之间的关系, 又要通过并行计算提高求解单个应用的能力.

因此, 并行计算一般在企业内部进行, 而分布式计算可能会跨越局域网, 或者直接部署在互联网上, 节点之间几乎不互相通信. 很多公益性的项目, 就是使用分布式计算的方式在互联网上实现, 比如以寻找外星人为目的的 SETI 项目.

15.2.4　同步与异步

　　同步 (synchronization)：进程之间的关系不是相互排斥临界资源的关系，而是相互依赖的关系. 进一步的说明：就是前一个进程的输出作为后一个进程的输入，当第一个进程没有输出时第二个进程必须等待. 具有同步关系的一组并发进程相互发送的信息称为消息或事件.

　　异步 (asynchronization)：异步和同步是相对的一个概念，同步就是顺序执行，执行完一个再执行下一个，需要等待、协调运行. 异步就是彼此独立，在等待某事件的过程中继续做自己的事，不需要等待这一事件完成后再工作. 线程就是实现异步的一个方式. 异步让调用方法的主线程不需要同步等待另一线程的完成，从而可以让主线程干其他的事情.

15.2.5　通信

　　在并行计算中，通信是指进程或线程之间的数据传输或内存访问. 一般分为两种：共享内存和消息传递.

　　如图 15.5，共享内存这种方式在多核并行计算中比较常见，通常会设置一个共享变量，然后多个线程去操作同一个共享变量，从而达到线程通信的目的. 这种通信模式中，不同的线程之间是没有直接联系的. 都是通过共享变量这个"中间人"来进行交互. 而这个"中间人"必要情况下还需被保护在临界区内 (加锁或同步). 由此可见，一旦共享变量变得多起来，并且涉及多种不同线程对象的交互，这种管理会变得非常复杂，极容易出现数据竞争、死锁等问题.

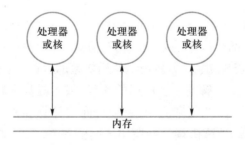

▶ 图 15.5
共享内存

　　而消息传递方式主要针对多处理器或多节点并行计算，采取的是进程或线程之间的直接通信，不同的进程或线程之间通过显式的发送消息来达到交互目的. 如图 15.6，消息传递模型有以下特征：

　　(1) 计算时任务集可以用它们自己的内存. 多任务可以在相同的物理处理器上，同时可以访问任意数量的处理器.

　　(2) 任务之间通过接收和发送消息来进行数据通信.

(3) 数据传输通常需要每个处理器协调操作来完成. 例如, 发送操作有一个接受操作来配合.

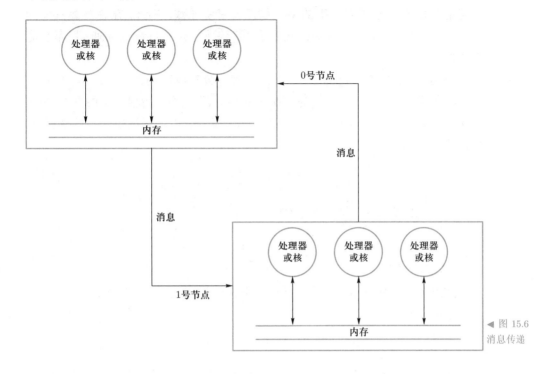

◀ 图 15.6
消息传递

表 15.1 总结了这两种通信模式的异同情况.

并发模型	通信机制	同步机制
共享内存	线程之间共享程序的公共状态, 线程之间通过写–读内存中的公共状态隐式进行通信.	同步是显式进行的. 程序员必须显式指定某个方法或某段代码需要在线程之间互斥执行.
消息传递	线程之间没有公共状态, 线程之间必须通过明确的发送消息显式进行通信.	由于消息的发送必须在消息的接收之前, 因此同步是隐式进行的.

◀ 表 15.1
共享内存与消息
传递的异同

15.2.6 加速比

为了更方便地描述并行计算的性能, 一般采用加速比指标来进行度量. **加速比**定义为

$$S = \frac{T_s}{T_p}, \tag{15.2.1}$$

其中, T_s 表示单处理器上最优串行化算法计算的时间, T_p 表示使用 p 个 CPU 处理器并行计算的时间.

加速比 $S<1$ 意味着并行计算的时间比串行计算的时间还长, 并行计算效率反而降低; $S<p$, 表示次线性加速; $S \approx p$, 表示线性加速; $S>p$, 表示超线性

加速. 一般来说, 加速比通常都小于 CPU 核数, 只有极少数并行算法可以获得超线性加速比, 例如并行搜索工作量少于串行搜索工作量等算法, 另外, 也有可能是由于高速缓存产生的额外加速效果所导致. 因此, 在并行算法设计中, 其加速比一般要求向 CPU 核数靠近, 加速比越接近线性加速, 程序性能就越好.

但是, 对于某些串行程序, 并不是所有部分都可以用并行程序替代, 有一部分必须要串行执行. 令 W_s 为程序中的串行部分, W_p 为程序中的并行部分, 则 $W = W_s + W_p$. 根据阿姆达尔 (Amdahl) 定律, 在计算规模一定的情况下, 加速比定义为

$$S = \frac{W}{W_s + W_p/p}, \tag{15.2.2}$$

串行部分比例为 $f = \dfrac{W_s}{W}$, 则式 (15.2.2) 为

$$S = \frac{1}{f + (1-f)/p}. \tag{15.2.3}$$

随着 CPU 核数 p 的增加, 这是一个递增的函数, 但这个函数有上限, 当 $p \to \infty$ 时, 有

$$S = \frac{1}{f}.$$

图 15.7 为串行程序比例分别是 0.0, 0.1, $\cdots$, 0.2 时的加速比随 CPU 核数 p 变化 (这里核数取 2、4、8、16、24、48) 的情形. 从图中可以看出, 当一定的情况下, 加速比随核数的增加而增加, 但是在 16 核之前增速较快, 之后增速较为缓慢; 当 CPU 核数一定时, 加速比随着串行程序占比的减少而增加. 因此, 要想提高并行计算效率, 需要从 CPU 核数和串行程序占比两个因素综合考虑.

若考虑并行计算时的通信、同步和归约等操作所花费的额外开销 W_0, 则

$$S = \frac{W}{W_s + W_p/p + W_0}, \tag{15.2.4}$$

$$S = \frac{1}{f + (1-f)/p + W_0/W}. \tag{15.2.5}$$

当并行计算时的通信、同步和归约等操作所花费的额外开销比重较大时, 并行效率降低, 严重时加速比小于 1. 在后面例子将遇到这种情况. 对于很多大型计算, 精度要求高, 而计算时间要求不能增加. 在这种计算规模增加的情况下, 要想保持原有计算时间, 必须增加处理器才能完成计算任务. Gustafson[157] 提出了变问题规模的加速比模型如下:

$$S = \frac{f + (1-f)p}{1 + W_0/W}. \tag{15.2.6}$$

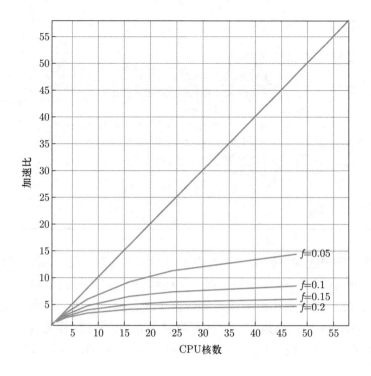

◀ 图 15.7
加速比随 CPU 核数
p 变化的情形

从式 (15.2.6) 可以看出, 当处理器个数增加时, 必须控制额外开销的增加, 才能达到线性加速. 因此, 在并行计算中, 如何优化程序, 是一个值得思考的问题. 考虑到加速比计算的简便性, 在本书中采用加速比公式 (15.2.1).

■ | 15.3 基于 CPU 线程的并行计算

在 Python 中, 提供了基于线程的并行模块 threading, threading 模块除了 Thread 类之外, 还包括其他很多的同步机制, 这些同步机制可以避免数据竞争问题的发生.

15.3.1 创建线程

使用 Thread 类主要有两种方法创建线程:

(1) 创建 Thread 类的实例, 传递一个函数;

(2) 派生 Thread 类的子类, 并创建子类的实例.

本教材主要采用第一种方式创建线程. 对于 Thread 类, 其主要属性和方法见表 15.2.

属性/方法	描述
Thread 类属性	
name	线程名
ident	线程的标识符
daemon	布尔值, 表示这个线程是不是守护线程
Thread 类方法	
init(group,...)	实例化一个线程对象, 需要一个可调用的 target 对象, 以及参数 args 或者 kwargs. 还可以传递 name 和 group 参数. daemon 的值将会设定 thread.daemon 的属性.
start()	线程启动函数. 开始执行该线程
run()	定义线程的方法. (通常在子类中重写)
join(timeout=None)	等待函数. 直至启动的线程终止之前一直挂起, 除非给出了 time-out(单位秒), 否则一直被阻塞.

▶ 表 15.2
Thread 类主要
属性和方法

注意: 守护线程一般是一个等待客户端请求的服务器. 如果没有客户端请求, 守护线程就是空闲的. 如果把一个线程设置为守护线程, 就表示这个线程是不重要的, 进程退出时不需要等待这个线程执行完成. 使用下面的语句: thread.daemon=True 可以将一个线程设置为守护线程, 同样的也可以通过这个值来查看线程的守护状态. 对于主线程, 将在所有的非守护线程退出之后才退出.

如图 15.8, 当线程对象被创建, 其活动可通过调用线程的 start() 方法开始. 一旦线程活动开始, 该线程会被启动. 主线程可以调用一个线程的 join() 方法, 这会阻塞调用该方法的线程, 直到被调用 join() 方法的线程终结.

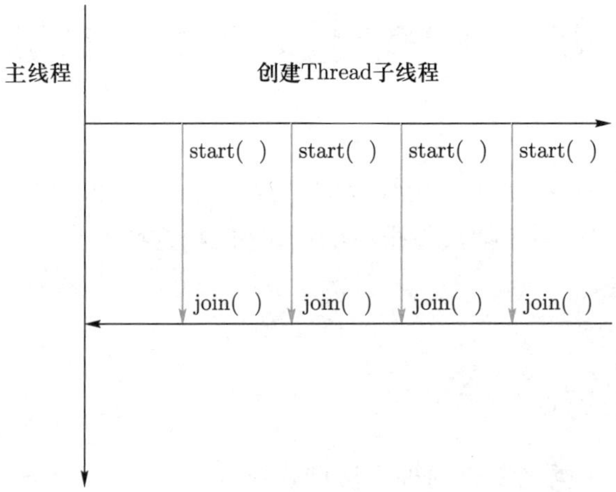

▶ 图 15.8
线程创建过程

下面给出具体的 Thread 类构造函数: class threading.Thread(group=None, target=None, name=None, args=(), kwargs={}, *, daemon=None)

调用这个构造函数时, 必须带有关键字参数. 参数如下:

(1) group 应该为 None, 为了日后扩展 ThreadGroup 类实现而保留.

(2) target 是用于 run() 方法调用的可调用对象, 通常是启动一个线程活动时要执行的目标函数. 默认是 None, 表示不需要调用任何方法.

(3) name 是线程名称. 默认情况下, 由 "Thread-N" 格式构成一个唯一的名称, 其中 N 是小的十进制数.

(4) args 是用于调用目标函数的参数元组. 默认是 ().

(5) kwargs 是用于调用目标函数的关键字参数字典, 默认是 {}.

(6) daemon 如果不是 None, 将显式地设置该线程是否为守护模式. 如果是 None (默认值), 线程将继承当前线程的守护模式属性.

例 15.1   定义线程函数 HelloWorld, 其参数为自定义的线程号 (从 0 开始), 其内容为延迟 1 秒后, 输出形如 Hello world! thread id:0 这样的字符串. 使用 Thread 创建当前计算机最大 CPU 或核数的线程数, 并用 start 函数启动该线程, 同时使用计时函数来了解使用 join 函数的作用.

```
import threading
from time import sleep
from time import perf_counter
import multiprocessing
N_core = multiprocessing.cpu_count()#获取当前计算机最大CPU或核数
def HelloWorld(thread_id):#定义线程函数
    sleep(1)#延迟1秒
    print('Hello world! thread id:{} \n'.format(thread_id))
    return
if __name__ == "__main__":
    start = perf_counter()#计时开始
    for i in range(N_core):
        t = threading.Thread(target=HelloWorld,args=(i,))#创建子线程
        t.start()#启动线程
        t.join()#阻塞
    end = perf_counter()#计时结束
    print('运行时间为: %s Seconds'%(end-start))
```

输出结果为:

```
 Hello world! thread id:2
 Hello world! thread id:1
 Hello world! thread id:0
 Hello world! thread id:5
 Hello world! thread id:6
 Hello world! thread id:4
 Hello world! thread id:3
 Hello world! thread id:7
运行时间为: 0.002644299998792121 Seconds
```

在主线程中创建了 8 个子线程, 每个子线程都调用了线程函数 HelloWorld, 计时函数对主线程创建和启动子线程进行计时, 由于不需要等待子线程结束, 所以先输出了主线程运行时间, 然后乱序输出各子线程的输出内容. 如果在

程序中加入 t.join() 等待函数, 输出结果如下:

```
Hello world! thread id:0
Hello world! thread id:1
Hello world! thread id:2
Hello world! thread id:3
Hello world! thread id:4
Hello world! thread id:5
Hello world! thread id:6
Hello world! thread id:7
运行时间为: 8.120153000000073 Seconds
```

很明显, 主线程等子线程一个个执行完, 再输出运行时间, 该时间包含了等待时间. 从时间上看与串行计算无异, 也就是说并没有真正按照图 15.8 运行. 因此, 对于 join 函数, 多数情况下根本不需要调用它. 一旦线程启动, 就会一直执行, 直到给定的函数完成后退出. 如果主线程还有其他事情要做 (并不需要等待这些线程完成), 可以不调用 join 函数. join 函数只有在你需要等待线程完成时候才是有用的.

15.3.2　同步

在多线程程序中, 一般有一些特定的函数或代码块不希望被多个线程同时执行, 这就需要使用同步了. threading 模块的同步机制, 如表 15.3 所示, 主要有锁机制、事件、信号量、栅栏.

对象	描述
Lock	锁对象
RLock	递归锁, 是一个线程可以再次拥有已持有的锁对象
Condition	条件变量对象, 使一个线程等待另一个线程满足特定的条件触发
Event	事件对象, 普通版的 Condition
Semaphore	信号量, 为线程间共享的资源提供一个 "计数器", 计数开始值为设置的值, 默认为 1
BoundedSemaphore	与 Semaphore 相同, 有边界, 不能超过设置的值
Timer	定时运行的线程对象, 定时器
Barrier	栅栏, 当达到某一栅栏后才可以继续执行

▶ 表 15.3
同步机制

1. 锁

锁 (lock) 仅有锁定和非锁定两种状态. 它被创建时为非锁定状态. 它有两个基本方法: acquire 和 release. 当状态为非锁定时, acquire 将状态改为锁定并立即返回. 当状态是锁定时, acquire 将阻塞至其他线程, 调用 release 将其改为非锁定状态, 然后 acquire 调用重置其为锁定状态并返回. release 只在锁定状态下调用, 它将状态改为非锁定并立即返回. 如果尝试释放一个非锁定的锁, 则会引发 RuntimeError 异常.

当多个线程在 acquire 等待状态转变为未锁定被阻塞, 然后 release 重置状态为未锁定时, 只有一个线程能继续执行; 至于哪个等待线程继续执行没有定义, 并且会根据实现而不同.

具体方法如下:

acquire(blocking=True, timeout=-1)

可以阻塞或非阻塞地获得锁. 当调用时参数 blocking 设置为 True(缺省值), 阻塞直到锁被释放, 然后将锁锁定并返回 True . 在参数 blocking 被设置为 False 的情况下调用, 将不会发生阻塞. 如果调用时 blocking 设为 True 会阻塞, 并立即返回 False, 否则, 将锁锁定并返回 True.

release()

释放一个锁. 这个方法可以在任何线程中调用, 不单指获得锁的线程. 当锁被锁定, 将它重置为未锁定, 并返回. 如果其他线程正在等待这个锁解锁而被阻塞, 则只允许其中一个. 在未锁定的锁调用时, 会引发 RuntimeError 异常. 没有返回值.

locked()

若获得了锁则返回真值.

例 15.2   定义计数函数 CountNum(thread_id), 使用两个线程调用该函数, 其中第一个线程延迟 1 秒, 而第二个线程延迟 2 秒, 在主线程中输出总计数. 定义全局变量 counts, 程序设计如下:

```
import threading
from time import sleep
counts=0
N_threads=2
def CountNum(thread_id):#定义线程函数
    global counts
    sleep(thread_id)
    for i in range(1,101):
        counts=counts+1
    print('thread id:{},its counts is {}\n'.format(thread_id,counts))
    return
if __name__ == "__main__":
    for i in range(N_threads):
        t = threading.Thread(target=CountNum,args=(i+1,))#创建子线程
        t.start()#启动线程
    print('counts=%d Seconds'%counts)
```

运行结果如下:

```
counts=0 Seconds
thread id:1,its counts is 100
thread id:2,its counts is 200
```

很明显, 主线程并没有得到子线程的计数结果. 如果采用锁, 则当子线程各自计数时, 主线程等待其完成后再进行输出, 其结果就是总计数了. 程序修改为:

```python
import threading
from time import sleep
counts=0
N_threads=2
lock = threading.Lock()#创建锁
def CountNum(thread_id):#定义线程函数
    lock.acquire()#请求锁
    global counts
    sleep(thread_id)
    for i in range(1,101):
        counts=counts+1
    print('thread id:{},its counts is {}\n'.format(thread_id,counts))
    lock.release()#释放锁
    return
if __name__ == "__main__":
    for i in range(N_threads):
        t = threading.Thread(target=CountNum,args=(i+1,))#创建子线程
        t.start()#启动线程
    lock.acquire()#请求锁
    print('counts=%d Seconds'%counts)
    lock.release()#释放锁
```

运行结果为:

```
thread id:1,its counts is 100
thread id:2,its counts is 200
counts=200 Seconds
```

2. 事件

事件 (event) 用于不同进程间的相互通信. 事件对象管理一个内部标识, 调用 set 方法可将其设置为 true. 调用 clear 方法可将其设置为 false. 调用 wait 方法将进入阻塞直到标识为 true, 这个标识初始时为 false.

具体方法如下:

is_set()

当且仅当内部标识为 true 时返回 True.

set()

将内部标识设置为 true, 所有正在等待这个事件的线程将被唤醒. 当标识为 true 时, 调用 wait() 方法的线程不会被阻塞.

clear()

将内部标识设置为 false, 之后调用 wait() 方法的线程将会被阻塞, 直到调用 set() 方法将内部标识再次设置为 true.

wait(timeout=None)

阻塞线程直到内部变量为 true. 如果调用时内部标识为 true, 将立即返回. 否则将阻塞线程, 直到调用 set() 方法将标识设置为 true 或者发生可选的超时. 当提供了 timeout 参数且不是 None 时, 它应该是一个浮点数, 代表操作的超时时间, 以秒为单位 (可以为小数).

例 15.3 针对例 15.2, 使用事件输出线程函数各自的计数.

```python
import threading
from time import sleep
counts = 0
N_threads = 2
evGetData = threading.Event()#创建事件对象，内部标志默认为False
evOutput = threading.Event()
def CountNum(thread_id):#定义线程函数
    evGetData.wait()#等待主线程激活
    global counts
    counts = 0
    sleep(thread_id)
    for i in range(1, 100*thread_id+1):
        counts = counts + 1
    print('thread id:{}, its counts is {}'.format(thread_id, counts))
    evOutput.set()#激活主线程
    return
if __name__ == "__main__":
    for i in range(N_threads):
        t = threading.Thread(target=CountNum, args=(i+1,))#创建子线程
        t.start()#启动线程
        evGetData.set()#激活从线程
        evOutput.wait()#等待从线程激活
        print('counts=%d Seconds'%counts)
        evOutput.clear()
```

输出结果为:

```
thread id:1,its counts is 100
counts=100 Seconds
thread id:2,its counts is 200
counts=200 Seconds
```

■ 15.4 基于 CPU 进程的并行计算

在 Python 程序中, 代码执行由 Python 虚拟机 (解释器主循环) 来控制. 对 Python 虚拟机的访问由全局解释器锁 (global interpreter lock, GIL) 控制,

GIL 保证同一时刻只有一个线程在执行. 由于 GIL 的限制, Python 多线程实际只能运行在单核 CPU, 所以 15.3 节中的 threading 模块并不能真正实现多核 CPU 并行计算. 如要实现多核 CPU 并行, 只能通过多进程的方式实现. 而 multiprocessing 模块是最常用的多进程模块, 它同时提供了本地和远程并发操作, 通过使用子进程而非线程有效地绕过了 GIL. 因此, multiprocessing 模块允许程序员充分利用给定机器上的多个处理器或核进行并行计算.

15.4.1 创建进程

使用 multiprocessing 模块创建进程主要有两种方式: 一是使用 Process 对象, 二是采用 Pool 进程池.

1. Process 对象

在 multiprocessing 中, 通过创建一个 Process 对象然后调用它的 start 方法来生成进程, 创建过程同线程创建过程.

Process 对象表示在单独进程中运行的活动, 具体的 Process 构造函数形式为:

class multiprocessing.Process(group=None, target=None, name=None, args=(), kwargs=, *, daemon=None)

参数如下:

(1) group 应该是 None, 它仅用于兼容 threading.Thread.

(2) target 是由 run() 方法调用的可调用对象, 它默认为 None, 意味着什么都没有被调用.

(3) name 是进程名称.

(4) args 是目标调用的参数元组.

(5) kwargs 是目标调用的关键字参数字典.

(6) daemon 可以设置为 True 或 False. 如果是 None (默认值), 则该标志将从创建的进程继承.

Process 对象拥有和 threading.Thread 等价的大部分方法. 具体说明如下:

run() 表示进程活动的方法, 可以在子类中重载此方法. 标准 run() 方法调用传递给对象构造函数的可调用对象作为目标参数 (如果有), 分别从 args 和 kwargs 参数中获取顺序和关键字参数.

start() 为启动进程活动, 这个方法每个进程对象最多只能调用一次, 它会将对象的 run() 方法安排在一个单独的进程中调用.

join([timeout]) 表示如果可选参数 timeout 是 None (默认值), 则该方法将阻塞, 直到调用 join() 方法的进程终止. 如果 timeout 是一个正数, 它最多会阻塞 timeout 秒. 请注意, 如果进程终止或方法超时, 那么该方法返回 None. 检查进程的 exitcode 以确定它是否终止. 一个进程可以被 join 多次. 进程无法 join 自身, 因为这会导致死锁. 尝试在启动进程之前 join 进程是错误的.

name 为进程的名称. 该名称是一个字符串, 仅用于识别目的, 它没有语义, 可以为多个进程指定相同的名称. 初始名称由构造器设定, 如果没有为构造器提供显式名称, 那么会构造一个形式为 "Process-N1:N2:...:Nk" 的名称.

daemon 为进程的守护标志, 一个布尔值. 这必须在 start() 被调用之前设置. 注意: 在 Windows 上要想使用进程模块, 就必须把有关进程的代码写在当前.py 文件的 if _name_ == '_main_': 语句的下面, 才能正常使用 Windows 下的进程模块. Unix/Linux 下则不需要.

例 15.4 定义函数 HelloWorld, 其内容为延迟 1 秒后, 输出形如 Hello world! current_process name=Process-1 这样的字符串. 在主进程中创建 4 个进程, 同时在主进程中输出形如 Hello world! current_process name= MainProcess 这样的字符串.

在 py 文件中输入程序:

```
from time import sleep
import multiprocessing as mp
def HelloWorld():
    name=mp.current_process().name
    sleep(1)#延迟1秒
    print('Hello world! current_process name=%s \n'%name)
    return
if __name__ == "__main__":
    name=mp.current_process().name
    print('Hello world! current_process name=%s \n'%name)
    for i in range(4):
        p = mp.Process(target=HelloWorld)
        p.start()
        p.join()
        name=mp.current_process().name
    print('Hello world! current_process name=%s \n'%name)
打开Anaconda Prompt，键入以下命令(文件位置要换成自己的位置):
python E:\MyPython\并行计算\eg4_1.py
```

输出结果如下:

```
Hello world! current_process name=MainProcess
Hello world! current_process name=Process-1
Hello world! current_process name=Process-2
Hello world! current_process name=Process-3
Hello world! current_process name=Process-4
Hello world! current_process name=MainProcess
```

一般来讲, 在主程序中创建并启动子进程, 然后主进程有处理数据、与子进程通信等工作, 并等待子进程完成任务, 基于这种框架, 上述程序修改为:

```python
from time import sleep
import multiprocessing as mp
N_core=4#进程数
def HelloWorld(ID):
    name=mp.current_process().name
    sleep(1)#延迟1秒
    print('Hello world! current_process name=%s,ID=%d \n'%(name,ID))
    return
if __name__ == "__main__":
    name=mp.current_process().name#输出主进程名
    print('Hello world! current_process name=%s \n'%name)
    processes = []#进程列表
    for id in range(N_core):#创建子进程
        p = mp.Process(target=HelloWorld,args=(id+1, ))
        p.start()
        processes.append(p)
    name=mp.current_process().name#输出主进程名
    print('Hello world! current_process name=%s \n'%name)
    #主进程处理
    #......
    #主进程处理结束
    #等待各子进程处理结果
    for p in processes:
        p.join()
```

2. Pool 进程池

Pool 进程池可以提供指定数量的进程供用户调用, 当有新的请求提交到 Pool 中时, 如果池还没有满, 就会创建一个新的进程来执行请求. 如果池满, 请求就会告知先等待, 直到池中有进程结束, 才会创建新的进程来执行这些请求.

Pool 进程池常见的方法有:

apply 函数, 原型: apply(func[, args=()[, kwds=]])

该函数用于传递不定参数, 使用阻塞方式调用 func, 执行完一个进程后再去执行其他进程.

apply_async 函数, 原型: apply_async(func[, args=()[, kwds=[, callback=None]]])

该函数与 apply 用法一致, 但它是非阻塞的且支持结果返回后进行回调. 能够多个线程同时异步执行.

map() 函数, 原型: map(func, iterable[, chunksize=None])

该函数与内置的 map 函数用法行为基本一致, 它会使进程阻塞直到结果返回. 注意: 虽然第二个参数是一个迭代器, 但在实际使用中, 必须在整个队列都就绪后, 程序才会运行子进程.

map_async() 函数, 原型:map_async(func, iterable[, chunksize[, callback]])

该函数与 map 用法一致, 但是它是非阻塞的. 其有关事项见 apply_async.

close 函数:关闭进程池, 使其不再接受新的任务.

terminal: 结束工作进程, 不再处理未处理的任务.

join 函数:表示主进程阻塞等待子进程的退出, join 要在 close 或 terminate 之后使用.

例 15.5　用 Pool 进程池完成例 15.4.

```python
from time import sleep
import multiprocessing as mp
N_core=4#进程数
def HelloWorld(ID):
    name = mp.current_process().name
    sleep(1)#延迟1秒
    print('Hello world! current_process name=%s,ID=%d \n'%(name,ID))
    return
if __name__ == "__main__":
    name = mp.current_process().name#输出主进程名
    print('Hello world! current_process name=%s \n'%name)
    pools = []#进程池列表
    pool = mp.Pool(processes=N_core)#创建进程池
    for id in range(N_core):
        pools.append(pool.apply_async(HelloWorld, args = (id+1,)))
        pool.close()
    name=mp.current_process().name#输出主进程名
    print('Hello world! current_process name=%s \n'%name)
    #主进程处理
    #......
    #主进程处理结束
    #等待各子进程处理结果
    pool.join()
打开Anaconda Prompt，键入以下命令(文件位置要换成自己的位置):
python E:\MyPython\并行计算\eg5.py
```

输出结果如下:

```
Hello world! current_process name=MainProcess
Hello world! current_process name=MainProcess
Hello world! current_process name=SpawnPoolWorker-1,ID=1
Hello world! current_process name=SpawnPoolWorker-2,ID=2
Hello world! current_process name=SpawnPoolWorker-3,ID=3
Hello world! current_process name=SpawnPoolWorker-4,ID=4
```

15.4.2 进程间通信

在 multiprocessing 中, 进程间通信主要有数据共享和数据传递, 本书只介绍数据传递, 而数据传递有队列 (queue) 和管道 (pipe) 两种, 主要区别为:

(1) 队列使用 put 和 get 维护队列, 管道使用 send 和 recv 维护队列.

(2) 管道只提供两个端点, 而队列没有限制.

(3) 队列的封装比较好, 队列只提供一个结果, 可以被多个进程同时调用; 而管道返回两个结果, 分别由两个进程调用.

(4) 队列的实现基于管道, 所以管道的运行速度比队列快很多.

(5) 当只需要两个进程时, 管道更快, 当需要多个进程同时操作队列时, 使用队列.

1. 队列

队列是一个先进先出 (FIFO) 的数据结构, 很多场景需要按先来后到的顺序进行处理. 其形式为:

$$\text{class multiprocessing.Queue([maxsize])}$$

Queue 返回一个使用一个管道和少量锁和信号量实现的共享队列实例. 当一个进程将一个对象放进队列中时, 一个写入线程会启动并将对象从缓冲区写入管道中.

除了 task_done() 和 join() 之外, Queue 实现了标准库类 queue.Queue 中所有的方法. 常见方法有:

(1) put(obj[, block[, timeout]])

将 obj 放入队列. 如果可选参数 block 是 True (默认值) , 而且 timeout 是 None (默认值), 将会阻塞当前进程, 直到有空的缓冲槽. 如果 timeout 是正数, 将会在阻塞了最多 timeout 秒之后还是没有可用的缓冲槽时抛出 queue.Full 异常. 反之 (block 是 False 时), 仅当有可用缓冲槽时才放入对象, 否则抛出 queue.Full 异常 (在这种情形下 timeout 参数会被忽略).

(2) get([block[, timeout]])

从队列中取出并返回对象. 如果可选参数 block 是 True (默认值) 而且 timeout 是 None (默认值), 将会阻塞当前进程, 直到队列中出现可用的对象. 如果 timeout 是正数, 将会在阻塞了最多 timeout 秒之后还是没有可用的对象时抛出 queue.Empty 异常. 反之 (block 是 False 时), 仅当有可用对象能够取出时返回, 否则抛出 queue.Empty 异常 (在这种情形下 timeout 参数会被忽略).

(3) close()

指示当前进程将不会再往队列中放入对象. 一旦所有缓冲区中的数据被写入管道之后, 后台的线程会退出.

(4) join_thread()

等待后台线程. 这个方法仅在调用了 close() 之后可用. 这会阻塞当前进程, 直到后台线程退出, 确保所有缓冲区中的数据都被写入管道中. 默认情况下, 如果一个不是队列创建者的进程试图退出, 它会尝试等待这个队列的后台线程. 这个进程可以使用 cancel_join_thread() 让 join_thread() 什么都不做直接跳过.

(5) cancel_join_thread()

防止 join_thread() 方法阻塞当前进程. 具体而言, 这防止进程退出时自动等待后台线程退出.

例 15.6 定义函数 HelloWorld, 形参为队列和 ID 号, 获得当前进程的 name, 把形如 ['Hello world!', ID,name] 这样的列表加入队列中. 在主进程中创建 4 个子进程, 同时在主进程中得到并输出子进程的列表.

```
import multiprocessing as mp
N_core=4#进程数
def HelloWorld(q,ID):
    name=mp.current_process().name
    q.put([ 'Hello world!', ID,name])
    return
if __name__ == '__main__':
    q = mp.Queue()
    processes = []#进程列表
    for id in range(N_core):
        p = mp.Process(target=HelloWorld,args=(q,id+1))
        p.start()
        processes.append(p)
    print(q.get())
    for p in processes:#等待各子进程处理结果
        p.join()
打开Anaconda Prompt, 键入以下命令(文件位置要换成自己的位置):
python E:\MyPython\并行计算\eg6.py
```

输出结果如下:

```
['Hello world!', 1, 'Process-1']
['Hello world!', 2, 'Process-2']
['Hello world!', 3, 'Process-3']
['Hello world!', 4, 'Process-4']
```

2. 管道

管道返回一个由管道连接的对象, 默认情况下是双向. 每个连接对象都有 send() 和 recv() 方法 (相互之间的). 请注意, 如果两个进程 (或线程) 同时尝试读取或写入管道的同一端, 那么管道中的数据可能会损坏. 当然, 在不同进程中同时使用管道的不同端的情况下不存在损坏的风险. 其形式为

multiprocessing.Pipe([duplex])

返回一对 Connection 对象 (conn1, conn2) , 分别表示管道的两端. 如

果 duplex 被置为 True (默认值), 那么该管道是双向的. 如果 duplex 被置为 False , 那么该管道是单向的, 即 conn1 只能用于接收消息, 而 conn2 仅能用于发送消息.

例 15.7 定义函数 HelloWorld, 形参为队列和 ID 号, 获得当前进程的 name, 把形如 ['Hello world!', ID,name] 这样的列表发送到主进程中. 在主进程中创建 4 个子进程, 同时在主进程中接收子进程传输的数据.

```python
import  multiprocessing as mp
N_core=4#进程数
def HelloWorld(conn,ID):
    name=mp.current_process().name
    conn.send(['Hello world!', ID,name])
    conn.close()
    return
if __name__ == '__main__':
    parent_conn, child_conn = mp.Pipe()
    processes = []#进程列表
    for id in range(N_core):
        p = mp.Process(target=HelloWorld,args=(child_conn,id+1))
        p.start()
        processes.append(p)
    print(parent_conn.recv())
    for p in processes:#等待各子进程处理结果
        p.join()
```

运行情况同例 15.6 .

15.4.3 同步

threading 模块中的同步机制, 在多进程 multiprocessing 模块中也有, 比如锁机制、事件、信号量、栅栏.

15.5 基于 GPU 线程的并行计算

前面两节是基于 CPU 的并行计算, 实际上, 在机器学习和深度学习中, 使用更多的是基于 GPU 线程的并行计算, 其优势在于核数众多, 计算速度更快, 特别对于矩阵乘法和卷积具有极大的计算优势. 另外, GPU 还拥有大量且快速的寄存器以及 L1 缓存的易于编程性, 使得 GPU 非常适合用于深度学习. 目前, 常用的 GPU 计算范式是来自英伟达的 CUDA 并行计算框架, 这种架构可以通过 GPU 加速使得机器学习并行化.

15.5.1 CUDA 基本概念

CUDA 并不是一个独立运行的计算平台, 而需要与 CPU 协同工作, 可以看成是 CPU 的协处理器, 因此当我们在说 CUDA 并行计算时, 其实指的是基于 CPU+GPU 的异构计算架构. 在异构计算架构中, GPU 与 CPU 通过 PCIe 总线连接在一起来协同工作, 如图 15.9 所示.

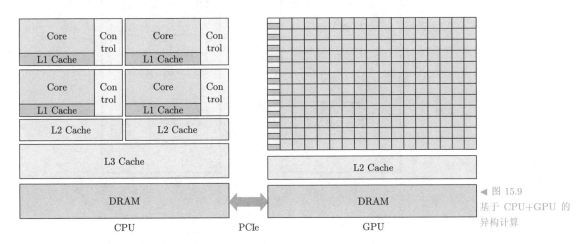

◀ 图 15.9
基于 CPU+GPU 的
异构计算

其中, CPU 所在位置称为主机 (host), 又称为主处理器, 在并行计算中, 主要涉及 CPU 及其内存, 而 GPU 所在位置称为设备 (device), 又称为协处理器, 在并行计算中, 主要涉及 GPU 及其内存. 在 CUDA 程序中既包含主机程序, 又包含设备程序, 它们分别在 CPU 和 GPU 上运行. 同时, 主机与设备之间可以进行通信, 即可以相互进行数据拷贝. 在设备上的计算通过核函数 (kernel) 形式执行, 该函数以 _global_ 为前缀作为标记. 如图 15.10 所示, 典型的 CUDA 程序的执行流程如下:

(1) 分配主机内存, 并进行数据初始化;

(2) 配设备内存, 并从主机将数据拷贝到设备上;

(3) 调用 CUDA 的核函数在设备上完成指定的运算;

(4) 将设备上的运算结果拷贝到主机上;

(5) 释放设备和主机上分配的内存.

15.5.2 CUDA 线程组织

如图 15.11 所示, CUDA 二维线程组织从逻辑层面来讲, 主要分两层, 外层称为网格 (grid), 同一个网格上的线程共享相同的全局内存空间, 里层称为线程块 (block). 网格是由若干线程块组成的, 而每个线程块里面包含很多线程. 线程坐标的原点在左上角, 向右为 x 方向, 向左为 y 方向.

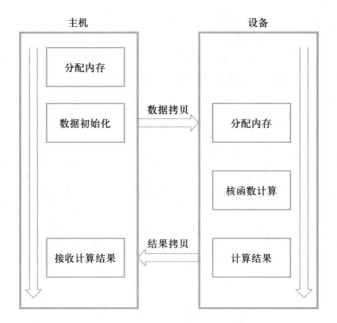

▶ 图 15.10
CUDA 执行流程

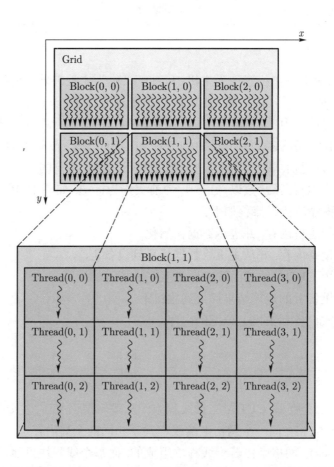

▶ 图 15.11
CUDA 二维线程组织

网格和线程块都是定义为 dim3 类型的变量, dim3 可以看成是包含三个

无符号整数 (x, y, z) 成员的结构体变量, 在定义时, 缺省值初始化为 1. 因此, 网格和线程块可以灵活地定义为 1-dim, 2-dim 以及 3-dim 结构. 核函数在调用时也必须通过执行配置 <<<grid, block>>> 来指定核函数所使用的线程数及结构. 图 15.11 中的网格和线程块可以这样定义:

```
dim3 grid(3, 2,1);
dim3 block(4, 3,1);
kernel_fun<<< grid, block >>>(prams...);
```

所以, 一个线程需要两个内置的坐标变量 (blockIdx,threadIdx) 来唯一标识, 它们都是 dim3 类型变量, 其中 blockIdx 指明线程所在网格中的位置, 而 threaIdx 指明线程所在线程块中的位置, 如图 15.11 中的 Thread(1,1) 满足: threadIdx.x = 1, threadIdx.y = 1, blockIdx.x = 1, blockIdx.y = 1.

对于每个线程, 以一维为例, 在实际计算中, 坐标 x 的计算方式如图 15.12, 箭头所在位置的线程的坐标 $x = 5$.

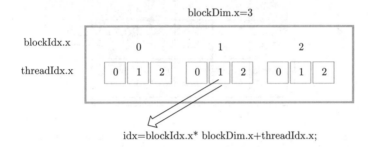

◀ 图 15.12
线程坐标 x 的
计算方式

同理, 可以得到二维的索引坐标: idx = blockIdx.x * blockDim.x + threadIdx.x; idy = blockIdx.y * blockDim.y + threadIdx.y.

对于核函数来讲, 一般情况下, 一个核函数运行在一个网格上, 如图 15.13 所示.

上面讲的是软件逻辑层方面的线程组织方式. 如图 15.14 所示, 从显卡的物理层面来看, 核心组件是流式多处理器 (streaming multiprocessor, SM), 包括 CUDA 核心 (也称为 streaming processor, SP)、共享内存、寄存器等, SM 可以并发地执行数百个线程, 并发能力就取决于 SM 所拥有的资源数. 当一个核函数被执行时, 它的网格中的线程块被分配到 SM 上, 一个线程块只能在一个 SM 上被调度, 而 SM 一般可以调度多个线程块, 基本的执行单元是线程束 (warps), 线程束包含 32 个线程, 这些线程同时执行相同的指令, 但是每个线程都包含自己的指令地址计数器和寄存器状态, 也有自己独立的执行路径.

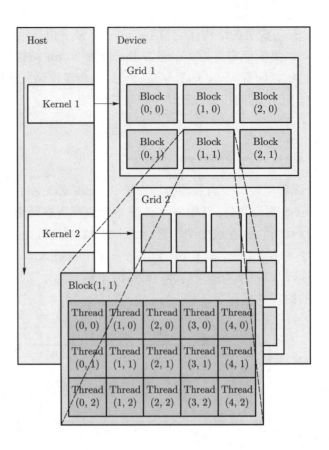

▶ 图 15.13
核函数与网格

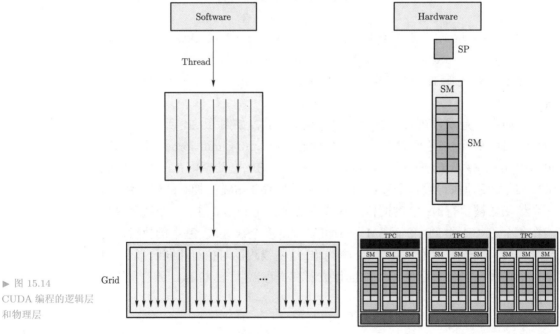

▶ 图 15.14
CUDA 编程的逻辑层
和物理层

15.5.3 CUDA 内存组织

CUDA 内存组织如图 15.15 所示. 可以看到, 每个线程有自己的私有本地内存 (local memory), 而每个线程块又包含共享内存 (shared memory), 可以被线程块中所有线程共享, 其生命周期与线程块一致. 此外, 所有的线程都可以访问全局内存 (global memory). 还可以访问一些只读内存块: 常量内存 (constant memory) 和纹理内存 (texture memory).

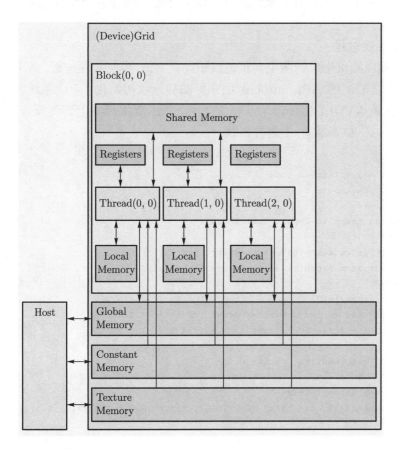

◀ 图 15.15
CUDA 内存组织

15.5.4 PyCUDA

PyCUDA 作为 Python 的第三方库, 可以访问 NVDIA 的 CUDA 并行计算 API. 它的异构编程模式和前面 CUDA 一致, 它自己具有的特点是:

(1) 对象的自动清理. 它使编写正确、无泄漏和无崩溃的代码变得更加容易. PyCUDA 在其分配的所有内存被释放之前, 不会与上下文分离.

(2) 编程方便. 提供了 pycuda.compiler.SourceModule 和 pycuda.gpuarray. GPUArray 等接口, 让 CUDA 编程甚至比 NVDIA 的基于 C 语言的运行时更方便.

(3) 完整支持 CUDA. PyCUDA 能够完全支持 CUDA 的 API. 并能够自动进行错误检查, 把所有 CUDA 错误自动转换为 Python 异常.

(4) 加速效果好. PyCUDA 的基础层是用 C++ 编写的, 因此计算速度比较快.

1. pycuda 安装

到官网下载 CUDA 包并安装, 到微软官网下载 Visual Studio 2015 以上的 C++ 开发工具并安装. 到 Python 环境使用 pip install pycuda 安装 pycuda.

2. 实现过程

下面以随机生成的两个向量的点积计算为例, 讲解实现过程. 其中, driver 是导入 CUDA 的 API, autoinit 用来启动和自动初始化 GPU 系统, SourceModule 是 NVDIA 编译器 (nvcc) 的指令, 指示要编译并上传到设备的对象. 很明显, 以下核函数是 C 语言形式.

```
#导入相关库
import pycuda.driver as cuda
import pycuda.autoinit
import numpy
from pycuda.compiler import SourceModule
#在CPU生成随机向量
a = numpy.random.randn(5).astype(numpy.float32)
b = numpy.random.randn(5).astype(numpy.float32)
#定义核函数
mod = SourceModule("""
__global__ void vector_dot(float *dest, float *a, float *b)
{const int i = threadIdx.x;dest[i] = a[i] * b[i];}
""")
func = mod.get_function("vector_dot")
#线程设置和执行核函数
dest = numpy.zeros_like(a)
func(drv.Out(dest), drv.In(a), drv.In(b), block=(400,1,1), grid=(1,1))
print(dest)#输出结果
```

15.5.5 TensorFlow

TensorFlow 是一个用于设计和部署数值计算的软件库, 主要专注于机器学习中的应用程序. 借助这个库, 可以将算法描述为相关运算的图形, 这些运算可以在各种支持 GPU 的平台上执行, 包括便携式设备、台式机和高端服务器.

安装好 GPU 版的 TensorFlow 后, 使用下面程序来测试 Tensorflow 是否支持 GPU:

```
import tensorflow as tf
tf.config.list_physical_devices()
```

如下输出结果表示支持 GPU：

```
[PhysicalDevice(name='/physical_device:CPU:0', device_type='CPU'),
 PhysicalDevice(name='/physical_device:GPU:0', device_type='GPU')]
```

可以用以下程序测试 CPU 和 GPU 下运行时间：

```
import tensorflow as tf
import timeit
def cpu_run():
    with tf.device('/cpu:0'):
    c = tf.matmul(cpu_a, cpu_b)
    return c
def gpu_run():
    with tf.device('/gpu:0'):
    c = tf.matmul(gpu_a, gpu_b)
    return c
cpu_time = timeit.timeit(cpu_run, number=10)
gpu_time = timeit.timeit(gpu_run, number=10)
print('run time:', cpu_time, gpu_time)
```

■ **15.6** 并行计算实践

实践代码

本章通过给出进程、线程等并行计算概念，讨论了在 Python 和 R 语言环境下基于 CPU 的多核并行计算方式，并讨论了基于 CUDA 的 GPU 并行计算原理，但并未给出分布式并行计算的机器学习方法，请参考刘铁岩所著的《分布式机器学习：算法、理论与实践》。

使用各种并行计算方法计算下列各题, 并进行性能比较.

1. 使用级数或蒙特卡罗方法计算底数 e.

2. 使用级数或蒙特卡罗方法计算 π.

3. 计算级数 $\sum\limits_{i=0}^{\infty} \dfrac{(-2)^i}{(2i+1)!}$.

4. 使用蒙特卡罗方法计算三重积分 $\int_1^2 \int_1^2 \int_1^2 \left(x^2 + y^2 + z^2\right) \mathrm{d}x\mathrm{d}y\mathrm{d}z$, 算法描述如下:

   取 0 到 1 之间均匀分布的随机数点列

   $$(t_0, t_1, \cdots, t_{n-1}), i = 0, 1, \cdots, m-1.$$

   令

   $$x_j^j = a + (b_j - a)_j \, j^j, j = 0, 1, \cdots, n-1,$$

   取 m 足够大, 则有

   $$s = \frac{1}{m} \sum_{i=0}^{n+1} f\left(x_0^i, x_1^i, \cdots, x_n^i\right) \prod_{j=0}^{n-1} (b_j - a_j).$$

5. 使用本文中并行计算方法对前面各章涉及的机器学习算法 (可选择一两个) 进行并行化, 比较其计算效率, 并给出实验报告.

6. 对于例 15.2和 15.3, 请用 multiprocessing 模块中同名的锁和事件重新完成.

第十六章 迁移学习

迁移学习是一种通过在一个任务上学到的知识来改善在另一个相关任务上的性能的方法, 模型在一个源领域上训练, 然后通过迁移学习的方法适应到一个不同但相关的目标领域上, 常见于数据稀缺或者在新领域中数据收集成本较高的场景. 相较于在线学习和并行计算处理相同的任务, 迁移学习侧重学习知识在不同任务间的应用.

■ 16.1 迁移学习的概述

迁移学习指的是通过从现有领域中迁移知识, 从而有效且高效地实现目标的过程. 迁移学习的概念最初诞生于心理学和教育学, 心理学家所说的 "学习迁移", 指的是一个学习过程对另一个学习过程的影响. 它也常常出现在我们的日常生活中, 例如, 如果我们会打羽毛球, 那么我们就可以学习打网球, 因为打羽毛球和网球有一些相似的策略和技巧; 如果我们会下中国象棋, 那么我们就可以借鉴它与国际象棋之间的相似规则来学习下国际象棋等.

首先引入**域**这一重要概念, 域是执行迁移学习的主体, 它由数据和生成数据的分布两部分组成. 我们经常用 $\mathcal{D}$ 来表示一个域, 域的样本可以表示为输入 $\boldsymbol{X}$ 和输出 Y, 其概率分布表示为 $P(\boldsymbol{X}, Y)$, 表明来自 $\mathcal{D}$ 的数据服从分布: $(\boldsymbol{X}, Y) \sim P(\boldsymbol{X}, Y)$. 使用 $\mathcal{X}$ 和 $\mathcal{Y}$ 分别表示特征空间和标签空间, 对于任意样本 $(\boldsymbol{X}_i, Y_i)$, 有 $\boldsymbol{X}_i \in \mathcal{X}$, $Y_i \in \mathcal{Y}$, 一个域就可以定义为 $\mathcal{D} = \{\mathcal{X}, \mathcal{Y}, P(\boldsymbol{X}, Y)\}$.

在迁移学习中, 至少有两个域: 一个是拥有丰富知识的域, 也就是我们迁移的域, 另一个是我们想要学习的域. 前者称为**源域**, 后者称为**目标域**, 我们经常用下标 s 和 t 来表示它们, $\mathcal{D}_s$ 是源域, $\mathcal{D}_t$ 是目标域. 当 $\mathcal{D}_s \neq \mathcal{D}_t$ 时, $\mathcal{X}_s \neq \mathcal{X}_t$, $\mathcal{Y}_s \neq \mathcal{Y}_t$ 或 $P_s(\boldsymbol{X}, Y) \neq P_t(\boldsymbol{X}, Y)$.

定义 16.1(迁移学习) 给定一个源域 $\mathcal{D}_s = \{\boldsymbol{X}_i, Y_i\}_{i=1}^{n_s}$ 和一个目标域 $\mathcal{D}_t = \{\boldsymbol{X}_j, Y_j\}_{j=1}^{n_t}$, 目标域用 ℓ 评估, 其中 $\boldsymbol{X}_i \in \mathcal{X}$, $Y_i \in \mathcal{Y}$. 迁移学习的目标是利用源域数据学习一个预测函数 $f: \boldsymbol{X}_t \mapsto Y_t$ 使 f 在目标域上达到最小预测风险:

$$f^* = \underset{f}{\arg\min}\, E_{(\boldsymbol{X},Y)\in\mathcal{D}_t} \ell\left(f\left(\boldsymbol{X}\right),Y\right), \tag{16.1.1}$$

当以下三个条件之一成立时:

(1) 不同的特征空间, 即 $\mathcal{X}_s \neq \mathcal{X}_t$;

(2) 不同的标签空间, 即 $\mathcal{Y}_s \neq \mathcal{Y}_t$;

(3) 具有相同特征和标签空间的不同概率分布, 即 $P_s\left(\boldsymbol{X},Y\right) \neq P_t\left(\boldsymbol{X},Y\right)$.

16.1.1 分布散度的度量

迁移学习的目标是开发算法来更好地利用现有知识并促进目标领域的学习, 为了利用现有的知识, 关键是找到两个领域之间的相似性, 而相似性往往通过测量两个域之间的分布散度来计算.

根据概率论的基本知识, 联合分布、边际分布和条件分布之间存在关系:

$$P\left(\boldsymbol{X},Y\right) = P\left(\boldsymbol{X}\right)P\left(Y\mid\boldsymbol{X}\right) = P\left(Y\right)P\left(\boldsymbol{X}\mid Y\right). \tag{16.1.2}$$

根据该公式, 我们可以通过概率分布匹配的分类法将现有的迁移学习算法分为以下几类:

(1) 边际分布适应 (MDA: Marginal Distribution Adaption)

(2) 条件分布适应 (CDA: Conditional Distribution Adaption)

(3) 联合分布适应 (JDA: Joint Distribution Adaption)

(4) 动态分布适应 (DDA: Dynamic Distribution Adaption)

我们在图 16.1 中进一步说明了什么是边际分布、条件分布和联合分布, 以便读者更直观地理解. 显然, 当目标域为图 16.1 中的情形 1 时, 由于边缘分布与全局不同, 我们应该更多地考虑匹配边缘分布; 当目标域是情形 2 时, 我们应该更多地考虑条件分布, 因为它们从整体上看是相同的, 只是与每个类的分布不同.

▶ 图 16.1
源域和目标域的不同
分布情况

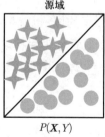 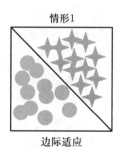

16.1.2 分布散度的统一表示

表 16.1 中给出了各种分布匹配方法的假设和问题, 其中函数 $D(\cdot,\cdot)$ 表示分布匹配度量函数, 我们将其作为预定义函数. 从该表中可以清楚地看到, 随着假设的变化, 问题的定义也不同. 动态分布适应 (DDA) 是最一般的情况, 通过改变平衡因子 μ 的值, 可以很容易地将其表述为其他情况:

(1) 当 $\mu = 0$ 时, 为边际分布适应;

(2) 当 $\mu = 1$ 时, 为条件分布适应;

(3) 当 $\mu = 0.5$ 时, 为联合分布自适应.

方法	假设	问题
边际分布适应	$P_s(Y \mid \boldsymbol{X}) = P_t(Y \mid \boldsymbol{X})$	$\min D(P_s(\boldsymbol{X}), P_t(\boldsymbol{X}))$
条件分布适应	$P_s(\boldsymbol{X}) = P_t(\boldsymbol{X})$	$\min D(P_s(Y \mid \boldsymbol{X}), P_t(Y \mid \boldsymbol{X}))$
联合分布适应	$P_s(\boldsymbol{X}, Y) \neq P_t(\boldsymbol{X}, Y)$	$\min D(P_s(\boldsymbol{X}), P_t(\boldsymbol{X})) + D(P_s(Y \mid \boldsymbol{X}), P_t(Y \mid \boldsymbol{X}))$
动态分布适应	$P_s(\boldsymbol{X}, Y) \neq P_t(\boldsymbol{X}, Y)$	$\min(1 - \mu) D(P_s(\boldsymbol{X}), P_t(\boldsymbol{X})) +$ $\mu D(P_s(Y \mid \boldsymbol{X}), P_t(Y \mid \boldsymbol{X}))$

◀ 表 16.1
迁移学习中的
分布度量

平衡因子 μ 的估计通常有两种方法: 随机猜测法 (random guess) 和最小最大值平均法 (min-max averaging), 但这两种方法需要烦琐的计算, 也不能从理论上很好地解释. Wang et al.(2018b) 和 Wang et al.(2020) 提出了迁移学习的动态分布适应方法, 并首次提出了 μ 的精确估计. 他们利用分布的全局和局部性质来计算 μ, Ben-David et al.(2007) 采用 $\mathcal{A}$-距离 ($\mathcal{A}$-distance) 作为基本的分布度量. $\mathcal{A}$-距离可以看作是利用二分类器的误差对两个域进行分类.

形式上, 我们将 $\varepsilon(h)$ 表示为分类器 h 对两个域 $\mathcal{D}_s$ 和 $\mathcal{D}_t$ 进行分类的误差, 则可以将 $\mathcal{A}$-距离定义为

$$d_{\mathcal{A}}(\mathcal{D}_s, \mathcal{D}_t) = 2(1 - 2\varepsilon(h)). \tag{16.1.3}$$

我们可以直接用方程来计算两个域之间边际分布的 $\mathcal{A}$-距离 d_M, 而对于条件分布的 $\mathcal{A}$-距离, 用 $d_c = d_{\mathcal{A}}\left(\mathcal{D}_s^{(c)}, \mathcal{D}_t^{(c)}\right)$ 表示 c 类上的 $\mathcal{A}$-距离, 其中 $\mathcal{D}_s^{(c)}$ 和 $\mathcal{D}_t^{(c)}$ 是 c 类的样本. 因此, 可以计算 μ 的值为

$$\widehat{\mu} = 1 - \frac{d_M}{d_M + \sum\limits_{c=1}^{C} d_c}. \tag{16.1.4}$$

16.1.3 迁移学习的统一框架

基于机器学习中结构风险最小化的原理, 我们建立了统一的迁移学习框架:

定义 16.2 (迁移学习的统一框架) 给定一个有标记的源域 $\mathcal{D}_s = \{\boldsymbol{X}_i, Y_i\}_{i=1}^{n_s}$ 和一个未标记的目标域 $\mathcal{D}_t = \{\boldsymbol{X}_j\}_{j=1}^{n_t}$, 它们的联合分布不同, 即 $P_s(\boldsymbol{X}, Y) \neq P_t(\boldsymbol{X}, Y)$, 用 $f \in \mathcal{H}$ 表示目标函数, $\mathcal{H}$ 是它的假设空间. 迁移学习的统一框架为

$$f^* = \arg\min_{f \in \mathcal{H}} \frac{1}{n_s} \sum_{i=1}^{n_s} \ell\left(v_i f\left(\boldsymbol{X}_i\right), Y_i\right) + \lambda R\left(T\left(\mathcal{D}_s\right), T\left(\mathcal{D}_t\right)\right), \qquad (16.1.5)$$

其中: (1) $\boldsymbol{v} = (v_1, \cdots, v_{n_s}) \in \mathbf{R}^{n_s}$ 表示源样本的权重, $v_i \in [0, 1]$, n_s 是源域样本数;

(2) $T(\cdot)$ 是两个域上的特征变换函数;

(3) 当引入权重 v_i 时, 可以使用加权平均来代替平均值的计算.

我们使用 $R(T(\mathcal{D}_s), T(\mathcal{D}_t))$ 代替结构风险最小化的正则化 $R(f)$, 以更好地拟合迁移学习问题. 在这个统一的框架下, 迁移学习问题可以概括为寻找最优正则化泛函, 这也意味着与传统的机器学习相比, 迁移学习更关注源域和目标域之间的关系.

这个统一的框架总结了大多数迁移学习算法, 具体来说, 我们可以在式 (16.1.5) 中赋予 v_i 和 T 不同的值或函数改变它的形式, 可以变换得到三种基本的迁移学习算法:

(1) 实例加权方法 (instance weighting methods): 该方法的关键在于学习样本权重 v_i;

(2) 特征变换方法 (feature transformation methods): 这种方法适合实际情况 $v_i = 1, \forall i$, 其目标是学习一个特征变换函数 T 以减小正则化损失 $R(\cdot, \cdot)$;

(3) 模型预训练方法 (model pre-training methods): 这种方法对应于 $v_i = 1, \forall i, R(T(\mathcal{D}_s), T(\mathcal{D}_t)) = R(\mathcal{D}_t; f_s)$, 其目标是设计策略来正则化源函数 f_s 并对目标域进行微调.

这三种算法可以总结现有文献中大多数流行的迁移学习方法, 我们将在后面的章节中详细介绍它们, 在这里只对它们做一个简短的介绍.

■ 16.2 实例加权方法

实例加权方法是迁移学习中最有效的方法之一, 从技术上讲, 任何加权方法都可用来评估每个实例的重要性. 本节中, 我们主要关注两种基本方法: 实例选择方法和权重自适应方法. 这两种方法在现有的迁移学习研究中得到了广泛的应用, 也成了更复杂系统的基本模块.

16.2.1 问题定义

迁移学习的核心思想是减少源域和目标域之间的分布差异, 那么, 实例加权方法能为实现这个目标做些什么呢? 由于迁移学习中样本的维数和数量通常非常大, 因此不可能直接估计 $P_s(\boldsymbol{X})$ 和 $P_t(\boldsymbol{X})$, 相反, 我们可以从标记的源域中选择一些样本, 构成一个子集, 使该子集的分布与目标域相似, 然后, 使用传统的机器学习方法建立模型, 这种方法的关键是如何设计选择标准. 另一方面, 数据选择可以与如何设计样本加权规则完全相同. (数据选择可以看作是加权的特殊情况. 例如, 我们可以很容易地使用权重 1 和 0 来指示我们是否选择了一个样本.)

图 16.2 显示了实例加权方法的基本思想: 有一些动物属于不同的类别, 如狗、猫和鸟类, 但在目标域中只有一个主要的类别 (狗). 在迁移学习中, 为了使源域和目标域更相似, 我们可以设计加权策略来增加狗类的权重, 即在训练中赋予它更大的权重.

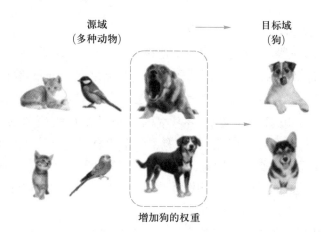

◀ 图 16.2
实例加权方法的介绍

定义 16.3 (迁移学习的实例加权)　给定一个有标签的源域 $\mathcal{D}_s = \{(\boldsymbol{X}_i, Y_i)\}_{i=1}^{n_s}$ 和一个无标签的目标域 $\mathcal{D}_t = \{(\boldsymbol{X}_j)\}_{j=1}^{n_t}$, 且它们的联合分布不同, 即 $P_s(\boldsymbol{X}, Y) \neq P_t(\boldsymbol{X}, Y)$, 设向量 $\boldsymbol{v} \in \mathbf{R}^{n_s}$ 表示源域中每个样本的权重, 那么, 实例加权方法的目标是学习一个最优的加权向量 $\boldsymbol{v}^*$, 这样分布差异就可以最小化:

$$D\left(P_s(\boldsymbol{X}, Y \mid \boldsymbol{v}), P_t(\boldsymbol{X}, Y)\right) < D\left(P_s(\boldsymbol{X}, Y), P_t(\boldsymbol{X}, Y)\right).$$

然后, 目标的风险可以最小化:

$$f^* = \underset{f \in \mathcal{H}}{\arg\min} \frac{1}{n_s} \sum_{i=1}^{n_s} \ell\left(v_i f\left(\boldsymbol{X}_i\right), Y_i\right) + \lambda R\left(\mathcal{D}_s, \mathcal{D}_t\right),$$

其中向量 $\boldsymbol{v}$ 是我们的学习目标.

接下来我们将介绍实例选择方法和权重自适应方法, $v_i \in [0, 1]$.

16.2.2 实例选择方法

实例选择方法通常假设源域和目标域之间的边际分布是相同的, 即 $P_s(\boldsymbol{x}) \approx P_t(\boldsymbol{x})$, 当它们的条件分布不同时, 我们应该设计一些选择策略来选择合适的样本. 事实上, 如果把整个选择过程视为一个决策过程, 那么它可以如图 16.3 所示:

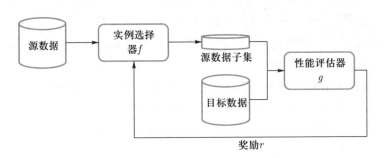

► 图 16.3
迁移学习的实例选择方法

本过程主要由以下各个模块组成:

(1) 实例选择器 f, 它是从源域中选择与目标域分布相似的样本子集.

(2) 性能评估器 g, 即评估所选子集与目标域之间的分布差异.

(3) 奖励 r, 即为被选择的子集提供奖励, 然后可以调整其选择过程.

上述过程可以看作是强化学习中的一个马尔可夫决策过程 (MDP) (Sutton 和 Barto, 2018), 因此, 我们有了一个很自然的想法: 我们可以通过设计适当的选择器、奖励和性能评估器, 设计强化学习算法来完成这个任务. 下面, 根据实例选择方法是否采用强化学习算法, 将其分为两类: 基于非强化学习的方法和基于强化学习的方法.

第一类是基于非强化学习的方法. 在深度学习之前, 研究人员经常利用传统的学习方法来进行实例选择. 现有的研究工作可以进一步分为三个类: 基于距离测量的方法、基于元学习的方法和其他方法.

第二类是基于强化学习的方法 (Feng et al., 2018). 该方法将源域划分为几个批次, 然后学习每个批次中每个样本的权重. 值得注意的是, 为了度量域之间的分布差异, 需要首先选择一些有标记的样本作为指导集, 然后, 在批级训练中指导集可以指导权重学习和特征学习过程. 在应用强化学习方法时, 定义状态、行动和奖励这三个关键概念是很重要的, 例如, Liu et al. (2019) 将这三个概念定义为:

(1) 状态由当前批的权向量和特征提取器的参数构成.

(2) 行动作为选择过程实现, 因此它是一个二进制向量: 0 表示没有选择这个样本, 1 表示选择这个样本.

(3) 奖励是实现在源域和目标域之间的分布差异.

奖励功能是基于强化学习的方法的关键, 它被实现为

$$r\left(s, a, s'\right) = d\left(\Phi_{B_{j-1}}^{s}, \Phi_{t}^{s}\right) - \gamma d\left(\Phi_{B_j}^{s'}, \Phi_{t}^{s'}\right).$$

其中, 下标 t 表示目标域, $d\left(\cdot, \cdot\right)$ 是一个分布变量函数, 在实验中可以是最大均值差异 (MMD) 和 Reny 距离, (s, a, s') 表示从状态 s 采取动作 a 成为状态 s', B_{j-1} 和 B_j 分别表示第 $j-1$ 次和第 j 次迭代时的批次, Φ 是一个特性.

16.2.3 权重自适应方法

与实例选择方法不同, 权重自适应方法假设两个域之间的条件分布相同, 而它们的边际分布不同, 即 $P_s\left(Y \mid \boldsymbol{X}\right) \approx P_t\left(Y \mid \boldsymbol{X}\right)$ 但 $P_s\left(\boldsymbol{X}\right) \neq P_t\left(\boldsymbol{X}\right)$. 受 Jiang 和 Zhai(2007) 经典著作的启发, 我们利用最大似然估计方法解决权重自适应问题. 设 θ 表示模型的可学习参数, 则目标域上的最优超参数可以表示为

$$\theta_t^* = \arg\max_{\theta} \int_{\boldsymbol{X}} \sum_{Y \in \mathcal{Y}} P_t\left(\boldsymbol{X}, Y\right) \log P\left(Y \mid \boldsymbol{X}; \theta\right) \mathrm{d}\boldsymbol{X}.$$

利用贝叶斯定理, 上面的方程可以计算为

$$\theta_t^* = \arg\max_{\theta} \int_{\boldsymbol{X}} P_t\left(\boldsymbol{X}\right) \sum_{Y \in \mathcal{Y}} P_t\left(Y \mid \boldsymbol{X}\right) \log P\left(Y \mid \boldsymbol{X}; \theta\right) \mathrm{d}\boldsymbol{X},$$

其中只有一个未知量 $P_t\left(Y \mid \boldsymbol{X}\right)$, 这正是我们的学习目标. 但是, 我们只能利用 $P_s\left(\boldsymbol{X}, Y\right)$, 通过一些转换, 规避条件分布 $P_t\left(Y \mid \boldsymbol{X}\right)$ 的计算来学习 θ_t^*. 构造两个概率之间的关系, 然后利用它们的条件分布几乎相同 $P_s\left(Y \mid \boldsymbol{X}\right) \approx P_t\left(Y \mid \boldsymbol{X}\right)$ 这一假设来进行以下转换:

$$
\begin{aligned}
\theta_t^* &\approx \arg\max_{\theta} \int_{\boldsymbol{X}} \frac{P_t\left(\boldsymbol{X}\right)}{P_s\left(\boldsymbol{X}\right)} P_s\left(\boldsymbol{X}\right) \sum_{Y \in \mathcal{Y}} P_s\left(Y \mid \boldsymbol{X}\right) \log P\left(Y \mid \boldsymbol{X}; \theta\right) \mathrm{d}\boldsymbol{X} \\
&\approx \arg\max_{\theta} \int_{\boldsymbol{X}} \frac{P_t\left(\boldsymbol{X}\right)}{P_s\left(\boldsymbol{X}\right)} \widetilde{P}_s\left(\boldsymbol{X}\right) \sum_{Y \in \mathcal{Y}} \widetilde{P}_s\left(Y \mid \boldsymbol{X}\right) \log P\left(Y \mid \boldsymbol{X}; \theta\right) \mathrm{d}\boldsymbol{X} \\
&\approx \arg\max_{\theta} \frac{1}{n_s} \sum_{i=1}^{n_s} \frac{P_t\left(\boldsymbol{X}_i^s\right)}{P_s\left(\boldsymbol{X}_i^s\right)} \log P\left(Y_i^s \mid \boldsymbol{X}_i^s; \theta\right),
\end{aligned}
$$

其中 $\dfrac{P_t\left(\boldsymbol{X}_i^s\right)}{P_s\left(\boldsymbol{X}_i^s\right)}$ 称为密度比, 用来指导实例加权过程. 我们可以利用密度比来建立源域和目标域之间的关系. 这样, 目标域上的参数就可以表示为

$$\theta_t^* \approx \arg\max_{\theta} \frac{1}{n_s} \sum_{i=1}^{n_s} \frac{P_t\left(\boldsymbol{X}_i^s\right)}{P_s\left(\boldsymbol{X}_i^s\right)} \log P\left(Y_i^s \mid \boldsymbol{X}_i^s; \theta\right).$$

从上述分析中知道, 概率密度比可以帮助建立源分布和目标分布之间的关系. 为简单起见, 我们表示密度比为

$$\beta_i = \frac{P_t\left(\boldsymbol{X}_i^s\right)}{P_s\left(\boldsymbol{X}_i^s\right)}.$$

因此, 用向量 $\boldsymbol{\beta}$ 表示概率密度比, 可将目标域内的预测函数重新表述为

$$f^* = \arg\min_{f\in\mathcal{H}} \sum_{i=1}^{n_s} \beta_i \ell\left(f\left(\boldsymbol{X}_i\right), Y_i\right) + \lambda R\left(\mathcal{D}_s, \mathcal{D}_t\right).$$

上述公式是一种通用的表示算法, 应用于逻辑回归、SVM、特征转换方法 (这将在下一节中介绍) 集成等某些特定算法中时可以重新表述为特定公式. 比如, 权重自适应方法在与特征转换方法集成时, 如果结合密度比和 MMD 的学习, 那么它可以表示为

$$\mathrm{MMD}\left(\mathcal{D}_s, \mathcal{D}_t\right) = \sup_f E_P \left[\frac{1}{n_s}\sum_{i=1}^{n_s} \beta_i f\left(\boldsymbol{X}_i\right) - \frac{1}{n_t}\sum_{j=1}^{n_t} f\left(\boldsymbol{X}_j\right)\right]^2$$

$$= \frac{1}{n_s^2}\boldsymbol{\beta}^{\mathrm{T}}\boldsymbol{K}\boldsymbol{\beta} - \frac{2}{n_s}\boldsymbol{\kappa}^{\mathrm{T}}\boldsymbol{\beta} + 常数.$$

通过采用核技巧, 上述问题可以表述为

$$\min_{\boldsymbol{\beta}} \frac{1}{2}\boldsymbol{\beta}^{\mathrm{T}}\boldsymbol{K}\boldsymbol{\beta} - \boldsymbol{\kappa}^{\mathrm{T}}\boldsymbol{\beta},$$

$$\mathrm{s.t.} \beta_i \in [0, B], |\sum_{i=1}^{n_s} \beta_i - n_s| \leqslant n_s\varepsilon.$$

以上称为核均值匹配算法 (KMM)(Huang et al., 2007), 其中 ε 和 B 是预定义的阈值.

有很多的实例权重自适应方法, 值得注意的是, 这类方法可以直接集成到深度学习中, 以学习样本权重.

■ | 16.3 统计特征变换方法

在本节中, 我们介绍迁移学习中的统计特征变换方法, 这种方法在近期的深度神经网络研究中非常流行且能够得到很好的结果. 本节首先给出特征变换方法的定义, 然后详细介绍基于最大均值差异 MMD 的特征变换方法和基于度量学习的特征变换方法.

16.3.1　特征变换方法及问题定义

我们之前已经接触过许多统计特征, 如均值、方差、假设检验等, 本节着重关注在迁移学习领域广泛应用的几个统计特征.

定义 16.4 给定一个有标签的源域 $\mathcal{D}_s = \{(\boldsymbol{X}_i, Y_i)\}_{i=1}^{n_s}$ 和一个无标签的目标域 $\mathcal{D}_t = \{(\boldsymbol{X}_j)\}_{j=1}^{n_t}$, 且它们的联合分布不同, 即 $P_s(\boldsymbol{X}, Y) \neq P_t(\boldsymbol{X}, Y)$, 特征变换的核心是学习特征变换函数 T 从而得到最优预测函数 f:

$$f^* = \arg\min_{f \in \mathcal{H}} \frac{1}{n_s} \sum_{i=1}^{n_s} \ell(f(\boldsymbol{X}_i), Y_i) + \lambda R(T(\mathcal{D}_s), T(\mathcal{D}_t)). \tag{16.3.1}$$

基于分布散度度量函数的性质, 可以给出如下两类特征变换函数的定义:

定义 16.5 若采用一些预定义的或已有的分布散度度量函数来度量两个分布之间的散度, 并进行特征变换, 称这里的特征变换是显式的特征变换 (explicit feature transformation), 它具有预定义的或已有的分布散度度量 $D(\cdot, \cdot)$:

$$f^* = \arg\min_{f \in \mathcal{H}} \frac{1}{n_s} \sum_{i=1}^{n_s} \ell(f(\boldsymbol{X}_i), Y_i) + \lambda D(T(\mathcal{D}_s), T(\mathcal{D}_t)). \tag{16.3.2}$$

常见的预定义的度量函数有欧几里得距离、余弦相似度、KL 散度和最大均值差异 (maximum mean discrepancy, MMD).

定义 16.6 若分布散度度量函数是由模型经过学习得到的而非预先定义的, 称该特征变换为隐式特征变换 (implicit feature transformation), 它具有可学习的度量函数 $\text{Metric}(\cdot, \cdot)$,

$$f^* = \arg\min_{f \in \mathcal{H}} \frac{1}{n_s} \sum_{i=1}^{n_s} \ell(f(\boldsymbol{X}_i), Y_i) + \lambda \text{Metric}(T(\mathcal{D}_s), T(\mathcal{D}_t)). \tag{16.3.3}$$

上述的隐式特征变换包括度量学习、几何特征对齐和对抗学习.

16.3.2　基于最大均值差异的方法

最大均值差异是使用最多的统计距离度量函数之一, 它最初是一种应用于假设检验中有效的双样本检测手段. 本小节中我们主要介绍 MMD 的理论并叙述其在迁移学习中的使用.

下面介绍基于 MMD 的迁移学习. 引用式 (16.3.1), 建立 MMD 与特征变换函数 T 之间的关系, 分布散度的一般形式可表示为

$$D(\mathcal{D}_s, \mathcal{D}_t) \approx (1 - \mu) D(P_s(\boldsymbol{X}), P_t(\boldsymbol{X})) + \mu D(P_s(Y \mid \boldsymbol{X}), P_t(Y \mid \boldsymbol{X})).$$

可以看出, MMD 可以直接用于计算边际分布散度 $D\left(P_s(\boldsymbol{X}), P_t(\boldsymbol{X})\right)$, 这与经典的迁移学习方法迁移成分分析 (TCA) 相对应.

我们使用半定矩阵 $\boldsymbol{A}$ 来表示使用 MMD 计算的特征变换矩阵, 那么矩阵 $\boldsymbol{A}$ 即为我们在基于 MMD 的迁移学习方法中的学习目标, 两个边际分布之间的 MMD 可以表示为

$$\mathrm{MMD}\left(P_s(\boldsymbol{X}), P_t(\boldsymbol{X})\right) = \left\|\frac{1}{n_s}\sum_{i=1}^{n_s}\boldsymbol{A}^{\mathrm{T}}\boldsymbol{X}_i - \frac{1}{n_t}\sum_{j=1}^{n_t}\boldsymbol{A}^{\mathrm{T}}\boldsymbol{X}_j\right\|_{\mathcal{H}}^2. \tag{16.3.4}$$

下面首先介绍充分统计量 (sufficient statistics) 的概念: 在样本量充分大时, 若存在许多未知的统计量, 则可以选择一些已知的统计量来近似我们的目标量. 我们利用这个概念近似计算目标域上的分布 $P_t(Y \mid \boldsymbol{X})$. 根据贝叶斯公式 $P_t(Y \mid \boldsymbol{X}) = P_t(Y)P_t(\boldsymbol{X} \mid Y)$, 忽略 $P_t(Y)$ 项, 就可以用类条件概率 $P_t(\boldsymbol{X} \mid Y)$ 来近似 $P_t(Y \mid \boldsymbol{X})$, 而目标域是无标签的, 通常采用迭代式的训练策略: 首先, 使用 $(\boldsymbol{X}_s, \boldsymbol{Y}_s)$ 来训练一个分类器 (例如 KNN 和逻辑回归等), 从而得到未标记目标域的伪标签 $\hat{\boldsymbol{Y}}_t$, 这个伪标签可以用于迁移学习, 经过特征变换后, 伪标签就能够在以后的迭代中进行更新. 使用这种方法可以计算得到 $P_t(\boldsymbol{X} \mid Y)$ 从而得到两条件分布间的 MMD 如下:

$$\mathrm{MMD}\left(P_s(Y \mid \boldsymbol{X}), P_t(Y \mid \boldsymbol{X})\right)$$

$$= \sum_{c=1}^{C}\left\|\frac{1}{n_s^{(c)}}\sum_{\boldsymbol{X}_i \in \mathcal{D}_s^{(c)}}\boldsymbol{A}^{\mathrm{T}}\boldsymbol{X}_i - \frac{1}{n_t^{(c)}}\sum_{\boldsymbol{X}_j \in \mathcal{D}_t^{(c)}}\boldsymbol{A}^{\mathrm{T}}\boldsymbol{X}_j\right\|_{\mathcal{H}}^2,$$

其中 C 表示所有分类的总数, $n_s^{(c)}$ 和 $n_t^{(c)}$ 分别表示源域和目标域中第 c 类样本集 $\mathcal{D}_s^{(c)}$ 和 $\mathcal{D}_t^{(c)}$ 中的样本个数. 经求解得到基于 MMD 的迁移学习方法形式为

$$\min \mathrm{tr}\left(\boldsymbol{A}^{\mathrm{T}}\boldsymbol{X}\boldsymbol{M}\boldsymbol{X}^{\mathrm{T}}\boldsymbol{A}\right), \tag{16.3.5}$$

其中 $\mathrm{tr}(\cdot)$ 表示矩阵的迹, $\boldsymbol{X}$ 是由源域和目标域中的特征所构成的矩阵, $\boldsymbol{M}$ 是 MMD 矩阵, 计算公式为

$$\boldsymbol{M} = (1-\mu)\boldsymbol{M}_0 + \mu\sum_{c=1}^{C}\boldsymbol{M}_c,$$

其中边际 MMD 矩阵与条件 MMD 矩阵计算公式分别为

$$(\boldsymbol{M}_0)_{ij} = \begin{cases} \dfrac{1}{n_s^2}, & \boldsymbol{X}_i, \boldsymbol{X}_j \in \mathcal{D}_s, \\[2mm] \dfrac{1}{n_t^2}, & \boldsymbol{X}_i, \boldsymbol{X}_j \in \mathcal{D}_t, \\[2mm] -\dfrac{1}{n_s n_t}, & \text{其他.} \end{cases}$$

$$(\boldsymbol{M}_c)_{ij} = \begin{cases} \dfrac{1}{\left(n_s^{(c)}\right)^2}, & \boldsymbol{X}_i, \boldsymbol{X}_j \in \mathcal{D}_s^{(c)}, \\[3mm] \dfrac{1}{\left(n_t^{(c)}\right)^2}, & \boldsymbol{X}_i, \boldsymbol{X}_j \in \mathcal{D}_t^{(c)}, \\[3mm] -\dfrac{1}{n_s^{(c)} n_t^{(c)}}, & \begin{cases} \boldsymbol{X}_i \in \mathcal{D}_s^{(c)}, \boldsymbol{X}_j \in \mathcal{D}_t^{(c)}, \\[1mm] \boldsymbol{X}_i \in \mathcal{D}_t^{(c)}, \boldsymbol{X}_j \in \mathcal{D}_s^{(c)}, \end{cases} \\[3mm] 0, & \text{其他}. \end{cases}$$

详细的求解步骤可参考相关文献.

最小化式 (16.3.5) 的同时需要考虑到其约束条件, 在这里我们考虑特征变换前后的协方差矩阵. 给定样本 $\mathbf{X}$, 它的协方差矩阵 $\boldsymbol{S}$ 可表示为

$$\begin{aligned} \boldsymbol{S} &= \sum_{j=1}^{n+m} \left(\boldsymbol{X}_j - \overline{\boldsymbol{X}}\right) \left(\boldsymbol{X}_j - \overline{\boldsymbol{X}}\right)^{\mathrm{T}} \\ &= \sum_{j=1}^{n+m} \left(\boldsymbol{X}_j - \overline{\boldsymbol{X}}\right) \otimes \left(\boldsymbol{X}_j - \overline{\boldsymbol{X}}\right) \\ &= \left(\sum_{j=1}^{n+m} \boldsymbol{X}_j \boldsymbol{X}_j^{\mathrm{T}}\right) - (n+m)\overline{\boldsymbol{X}}\,\overline{\boldsymbol{X}}^{\mathrm{T}}, \end{aligned}$$

其中 $\overline{\boldsymbol{X}} = \dfrac{1}{n+m} \sum\limits_{j=1}^{n+m} \boldsymbol{X}_j$ 表示样本均值, $\otimes$ 表示外积. 用 $\boldsymbol{H} = \boldsymbol{I} - \dfrac{1}{n+m}\mathbf{1}$ 表示中心矩阵, $\boldsymbol{I} \in \mathbf{R}^{(n+m)\times(n+m)}$ 表示单位矩阵, 则协方差矩阵可表示为

$$\boldsymbol{S} = \mathbf{X}^{\mathrm{T}} \boldsymbol{H} \mathbf{X}.$$

将 $\boldsymbol{A}$ 代入上式得到方差的最大化表示:

$$\max \left(\boldsymbol{A}^{\mathrm{T}}\mathbf{X}^{\mathrm{T}}\right) \boldsymbol{H} \left(\boldsymbol{A}^{\mathrm{T}}\mathbf{X}^{\mathrm{T}}\right)^{\mathrm{T}}.$$

结合 (16.3.5) 式, 可以得到基于 MMD 的迁移学习方法的最终形式为

$$\begin{aligned} &\min \operatorname{tr}\left(\boldsymbol{A}^{\mathrm{T}}\mathbf{X}^{\mathrm{T}}\boldsymbol{M}\mathbf{X}\boldsymbol{A}\right) + \lambda\|\boldsymbol{A}\|_F^2, \\ &\text{s.t.} \quad \boldsymbol{A}^{\mathrm{T}}\mathbf{X}^{\mathrm{T}}\boldsymbol{M}\mathbf{X}\boldsymbol{A} = \boldsymbol{I}. \end{aligned} \tag{16.3.6}$$

其中 $\lambda > 0$ 是一个超参数.

通常使用拉格朗日方法求解该最优化问题, 首先构造拉格朗日函数:

$$L = \operatorname{tr}\left(\left(\boldsymbol{A}^{\mathrm{T}}\mathbf{X}^{\mathrm{T}}\boldsymbol{A}\mathbf{X} + \lambda\boldsymbol{I}\right)\boldsymbol{A}\right) + \operatorname{tr}\left(\left(\boldsymbol{I} - \boldsymbol{A}^{\mathrm{T}}\mathbf{X}^{\mathrm{T}}\boldsymbol{H}\mathbf{X}\boldsymbol{A}\right)\Phi\right).$$

令 $\partial L/\partial \boldsymbol{A} = 0$, 得到

$$(\mathbf{X}^{\mathrm{T}}\boldsymbol{M}\mathbf{X} + \lambda \boldsymbol{I})\,\boldsymbol{A} = \mathbf{X}^{\mathrm{T}}\boldsymbol{H}\mathbf{X}\boldsymbol{A}\Phi,$$

其中 Φ 为拉格朗日乘子. 利用 Python 或者 MATLAB 容易求解上式得到变换矩阵 $\boldsymbol{A}$.

我们使用前文叙述的多次迭代的方法可以使目标域的伪标签更准确, 从而改进最终结果. 同时, 如果将 μ 取为不同的值, 就可以得到相应的边际、条件和联合分布方法的最终形式, 这一部分留给读者完成.

基于 MMD 的迁移学习的完整步骤总结如下:

(1) 输入两个特征矩阵, 使用一个简单的分类器 (如 KNN) 来计算目标域的伪标签;

(2) 计算矩阵 $\boldsymbol{M}$ 和 $\boldsymbol{H}$;

(3) 选择一些常见的核函数 (如线性核、多项核、高斯核等) 来计算核;

(4) 求解等式 (16.3.6) 得到源域和目标域的变换特征. 取它的前 m 个特征, 即为矩阵 $\boldsymbol{A}$;

(5) 可以进一步使用多次迭代的方法使伪标签更加准确.

16.3.3 基于度量学习的方法

在本节中, 我们介绍如何使用度量学习得到特征变换 T, 也即式 (16.3.3) 中的 Metric$(\,\cdot\,,\,\cdot\,)$.

度量学习 (metric learning) 是机器学习中的一个十分重要的研究方向. 实际上, 度量两个样本之间的距离涉及分类、回归和聚类等重要问题, 选择一个好的度量可以用来构造好的特征表示从而建立一个更好的模型. 度量学习在计算机视觉、文本挖掘和生物信息学等领域有广泛的应用. 可以说, 如果没有适当的度量, 在机器学习中就没有好的模型. 欧几里得距离、马氏距离、余弦相似度和 MMD 都是度量的例子, 它们都是预定义的距离. 而在某些特定的应用场景中, 这些度量并不能保证我们的模型总是获得最好的表现, 因此可求助于度量学习.

度量学习的基本过程是为给定的样本集计算一个更好的距离度量, 使该度量能够反映数据集的重要性质. 这些样本通常包含一些先验知识, 度量学习算法可以基于这些先验知识建立目标函数从而得出一个针对这些样本的更好的度量. 从这个角度来看, 度量学习可以看作是在一定条件下的最优化问题.

度量学习的核心是聚类假设: 属于同一聚类的数据很有可能属于同一个类. 因此, 度量学习重点关注成对的距离, 同时考虑类内距离和类间距离的作

用. 为了评估样本之间的相似性, 度量学习采用线性判别分析 (LDA) 中的方法来计算类内和类间的距离, 目标是使得类间距离较大, 类内距离较小, 分别用 $S_c^{(M)}$ 和 $S_b^{(M)}$ 分别表示类内和类间的距离, 计算方法如下:

$$S_c^{(M)} = \frac{1}{nk_1} \sum_{i=1}^{n} \sum_{j=1}^{n} P_{ij} d^2 \left(\boldsymbol{X}_i, \boldsymbol{X}_j \right),$$

$$S_b^{(M)} = \frac{1}{nk_2} \sum_{i=1}^{n} \sum_{j=1}^{n} Q_{ij} d^2 \left(\boldsymbol{X}_i, \boldsymbol{X}_j \right),$$

其中 P_{ij} 和 Q_{ij} 分别表示类内和类间距离, 若 $\boldsymbol{X}_i$ 为 $\boldsymbol{X}_j$ 的 k_1 个邻居之一, 则 $P_{ij} = 1$, 否则为 0; 类似地, 若 $\boldsymbol{X}_i$ 为 $\boldsymbol{X}_j$ 的 k_2 个邻居之一, 则 $Q_{ij} = 1$, 否则为 0. $d(\cdot, \cdot)$ 的定义将在下文中介绍.

现有的迁移学习方法大多基于一个预定义的距离函数, 比如上一小节介绍的 MMD, 而在一般场合下, 这种度量并不能很好地推广. 通过在迁移学习中使用度量学习的方法, 能够得到更好的距离度量函数. 我们将 MMD 集成到度量学习中, 从而得到以下优化目标函数:

$$J = S_c^{(M)} - \alpha S_b^{(M)} + \beta D_{\text{MMD}} \left(\boldsymbol{X}_s, \boldsymbol{X}_t \right),$$

其中 β 为表示权重的超参数. 令 $\boldsymbol{M} \in \mathbf{R}^{d \times d}$ 为一个半定矩阵, 则样本 $\boldsymbol{X}_i$ 与 $\boldsymbol{X}_j$ 之间的马氏距离可表示为

$$d_{ij} = \sqrt{\left(\boldsymbol{X}_i - \boldsymbol{X}_j \right)^{\text{T}} \boldsymbol{M} \left(\boldsymbol{X}_i - \boldsymbol{X}_j \right)}.$$

由于 $\boldsymbol{M}$ 为半定的, 由半定矩阵的性质可分解为 $\boldsymbol{M} = \boldsymbol{A}^{\text{T}} \boldsymbol{A}$, 其中 $\boldsymbol{A} \in \mathbf{R}^{d \times d}$, 则上式可化为

$$d_{ij} = \sqrt{\left(\boldsymbol{X}_i - \boldsymbol{X}_j \right)^{\text{T}} \boldsymbol{M} \left(\boldsymbol{X}_i - \boldsymbol{X}_j \right)} = \sqrt{\left(\boldsymbol{A} \boldsymbol{X}_i - \boldsymbol{A} \boldsymbol{X}_j \right)^{\text{T}} \left(\boldsymbol{A} \boldsymbol{X}_i - \boldsymbol{A} \boldsymbol{X}_j \right)}.$$

以上结果表明, 要得到马氏距离矩阵 $\boldsymbol{M}$ 等同于找到源域和目标域之间的线性特征变换 $\boldsymbol{A}$. 因此, 我们不需要直接计算 $\boldsymbol{M}$, 而是通过 16.3.2 节的方法计算线性变换矩阵 $\boldsymbol{A}$ (或使用核方法进行非线性变换) 来计算 d_{ij}, 故最优化过程也可仿照 16.3.2 节进行.

■ 16.4 几何特征变换方法

在本节介绍用于迁移学习的几何特征变换方法, 这与 16.3 节中的统计特征变换有所不同. 几何特征变换可以利用潜在的几何特征来获得简洁有效的

表示, 并具有显著的性能. 与统计特征相似, 也有许多几何特征. 我们主要介绍三种类型的几何特征变换方法: 子空间学习、流形学习和最优传输方法. 这些方法在方法论上有所不同, 但在迁移学习中都很重要.

16.4.1 子空间学习方法

几何特征变换方法属于隐含的特征变换方法. 因此, 尽管我们不能直接测量分布散度, 但可以通过应用几何特征变换来降低.

子空间学习经常假设经过特征变换后源数据和目标数据在子空间中有相似的分布. 在子空间中, 我们可以实行分布对齐和使用传统机器学习方法来建立模型. 对齐的概念有着直观的几何信息: 如果来自两个领域的数据是对齐的, 那么认为它们之间的分布差距是最小的. 因此, 子空间学习可用于分布对齐. 子空间对齐 (SA) 是一种经典的子空间学习方法. SA 的目标是找到一种可以进行域对齐的线性特征变换 $\boldsymbol{M}$. 让 $\boldsymbol{X}_s$ 和 $\boldsymbol{X}_t$ 分别表示对源特征 $\boldsymbol{S}$ 和目标特征 $\boldsymbol{T}$ 进行主成分分析 (PCA) 变换的 d 维特征矩阵, 称为子空间. 然后, SA 的目标可以表述为

$$F(\boldsymbol{M}) = ||\boldsymbol{X}_s\boldsymbol{M} - \boldsymbol{X}_t||_F^2.$$

特征变换矩阵 $\boldsymbol{M}$ 的最优解 $\boldsymbol{M}^*$ 可以表示为

$$\boldsymbol{M}^* = \underset{\boldsymbol{M}}{\arg\min} F(\boldsymbol{M}).$$

因此, 由于子空间学习的正交性, 即 $\boldsymbol{X}_s^{\mathrm{T}}\boldsymbol{X}_s = \boldsymbol{I}$, 可以直接得到上述问题的封闭解

$$F(\boldsymbol{M}) = ||\boldsymbol{X}_s^{\mathrm{T}}\boldsymbol{X}_s\boldsymbol{M} - \boldsymbol{X}_s^{\mathrm{T}}\boldsymbol{X}_t||_F^2 = ||\boldsymbol{M} - \boldsymbol{X}_s^{\mathrm{T}}\boldsymbol{X}_t||_F^2.$$

因此, 特征变换矩阵 $\boldsymbol{M}$ 的最优解计算为 $\boldsymbol{M}^* = \boldsymbol{X}_s^{\mathrm{T}}\boldsymbol{X}_t$. 这意味着源域和目标域相同时 (即 $\boldsymbol{X}_s = \boldsymbol{X}_t$), $\boldsymbol{M}^*$ 应为单位矩阵. 我们称 $\boldsymbol{X}_a = \boldsymbol{X}_s\boldsymbol{X}_s^{\mathrm{T}}\boldsymbol{X}_t$ 为目标对齐源坐标系, 它通过下式将源域转换为一个新的子空间,

$$\boldsymbol{S}_a = \boldsymbol{S}\boldsymbol{X}_a.$$

相似地, 目标域转换为 $\boldsymbol{T}_t = \boldsymbol{T}\boldsymbol{X}_t$. 最终我们使用 $\boldsymbol{S}_a$ 和 $\boldsymbol{T}_t$ 建立机器学习模型, 而不是原始的特征 $\boldsymbol{S}$ 和 $\boldsymbol{T}$. 这使得 SA 在实践中实现起来非常简单. 基于 SA, Sun 和 Saenko(2015) 提出了子空间分布对齐 (SDA), 将概率分布适应加入到子空间学习中. 具体来说, SDA 认为除了子空间学习矩阵 $\boldsymbol{G}$, 我们也应该加入一个分布变换矩阵 $\boldsymbol{A}$. SDA 的优化目标被表述为

$$M = \boldsymbol{X}_s\boldsymbol{G}\boldsymbol{A}\boldsymbol{X}_t^G.$$

我们得到两个域的变换特征, 然后按照 SA 中类似的步骤建立模型.

不同于 SA 和 SDA 只进行一阶对齐, Sun et al. 提出了相关性对齐 (CORAL) 来进行二阶对齐. 假设 C_s 和 C_t 分别是源域和目标域的协方差矩阵, 那么 CORAL 学习了一个二阶特征变换矩阵 A 来降低它们的分布差异:

$$\min_{A}||A^{\mathrm{T}}C_s A - C_t||_F^2,$$

这样, 源特征和目标特征可以通过下式进行变换

$$z^r = \begin{cases} X^r(C_s + E_s)^{-\frac{1}{2}}(C_t + E_t)^{\frac{1}{2}}, & r = s, \\ X^r, & r = t. \end{cases} \quad (16.4.1)$$

其中 E_s 和 E_t 分别是与源域和目标域相同大小的单位矩阵. 我们把这一步骤看作每个子空间重新着色的过程, 其中方程 (16.4.1) 通过重新着色去噪后的源特征, 使其与目标分布的协方差对齐.

CORAL 随后被扩展到深度神经网络中, 被称为 **DCORAL(深度 CORAL)**(Sun 和 Saenko, 2016). 在 DCORAL 中, CORAL 用于构建网络中的一个适应性损失, 可以替换现有的 MMD 损失. 深度学习中的 CORAL 损失定义为

$$\ell_{\mathrm{CORAL}} = \frac{1}{4d^2}||C_s - C_t||_F^2,$$

其中 d 是特征维度的数量. CORAL 的计算也非常简单, 不需要调整任何超参数. 此外, CORAL 在领域自适应和领域泛化方面也取得了优异的性能. 在本章的实践部分, 我们将展示 CORAL 在比其他方法更简便的情况下, 也能取得优异的性能.

16.4.2 流形学习方法

自 2000 年在《科学》杂志首次提出以来 (Seung 和 Lee, 2000), 流形学习已成为机器学习和数据挖掘领域的热门研究话题. 流形学习通常假设当前数据是从高维空间中采样的, 并且具有低维流形结构. 流形是一类几何对象. 一般来说, 我们无法直接从原始数据中观察到隐藏结构, 但可以想象数据位于高维空间中, 其中具有某种可观察的形状. 一个很好的例子是天空中星座的形状. 为了描述所有星座, 我们可以想象它们在天空中具有某种形状, 从而产生了许多受欢迎的星座, 如天琴座和猎户座. 经典流形学习方法包括等距映射、局部线性嵌入和拉普拉斯特征映射等 (Zhou, 2016; Bishop, 2006). 流形学习的核心是利用几何结构简化问题. 距离测量在流形学习中也很重要, 因为我们可以利用几何结构获得更好的距离. 那么, 在流形学习中, 两点之间的

最短路径是什么? 在二维空间中, 两点之间的最短距离是线段. 但在三维、四维或 n 维空间 ($n > 4$) 中呢? 实际上, 当我们展开地球空间时, 地球上两点之间的最短路径是直线. 这条直线实际上是一条曲线, 被称为测地线. 一般来说, 测地线距离是任何空间中任意两点之间的最短路径. 例如, 图 16.4 显示了在三维空间中, 球体上两点 A 和 B 之间的最短路径是曲线.

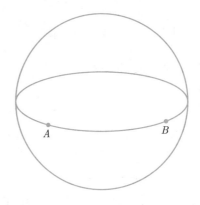

▶ 图 16.4
两点间的测
地距离

我们熟悉的欧几里得空间也是一种流形结构. 事实上, 惠特尼嵌入定理 (Greene 和 Jacobowitz, 1971) 表明, 任何流形都可以嵌入到高维欧几里得空间中, 这使得通过流形进行计算成为可能. 流形学习方法通常采用流形假设 (Belkin et al., 2006), 即数据在其流形嵌入空间中通常具有与邻居相似的几何性质.

由于流形空间中的数据通常具有良好的几何性质, 可以克服特征失真, 因此可以采用流形学习进行迁移学习. 在许多现有的流形中, Grassmann 流形 $\mathbb{G}(d)$ 将原始 d 维空间视为其元素, 从而便于分类器学习. 在 Grassmann 流形中, 特征变换和分布适应通常具有有效的数值形式, 可以容易地解决 (Hamm 和 Lee, 2008). 因此, 我们可以使用 Grassmann 流形进行迁移学习 (Gopalan et al., 2011; Baktashmotlagh et al., 2014).

基于流形学习的迁移学习受到增量学习的启发: 如果一个人想要从当前点移动到另一个点, 他需要一步一步地走. 如果将源域和目标域视为高维空间中的两个点, 那么可以模拟人类的行走过程, 逐步进行特征变换, 直到到达目标域. 图 16.5 简要展示了这一过程. 在该图中, 源域通过特征变换函数 $\Phi(\cdot)$ 从起始点移动到终点, 以完成流形学习.

早期的方法将这个问题优化为在流形空间中采样 d 个点, 然后构建一个测地线流. 我们只需要找到每个点的变换. 这种类型的方法被称为采样测地线流 (SGF)(Gopalan et al., 2011), 这是第一个提出这种想法的工作. 然而, SGF 有几个局限性: 我们应该找到多少个中间点, 以及如何做高效计算? 之后, Gong et al. 提出了测地流核 (GFK) 来解决这个问题. 简单来说, 为确定中间点, GFK 采用一种核学习方法来利用测地线上无限个点.

我们用 $\mathcal{S}_s$ 和 $\mathcal{S}_t$ 表示主成分分析变换后的子空间. $\boldsymbol{G}$ 看作是所有 d 维空间的集合, 每个 d 维子空间看作是 $\boldsymbol{G}$ 上的一个点. 因此, 两点之间的测地线 $\boldsymbol{\varPhi}(t): 0 \leqslant t \leqslant 1$ 是这两点之间的最短路径.

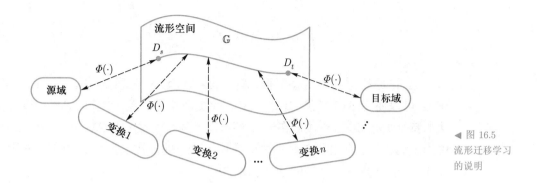

◀ 图 16.5
流形迁移学习
的说明

若令 $\mathcal{S}_s = \boldsymbol{\varPhi}(0)$, $\mathcal{S}_t = \boldsymbol{\varPhi}(1)$, 则寻找从 $\boldsymbol{\varPhi}(0)$ 到 $\boldsymbol{\varPhi}(1)$ 的测地路径等同于将原始特征转换为无限维空间, 并且最终减少域偏移问题. 特别地, 流形空间中的特征表示为 $\boldsymbol{Z} = \boldsymbol{\varPhi}(t)^{\mathrm{T}}\boldsymbol{X}$, 经过变换的特征 $\boldsymbol{Z}_i$ 和 $\boldsymbol{Z}_j$ 定义了一个半正定测地线流核:

$$\langle \boldsymbol{Z}_i, \boldsymbol{Z}_j \rangle = \int_0^1 (\boldsymbol{\varPhi}(t)^{\mathrm{T}}\boldsymbol{X}_i)^{\mathrm{T}}(\boldsymbol{\varPhi}(t)^{\mathrm{T}}\boldsymbol{X}_j)\,\mathrm{d}t = \boldsymbol{X}_i^{\mathrm{T}}\boldsymbol{G}\boldsymbol{X}_j.$$

测地线流核计算为

$$\boldsymbol{\varPhi}(t) = \boldsymbol{P}_s\boldsymbol{U}_1\boldsymbol{\varGamma}(t) - \boldsymbol{R}_s\boldsymbol{U}_2\boldsymbol{\varSigma}(t) = \begin{pmatrix} \boldsymbol{P}_s, & \boldsymbol{R}_s \end{pmatrix}\begin{pmatrix} \boldsymbol{U}_1 & \boldsymbol{0} \\ \boldsymbol{0} & \boldsymbol{U}_2 \end{pmatrix}\begin{pmatrix} \boldsymbol{\varGamma}(t) \\ \boldsymbol{\varSigma}(t) \end{pmatrix},$$

其中 $\boldsymbol{R}_s \in \mathbf{R}^{D \times d}$ 是 $\boldsymbol{P}_s$ 的补元素. $\boldsymbol{U}_1 \in \mathbf{R}^{D \times d}$ 和 $\boldsymbol{U}_2 \in \mathbf{R}^{D \times d}$ 是两个正交矩阵:

$$\boldsymbol{P}_s^{\mathrm{T}}\boldsymbol{P}_t = \boldsymbol{U}_1\boldsymbol{V}^{\mathrm{T}}, \boldsymbol{R}_s^{\mathrm{T}}\boldsymbol{P}_t = -\boldsymbol{U}_2\boldsymbol{V}^{\mathrm{T}}.$$

核 $\boldsymbol{G}$ 可以计算为

$$\boldsymbol{G} = \begin{pmatrix} \boldsymbol{P}_s\boldsymbol{U}_1, & \boldsymbol{R}_s\boldsymbol{U}_2 \end{pmatrix}\begin{pmatrix} \boldsymbol{\varLambda}_1 & \boldsymbol{\varLambda}_2 \\ \boldsymbol{\varLambda}_3 & \boldsymbol{\varLambda}_4 \end{pmatrix}\begin{pmatrix} \boldsymbol{U}_1^{\mathrm{T}}\boldsymbol{P}_s^{\mathrm{T}} \\ \boldsymbol{U}_2^{\mathrm{T}}\boldsymbol{R}_s^{\mathrm{T}} \end{pmatrix},$$

其中, $\boldsymbol{\varLambda}_1, \boldsymbol{\varLambda}_2, \boldsymbol{\varLambda}_3$ 是三个对角矩阵, 它们的角度 θ_i 由奇异值分解 (SVD) 计算

得出:

$$\lambda_{1i} = \int_0^1 \cos^2(t\theta_i)\,\mathrm{d}t = 1 + \frac{\sin(2\theta_i)}{2\theta_i},$$

$$\lambda_{2i} = -\int_0^1 \cos(t\theta_i)\sin(t\theta_i)\,\mathrm{d}t = \frac{\cos(2\theta_i) - 1}{2\theta_i}, \qquad (16.4.2)$$

$$\lambda_{3i} = \int_0^1 \sin^2(t\theta_i)\,\mathrm{d}t = 1 - \frac{\sin(2\theta_i)}{2\theta_i}.$$

然后, 原始空间中的特征可以通过 $\boldsymbol{Z} = \sqrt{\boldsymbol{G}}\boldsymbol{X}$ 映射到 Grassmann 流形. 核 $\boldsymbol{G}$ 可以使用 SVD 轻松计算. GFK 的实现相当简单, 并且可以作为许多方法的特征处理步骤. 例如, 在流形嵌入分布对齐 (MEDA)(Wang et al., 2018) 中, 作者建议在应用分布对齐之前使用 GFK 进行特征提取. 如图 16.6所示, GFK 的集成提高了算法的性能和稳健性.

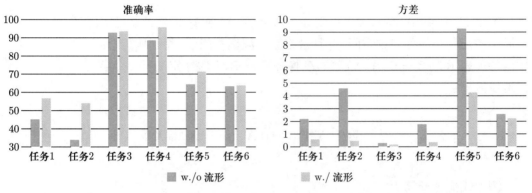

▲ 图 16.6　添加流形学习方法的 MEDA 的准确性和方差

在后续研究中, Qin et al. (2019) 提出了时变 GFK, 通过添加时间变量来扩展原始 GFK, 以解决跨领域活动识别问题. 他们声称 GFK 的 "行走" 过程是一个马尔可夫过程: 当前变换仅依赖于前一个时间步. 当 GFK 逐渐将源域转换为目标域的子空间时, 后者的变换具有更好的影响. 对于 $t_1 \leqslant t_2$, t_2 时刻的变换对最终结果的影响应该比 t_1 时刻更大. 时变广义卡尔曼滤波器 (temporally adaptive GFK) 将时间变量添加到方程 (16.4.2) 中:

$$\lambda_{1i} = \int_0^1 t\cos^2(t\theta_i)\,\mathrm{d}t = \frac{1}{4} - \frac{1}{4\theta_i^2}\sin^2\theta_i + \frac{1}{4\theta_i}\sin 2\theta_i,$$

$$\lambda_{2i} = -\int_0^1 t\cos(t\theta_i)\sin(t\theta_i)\,\mathrm{d}t = \frac{\cos(2\theta_i)}{4\theta_i} - \frac{\sin 2\theta_i}{8\theta_i^2},$$

$$\lambda_{3i} = \int_0^1 t\sin^2(t\theta_i)\,\mathrm{d}t = \frac{1}{4} + \frac{1}{4\theta_i^2}\sin^2\theta_i - \frac{1}{4\theta_i}\sin 2\theta_i.$$

时间自适应 GFK 的性能甚至优于原始 GFK. 此外, 还有许多其他流形迁移学习方法. 例如, Baktashmotlagh et al. (2014) 提出了使用黎曼流形中的赫林格 (Hellinger) 距离来计算从源域到目标域的变换. Guerrero et al. (2014) 还提出了一种联合流形适应方法.

16.4.3　最优传输方法

基于最优传输的迁移学习方法提供了几何特征变换的另一个视角. 最优传输是一个经典的研究领域, 它具有优美的理论基础, 因此为数学、计算机科学和经济学中许多应用的独特研究提供了独特的研究意义. 最优传输 (OT) 最初由法国数学家 Gaspard Monge 于 18 世纪提出. 第二次世界大战期间, 苏联数学家和经济学家 Kantorovich 对其产生了极大关注, 为线性规划奠定了基础. 1975 年, Kantorovich 因其在最优资源分配方面的贡献获得了诺贝尔经济学奖. 我们通常将经典的最优运输问题称为 Monge 问题.

最优传输具有可靠的实践环境. 我们以一个例子来说明这一点. 杰克和罗斯一起成长. 他们的家人靠经营仓库为生. 有一天, 罗斯的房子着火了, 她急需一些应急用品. 现在, 杰克必须挺身而出帮助她! 我们假设杰克有 n 个不同的仓库. 每个仓库都有一定数量的套件, 表示为 $\{G_i\}_{i=1}^n$, 其中 G_i 是第 i 个仓库的套件数量. n 个仓库的位置表示为 $\{X_i\}_{i=1}^n$. 同样, 罗斯有 m 个不同的仓库, 其位置表示为 $\{Y_i\}_{i=1}^m$. 每个仓库需要 $\{H_i\}_{i=1}^m$ 个套件. 我们用 $\{c(X_i, X_j)\}_{i,j=1}^{n,m}$ 表示杰克的仓库 i 到罗斯的仓库 j 之间的距离. 已知运输成本会随着距离的增加而增加. 那么, 问题是: 杰克如何才能以最低成本帮助罗斯? 我们使用一个矩阵 $T \in \mathbf{R}^{n \times m}$ 来表示运输关系, 其中每个元素 T_{ij} 表示从杰克的仓库 i 到罗斯的仓库 j 的套件数量. 这个问题可以表示为

$$\min \sum_{i,j=1}^{n,m} T_{ij} c(X_i, Y_j),$$

$$\text{s.t.} \quad \sum_j T_{ij} = G_i, \quad \sum_i T_{ij} = H_j.$$

这是一个最优传输的应用. 我们将仓库和套件分别看作概率分布和随机变量. 然后, 最优运输的形成被定义为确定将分布 $P(X)$ 转换为 $Q(Y)$ 的最小成本, 其公式为

$$L = \underset{\pi}{\arg\min} \iint_{X,Y} \pi(X, Y) c(X, Y) \mathrm{d}X \mathrm{d}Y. \tag{16.4.3}$$

给定以下约束条件 ($\pi(X, Y)$ 是它们的联合分布):

$$\int_Y \pi(X, Y) \mathrm{d}Y = P(X),$$

$$\int_{\boldsymbol{X}} \pi(\boldsymbol{X}, \boldsymbol{Y}) \mathrm{d}\boldsymbol{X} = Q(\boldsymbol{Y}).$$

上述方程表明, 最优传输是关于分布的连接, 这显然与迁移学习有关.

为了在迁移学习中使用最优传输, 我们修改方程 (16.4.3) 以得到由最优传输定义的分布散度:

$$D(P, Q) = \inf_{\pi} \iint_{\boldsymbol{X} \times \boldsymbol{Y}} \pi(\boldsymbol{X}, \boldsymbol{Y}) c(\boldsymbol{X}, \boldsymbol{Y}) \mathrm{d}\boldsymbol{X} \mathrm{d}\boldsymbol{Y}. \qquad (16.4.4)$$

我们常用 L_2 距离来计算, 即

$$c(\boldsymbol{X}, \boldsymbol{Y}) = ||\boldsymbol{X} - \boldsymbol{Y}||_2^2,$$

通过采用 L_2 距离, 方程 (16.4.4) 变成二阶 Wasserstein 距离

$$W_2^2(P, Q) = \inf_{\pi} \int_{\boldsymbol{X} \times \boldsymbol{Y}} \pi(\boldsymbol{X}, \boldsymbol{Y}) ||\boldsymbol{X} - \boldsymbol{Y}||_2^2 \mathrm{d}\boldsymbol{X} \mathrm{d}\boldsymbol{Y}.$$

不同于传统的特征变换方法, 最优传输研究点之间的耦合矩阵 $\boldsymbol{T}$. 然后, 在 $\boldsymbol{T}$ 的映射之后, 源分布可以以最小成本映射到目标域. 对于一个数据分布 μ, 经过重力映射和耦合矩阵 $\boldsymbol{T}$ 之后, 可以得到分布 μ. 它的新特征向量是

$$\widehat{\boldsymbol{X}}_i = \underset{\boldsymbol{X} \in \mathbf{R}^d}{\arg\min} \sum_j \boldsymbol{T}(i, j) c(\boldsymbol{X}, \boldsymbol{X}_j).$$

那么, 如何确定这个耦合矩阵 $\boldsymbol{T}$ 呢? 这通常与成本有关. 在最优传输中, 通常使用变换成本来评估成本, 用 $C(\boldsymbol{T})$ 表示. 带有概率度量 μ 的 $\boldsymbol{T}$ 的成本定义为

$$C(\boldsymbol{T}) = \int_{\Omega_s} c(\boldsymbol{X}, \boldsymbol{T}(\boldsymbol{X})) \mathrm{d}\mu(\boldsymbol{X}).$$

其中 $c(\boldsymbol{X}, \boldsymbol{T}(\boldsymbol{X}))$ 是成本函数, 也可以理解为距离函数. 我们使用以下变换将源分布转换为目标分布:

$$\gamma_0 = \underset{\gamma \in \Pi}{\arg\min} \int_{\Omega_s \times \Omega_t} c(\boldsymbol{X}^s, \boldsymbol{X}^t) \mathrm{d}\gamma(\boldsymbol{X}^s, \boldsymbol{X}^t).$$

对于分布适应, 我们需要进行边缘适应、条件适应和动态适应. Courty et al. (2014, 2016) 提出了使用最优传输来学习特征变换 T, 以减少边际分布距离. 然后, 作者提出了联合分布最优传输 (JDOT)(Courty et al., 2017) 以加入条件分布适应. JDOT 的核心公式化为

$$\gamma_0 = \underset{\gamma \in \Pi(\psi_s, \psi_t)}{\arg\min} \int_{\Omega \times C}^2 \mathcal{D}(\boldsymbol{X}_1, \boldsymbol{Y}_1; \boldsymbol{X}_2, \boldsymbol{Y}_2) \mathrm{d}\gamma(\boldsymbol{X}_1, \boldsymbol{Y}_1; \boldsymbol{X}_2, \boldsymbol{Y}_2).$$

其成本函数被表示为边际分布差异和条件分布差异的加权和：

$$\mathcal{D} = \alpha d\left(\boldsymbol{X}_i^s, \boldsymbol{X}_j^t\right) + \mathcal{L}\left(\boldsymbol{Y}_i^s, f\left(\boldsymbol{X}_j^t\right)\right).$$

最优运输问题可以使用一些流行的工具来解决，例如 PythonOT. 最优运输也可以应用于深度学习，例如 Xu et al. (2020b)，Xu et al. (2020a)，Bhushan Damodaran et al. (2018) 和 Li et al. (2019). 最近，Lu et al. (2021) 提出了将基于最优传输的域自适应应用于跨域人类活动识别，并取得了很好的性能. 他们的方法被称为子结构最优传输 (SOT). 他们认为，域级和类级的最优传输过于粗略，可能导致欠适应，而样本级的匹配可能受到噪声的严重影响，最终导致过适应. SOT 通过用聚类方法获取的活动的子结构来利用活动的局部信息，并寻求不同领域之间加权子结构的耦合. 因此，它被视为更细粒度的最优传输，并取得了比传统域级最优传输更好的效果.

■ 16.5　迁移学习实践

实践代码

本章介绍了迁移学习的基本概念与方法. 迁移学习是一种通过利用源域的知识来提升目标域学习效果的方法，特别适用于训练数据不足或分布差异较大的情境. 本章首先概述了迁移学习的基础理论，讨论了分布散度的度量及其统一表示，并提出了迁移学习的统一框架.

接着，本章介绍了实例加权方法，首先定义了迁移学习中的问题场景，并探讨了实例选择方法和权重自适应方法. 实例加权方法通过调整源域样本的权重，减小源域与目标域之间的分布差异，从而提高迁移学习的效果.

随后，本章讨论了统计特征变换方法，阐述了这些方法的基本原理及其在迁移学习中的应用. 具体方法包括基于最大均值差异的特征变换方法和基于度量学习的特征变换方法，这些方法通过对数据特征进行变换和对齐，减少不同领域数据的分布差异，进而提升模型在目标域的表现.

最后，本章介绍了几何特征变换方法，主要包括子空间学习方法、流形学习方法和最优传输方法. 这些方法通过学习数据的几何结构和子空间表示，实现了源域和目标域之间更有效的知识迁移. 几何特征变换方法在处理复杂数据结构和非线性特征方面表现出色, 是迁移学习的重要组成部分.

迁移学习在跨领域数据分析、图像识别、自然语言处理等领域具有广泛应用. 除了本章介绍的方法外, 深度迁移学习和对抗性迁移学习等前沿技术也值得深入研究与探索.

1. 思考给定一个目标领域, 如何找到相对应的源领域, 然后进行迁移? 什么时候不可以进行迁移?
2. 试给出由 (16.3.4) 式到 (16.3.5) 式的推导过程.
3. 写出当 μ 取不同值时, 相应的基于 MMD 的边际、条件和联合分布的迁移学习方法的最终形式.
4. 文中提到的三种几何特征变换方法分别有什么联系与区别? 是否还有其他类型的几何特征变换方法?
5. 试给出 16.2.3 节目标域内的预测函数应用于逻辑回归和 SVM 时的特定表述公式.

参 考 文 献

郑重声明

高等教育出版社依法对本书享有专有出版权。任何未经许可的复制、销售行为均违反《中华人民共和国著作权法》，其行为人将承担相应的民事责任和行政责任；构成犯罪的，将被依法追究刑事责任。为了维护市场秩序，保护读者的合法权益，避免读者误用盗版书造成不良后果，我社将配合行政执法部门和司法机关对违法犯罪的单位和个人进行严厉打击。社会各界人士如发现上述侵权行为，希望及时举报，我社将奖励举报有功人员。

反盗版举报电话　(010)58581999　58582371
反盗版举报邮箱　dd@hep.com.cn
通信地址　北京市西城区德外大街 4 号
　　　　　　高等教育出版社知识产权与法律事务部
邮政编码　100120

读者意见反馈

为收集对教材的意见建议，进一步完善教材编写并做好服务工作，读者可将对本教材的意见建议通过如下渠道反馈至我社。

咨询电话　400–810–0598
反馈邮箱　hepsci@pub.hep.cn
通信地址　北京市朝阳区惠新东街 4 号富盛大厦 1 座
　　　　　　高等教育出版社理科事业部
邮政编码　100029

防伪查询说明

用户购书后刮开封底防伪涂层，使用手机微信等软件扫描二维码，会跳转至防伪查询网页，获得所购图书详细信息。

防伪客服电话　(010) 58582300

数字课程说明

1. 计算机访问 https://abooks.hep.com.cn/62394。

2. 注册并登录，点击页面右上角的个人头像展开子菜单，进入 "个人中心"，点击 "绑定防伪码" 按钮，输入图书封底防伪码（20 位密码，刮开涂层可见），完成课程绑定。

3. 在 "个人中心" → "我的图书" 中选择本书，开始学习。

课程绑定后一年为数字课程使用有效期。如有使用问题，请直接在页面点击答疑图标进行问题咨询。